21 世纪高等院校电气信息类系列教材
"十三五"江苏省高等学校重点教材（编号：2016-1-088）

# 自动控制原理

## 第 2 版

刘国海　杨年法　主编

机械工业出版社

本书是根据高等学校自动化类专业对"自动控制原理"课程的要求编写的。全书共分 8 章，内容有自动控制的基本概念，自动控制系统的数学模型，自动控制系统的时域分析法，根轨迹分析法，频率特性分析法，自动控制系统的校正，线性离散控制系统的分析，非线性控制系统的分析。每章都有适当的例题和习题。本书力求结合专业特点，并兼顾相近专业的要求。

本书可作为高等学校自动化、电气工程及其自动化、检测技术与自动化装置等专业的教材，也可作为电子信息工程和机电类各专业的教学用书，还可供自动控制等专业领域的工程技术人员参考。

### 图书在版编目（CIP）数据

自动控制原理/刘国海，杨年法主编. —2 版. —北京：机械工业出版社，2018.7（2023.8 重印）
21 世纪高等院校电气信息类系列教材
ISBN 978-7-111-60466-2

Ⅰ.①自⋯　Ⅱ.①刘⋯②杨⋯　Ⅲ.①自动控制理论-高等学校-教材　Ⅳ.①TP13

中国版本图书馆 CIP 数据核字（2018）第 159905 号

机械工业出版社（北京市百万庄大街 22 号　邮政编码 100037）
策划编辑：时　静　　　　　责任编辑：时　静
责任校对：刘丽华　李锦莉　责任印制：邓　博
北京盛通商印快线网络科技有限公司印刷
2023 年 8 月第 2 版·第 5 次印刷
184mm×260mm·18.5 印张·452 千字
标准书号：ISBN 978-7-111-60466-2
定价：55.00 元

凡购本书，如有缺页、倒页、脱页，由本社发行部调换

| 电话服务 | 网络服务 |
| --- | --- |
| 服务咨询热线：010-88379833 | 机 工 官 网：www.cmpbook.com |
| 读者购书热线：010-88379649 | 机 工 官 博：weibo.com/cmp1952 |
| | 教育服务网：www.cmpedu.com |
| 封面无防伪标均为盗版 | 金 书 网：www.golden-book.com |

# 出 版 说 明

　　随着科学技术的不断进步，整个国家自动化水平和信息化水平的长足发展，社会对电气信息类人才的需求日益迫切、要求也更加严格。在教育部颁布的"普通高等学校本科专业目录"中，电气信息类（Electrical and Information Science and Technology）包括电气工程及其自动化、自动化、电子信息工程、通信工程、计算机科学与技术、电子科学与技术、生物医学工程等子专业。这些子专业的人才培养对社会需求、经济发展都有着非常重要的意义。

　　在电气信息类专业及学科迅速发展的同时，也给高等教育工作带来了许多新课题和新任务。在此情况下，只有将新知识、新技术、新领域逐渐融合到教学、实践环节中去，才能培养出优秀的科技人才。为了配合高等院校教学的需要，机械工业出版社组织了这套"21世纪高等院校电气信息类系列教材"。

　　本套教材是在对电气信息类专业教育情况和教材情况调研与分析的基础上组织编写的，期间，与高等院校相关课程的主讲教师进行了广泛的交流和探讨，旨在构建体系完善、内容全面新颖、适合教学的专业教材。

　　本套教材涵盖多层面专业课程，定位准确，注重理论与实践、教学与教辅的结合，在语言描述上力求准确、清晰，适合各高等院校电气信息类专业学生使用。

机械工业出版社

# 前　言

随着生产和科学技术的发展，自动化技术已逐步深入各行各业以及人们的生活。自动控制理论是各类工程技术人员所必须掌握的技术基础知识，高等院校中越来越多的专业将"自动控制原理"作为必修课程。通过该课程的学习，可以从宏观上了解自动控制系统的结构、性质和任务。

本书介绍的自动控制原理属经典控制理论的范畴。虽然控制理论已从第一代经典控制理论发展到第二代现代控制理论，并已进入第三代控制理论，即大系统理论和智能控制理论，但经典控制理论仍是学习现代控制理论和其他高等控制理论的基础。

随着科学技术的发展，适时地改进自动控制理论教材也是当前课程改革的要求，本教材在分析研究国内外相关教材的基础上，依据高等院校本科自动化控制理论课程的教学要求，从注重理论基础与基本概念，拓宽专业面出发，结合自动化及其他相近专业的教学特点。比较全面地阐述了自动控制原理的基本内容。

本书具有以下几个特点：

1. 从基本理论和概念出发，精炼内容，突出重点，淡化繁冗的理论推导，注重理论与实际的结合。

2. 为了让读者更好地掌握应用所学的知识，适应计算机仿真在控制系统中应用越来越广的要求，各章均安排了采用MATLAB仿真的控制系统分析与应用实例。

3. 为了便于读者自学和更好地掌握本课程的基本理论，锻炼和培养分析、综合及解决实际问题的能力，各章均配有适当的例题和习题，并给出小结，供读者学习和归纳使用。

4. 全书共8章，参考学时为60~90学时。

刘国海、杨年法担任主编，负责全书的统稿。参加本书编写的还有陈兆岭、薛力红、丁煜函、李可、马莉、张军、丁世宏、侯霞、於鑫。

由于编者水平有限，书中难免存在错误和疏漏之处，恳请读者批评指正。

编　者

# 目 录

出版说明
前言
第1章 绪论 ································· 1
  1.1 自动控制的基本概念 ········· 1
    1.1.1 人工控制与自动控制 ······ 1
    1.1.2 控制系统框图 ··············· 2
    1.1.3 开环控制与闭环控制 ······ 3
    1.1.4 自动控制系统的应用实例 ··· 3
  1.2 自动控制系统的组成 ·········· 6
    1.2.1 基本组成部分 ··············· 6
    1.2.2 常用的名词术语 ············ 7
  1.3 自动控制系统的分类 ·········· 7
  1.4 自动控制理论概要 ············· 8
    1.4.1 自动控制理论的发展 ······ 8
    1.4.2 对自动控制系统的基本要求 ··· 9
    1.4.3 本书内容 ····················· 10
  1.5 小结 ······························· 11
  1.6 习题 ······························· 11
第2章 自动控制系统的数学模型 ··· 14
  2.1 控制系统数学模型的概念 ··· 14
    2.1.1 建立数学模型的方法 ····· 14
    2.1.2 数学模型的类型 ··········· 14
  2.2 控制系统的微分方程 ········· 15
    2.2.1 线性系统微分方程的建立 ··· 15
    2.2.2 微分方程的增量化表示 ··· 18
    2.2.3 线性系统的重要特征 ····· 19
    2.2.4 非线性微分方程的线性化 ··· 20
  2.3 控制系统的传递函数 ········· 21
    2.3.1 传递函数的概念 ··········· 21
    2.3.2 关于传递函数的几点说明 ··· 23
    2.3.3 典型环节及其传递函数 ··· 25
  2.4 控制系统的结构图 ············ 28
    2.4.1 结构图的概念 ·············· 29
    2.4.2 结构图的组成和建立 ····· 29
    2.4.3 结构图的等效变换和简化 ··· 30
    2.4.4 典型闭环控制系统的结构图及其传递函数 ······················ 36
  2.5 信号流图 ························· 38
    2.5.1 信号流图的概念 ··········· 38
    2.5.2 梅逊公式 ···················· 40
  2.6 小结 ······························· 41
  2.7 习题 ······························· 42
第3章 自动控制系统的时域分析法 ··· 45
  3.1 系统稳定性分析 ················ 45
    3.1.1 线性系统稳定的概念和稳定的充要条件 ······················ 45
    3.1.2 劳斯（Routh）稳定判据 ··· 47
  3.2 时域分析法基础 ················ 53
    3.2.1 典型输入信号 ·············· 53
    3.2.2 瞬态响应和稳态响应 ····· 54
    3.2.3 阶跃响应性能指标 ········ 55
  3.3 一阶系统的动态性能 ········· 56
  3.4 二阶系统的动态性能 ········· 57
    3.4.1 典型二阶系统的动态性能 ··· 57
    3.4.2 具有零点的二阶系统分析 ··· 66
  3.5 高阶系统的动态性能 ········· 69
  3.6 稳态误差分析 ··················· 70
    3.6.1 稳态误差的定义 ··········· 71
    3.6.2 控制系统的型别 ··········· 72
    3.6.3 给定输入作用下系统的稳态误差 ··························· 72
    3.6.4 扰动输入作用下系统的稳态误差 ··························· 76
    3.6.5 降低稳态误差的方法 ····· 78
  3.7 PID基本控制规律的分析 ···· 80
  3.8 利用MATLAB进行时域分析 ··· 82
    3.8.1 传递函数模型的MATLAB表示 ····························· 83
    3.8.2 用MATLAB求控制系统的单位阶跃响应 ···················· 85
    3.8.3 利用MATLAB辅助分析控制系统的稳定性 ················ 85
  3.9 小结 ······························· 86

3.10 习题 ·············· 87

# 第4章 根轨迹分析法 ·············· 91
## 4.1 根轨迹的基本概念 ·············· 91
### 4.1.1 根轨迹的概念 ·············· 91
### 4.1.2 幅值条件和相角条件 ·············· 93
## 4.2 绘制根轨迹的基本法则 ·············· 95
## 4.3 参量根轨迹和根轨迹簇 ·············· 108
### 4.3.1 参量根轨迹 ·············· 108
### 4.3.2 根轨迹簇 ·············· 110
## 4.4 零度根轨迹 ·············· 111
## 4.5 延迟系统的根轨迹 ·············· 114
### 4.5.1 延迟系统根轨迹方程的幅值条件和相角条件 ·············· 114
### 4.5.2 绘制延迟系统的根轨迹 ·············· 115
## 4.6 根轨迹法分析系统的性能 ·············· 118
## 4.7 增加开环零极点对根轨迹的影响 ·············· 123
### 4.7.1 增加开环零点对根轨迹的影响 ·············· 123
### 4.7.2 增加开环极点对根轨迹的影响 ·············· 123
### 4.7.3 增加开环偶极子对根轨迹的影响 ·············· 123
## 4.8 利用MATLAB绘制根轨迹图 ·············· 126
## 4.9 小结 ·············· 127
## 4.10 习题 ·············· 127

# 第5章 频率特性分析法 ·············· 131
## 5.1 频率特性的基本概念 ·············· 131
### 5.1.1 频率特性的定义 ·············· 131
### 5.1.2 频率特性和传递函数的关系 ·············· 133
## 5.2 频率特性的图示方法 ·············· 134
### 5.2.1 幅相频率特性曲线 ·············· 134
### 5.2.2 对数频率特性曲线 ·············· 134
### 5.2.3 对数幅相特性曲线 ·············· 135
## 5.3 典型环节的频率特性 ·············· 136
## 5.4 系统的开环频率特性 ·············· 144
### 5.4.1 系统开环幅相频率特性的绘制 ·············· 144
### 5.4.2 系统开环对数频率特性的绘制 ·············· 147
### 5.4.3 最小相位系统与非最小相位系统 ·············· 149
## 5.5 奈奎斯特稳定判据 ·············· 150
### 5.5.1 幅角定理 ·············· 150
### 5.5.2 奈奎斯特判据 ·············· 152
### 5.5.3 奈奎斯特判据在Ⅰ型和Ⅱ型系统中的应用 ·············· 153
### 5.5.4 在伯德图上判别闭环系统的稳定性 ·············· 158
### 5.5.5 多回路系统的稳定性分析 ·············· 159
## 5.6 相对稳定性 ·············· 160
## 5.7 利用开环频率特性分析系统的性能 ·············· 164
## 5.8 利用闭环频率特性分析系统的性能 ·············· 167
### 5.8.1 用向量法求闭环频率特性 ·············· 167
### 5.8.2 利用闭环幅频特性分析和估算系统的性能 ·············· 168
## 5.9 利用MATLAB绘制频率特性曲线图 ·············· 170
### 5.9.1 利用MATLAB绘制奈奎斯特图 ·············· 170
### 5.9.2 利用MATLAB绘制伯德图 ·············· 171
### 5.9.3 利用MATLAB分析相对稳定性 ·············· 171
## 5.10 小结 ·············· 172
## 5.11 习题 ·············· 173

# 第6章 自动控制系统的校正 ·············· 177
## 6.1 控制系统校正的基本概念 ·············· 177
### 6.1.1 校正方式 ·············· 177
### 6.1.2 性能指标 ·············· 178
### 6.1.3 设计方法 ·············· 179
## 6.2 校正装置及其特性 ·············· 179
## 6.3 串联校正的设计 ·············· 187
### 6.3.1 串联校正的频率法设计 ·············· 187
### 6.3.2 串联校正的根轨迹法设计 ·············· 194
### 6.3.3 串联校正的期望对数频率特性设计法 ·············· 201
## 6.4 反馈校正的设计 ·············· 204
## 6.5 复合控制校正 ·············· 207
## 6.6 小结 ·············· 208
## 6.7 习题 ·············· 209

# 第7章 线性离散控制系统的分析 ·············· 212
## 7.1 线性离散控制系统的概念 ·············· 212
## 7.2 采样过程和采样定理 ·············· 213
### 7.2.1 采样过程 ·············· 213
### 7.2.2 采样定理 ·············· 214

- 7.2.3 信号复现与零阶保持器 …… 216
- 7.3 z变换 …… 217
  - 7.3.1 z变换的定义 …… 218
  - 7.3.2 z变换的求法 …… 218
  - 7.3.3 z变换的基本定理 …… 221
  - 7.3.4 z反变换 …… 224
- 7.4 离散控制系统的数学模型 …… 226
  - 7.4.1 差分方程 …… 226
  - 7.4.2 脉冲传递函数 …… 228
- 7.5 离散控制系统的稳定性分析 …… 233
  - 7.5.1 s平面与z平面的映射关系 …… 233
  - 7.5.2 离散控制系统稳定的充要条件 …… 234
  - 7.5.3 离散控制系统的劳斯稳定判据 …… 235
- 7.6 离散控制系统的稳态误差分析 …… 237
- 7.7 离散控制系统的动态性能分析 …… 240
  - 7.7.1 离散控制系统闭环极点分布和暂态响应的关系 …… 241
  - 7.7.2 离散控制系统动态性能的估算 …… 244
- 7.8 离散控制系统的校正 …… 246
  - 7.8.1 离散控制系统校正的特点 …… 246
  - 7.8.2 校正装置的具体设计方法 …… 246
  - 7.8.3 最少拍系统设计 …… 248
- 7.9 小结 …… 254
- 7.10 习题 …… 254

# 第8章 非线性控制系统的分析 …… 257

- 8.1 非线性控制系统概述 …… 257
  - 8.1.1 非线性现象的普遍性 …… 257
  - 8.1.2 控制系统中的典型非线性特性 …… 257
  - 8.1.3 非线性控制系统的特殊性 …… 259
  - 8.1.4 非线性控制系统的分析方法 …… 260
- 8.2 相平面法 …… 260
  - 8.2.1 相平面的基本概念 …… 261
  - 8.2.2 构造相平面图 …… 263
  - 8.2.3 由相平面图确定时间 …… 266
  - 8.2.4 线性系统的相平面分析 …… 267
  - 8.2.5 非线性系统的相平面分析 …… 268
- 8.3 描述函数法 …… 270
  - 8.3.1 描述函数的基本概念 …… 270
  - 8.3.2 典型非线性特性的描述函数 …… 275
  - 8.3.3 用描述函数法分析非线性系统的稳定性 …… 278
- 8.4 小结 …… 283
- 8.5 习题 …… 283

**附录 常用函数z变换表** …… 286

**参考文献** …… 288

# 第1章 绪 论

## 1.1 自动控制的基本概念

自动控制是指在没有人直接参与的情况下,利用自动控制装置(简称控制器)使整个生产过程或工作机械(称为被控对象)自动地按预先规定的规律运行,或使它的某些物理量(称为被控量)按预定的要求产生变化。

事实上,任何技术设备、工作机械或生产过程都必须按要求运行。例如,要想发电机正常供电,其输出的电压和频率必须保持恒定,尽量不受负荷变化的干扰;要想数控机床能加工出高精度的工件,就必须保证其工作台或刀架的进给量准确地按照程序指令的设定值变化;要使烘烤炉提供优质的产品,就必须严格地控制炉温;要使火炮能自动跟踪并命中飞行目标,炮身就必须按照指挥仪的命令而作方位角和俯仰角的变动……所有这一切都是以高水平的自动控制技术为前提的。

### 1.1.1 人工控制与自动控制

自动控制系统的种类很多,被控制的物理量各种各样,如温度、压力、流量、电压、转速和位移等,所以组成各种控制系统的元部件有很大的差异,但从控制的角度看,系统的基本结构都是类同的,一般都是通过机械、电气、液压等方法来代替人工控制。

为了了解自动控制系统的结构,首先分析一下图1-1所示的水池液面控制系统。图中$F_1$为放水阀、$F_2$为进水阀,控制要求液面的希望高度等于$h_0$。当人参与控制时,就要不

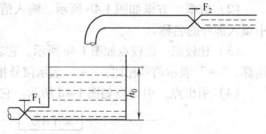

图1-1 水池液面人工控制系统

断地将实际液面的高度与希望液面的高度作比较,根据比较的结果,决定进水阀$F_2$开度的增大还是减小,以达到维持液面高度不变的目的。图1-2为该系统控制的框图。由图可见,人在参与控制中起了以下三方面的作用:

1)测量实际液面的高度$h_1$——用眼睛。
2)将测得实际液面的高度$h_1$与希望液面的高度$h_0$相比较——用大脑。
3)根据比较的结果,即按照偏差的正负去决定控制的动作——用手。

图1-2 液面人工控制系统的框图

如果用自动控制去代替人工控制，那么在自动控制系统中必须具有上述三种职能机构，即测量机构、比较机构和执行机构。显然，用人工控制既不能保证系统所需的控制精度，也不能减轻人的劳动强度。如果将图 1-1 改为图 1-3 所示的自动控制系统，就可以实现不论放水阀 $F_1$ 输出的流量如何变化，系统总能自动地维持其液面高度在允许的偏（误）差范围之内。假设水池液面的高度因 $F_1$ 阀开度的增大而稍有降低，则系

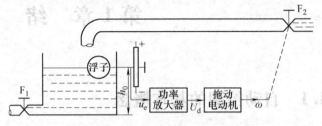

图 1-3　液面自动控制系统

统立即产生一个与降落液面高度成比例的偏差电压 $u_e$，该电压经放大器放大后供电给进水阀的拖动电动机，使阀 $F_2$ 的开度也相应地增大，从而使水池的液面恢复到所希望的高度。

### 1.1.2　控制系统框图

为了使控制系统的表示既简单又明了，控制工程中常常采用方框表示系统中的各个组成部件，每个方框中填入它所表示部件的名称或其功能函数的表达式，不必画出系统的具体结构。根据信号在系统中的传递方向，用有向线段依次把它们连接起来，就可以得到整个系统的框图。

系统的框图由四个基本单元组成：

（1）信号线　信号线如图 1-4a 所示。它用带箭头的有向线段表示，箭头表示信号的传递方向，线旁标明相应的信号。

（2）方框　方框如图 1-4b 所示。输入信号置于方框的左侧，右侧为其输出信号，方框中填入部件的名称。

（3）比较点　比较点如图 1-4c 所示。它表示两个或两个以上的信号在该处进行加或减的运算，"+"表示信号相加，"-"表示信号相减。"+"可以省略不标，"-"必须标明。

（4）引出点　引出点如图 1-4d 所示。它表示信号的引出。

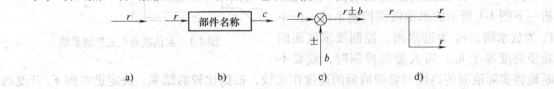

a)　　　　b)　　　　c)　　　　d)

图 1-4　系统框图的基本组成单元

a) 信号线　b) 方框　c) 比较点　d) 引出点

据此，可把图 1-3 所示液面控制系统的原理图改用图 1-5 所示的框图来表示。显然，后者的表示不仅比前者简单，而且信号在系统中的传递也更为清晰。因此在以后的讨论中，控制系统一般均以框图的形式表示。

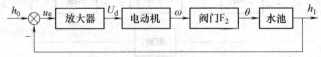

图 1-5　图 1-3 所示系统的框图

### 1.1.3 开环控制与闭环控制

为达到某一目的，由相互制约的各个部分按一定规律组成的、具有一定功能的整体，称为系统。它一般由控制装置（控制器）和被控对象所组成。

自动控制系统有两种最基本的形式，即开环控制和闭环控制。

**1. 开环控制系统**

开环控制的特点是，在控制器与被控对象之间，只有正向的作用而没有反向的联系，即系统的输出量对控制量没有影响。开环控制系统的示意框图如图1-6所示。

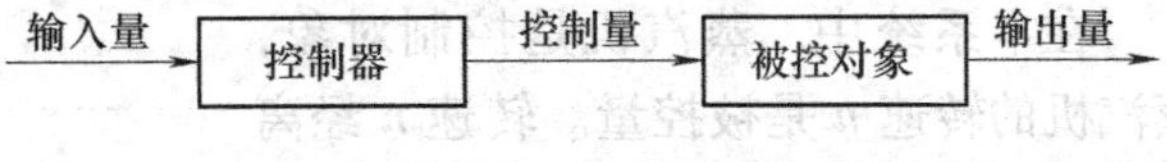

在开环控制系统中，对于每一个参考输入量，就有一个与之相对应的工作状态和输出量。其控制精度取决于元器件的精度和特性调整的精度。当系统存在扰动时，开环控制系统很难完成既定的控制任务，它只适用于系统扰动不大，并且控制精度要求不高的情况。

图1-6 开环控制系统

**2. 闭环控制系统**

闭环控制的特点是，在控制器与被控对象之间，不仅存在着正向作用，而且存在反馈作用，即系统的输出量对控制量有直接影响。闭环控制系统的示意框图如图1-7所示。

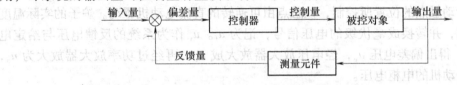

图1-7 闭环控制系统

将检测出来的输出量送回到系统的输入端，并与输入量比较的过程称为反馈。若反馈量与输入量相减，称为负反馈；反之，若相加，则称为正反馈。输入量与反馈量之差，称为偏差量。偏差量作用于控制器上，控制器对偏差量进行某种运算，产生一个控制作用，使系统的输出量趋向于给定的数值。

闭环控制的实质，就是利用负反馈的作用来减小系统的误差，因此闭环控制又称为反馈控制。反馈控制是一种基本的控制规律，它具有自动修正被控量偏离给定值的作用，因而可以抑制各种干扰的影响，达到自动控制的目的。自动控制的基本原理实质上就是反馈控制原理。

### 1.1.4 自动控制系统的应用实例

在本节中，将介绍几个闭环控制系统的具体应用实例。

**1. 蒸汽机转速自动控制系统**

采用由瓦特发明的离心调速器的蒸汽机转速控制系统如图1-8所示。其工作原理为：当蒸汽机带动负载转动的同时，通过圆锥齿轮带动一对飞锤作水平旋转。飞锤通过铰链可带动套筒上下滑动，套筒内装有平衡弹簧，套筒上下滑动时可拨动杠杆，杠杆另一端通过连杆调节供汽阀门的开度。在蒸汽机正常运行时，飞锤旋转所产生的离心力与弹簧的反弹力相平衡，套筒保持某个高度，使阀门处于一个平衡位置。如果由于负载增大使蒸汽机转速 $n$ 下降,则飞锤因离心力减小而使套筒向下滑动,并通过杠杆增大供汽阀门的开度,从而使得蒸汽机的转速 n 上升。同理,若由于负载的减小使得蒸汽机的转速 n 增加,则飞锤因离心力增加而使套筒上滑,并通过杠杆减小供汽阀门的开度,迫使蒸汽机转速回落。这样,离心调速器就能自动地抵制负载变化对转速的影响,使蒸汽机的转速 n 保持在某个期望值附近。

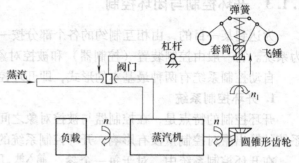

图 1-8 蒸汽机转速控制系统

在本系统中,蒸汽机是控制对象,蒸汽机的转速 n 是被控量。转速 n 经离心调速器测出并转换成套筒的位移量后,再经过杠杆传送至供汽阀门,来控制蒸汽机的转速,从而构成一个闭环控制系统。

离心调速器也常见于水力发电站中,作为控制水力透平机的转速之用。

**2. 炉温自动控制系统**

图 1-9 所示是工业炉温自动控制系统的原理图。在该系统中,加热炉采用电加热的方式运行,加热器所产生的热量和施加的电压 $u_c$ 的二次方成正比,$u_c$ 增高,炉温就上升。$u_c$ 的高低由调压器滑动触点的位置所控制,该触点由可逆转的直流电动机驱动。炉子的实际温度采用热电偶测出,并转换成毫伏级的电压信号,记为 $u_f$。$u_f$ 作为系统的反馈电压与给定电压 $u_r$ 进行比较,得出偏差电压 $u_e$,经电压放大器放大成 $u_1$,再经过功率放大器放大为 $u_a$,将其作为控制电动机的电枢电压。

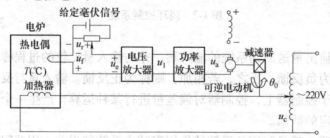

图 1-9 炉温自动控制系统

在正常情况下,炉温等于某个期望值 $T(℃)$,热电偶的输出电压 $u_f$ 正好等于给定电压 $u_r$。此时,$u_e = u_r - u_f = 0$,故 $u_1 = u_a = 0$,可逆电动机不转动,调压器的滑动触点停留在某个合适的位置上,使 $u_c$ 保持一定的数值。这时,炉子散失的热量正好等于从加热器吸取的热量,形成了稳定的热平衡状态。

若炉膛温度由于某种原因突然下降,如炉门打开造成的热量流失,则出现如下的控制过程:

$$T(℃)↓ → u_f↓ → u_e↑ → u_1↑ → u_a↑ → θ → u_c↑ → T(℃)↑$$

控制的结果是使得炉膛温度回升,直至炉膛温度的实际值等于期望值为止。

**3. 飞机——自动驾驶仪系统**

飞机自动驾驶仪是一种能保持或改变飞机飞行状态的自动装置。它可以稳定飞行的姿态、高度和航迹；可以操纵飞机爬高、下滑和转弯。飞机与自动驾驶仪组成的自动控制系统称为飞机——自动驾驶仪系统。

如同飞行员操纵飞机一样，自动驾驶仪控制飞机飞行是通过控制飞机的三个操纵面（升降舵、方向舵、副翼）的偏转，改变舵面的空气动力特性，以形成围绕飞机质心的旋转转矩，从而改变飞机的飞行姿态和轨迹。现以比例式自动驾驶仪稳定飞机俯仰角为例，说明其工作原理。图 1-10 为飞机——自动驾驶仪系统稳定俯仰角原理示意图。

图中，垂直陀螺仪作为测量元件用以测量飞机的俯仰角，当飞机以给定俯仰角水平飞行时，陀螺仪电位器没有电压输出；若飞机受到扰动，使俯仰角向下偏离期望值，陀螺仪电位器输出与俯仰角偏差成正比的信号，经放大器放大后驱动舵机，一方面推动升降舵面向上偏转，产生使飞机抬头的转矩 $M$，以减小俯仰角偏差；同时还带动反馈电位器滑臂，输出与舵偏角成正比的电压并反馈到输入端。随着俯仰角偏差的减小，陀螺仪电位器输出信号越来越小，舵偏角也随之减小，直到俯仰角回到期望值，这时，舵面也恢复到原来状态。

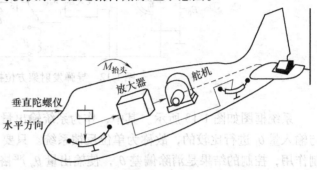

图 1-10 飞机——自动驾驶仪系统稳定俯仰角原理示意图

飞机——自动驾驶仪系统稳定俯仰角控制系统框图如图 1-11 所示，图中，飞机是被控对象，俯仰角是被控量，放大器、舵机、垂直陀螺仪、反馈电位器等是控制装置，即自动驾驶仪。参考量是给定的常值俯仰角，控制系统的任务就是在任何扰动（如阵风或气流冲击）作用下，始终保持飞机以给定的俯仰角飞行。

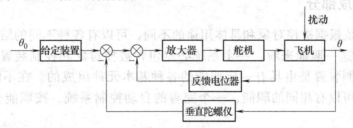

图 1-11 飞机-自动驾驶仪系统稳定俯仰角控制系统框图

### 4. 导弹发射架的方位控制

图 1-12 所示是一个用以控制导弹发射架方位的电位器式随动系统原理图。图中，电位器 $RP_1$、$RP_2$ 并联后跨接到同一电源 $E_0$ 的两端，其滑臂分别与输入轴和输出轴相连接，以组成方位角的给定装置和反馈装置。输入轴由手轮操纵；输出轴则由直流电动机经减速后带动，电动机采用电枢控制的方式工作。

当摇动手轮使电位器 $RP_1$ 的滑臂转过一个输入角 $\theta_i$ 的瞬间，由于输出轴的转角 $\theta_o \neq \theta_i$，于是出现一个偏差 $\theta_e$：$\theta_e = \theta_i - \theta_o$，该角差通过电位器 $RP_1$、$RP_2$ 转换成电压，并以偏差电压的方式表示出来，即 $u_e = u_i - u_o$。

若 $\theta_i > \theta_o$，则 $u_i > u_o$，即 $u_e > 0$。该电压经放大后驱动电动机作正向转动，带动导弹发射架转动的同时，并通过输出轴带动电位器 $RP_2$ 的滑臂转过一定的角度 $\theta_o$，直至 $\theta_o = \theta_i$，此时 $u_o = u_i$，故偏差电压 $u_e = 0$，电动机才停止转动。这时，导弹发射架就停留在相应的方位角上，也就是说，随动系统输出轴的运动已经完全复现了输入轴的运动。

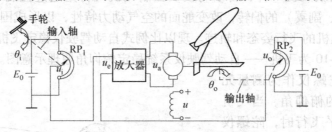

图 1-12　导弹发射架方位控制系统

系统框图如图 1-13 所示。其中，作为系统输出量的方位角 $\theta_o$ 是全部直接反馈到输入端与输入量 $\theta_i$ 进行比较的，故称为单位反馈系统。只要 $\theta_i \neq \theta_o$，系统就出现偏差，从而产生控制作用，控制的结果是消除偏差 $\theta_e$，使输出量 $\theta_o$ 严格地跟随输入量 $\theta_i$ 的变化而变化。

图 1-13　导弹发射架方位控制系统框图

## 1.2　自动控制系统的组成

### 1.2.1　基本组成部分

自动控制系统根据被控对象和具体用途的不同，可以有各种不同的结构形式，但从完成"自动控制"这一职能来看，一个系统必然包含被控对象和控制装置（称为控制器）两大部分，而控制装置是由具有一定职能的各种基本元件组成的。在不同系统中，结构完全不同的元件可以有相同的职能，一个完善的自动控制系统，按职能分类通常由以下几部分组成。

1) 被控对象：需要控制的工作机械或生产过程。出现于被控对象中需要控制的物理量称为被控量。

2) 测量反馈元件：用以测量被控量并将其转换成与输入量同一物理量后，再反馈到输入端以作比较。

3) 给定元件：给出与期望的被控量相对应的系统输入量。

4) 比较元件：把测量元件检测的被控量实际值与给定元件给出的输入量进行比较，得出它们之间的偏差。

5) 放大元件：将微弱的信号进行放大。

6) 执行元件：根据偏差信号的性质执行相应的控制作用，以使被控量按期望值变化。

7) 校正元件：按某种函数规律变换控制信号，以利于改善系统的动态品质或静态性能。

一个典型的自动控制系统基本组成可用图1-14所示的框图表示。

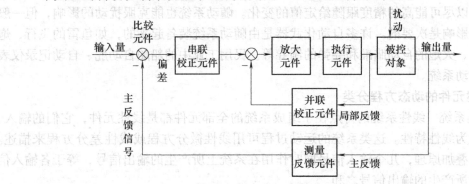

图1-14 典型自动控制系统的框图

### 1.2.2 常用的名词术语

自动控制系统常用的名词术语如下。

1) 输入信号：输入到控制系统的指令信号，又称参考输入、输入量、给定量。

2) 输出信号：被控对象中要求按一定规律变化的物理量，即系统的被控制量，又称被控量、输出量。

3) 反馈信号：由系统（或元件）输出端取出并反向送回系统（或元件）输入端的信号。反馈有主反馈和局部反馈之分。

4) 偏差信号：输入信号与主反馈信号之差，简称偏差。

5) 误差信号：系统输出量的实际值与期望值之差，简称误差。

6) 扰动信号：简称扰动或干扰，它与控制作用相反，是一种不希望的、影响系统输出的不利因素。扰动信号既可来自系统内部，又可来自系统外部，前者称内部扰动，后者称外部扰动。

## 1.3 自动控制系统的分类

控制系统有多种分类方法。例如，按控制方式可分为开环控制、闭环控制、复合控制等；按元件类型可分为机械系统、电气系统、机电系统、液压系统、气动系统和生物系统等；按系统功用可分为温度控制系统、压力控制系统、位置控制系统等；这些就不一一列举了，这里根据后面的分析需要，介绍几种常见的分类方法。

**1. 按输入信号的特征分类**

（1）恒值控制系统　这类系统的特点是输入信号为某个恒定的常量，系统的基本任务是在存在扰动的情况下，使被控量保持在一个给定的期望值上。由于扰动的出现，将使被控量偏离期望值而出现偏差，恒值系统能根据偏差的性质产生控制作用，使被控量以一定的精度恢复到期望值附近。例如前面介绍的水位控制系统及炉温控制系统均为恒值控制系统。

（2）程序控制系统　这类系统的输入信号不是常数，而是按照预先知道的时间函数变化。如热处理炉温控制系统中的升温、保温、降温等过程，都是按照预先设定的规律进行控制的。又如机械加工中的程序控制机床、加工中心均是典型的例子。

（3）随动系统　这类系统的输入信号是预先不知道的随时间任意变化的函数。控制系统能使被控量以尽可能高的精度跟随给定值的变化。随动系统也能克服扰动的影响，但一般说来，扰动的影响是次要的。许多自动化武器是由随动系统装备起来的，如鱼雷的飞行、炮瞄雷达的跟踪、火炮的自动瞄准和导弹的制导等。民用工业中的船舶自动舵、自动记录仪表等，均属于随动系统。

**2. 按描述元件的动态方程分类**

（1）线性系统　线性系统的特点在于组成系统的全部元件都是线性元件，它们的输入、输出静特性均为线性特性。这类系统的运动过程可用线性微分方程或线性差分方程来描述。线性系统满足叠加原理，几个输入信号同时作用在系统上所产生的输出信号，等于各输入信号单独作用时所产生的输出信号之和。

（2）非线性系统　非线性系统的特点在于系统中含有一个或多个非线性元件。非线性元件的输入、输出静特性是非线性特性。例如饱和限幅特性、死区特性、继电特性以及传动间隙等。凡含有非线性元件的系统均属于非线性系统，这种系统不满足叠加原理，其运动过程需用非线性微分方程或非线性差分方程来描述。

**3. 按信号的传递是否连续分类**

（1）连续系统　若系统各环节间的信号均为时间 $t$ 的连续函数，则这类系统称为连续系统。连续系统的运动规律可用微分方程描述。上述提到的水位控制系统和电动机转速控制系统均属于连续系统。

（2）离散系统　在信号传递过程中，只要有一处的信号是脉冲序列或数字编码，这种系统就称为离散系统。离散系统的特点是信号在特定离散时刻 $t_1, t_2, t_3, \cdots, t_n$ 是时间的函数，而在上述离散时刻之间，信号无意义。离散系统的运动规律需用差分方程来描述。

随着计算机应用技术的迅猛发展，为数众多的自动控制系统都采用数字计算机作为控制手段。在计算机引入控制系统之后，控制系统就由连续系统变成离散系统了。因此，随着数字计算机在自动控制中的广泛应用，离散系统理论得到了迅速发展。

**4. 按系统的参数是否随时间变化分类**

（1）定常系统　如果系统中的参数不随时间变化，则这类系统称为定常系统。实际中遇到的大部分系统，都是属于这类系统，或者可以合理地近似地看成这类系统。

（2）时变系统　如果系统中的参数是时间 $t$ 的函数，则这类系统称为时变系统。

## 1.4 自动控制理论概要

### 1.4.1 自动控制理论的发展

随着自动控制技术的广泛应用和迅猛发展，出现了许多新问题，这些问题要求从理论上加以解决。自动控制理论正是在解决这些实际技术问题的过程中逐步形成和发展起来的。它是研究自动控制技术的基础理论，是研究自动控制共同规律的技术科学。按其发展的不同阶段，可把自动控制理论分为经典控制理论和现代控制理论两大部分。

经典控制理论就是自动控制原理，是 20 世纪 40 年代到 50 年代形成的一门独立学科。早期的控制系统较为简单，只要列出微分方程并求解，就可以用时域法分析它们的性能。第二次世界大战前后，由于生产和军事的需要，出现了较复杂的控制系统，这些系统通常是用高阶微分方程来描述的。由于高阶微分方程求解的困难，各种控制系统的理论研究和分析方法便应运而生。1932年奈奎斯特在研究负反馈放大器时创立了有名的稳定性判据，在此基础上，1945年伯德提出了分析控制系统的一种图解方法即频率法。随后，1948年伊万斯又创立了另一种图解法——根轨迹法。追溯到1877年，劳斯和1895年赫尔维茨分别独立地提出了判断系统稳定性的代数判据。这些都是经典控制理论的重要组成部分。50年代中期，经典控制理论又添加了非线性系统理论和离散控制理论，从而形成了完整的理论体系。

20世纪50、60年代，人类开始征服太空，1957年，苏联成功发射了第一颗人造地球卫星，1968年美国阿波罗飞船成功登上月球。在这些举世瞩目的成功中，自动控制技术起着不可磨灭的作用，也因此催生了20世纪60年代现代控制理论的问世，其中包括以状态为基础的状态空间法，贝尔曼的动态规划法和庞特里亚金的极大值原理，以及卡尔曼滤波器。

20世纪70年代开始，一方面现代控制理论继续向深度和广度发展，形成了许多分支，如自适应控制、模糊控制、神经网络控制等。另一方面随着控制理论应用范围的扩大，从个别小系统的控制，发展到若干个相互关联的子系统组成的大系统进行整体控制，从传统的工程控制领域推广到包括经济管理、生物工程、能源、运输和环境等大型系统以及社会科学领域，人们开始了对大系统理论的研究。

目前，控制理论正朝向以控制论、信息论和仿生学为基础的智能控制理论深入发展。

### 1.4.2 对自动控制系统的基本要求

虽然自动控制系统有不同的类型，对每个系统也有各自不同的特殊要求，但对于各类系统来说，在已知系统结构和参数的情况下，我们感兴趣的是系统在某种典型输入信号作用下，其被控量变化的全过程。而要提高控制质量，就必须对自动控制系统的性能提出一定的具体要求。各种不同的系统，对被控量变化全过程提出的基本要求都是一样的，可以归纳为稳定性、快速性和准确性，即稳、快、准的要求。

**1. 稳定性**

稳定性是指系统重新恢复平衡状态的能力，它是保证控制系统正常工作的先决条件。一个稳定的控制系统，其被控量偏离期望值的初始偏差应随时间的推移而逐渐减小并趋于零。反之，不稳定的控制系统，其被控量偏离期望值的初始偏差将随着时间的推移而发散。

由于闭环控制系统有反馈作用，故控制过程有可能出现振荡或不稳定。现以图1-12所示的发射架方位控制为例说明这个问题。设系统原处于静止状态，即 $\theta_o = \theta_i$，若手轮突然转动某个角度（相当于系统输入阶跃信号），输入轴与输出轴之间便产生偏差角 $\theta_e$。在偏差信号的作用下，电动机驱动发射架朝着角差减小的方向运动。当偏差 $\theta_e = 0$ 时，由于电动机电枢、导弹发射架等元件存在惯性，输出轴不能立即停止转动，因而产生过冲，即 $\theta_o > \theta_i$。过冲导致偏差信号极性相反，从而使得电动机驱动发射架朝着角差增大的方向运动。如此反复，发射架将在 $\theta_i$ 确定的方位上来回摆动。如果系统具有足够的阻尼，则摆动振幅将随时间迅速衰减，使发射架最终停留在 $\theta_o = \theta_i$ 的方位上，跟踪过程如图1-15a所示。这样的系统是稳定的。

反之，若系统设计不当或参数调整不合理，其响应过程可能出现等幅振荡甚至呈现发散的振荡现象，如图1-15b、c所示。这样的系统就是不稳定的。

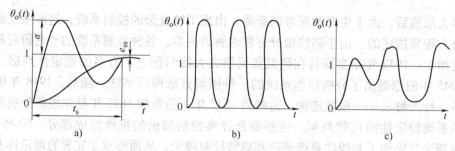

图 1-15 随动系统对阶跃输入的跟踪过程
a) 衰减振荡过程　b) 等幅振荡过程　c) 发散过程

**2. 快速性**

由于系统的对象和元件通常具有一定的惯性，并受到能源功率的限制，因此，当系统输入（给定输入或扰动输入）信号改变时，在控制作用下，系统必然由原先的平衡状态经历一段时间才能过渡到另一个新的平衡状态，这个过程称为过渡过程。为了很好地完成控制任务，控制系统仅仅满足稳定性要求是不够的，还必须对其过渡过程的形式和快慢提出要求，一般称为动态性能。例如，对用于稳定的自动驾驶仪系统，当飞机受阵风扰动而偏离预定航线时，具有自动使飞机恢复预定航线的能力，但在恢复过程中，如果机身摇晃幅度过大，或恢复速度过快，就会使乘员感到不适。因此，对控制系统过渡过程的时间（即快速性）和最大振荡幅度（即超调量）一般都有具体要求。过渡过程越短，说明系统的快速性越好。快速性是衡量系统质量高低的重要指标之一。

**3. 准确性**

对一个稳定的系统而言，在理想情况下，当过渡过程结束后，系统被控量达到的稳态值应与期望值一致。但实际上，由于系统结构、外作用形式以及摩擦、间隙等非线性因素的影响，系统输出量的实际值与期望值之间会存在误差，称为稳态误差。稳态误差是衡量控制系统控制精度的重要指标。稳态误差越小，表示系统的准确性越好。

对同一系统而言，稳、快、准是相互制约的。过分提高过程的快速性，可能会引起系统强烈的振荡；而过分追求稳定性，又可能使系统反应迟钝，而最终导致准确性变坏。如何分析与解决这些矛盾便是本课程研究的重要内容。

### 1.4.3 本书内容

本书只介绍经典控制理论的有关内容。经典控制理论以传递函数为数学工具，研究单输入、单输出的自动控制系统的分析与设计问题。主要研究方法有时域分析法、根轨迹法和频率特性法。

**1. 系统分析**

所谓系统分析，是在已知系统的结构和参数的情况下研究系统在某种典型输入信号（如单位阶跃信号）作用下被控量变化的全过程，并从这个变化过程中得出评价系统性能的指标，以及讨论系统的性能指标与系统结构、参数的关系。

**2. 系统设计**

所谓系统设计，是在给出被控对象及其技术指标要求的情况下，寻求一个能完成既定控制任务、满足所提技术指标的控制系统。而在控制系统的主要元件和结构形式确定的前提下，设计任务往往是需要改变系统的某些参数或加入某种装置（有时还要改变系统的结构），使其满足预定的性能指标要求。这个过程称为对系统进行校正，所需附加的装置称为校正装置。

分析和设计是两个完全相反的命题。分析系统的目的在于了解和认识已有的系统。对于从事自动控制的工程技术人员而言，更重要的工作是建造系统、设计系统，以及改造那些控制性能未达到要求的系统。为此，必须牢固掌握自动控制理论、控制元件和控制系统等多方面的知识。

## 1.5 小结

本章从人工控制和自动控制的比较入手，通过列举一些具体的自动控制系统，简单介绍了控制系统的组成和工作原理，从而使读者熟悉和了解有关概念，并初步接触有关的名词、术语。

控制系统按其是否存在反馈可分为开环控制系统和闭环控制系统。闭环控制系统又称反馈控制系统，其主要特点是系统输出量经测量后反送到系统输入端构成闭环，并且由偏差产生控制作用，控制的结果是使被控量朝着减少偏差或消除偏差的方向运动。

在分析系统的工作原理时，应注意系统的各组成部分具有的职能以及在系统中如何完成它的作用，并能用框图进行分析。框图是分析控制系统简单而有效的方法。

对自动控制系统的基本要求是：系统必须是稳定的；系统的稳态控制精度要高，即稳态误差要小；系统的响应过程要快。这些要求可归纳成稳、准、快三个字。

## 1.6 习题

1-1 试列举几个日常生活中所遇到的开环控制和闭环控制的例子，并简述它们的工作原理。

1-2 试比较开环控制系统和闭环控制系统的优缺点。

1-3 自动控制系统通常由哪些环节组成？它们在控制过程中担负什么功能？

1-4 试画出图1-9所示炉温自动控制系统的框图。

1-5 图1-16为仓库大门控制系统原理图。试说明自动控制大门开启和关闭的工作原理，并画出相应的框图。如果大门不能全开或全关，则怎样进行调整？

1-6 图1-17为水温控制系统原理图。冷水在热交换器中由通入的蒸汽加热，从而得到一定温度的热水。冷水流量变化用流量计测量。试绘制系统框图，并说明为了保持热水温度为期望值，系统是如何工作的？系统的被控对象和控制装置各是什么？

1-7 图1-18为谷物湿度控制系统示

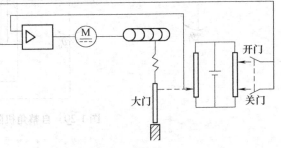

图1-16 仓库大门控制系统原理图

意图。在谷物磨粉的生产过程中，有一种出粉最多的湿度，因此磨粉之前要给谷物加水以得到给定的湿度。图中，谷物用传送装置按一定流量通过加水点，加水量由自动阀门控制。加水过程中，谷物流量、加水前谷物湿度以及水压都是对谷物湿度控制的扰动作用。为了提高控制精度，系统中采用了谷物湿度的顺馈控制，试画出系统框图。

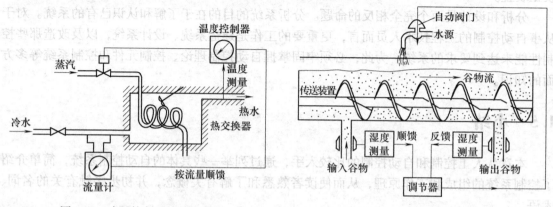

图 1-17　水温控制系统原理图　　　　图 1-18　谷物湿度控制系统

**1-8**　图 1-19 为数字计算机控制的机床刀具进给系统。要求将工件的加工编制成程序预先存入数字计算机，加工时，步进电动机按照计算机给出的信息动作，完成加工任务。试说明该系统的工作原理。

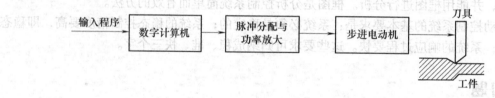

图 1-19　机床刀具进给系统

**1-9**　图 1-20 是自整角机随动系统原理图。系统的功能是使接收自整角机 TR 的转子角位移 $\theta_o$ 与发送自整角机 TX 的转子角位移 $\theta_i$ 始终保持一致。试说明系统是如何工作的，指出被控对象、被控量以及控制装置各部件的作用，并画出系统框图。

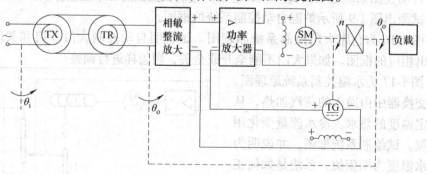

图 1-20　自整角机随动系统原理图

**1-10**　下列各式是描述系统的微分方程，其中 $c(t)$ 为输出量，$r(t)$ 为输入量，试判断哪些是线性定常（或时变）系统，哪些是非线性系统？

(1) $c(t) = 5 + r^2(t) + t\dfrac{d^2 r(t)}{dt^2}$

(2) $\dfrac{d^3 c(t)}{dt^3} + 3\dfrac{d^2 c(t)}{dt^2} + 6\dfrac{dc(t)}{dt} + 8c(t) = r(t)$

(3) $t\dfrac{dc(t)}{dt} + c(t) = r(t) + 3\dfrac{dr(t)}{dt}$

(4) $c(t) = r(t)\cos\omega t + 5$

(5) $c(t) = r^2(t)$

(6) $c(t) = \begin{cases} 0 & t < 6 \\ r(t) & t \geq 6 \end{cases}$

# 第 2 章　自动控制系统的数学模型

自动控制理论在方法上是先把具体的物理系统抽象成数学模型，然后以数学模型为研究对象，应用各种方法去分析其性能，并研究改进性能的方法途径。

## 2.1　控制系统数学模型的概念

控制系统的数学模型是描述系统内部物理量（或变量）之间关系的数学表达式。在静态条件下（即变量各阶导数为零），描述变量之间关系的代数方程叫做静态数学模型；而描述变量各阶导数之间关系的微分方程叫做动态数学模型。如果已知输入量及变量的初始条件，对微分方程求解，就可以得到系统输出量的表达式，并由此对系统进行性能分析。因此，建立控制系统的数学模型是分析和设计控制系统的首要工作。

### 2.1.1　建立数学模型的方法

建立控制系统数学模型的方法有机理分析法和实验法两种。机理分析法是对系统各部分的运行机理进行分析，根据它们所依据的物理或化学规律分别列出相应的运动方程。例如，电学中有基尔霍夫定律、力学中有牛顿定律、热力学中有热力学定律等。实验法是人为地给系统施加某种测试信号，记录其输出响应，并用适当的数学模型去逼近，这种方法称为系统辨识。近几十年来，系统辨识已发展成一门独立的学科分支，本章只介绍用机理分析法建立系统数学模型的方法。

### 2.1.2　数学模型的类型

在自动控制理论中，数学模型有多种形式。常用的数学模型有微（差）分方程、传递函数（或脉冲传递函数）、状态空间表达式、结构图和信号流图，以及频域中的频率特性等。本章介绍微分方程、传递函数、结构图和信号流图等数学模型的建立和应用。

合理的数学模型，是指它应以最简化的形式，正确地代表被控对象或系统的动态特性。通常，忽略了对特性影响较小的一些物理因素后，可以得到简化的数学模型。例如，系统中存在的分布参数、时变参数及非线性特性，当它们的影响很小时，则忽略它们之后所得的系统简化数学模型便有一定的准确性；反之，当它们的影响比较大时，用简化的数学模型分析的结果往往与实际系统的研究结果相差很大，不能正确代表控制系统的特性。

对于一个自动控制系统，简化的数学模型通常是一个线性微分方程式。具有线性微分方程式的控制系统称为线性系统。当微分方程式的系数是常数时，相应的控制系统称为线性定常（或线性时不变）系统；当微分方程式的系数是时间的函数时，相应的控制系统称为线性时变系统。

如果控制系统含有分布参数，那么描述系统的数学模型应有偏微分方程。如果系统中存在非线性特性，则需要用非线性微分方程来描述，这种系统称为非线性系统。

很多控制系统，在一定的限制条件下，都可以用线性微分方程描述。而线性微分方程的求解一般都有标准的方法，因此，线性系统的研究有重要的实用价值。

## 2.2 控制系统的微分方程

### 2.2.1 线性系统微分方程的建立

建立控制系统的微分方程，一般先由系统原理图画出系统框图，并分别列写组成系统的各元件的微分方程，然后消去中间变量，从而得到描述系统输出量与输入量之间关系的微分方程。

列写系统或元件微分方程的步骤如下：

1) 根据实际工作情况，确定系统和各元件的输入、输出变量。

2) 从输入端开始，按照信号的传递顺序，依据各变量所遵循的物理（或化学）定律列写出在运动过程中的动态方程，一般为微分方程组。

3) 消去中间变量，写出输入、输出变量的微分方程。

4) 标准化，将与输入有关的各项放在等号右侧，与输出有关的各项放在等号左侧，并按降幂排列，最后将系数归一化为具有一定物理意义的形式。

在列写系统各元件的微分方程时，一是应注意信号传送的单向性，即前一个元件的输出是后一个元件的输入，一级一级的单向传送；二是应注意元件与其他元件的相互影响，即所谓的负载效应问题。

下面举例说明建立元件和系统的微分方程的步骤和方法。

**例 2-1** 试写出图 2-1 所示的 $RLC$ 串联电路输入、输出电压之间的微分方程。

**解**：1) 确定系统的输入、输出量。

输入端电压 $u_i(t)$ 为输入量，输出端电压 $u_o(t)$ 为输出量。

2) 列写微分方程。

设回路电流为 $i(t)$，由基尔霍夫定律可得

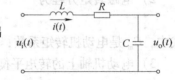

图 2-1 $RLC$ 电路图

$$u_R(t) + u_L(t) + u_C(t) = u_i(t) \tag{2-1}$$

式中，$u_R(t)$、$u_L(t)$、$u_C(t)$ 分别为 $R$、$L$、$C$ 上的电压降。

又由 
$$u_R(t) = Ri(t), \quad u_L(t) = L\frac{di(t)}{dt}$$

可得出 
$$L\frac{di(t)}{dt} + Ri(t) + u_C(t) = u_i(t) \tag{2-2}$$

3) 消去中间变量，得出系统的微分方程。

考虑 $u_C(t) = u_o(t)$，根据电容的特性可得

$$i(t) = C\frac{du_C(t)}{dt} = C\frac{du_o(t)}{dt} \tag{2-3}$$

将式 (2-3) 代入式 (2-2)，可得到系统的微分方程为

$$LC\frac{d^2 u_o(t)}{dt^2} + RC\frac{du_o(t)}{dt} + u_o(t) = u_i(t) \tag{2-4}$$

令 $T_1 = L/R$，$T_2 = RC$，则式（2-4）可改写为

$$T_1 T_2 \frac{d^2 u_o(t)}{dt^2} + T_2 \frac{du_o(t)}{dt} + u_o(t) = u_i(t) \tag{2-5}$$

可见，此 RLC 无源网络的动态数学模型是一个二阶常系数线性微分方程。

**例 2-2** 电枢控制式直流电动机原理图如图 2-2 所示。试列写取电枢电压 $u_a(t)$ 为输入量，电动机角速度 $\omega(t)$ 为输出量的直流电动机的微分方程。图中，$R_a$，$L_a$ 分别是电枢电路的电阻和电感；$M_c$ 是折合到电动机轴上的总负载转矩。励磁磁通设为定值。

**解**：电动机的工作实质是将输入的电能转换为机械能。对于图 2-2 所示的电枢控制式直流电动机，其工作过程为，输入的电枢电压 $u_a(t)$ 在电枢回路中产生电枢电流 $i_a(t)$，流过电枢电流 $i_a(t)$ 的闭合线圈与磁场相互作用产生电磁转矩 $M(t)$，带动负载转动。因此，电枢控制式直流电动机的运动方程可由以下三部分组成：

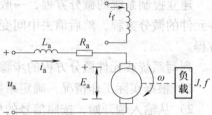

图 2-2 电枢控制直流电动机原理图

1) 电枢回路电压平衡方程为

$$u_a(t) = L_a \frac{di_a(t)}{dt} + R_a i_a(t) + E_a \tag{2-6}$$

式中，$E_a$ 是电枢反电动势，它是电枢旋转时产生的反电动势，其大小与励磁磁通及转速成正比，方向与电枢电压 $u_a(t)$ 相反，表示为 $E_a = C_e \omega(t)$，$C_e$ 是反电动势系数。

2) 电磁转矩方程为

$$M(t) = C_m i_a(t) \tag{2-7}$$

式中，$C_m$ 是电动机转矩系数；$M(t)$ 是电枢电流产生的电磁转矩。

3) 电动机轴上的转矩平衡方程为

$$J\frac{d\omega(t)}{dt} = M(t) - M_c(t) \tag{2-8}$$

式中，$J$ 是电动机和负载折合到电动机轴上的转动惯量。注意，式（2-8）中已忽略与转速成正比的阻尼转矩。

联立式（2-6）~式（2-8），消去中间变量 $i_a(t)$、$E_a$ 及 $M(t)$，便可得到描述输出量 $\omega(t)$ 和输入量 $u_a(t)$、扰动量 $M_c(t)$ 之间关系的微分方程为

$$T_a T_m \frac{d^2 \omega(t)}{dt^2} + T_m \frac{d\omega(t)}{dt} + \omega(t) = K_u u_a - K_m \left[ T_a \frac{dM_c(t)}{dt} + M_c(t) \right] \tag{2-9}$$

式中，$T_a = \frac{L_a}{R_a}$，$T_m = \frac{JR_a}{C_e C_m}$，分别称为电动机的电磁时间常数和机电时间常数；$K_u = \frac{1}{C_e}$，$K_m = \frac{T_m}{J}$，分别称为电压传递系数和转矩传递系数，分别表征了电压 $u_a(t)$ 变动或扰动转矩 $M_c(t)$ 变动时对电动机角速度 $\omega(t)$ 的影响程度。

在工程应用中,由于电枢电路电感 $L_a$ 较小,通常忽略不计,此时式(2-9)可简化为

$$T_m \frac{d\omega(t)}{dt} + \omega(t) = K_u u_a(t) - K_m M_c(t) \tag{2-10}$$

如果取电动机的转角 $\theta(t)$ 作为输出,电枢电压 $u_a(t)$ 仍作为输入,因为 $\omega(t) = \frac{d\theta(t)}{dt}$,于是式(2-10)可改写成

$$T_m \frac{d^2\theta(t)}{dt^2} + \frac{d\theta(t)}{dt} = K_u u_a(t) - K_m M_c(t) \tag{2-11}$$

比较式(2-10)和式(2-11)可见,不同角度研究问题的数学模型是不同的。

**例 2-3** 试列写图 2-3 所示的转速自动控制系统以转速 $\omega$ 为输出量,给定电压 $u_r$ 为输入量的微分方程。

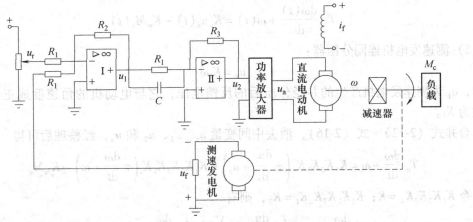

图 2-3 转速自动控制系统原理图

**解:** 系统中的电动机是控制对象。被控量亦即系统的输出量为转速 $\omega$,给定输入作用为 $u_r$,扰动作用为负载转矩 $M_c$。系统由输入电位器、运算放大器 I (对信号求差并放大作用)、运算放大器 II (包含 $RC$ 校正网络,起倒相和校正作用)、功率放大器、被控对象和测速发电机等部分组成。

系统框图如图 2-4 所示。

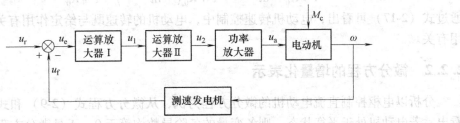

图 2-4 转速自动控制系统框图

现分别列写各部分的微分方程。

1) 运算放大器 I:给定电压 $u_r$ 与速度反馈电压 $u_f$ 在此相减,产生偏差电压并进行放

大，即

$$u_1 = K_1(u_r - u_f) = K_1 u_e \tag{2-12}$$

式中，$K_1$ 是运算放大器 I 的放大系数，$K_1 = R_2/R_1$。

2) 运算放大器 II：根据运算关系，$u_2$ 与 $u_1$ 间的微分方程为

$$u_2 = K_2\left(\tau \frac{du_1}{dt} + u_1\right) \tag{2-13}$$

式中，$K$ 是运算放大器 II 的比例系数，$K_2 = R_3/R_1$；$\tau$ 为时间常数，$\tau = R_3 C$。

3) 功率放大器：

$$u_a = K_3 u_2 \tag{2-14}$$

式中，$K_3$ 为放大系数。

4) 直流电动机：由例 2-2 可知电枢控制直流电动机的微分方程为

$$T_m \frac{d\omega(t)}{dt} + \omega(t) = K_u u_a(t) - K_m M_c(t) \tag{2-15}$$

5) 测速发电机连同分压器：

$$u_f = K_f \omega \tag{2-16}$$

式中，$u_f$ 为测速发电机产生的并经分压后的反馈电压，它与电动机的角速度成正比，比例系数为 $K_f$。

合并式 (2-12) ~ 式 (2-16)，消去中间变量 $u_f$、$u_1$、$u_2$ 和 $u_a$，经整理后可得

$$T_m \frac{d\omega}{dt} + \omega = K_1 K_2 K_3 K_u\left(\tau \frac{du_r}{dt} + u_r\right) - K_1 K_2 K_3 K_u K_f\left(\tau \frac{d\omega}{dt} + \omega\right) - K_m M_c$$

令 $K_1 K_2 K_3 K_u = K$；$K_1 K_2 K_3 K_u K_f = K_0$，则有

$$T_m \frac{d\omega}{dt} + \omega = K\left(\tau \frac{du_r}{dt} + u_r\right) - K_0\left(\tau \frac{d\omega}{dt} + \omega\right) - K_m M_c$$

合并同类项，整理可得

$$(T_m + K_0 \tau)\frac{d\omega}{dt} + (1 + K_0)\omega = K\left(\tau \frac{du_r}{dt} + u_r\right) - K_m M_c$$

用 $(1 + K_0)$ 去除全式，得到转速自动控制系统的微分方程为

$$\frac{T_m + K_0 \tau}{1 + K_0} \frac{d\omega}{dt} + \omega = \frac{K}{1 + K_0}\left(\tau \frac{du_r}{dt} + u_r\right) - \frac{K_m}{1 + K_0} M_c \tag{2-17}$$

通过式 (2-17) 可看出，电动机转速控制中，电动机的转速既与给定作用有关，又和扰动作用有关。

## 2.2.2 微分方程的增量化表示

分析以电枢控制直流电动机的微分方程为例，从微分方程式 (2-9) 和式 (2-10) 可以看出，若电动机处于平衡状态，则各变量的各阶导数均等于 0，于是微分方程就变成如下的代数方程：

$$\omega_0 = K_u u_{a0} - K_m M_{c0} \tag{2-18}$$

它表示平衡状态下输入量、输出量之间的关系，称为静态数学模型。式 (2-18) 表明：直流电动机平衡状态下的角速度 $\omega_0$ 与电枢电压 $u_{a0}$ 及负载转矩 $M_{c0}$ 有关。$u_{a0}$ 增加则 $\omega_0$ 上升，相

反地，$M_{c0}$ 增大则 $\omega_0$ 下降。当 $M_{c0}$ = 常数时，$\omega_0$ 和 $u_{a0}$ 的关系可用特性曲线表示出来，称为控制特性；当 $u_{a0}$ = 常数时，$\omega_0$ 和 $M_{c0}$ 的关系亦可用特性曲线表示，通常称为电动机的机械特性。

若电动机在某个平衡状态下运行，此时的变量 $u_a(t)$、$M_c(t)$ 和 $\omega(t)$ 分别用 $u_{a0}$、$M_{c0}$ 和 $\omega_0$ 表示。考虑到各变量均会有所变动，今用 $\Delta$ 表示增量，于是电动机在平衡状态附近运行的变量可表示为

$$\left.\begin{array}{l} u_a(t) = u_{a0} + \Delta u_a(t) \\ M_c(t) = M_{c0} + \Delta M_c(t) \\ \omega(t) = \omega_0 + \Delta \omega(t) \end{array}\right\} \tag{2-19}$$

将式（2-19）代入式（2-10），并考虑平衡状态各变量应具有式（2-18）的关系，经化简后可得

$$T_m \frac{d\Delta \omega(t)}{dt} + \Delta \omega(t) = K_u \Delta u_a(t) - K_m \Delta M_c(t) \tag{2-20}$$

这就是电动机微分方程在平衡状态附近的增量化表示式。比较式（2-10）和式（2-20）可知，两个式子在形式上是一样的，不同之处在于式（2-20）中的变量均用平衡状态附近的增量表示。

若电动机运行过程中，负载转矩 $M_c(t)$ = 常数，则 $\Delta M_c(t) = 0$，增量化方程就变成

$$T_m \frac{d\Delta \omega(t)}{dt} + \Delta \omega(t) = K_u \Delta u_a(t) \tag{2-21}$$

若电动机运行过程中 $u_a(t)$ = 常数，则 $\Delta u_a(t) = 0$，增量化方程为

$$T_m \frac{d\Delta \omega(t)}{dt} + \Delta \omega(t) = -K_m \Delta M_c(t) \tag{2-22}$$

由于增量化表示式（2-20）与绝对值表示式（2-10）具有相同的形式，为方便起见，$\Delta$ 可省略不写，这样只要把式（2-10）中的变量全部理解成为相应的增量就可以了。

### 2.2.3 线性系统的重要特征

用线性微分方程描述的系统，称为线性系统。线性系统的重要性质是可以应用叠加原理。叠加原理有两重含义，即具有可叠加性和齐次性（或均匀性）。

（1）可叠加性　当系统同时存在几个输入量作用时，其输出量等于各输入量单独作用时所产生的输出量之和。

（2）齐次性　当系统的输入量增大或缩小若干倍时，系统输出量也按同一倍数增大或缩小。

在线性系统中，根据叠加原理，如果有几个不同的外作用同时作用于系统，则可将它们分别处理，求出在各个外作用单独作用时系统的响应，然后将它们叠加。

例如在直流电动机转速控制系统中，其微分方程如式（2-17）描述，即

$$\frac{T_m + K_0 \tau}{1 + K_0} \frac{d\omega}{dt} + \omega = \frac{K}{1 + K_0}\left(\tau \frac{du_r}{dt} + u_r\right) - \frac{K_m}{1 + K_0} M_c$$

若负载扰动 $M_c$ 和给定作用 $u_r$ 同时作用给系统，分析步骤如下：

1) 令给定作用 $u_r$ 为 0,负载扰动 $M_c$ 单独作用,式 (2-17) 可写成

$$\frac{T_m + K_0\tau}{1 + K_0} \frac{d\omega}{dt} + \omega = -\frac{K_m}{1 + K_0} M_c$$

由此可计算出在负载扰动 $M_c$ 作用下,电动机的转速变化为 $\omega_1$。

2) 令负载扰动 $M_c$ 为 0,给定作用 $u_r$ 单独作用,式 (2-17) 则变成

$$\frac{T_m + K_0\tau}{1 + K_0} \frac{d\omega}{dt} + \omega = \frac{K}{1 + K_0}\left(\tau \frac{du_r}{dt} + u_r\right)$$

由此可计算出在给定作用 $u_r$ 作用下,电动机的转速变化为 $\omega_2$。

3) 若负载扰动 $M_c$ 和给定作用 $u_r$ 同时作用给系统,则应用叠加原理,此时电动机转速在两者作用下的变化为 $\omega = \omega_1 + \omega_2$。

### 2.2.4 非线性微分方程的线性化

严格地说,实际控制系统的元件都含有非线性特性,含有非线性特性的系统可以用非线性微分方程描述,但它的求解通常非常复杂。这时,除了可以用计算机进行数值计算外,有些非线性特性还可以在一定工作范围内用线性系统模型近似,称为非线性模型的线性化。常用的方法是将具有弱非线性的元件在一定的条件下视为线性元件。此外,在工程实际中,常常使用切线法或小偏差法,其本质是对于连续变化的非线性函数,在一个很小的范围内,将非线性特性用一段直线来代替。

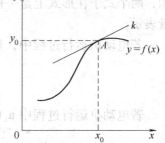

图 2-5 小偏差线性化示意图

**1. 单变量非线性函数的线性化**

设连续变化的非线性函数为 $y = f(x)$,如图 2-5 所示。取某平衡状态 $A(x_0, y_0)$ 为工作点。当 $x = x_0 + \Delta x$ 时,有 $y = y_0 + \Delta y$。设函数 $y = f(x)$ 在 $(x_0, y_0)$ 点连续可微,则将它在该点附近进行泰勒级数展开为

$$y = f(x) = f(x_0) + \left.\frac{df(x)}{dx}\right|_{x=x_0}(x - x_0) + \frac{1}{2!}\left.\frac{d^2 f(x)}{dx^2}\right|_{x=x_0}(x - x_0)^2 + \cdots \quad (2\text{-}23)$$

当增量 $(x - x_0)$ 很小时,略去其高次幂,则有

$$y - y_0 = f(x) - f(x_0) = \left.\frac{df(x)}{dx}\right|_{x=x_0}(x - x_0) \quad (2\text{-}24)$$

令 $\Delta y = y - y_0$,$\Delta x = x - x_0$,$k = \left.\frac{df(x)}{dx}\right|_{x=x_0}$,则线性化方程可简记为

$$\Delta y = k\Delta x$$

略去增量符号,便得函数 $y = f(x)$ 在工作点 $A$ 附近的线性化方程为

$$y = kx \quad (2\text{-}25)$$

式中,$k$ 是比例系数,$k = \left.\frac{df(x)}{dx}\right|_{x=x_0}$,它是函数 $f(x)$ 在 $A$ 点的切线斜率。

**2. 双变量非线性函数的线性化**

对于有两个或两个以上变量的非线性系统,线性化方法与单变量完全相同,设非线性函数 $y = f(x_1, x_2)$,同样可在某工作点 $(x_{10}, x_{20})$ 附近用泰勒级数展开,以同样的方法可得

$$\Delta y = k_1 \Delta x_1 + k_2 \Delta x_2$$

略去增量符号，可得函数 $y = f(x_1, x_2)$ 在工作点附近的线性化方程为

$$y = k_1 x_1 + k_2 x_2 \tag{2-26}$$

式中，$k_1 = \dfrac{\partial y}{\partial x_1}\bigg|_{\substack{x_1 = x_{10} \\ x_2 = x_{20}}}$；$k_2 = \dfrac{\partial y}{\partial x_2}\bigg|_{\substack{x_1 = x_{10} \\ x_2 = x_{20}}}$。

综上所述，在进行线性化的过程中，要注意以下几点：

1）小偏差方法只适用于不太严重的非线性系统，其非线性函数是可以利用泰勒级数展开的。
2）线性化方程中的参数与工作点有关。
3）实际运行情况是在某个平衡点（静态工作点）附近，且变量只能在小范围内变化。
4）对于严重的非线性，例如继电特性，因处处不满足泰勒级数展开的条件，故不能做线性化处理，必须用第 8 章的方法进行分析。

## 2.3 控制系统的传递函数

控制系统的微分方程是用时域法描述动态系统的数学模型，在给定初始条件的情况下，可以通过求解微分方程直接得到系统的输出响应，但如果方程阶次较高，则计算很繁琐，从而给系统的分析设计带来不便。

经典控制理论的主要研究方法，都不是直接利用求解微分方程的方法，而是采用与微分方程有关的另一种数学模型——传递函数。传递函数是经典控制理论中最重要的数学模型。在以后的分析中可以看到，利用传递函数不必求解微分方程就可研究初始条件为零的系统在输入信号作用下的动态性能。利用传递函数还可研究系统参数变化或结构变化对动态过程的影响，因而极大简化了系统分析的过程。另外，还可以把对系统性能的要求转化为对系统传递函数的要求，使综合设计问题易于实现。鉴于传递函数的重要性，本节将对其进行深入的研究。

### 2.3.1 传递函数的概念

所谓传递函数，是线性定常系统在零初始条件下，系统输出量的拉普拉斯变换与输入量的拉普拉斯变换之比。图 2-6 的框图表示一个具有传递函数 $G(s)$ 的线性系统，它表明，系统输入量与输出量的关系可以用传递函数联系起来

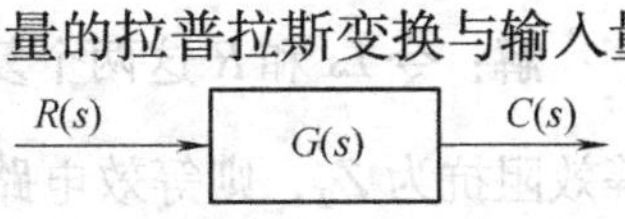

图 2-6 传递函数框图

$$C(s) = G(s)R(s)$$

设线性定常系统由下述 $n$ 阶线性常微分方程描述：

$$a_n \frac{\mathrm{d}^n c(t)}{\mathrm{d}t^n} + a_{n-1} \frac{\mathrm{d}^{n-1} c(t)}{\mathrm{d}t^{n-1}} + \cdots + a_1 \frac{\mathrm{d}c(t)}{\mathrm{d}t} + a_0 c(t)$$
$$= b_m \frac{\mathrm{d}^m r(t)}{\mathrm{d}t^m} + b_{m-1} \frac{\mathrm{d}^{m-1} r(t)}{\mathrm{d}t^{m-1}} + \cdots + b_1 \frac{\mathrm{d}r(t)}{\mathrm{d}t} + b_0 r(t) \tag{2-27}$$

式中，$c(t)$ 为系统输出量；$r(t)$ 为系统输入量。在初始状态为零时，对式（2-27）两端取拉普拉斯变换，得

$$a_n s^n C(s) + a_{n-1} s^{n-1} C(s) + \cdots + a_1 s C(s) + a_0 C(s)$$
$$= b_m s^m R(s) + b_{m-1} s^{m-1} R(s) + \cdots + b_1 s R(s) + b_0 R(s) \tag{2-28}$$

式（2-28）用传递函数可表述为

$$G(s) = \frac{C(s)}{R(s)} = \frac{b_m s^m + b_{m-1} s^{m-1} + \cdots + b_1 s + b_0}{a_n s^n + a_{n-1} s^{n-1} + \cdots + a_1 s + a_0} \qquad (2\text{-}29)$$

式中，$C(s)$ 表示输出量的拉普拉斯变换；$R(s)$ 表示输入量的拉普拉斯变换；$G(s)$ 表示系统或环节的传递函数。通常情况下，取 $a_n = 1$。

**例 2-4** 试求例 2-1 RLC 无源网络的传递函数 $U_o(s)/U_i(s)$。

**解**：RLC 网络的微分方程式如式（2-4）描述为

$$LC\frac{d^2 u_o(t)}{dt^2} + RC\frac{du_o(t)}{dt} + u_o(t) = u_i(t)$$

在零初始条件下，对其左右各项进行拉普拉斯变换，可得 $s$ 的代数方程为

$$(LCs^2 + RCs + 1)U_o(s) = U_i(s)$$

由传递函数定义，可得此无源网络的传递函数为

$$G(s) = \frac{U_o(s)}{U_i(s)} = \frac{1}{LCs^2 + RCs + 1}$$

由上面的例子可看出，根据传递函数的定义，获取任何系统的传递函数，可先列出该系统的微分方程，然后经过拉普拉斯变换求出传递函数。然而对于电气网络，如上面的例 2-4，可以不列写微分方程，而直接用复阻抗来求传递函数。在电气网络中 RLC 对应的复阻抗分别为 $R$、$Ls$、$\frac{1}{Cs}$。若电气元件用复阻抗表示，将电流 $i(t)$ 和电压 $u(t)$ 全换成相应的拉普拉斯变换式 $I(s)$ 和 $U(s)$。那么从形式上看，在零初始条件下，电气元件的复阻抗和电流、电压的拉普拉斯变换式 $I(s)$ 和 $U(s)$ 之间的关系满足各种电路定律，如欧姆定律、基尔霍夫电流定律和电压定律。于是，采用普通的电路定律，经过简单的代数运算，就可求解 $I(s)$、$U(s)$ 及相应的传递函数。

**例 2-5** 试用复阻抗方法求图 2-1 所示的 RLC 串联电路的传递函数 $\frac{U_o(s)}{U_i(s)}$。

**解**：令 $Ls$ 和 $R$ 这两个复阻抗串联后的等效阻抗为 $Z_1$，$\frac{1}{Cs}$ 的等效阻抗为 $Z_2$，则等效电路如图 2-7 所示。如此可求得系统的传递函数为

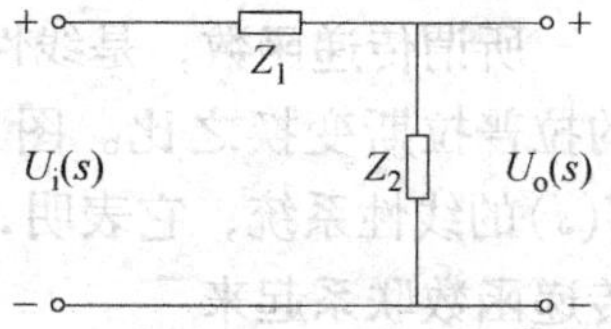

$$\frac{U_o(s)}{U_i(s)} = \frac{Z_2}{Z_1 + Z_2} = \frac{\frac{1}{Cs}}{Ls + R + \frac{1}{Cs}} = \frac{1}{LCs^2 + RCs + 1}$$

图 2-7 RLC 电路的复阻抗等效图

可见所求结果与例 2-4 相同，但方法明显比使用传递函数定义简单。

**例 2-6** 图 2-8a 中，电压 $u_i$ 为输入，电压 $u_o$ 为输出，试求传递函数 $\frac{U_o(s)}{U_i(s)}$。

**解**：设有源电路中电流 $i_1$、$i_2$、$i_3$、$i_4$ 以及中间电压 $u_z$ 如图 2-8b 所示，则根据基尔霍夫电流定律和理想运算放大器虚断原理，得

$$i_1 = i_2$$
$$i_2 = i_3 + i_4$$

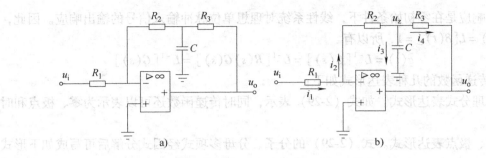

图 2-8 例 2-6 图

再根据理想运放的虚地原理以及欧姆定律，将其写成电压与阻抗的形式为

$$\frac{U_i(s)-0}{R_1}=\frac{0-U_z(s)}{R_2} \tag{2-30}$$

$$\frac{0-U_z(s)}{R_2}=\frac{U_z(s)}{\dfrac{1}{Cs}}+\frac{U_z(s)-U_o(s)}{R_3} \tag{2-31}$$

将式（2-30）代入式（2-31），消去中间变量 $U_z(s)$，得系统传递函数为

$$\frac{U_o(s)}{U_i(s)}=-\frac{R_2R_3Cs+R_2+R_3}{R_1} \tag{2-32}$$

## 2.3.2 关于传递函数的几点说明

由于传递函数在经典控制理论中是非常重要的概念，故有必要对其性质、适用范围及表示形式等方面作出以下说明：

1）传递函数只适用于描述线性定常系统。

2）传递函数和微分方程一样，表征系统的运动特性，是系统的数学模型的一种表示形式，它和系统的运动方程是一一对应的。传递函数分子多项式系数及分母多项式系数，分别与相应微分方程的右端及左端微分算符多项式系数相对应。在零初始条件下，将微分方程的算符 d/dt 用复数 s 置换便得到传递函数；反之，将传递函数多项式中的变量 s 用算符 d/dt 置换便得到微分方程。

3）传递函数是系统本身的一种属性，它只取决于系统的结构和参数，与输入量和输出量的大小和性质无关，也不反映系统内部的任何信息。且传递函数只反映系统的动态特性，而不反映系统物理性能上的差异，对于物理性质截然不同的系统，只要动态特性相同，它们的传递函数就具有相同的形式。

4）传递函数为复变量 s 的有理真分式，即 $n \geq m$，因为系统或元件总是具有惯性的，而且输入系统的能量也是有限的。

5）传递函数只是通过系统输入量和输出量之间的关系来描述系统，而对内部其他变量的情况却无法得知。特别是某些变量不能由输出变量反映时，传递函数就不能正确表征系统的特征。现代控制理论采用状态空间法描述系统，引入了可控性和可观测性的概念，从而对控制系统进行全面的了解，可以弥补传递函数的不足。

6）传递函数 $G(s)$ 的拉普拉斯反变换是脉冲响应 $g(t)$。推导如下：

脉冲响应是在零初始条件下，线性系统对理想单位脉冲输入信号的输出响应。因此，输入量 $R(s) = L[\delta(t)] = 1$，所以有

$$g(t) = L^{-1}[C(s)] = L^{-1}[R(s)G(s)] = L^{-1}[G(s)]$$

7）传递函数的几种表达形式如下：

① 有理分式表达形式。如式（2-29）表示，同时传递函数还可以表示为零、极点和时间常数形式。

② 零、极点表达形式。式（2-29）的分子、分母多项式经因式分解后可写成如下形式：

$$G(s) = \frac{b_m(s+z_1)(s+z_2)\cdots(s+z_m)}{a_n(s+p_1)(s+p_2)\cdots(s+p_n)} = K_g \frac{\prod_{i=1}^{m}(s+z_i)}{\prod_{j=1}^{n}(s+p_j)} \quad (2\text{-}33)$$

式中，$-z_i(i = 1, 2, \cdots, m)$ 是分子多项式的零点，称为传递函数的零点；$-p_j(j=1, 2, \cdots, n)$ 是分母多项式的零点，称为传递函数的极点；而 $K_g = \dfrac{b_m}{a_n}$ 称为传递函数的增益，也是第 4 章将要介绍的根轨迹增益。这种用零点和极点表示传递函数的方法在根轨迹分析法中使用较多。

传递函数的零点和极点可同时表示在复平面上，通常用"。"表示传递函数的零点，用"×"表示传递函数的极点，假设传递函数为

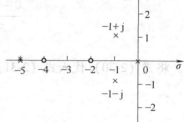

图 2-9 传递函数的零、极点分布

$$G(s) = \frac{k(s+2)(s+4)}{s(s+5)^2(s^2+2s+2)}$$

其零、极点分布如图 2-9 所示。

③ 时间常数表达形式。式（2-29）的分子、分母多项式经因式分解后还可表示为

$$G(s) = \frac{b_0}{a_0} \times \frac{d_m s^m + d_{m-1} s^{m-1} + \cdots + d_1 s + 1}{c_n s^n + c_{n-1} s^{n-1} + \cdots + c_1 s + 1} = K \frac{\prod_{i=1}^{m}(\tau_i s + 1)}{\prod_{j=1}^{n}(T_j s + 1)} \quad (2\text{-}34)$$

式中，$\tau_i$ 为分子各因子的时间常数；$T_j$ 为分母各因子的时间常数；$K$ 称为传递函数的传递系数，$K = \dfrac{b_0}{a_0}$，通常也称为系统的放大系数。传递函数的这种时间常数表示形式在频域分析法中使用最多。

因为式（2-29）分子、分母多项式的各项系数均为实数，所以传递函数 $G(s)$ 如果出现复数零点、极点的话，那么复数零点、极点必然是共轭的。

如果传递函数有 $v$ 个等于 0 的极点，并考虑到既有实数零点、极点，又有共轭复数零点、极点，那么式（2-33）、式（2-34）可改写成一般式为

$$G(s) = \frac{K_g}{s^v} \times \frac{\prod_{i=1}^{m_1}(s+z_i) \prod_{k=1}^{m_2}(s^2 + 2\zeta_k\omega_k s + \omega_k^2)}{\prod_{j=1}^{n_1}(s+p_j) \prod_{l=1}^{n_2}(s^2 + 2\zeta_l\omega_l s + \omega_l^2)} \quad (2\text{-}35)$$

和

$$G(s) = \frac{K}{s^v} \times \frac{\prod_{i=1}^{m_1}(\tau_i s + 1)\prod_{k=1}^{m_2}(\tau_k^2 s^2 + 2\zeta_k \tau_k s + 1)}{\prod_{j=1}^{n_1}(T_j s + 1)\prod_{l=1}^{n_2}(T_l^2 s^2 + 2\zeta_l T_l s + 1)} \quad (2\text{-}36)$$

式（2-35）和式（2-36）中，$m_1 + 2m_2 = m$，$v + n_1 + 2n_2 = n$。

### 2.3.3 典型环节及其传递函数

控制系统是由各种元件相互连接组成的。虽然不同的控制系统所用的元件不相同，如机械的、电子的、液压的、气压的和光电的等，然而，从传递函数的观点来看，尽管它们的结构、工作原理极不相同，但其运动规律却可以完全相同，即具有相同的数学模型。为了便于研究自动控制系统，通常按数学模型的不同，将系统的组成元件归纳为典型的几个类别，每种类别有其相应的传递函数，叫做一种典型环节。

线性系统传递函数的普遍形式如式（2-29）所示，可变换成式（2-36），它由一些基本因子的乘积所组成。这些基本因子就是典型环节所对应的传递函数，它们是传递函数的最简单、最基本的形式。

典型环节有比例环节、积分环节、惯性环节、振荡环节、微分环节及延迟（滞后）环节等几种。

**1. 比例环节**（又称放大环节）

比例环节的输出量与输入量成比例关系。具体为

（1）微分方程

$$c(t) = Kr(t) \quad t \geq 0$$

（2）传递函数

$$G(s) = \frac{C(s)}{R(s)} = K \quad (2\text{-}37)$$

式中，$K$ 为比例系数或传递系数。若输出、输入的量纲相同，则称为放大系数。

（3）动态响应　当 $r(t) = 1(t)$ 时，$c(t) = K1(t)$。

比例环节立即成比例地响应输入量的变化，比例环节的阶跃响应曲线如图 2-10 所示。

（4）实例　常见的分压器、交流变压器、线性放大器、杠杆均属于比例环节。

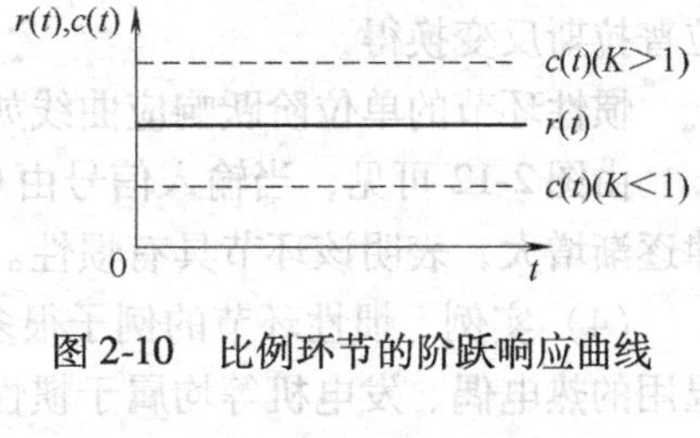

**2. 积分环节**

积分环节的输出量与输入量的积分成正比。具体表述为

（1）微分方程

图 2-10　比例环节的阶跃响应曲线

$$c(t) = \frac{1}{T}\int r(t)\mathrm{d}t \quad t \geq 0$$

（2）传递函数

$$G(s) = \frac{C(s)}{R(s)} = \frac{1}{Ts} \quad (2\text{-}38)$$

式中，$T$ 为积分时间常数。

（3）动态响应　当输入信号 $r(t)=1(t)$ 时，$R(s)=\dfrac{1}{s}$，则

$$C(s)=R(s)G(s)=\dfrac{1}{s}\dfrac{1}{Ts}=\dfrac{1}{Ts^2}$$

拉普拉斯反变换得

$$c(t)=\dfrac{1}{T}t$$

积分环节的单位阶跃响应曲线如图 2-11 所示，可见 $c(t)$ 随时间 $t$ 直线上升，其斜率为 $\dfrac{1}{T}$。

（4）实例　积分环节的特点是它的输出量为输入量对时间的积累。因此，凡是输出量对输入量有储存和积累特点的元件一般都含有积分环节。例如，水箱的水位与水流量，烘箱的温度与热流量（或功率），机械运动中的转速与转矩，位移与加速度，电容的电量与电流等。积分环节是自动控制系统遇到的最多的环节之一。

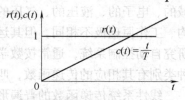

图 2-11　积分环节的单位阶跃响应曲线

**3. 惯性环节**

（1）微分方程

$$T\dfrac{dc(t)}{dt}+c(t)=r(t) \qquad t\geqslant 0$$

（2）传递函数

$$G(s)=\dfrac{C(s)}{R(s)}=\dfrac{1}{Ts+1} \tag{2-39}$$

式中，$T$ 为时间常数。

（3）动态响应　当输入 $r(t)=1(t)$ 时，$R(s)=\dfrac{1}{s}$，则

$$C(s)=R(s)G(s)=\dfrac{1}{s}\dfrac{1}{Ts+1}=\dfrac{1}{s}-\dfrac{1}{s+\dfrac{1}{T}}$$

拉普拉斯反变换得

$$c(t)=1-e^{-\dfrac{t}{T}}$$

惯性环节的单位阶跃响应曲线如图 2-12 所示。

由图 2-12 可见，当输入信号由 0 突变为 1 时，输出信号不能立即响应，而是按指数规律逐渐增大，表明该环节具有惯性。

（4）实例　惯性环节的例子很多，如加热炉、测温用的热电偶、发电机等均属于惯性环节。

**4. 振荡环节**

振荡环节的特点是：环节中含有两种不同能量形式的储能元件，两者间不断进行能量交换，致使输出量呈现出振荡的性质。

（1）微分方程

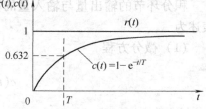

图 2-12　惯性环节的单位阶跃响应曲线

$$T^2\frac{d^2c(t)}{dt^2}+2\zeta T\frac{dc(t)}{dt}+c(t)=r(t)$$

（2）传递函数

$$G(s)=\frac{1}{T^2s^2+2\zeta Ts+1}=\frac{\omega_n^2}{s^2+2\zeta\omega_n s+\omega_n^2} \tag{2-40}$$

式中，$\omega_n=1/T$；$\zeta$ 称为阻尼比，$0<\zeta<1$。

（3）动态响应　详细推导过程见第3章二阶系统的时域分析。

当 $\zeta=0$ 时，$c(t)$ 为等幅自由振荡（又称无阻尼振荡），其振荡角频率为 $\omega_n$，$\omega_n$ 称为无阻尼自然振荡角频率。

当 $0<\zeta<1$ 时，$c(t)$ 为减幅振荡（又称欠阻尼振荡），其振荡角频率为 $\omega_d$，$\omega_d$ 称为阻尼振荡角频率。这时响应为

$$c(t)=1-\frac{e^{-\zeta\omega_n t}}{\sqrt{1-\zeta^2}}\sin(\omega_d t+\varphi)$$

式中，$\omega_d=\omega_n\sqrt{1-\zeta^2}$；$\varphi=\arctan\frac{\sqrt{1-\zeta^2}}{\zeta}$。

振荡环节的单位阶跃响应曲线如图2-13所示。

（4）实例　如例2-1所示的 $RLC$ 电路。

**5. 微分环节**

微分环节的特点是输出量与输入量的导数成比例关系。按方程的不同，微分环节分为纯微分环节、一阶微分环节（也称比例微分环节）和二阶微分环节，分别描述为

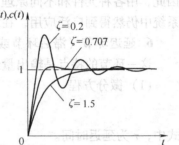

图2-13　振荡环节的单位阶跃响应曲线

（1）微分方程

$$c(t)=\tau\frac{dr(t)}{dt} \qquad t\geq 0$$

$$c(t)=\tau\frac{dr(t)}{dt}+r(t) \qquad t\geq 0$$

$$c(t)=\tau_2\frac{d^2r(t)}{dt^2}+2\zeta\tau\frac{dr(t)}{dt}+r(t) \qquad t\geq 0$$

（2）传递函数　对应的传递函数为

$$\begin{aligned}G(s)&=\tau s\\ G(s)&=\tau s+1\\ G(s)&=\tau^2s^2+2\zeta\tau s+1 \qquad (0<\zeta<1)\end{aligned} \tag{2-41}$$

（3）动态响应

纯微分环节：

当 $r(t)=1(t)$ 时，$R(s)=\frac{1}{s}$，此时 $C(s)=R(s)G(s)=\frac{1}{s}\tau s=\tau$

得

$$c(t)=\tau\delta(t)$$

式中，$\delta(t)$ 为理想单位脉冲函数，它是一个幅值为无穷大而时间宽度为零的理想脉冲信号。

纯微分环节的单位阶跃响应曲线如图2-14所示。

应强调指出，这种理想微分环节在实际中是得不到的，因为，任何实际物理元件或装置都具有一定质量和有限的容量（即能够储存和传输的能量是有限的），都不可能在阶跃信号输入时，于瞬间释放出幅值为无穷大而持续时间仅为零的输出。

同样，单纯的一阶微分环节和二阶微分环节在实际中也是不存在的，包含微分特征的环节必然带有惯性，反映在传递函数上就是带有分母。

虽然实际的微分环节不具有理想微分环节一样的特性，但仍能在输入跃变时，于极短时间内形成一个较强脉冲的输出。从本质上看，实际微分环节的输出的确包含有与输入信号导数成比例的成分。因此，用各种元件和不同原理构成的实际微分环节（尤其是比例微分环节）在实际的控制系统中仍然得到广泛应用，在本书的以后章节中将有进一步的阐述。

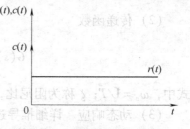

图 2-14 纯微分环节的单位阶跃响应曲线

**6. 延迟环节**（滞后环节或时滞环节）

这一环节的特点是输出量经历一段延迟时间 $\tau$ 后，完全复现输入信号。具体为

（1）微分方程

$$c(t) = r(t - \tau)$$

式中，$\tau$ 为延迟时间。

（2）传递函数 由拉普拉斯变换的性质可得

$$G(s) = e^{-\tau s} = \frac{1}{e^{\tau s}} \tag{2-42}$$

若将 $e^{-\tau s}$ 按泰勒级数展开，得

$$e^{\tau s} = 1 + \tau s + \frac{\tau^2 s^2}{2!} + \frac{\tau^3 s^3}{3!} + \cdots$$

当 $\tau$ 很小时，$e^{-\tau s} \approx 1 + \tau s$，于是式（2-42）可近似为

$$G(s) = \frac{1}{e^{\tau s}} \approx \frac{1}{\tau s + 1} \tag{2-43}$$

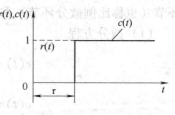

图 2-15 延迟环节的单位阶跃响应曲线

式（2-43）表明，在延迟时间很小时，延迟环节可用一个小惯性环节来代替。

（3）动态响应 延迟环节的单位阶跃响应曲线如图2-15所示。

（4）实例 延迟环节在工程中是经常遇到的，例如过程控制系统中的管道运输、带式运输机都是典型的延迟环节。

## 2.4 控制系统的结构图

传递函数是由代数方程组通过消去系统中间变量得到的，如果系统结构复杂，方程组数目较多，消去中间变量就比较麻烦，并且中间变量的传递过程在系统输入与输出关系中得不到反映，因此，结构图作为一种数学模型，在控制理论中得到了广泛的应用。

### 2.4.1 结构图的概念

结构图是将框图与传递函数结合起来的一种将控制系统图形化的数学模型。如果把组成系统的各个环节用方块表示,方块内标出表征此环节输入、输出关系的传递函数,并将环节的输入量、输出量改用拉普拉斯变换来表示,这种图形称为动态结构图,简称结构图。如果按照信号的传递方向将各环节的结构图依次连接起来,形成一个整体,这就是系统结构图。

结构图不但能清楚表明系统的组成和信号的传递方向,而且能清楚地表示出系统信号传递过程中的数学关系。

### 2.4.2 结构图的组成和建立

**1. 结构图的组成**

控制系统的结构图是由许多对信号进行单向运算的方块和一些连线组成的,它包含四种基本单元。

1) 方块:表示元件或环节输入、输出变量的函数关系,指向方块的箭头表示输入信号,从方块出来的箭头表示输出信号,方块内是表征其输入、输出关系的传递函数。如图 2-16a 所示,此时 $C(s) = G(s)R(s)$。

2) 信号线:用带有箭头的直线表示,箭头方向表示信号的传递方向,信号线旁标记信号的象函数(拉普拉斯变换),如图 2-16b 所示。

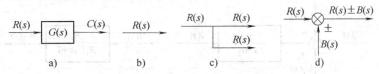

图 2-16 结构图的基本组成单元

3) 信号引出点(分支点):引出点表示信号引出的位置,从同一位置引出的信号,在数值和性质方面完全相同,如图 2-16c 所示。

4) 比较点(相加点):对两个或两个以上性质相同的信号进行加减运算。"+"代表相加,"−"代表相减。"+"通常可省略,但"−"不可省,如图 2-16d 所示。

**2. 结构图的建立**

建立结构图的步骤如下:

1) 首先应分别列写系统各元件的微分方程,在建立微分方程时,应分清输入量和输出量,同时应考虑相邻元件之间是否存在负载效应。

2) 设初始条件为零时,将各元件的微分方程(组)进行拉普拉斯变换,并作出各元件的结构图(函数方块)。

3) 将系统的输入量放在最左边,输出量放在最右边,按照各元件的信号流向,用信号线依次将各元件的结构图(函数方块)连接起来,便构成系统的结构图。

**例 2-7** RLC 电路系统如图 2-17 所示,试绘制以 $u_i(t)$ 为输入,$u_o(t)$ 为输出的系统结构图。

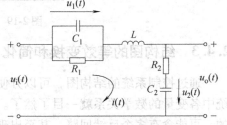

图 2-17 RLC 电路系统

**解**：由基尔霍夫电压和电流定律可知该电路系统的微分方程为

$$u_i(t) = u_1(t) + L\frac{di(t)}{dt} + R_2 i(t) + u_2(t) \tag{2-44}$$

$$i(t) = C_1 \frac{du_1(t)}{dt} + \frac{u_1(t)}{R_1} \tag{2-45}$$

$$u_2(t) = \frac{1}{C_2}\int i(t)dt \tag{2-46}$$

$$u_o(t) = R_2 i(t) + u_2(t) \tag{2-47}$$

假设各变量初始条件为零，对上述方程组进行拉普拉斯变换，得

$$I(s) = \frac{1}{Ls + R_2}[U_i(s) - U_1(s) - U_2(s)] \tag{2-48}$$

$$U_1(s) = \frac{R_1}{R_1 C_1 s + 1} I(s) \tag{2-49}$$

$$U_2(s) = \frac{1}{C_2 s} I(s) \tag{2-50}$$

$$U_o(s) = R_2 I(s) + U_2(s) \tag{2-51}$$

与上述方程对应的各元件的函数方块如图 2-18 所示。按照各变量间的关系将各元件的结构图连接起来，便可得到该电路系统的结构图，如图 2-19 所示。

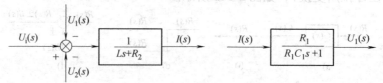

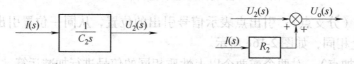

图 2-18　元件结构图

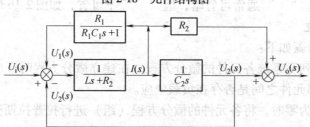

图 2-19　例 2-7 的电路系统结构图

### 2.4.3　结构图的等效变换和简化

通过控制系统的结构图，可以方便地获取系统的传递函数。如果系统结构图已知，则系统中各变量的数学关系就一目了然了。但是一个复杂系统的结构图，其连接必然是错综复杂的，可能含有多个反馈回路，甚至出现交叉连接的情况，对于这种类型的结构图，为得到系

统的传递函数，就必须利用一些变换规则对结构图进行变换。

常用的结构图变换方法有两种：一是环节的合并；二是信号分支点或比较点的移动。结构图变换过程中必须遵循的原则是变换前、后的数学关系保持不变。即前后有关部分的输入量、输出量之间的关系不变，所以，结构图变换是一种等效变换。

**1. 环节的合并**

在系统结构图中，表示各环节的连接方式有串联、并联和反馈连接三种方式。

（1）串联环节的等效  两个环节对应的传递函数分别为 $G_1(s)$ 和 $G_2(s)$，若前一个环节 $G_1(s)$ 的输出量为后一个环节 $G_2(s)$ 的输入量，则 $G_1(s)$ 和 $G_2(s)$ 称为串联连接，如图 2-20a 所示。注意，$G_1(s)$ 和 $G_2(s)$ 之间不存在负载效应，负载效应在画图时已考虑。

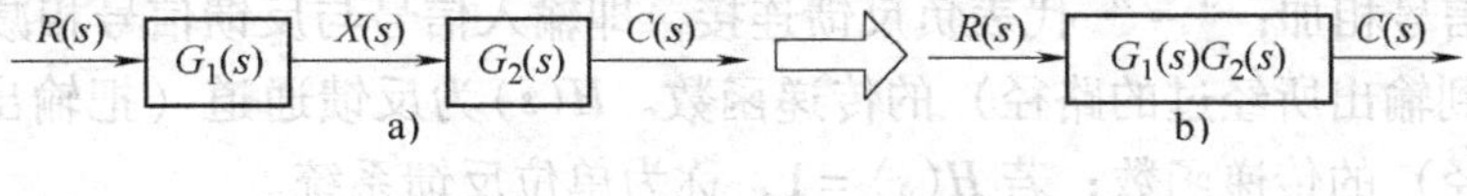

图 2-20  串联环节及其等效

由图 2-20a 可知

$$X(s) = G_1(s)R(s)$$
$$C(s) = G_2(s)X(s)$$

由以上两式消去 $X(s)$，得

$$C(s) = G_2(s)G_1(s)R(s)$$

从而得到两个环节串联的等效传递函数为

$$G(s) = \frac{C(s)}{R(s)} = G_1(s)G_2(s) \tag{2-52}$$

式（2-52）表明，两个环节串联的等效传递函数，等于各个串联环节的传递函数的乘积，如图 2-20b 所示。推而广之，$n$ 个环节串联的等效传递函数，等于各个串联环节的传递函数的乘积，其一般表达式为

$$G(s) = \prod_{i=1}^{n} G_i(s) \tag{2-53}$$

（2）并联环节的等效  两个环节对应的传递函数分别为 $G_1(s)$ 和 $G_2(s)$，如果它们有相同的输入量，而输出量等于两个环节输出量的代数和，则 $G_1(s)$ 和 $G_2(s)$ 称为并联连接，如图 2-21a 所示。

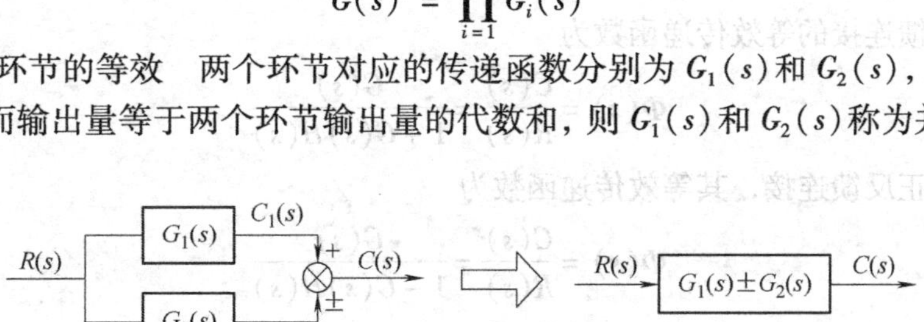

图 2-21  并联环节及其等效

由图 2-21a 可知

$$C_1(s) = G_1(s)R(s)$$
$$C_2(s) = G_2(s)R(s)$$

而

$$C(s) = C_1(s) \pm C_2(s) = G_1(s)R(s) \pm G_2(s)R(s)$$

得到两个环节并联的等效传递函数为

$$G(s) = \frac{C(s)}{R(s)} = G_1(s) \pm G_2(s) \tag{2-54}$$

由式（2-54）可知，两个并联环节的等效传递函数，等于并联环节的传递函数的代数和，如图 2-21b 所示。同理，$n$ 个环节并联的等效传递函数，等于各个并联环节的传递函数的代数和，其一般表达式为

$$G(s) = \sum_{i=1}^{n} G_i(s) \tag{2-55}$$

（3）反馈连接的等效  如果系统或环节的输出信号反馈到输入端，与输入信号进行比较，就构成了反馈连接，其连接方式如图 2-22a 所示。图中，"＋"代表正反馈连接，即输入信号与反馈信号相加；"－"代表负反馈连接，即输入信号与反馈信号相减。$G(s)$ 为前向通道（从输入到输出所经过的路径）的传递函数。$H(s)$ 为反馈通道（把输出量反馈到输入端所经过的路径）的传递函数；若 $H(s)=1$，称为单位反馈系统。

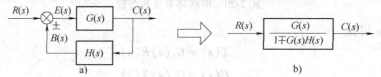

图 2-22  反馈连接及其等效

以负反馈为例，由图 2-22a 可知

$$E(s) = R(s) - B(s) = R(s) - C(s)H(s) \tag{2-56}$$

$$C(s) = E(s)G(s) \tag{2-57}$$

将式（2-56）代入式（2-57），得

$$C(s) = [R(s) - C(s)H(s)]G(s)$$

整理得

$$C(s)[1 + G(s)H(s)] = R(s)G(s)$$

从而得到负反馈连接的等效传递函数为

$$\Phi(s) = \frac{C(s)}{R(s)} = \frac{G(s)}{1 + G(s)H(s)} \tag{2-58}$$

同理，当采用正反馈连接，其等效传递函数为

$$\Phi(s) = \frac{C(s)}{R(s)} = \frac{G(s)}{1 - G(s)H(s)} \tag{2-59}$$

等效框图如图 2-22b 所示。式（2-58）称为闭环传递函数，而式中的 $G(s)H(s)$，即前向通道传递函数与反馈通道传递函数的乘积称为闭环系统的开环传递函数，简称为"开环传递函数"，这在以后的章节中会经常提到。

**2. 信号分支点和比较点的移动和互换**

在系统结构图简化过程中，上述串联、并联、反馈三种连接方式有时会交叉在一起，以致无法使用环节合并的方法来简化结构图，这时，首先应采用移动信号分支点或比较点的方法来消除各种交叉，再使用环节合并方法，从而最终求得整个系统的传递函数。

但注意在移动前后必须保持信号的等效性，即输出信号与输入信号的函数关系保持不变。

（1）信号分支点的移动和互换　具体等效变换规则见表 2-1。

**表 2-1　信号分支点的移动和互换规则**

| 原 结 构 图 | 等效后的结构图 | 等效运算关系 |
|---|---|---|
| | | (1) 分支点前移<br>$C(s) = R(s)G(s)$ |
| | | (2) 分支点后移<br>$R(s) = R(s)G(s)\dfrac{1}{G(s)}$<br>$C(s) = R(s)G(s)$ |
| | | (3) 分支点互换<br>$C(s) = C(s)$ |

（2）信号比较点的移动和互换　具体等效变换规则见表 2-2。

**表 2-2　信号比较点的移动和互换规则**

| 原 结 构 图 | 等效后的结构图 | 等效运算关系 |
|---|---|---|
| | | (1) 比较点前移<br>$C(s) = R(s)G(s) \pm X(s)$<br>$= \left[R(s) \pm \dfrac{X(s)}{G(s)}\right]G(s)$ |
| | | (2) 比较点后移<br>$C(s) = [R(s) \pm X(s)]G(s)$<br>$= R(s)G(s) \pm X(s)G(s)$ |
| | | (3) 比较点互换或合并<br>$C(s) = R(s) \pm R_1(s) \pm R_2(s)$<br>$= R(s) \pm R_2(s) \pm R_1(s)$ |

另外，在结构图化简的过程中，经常需要将"-"沿着信号线或函数方块移动，具体规则是"-"可以在信号线上越过函数方块，但不能越过比较点和分支点，如图 2-23 所示。

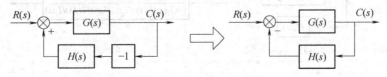

图 2-23　负号的移动规则

综上所述，可以将简化结构图的步骤归纳为以下几点：

1) 确定输入量与输出量，如果作用在系统上的输入量有多个（可以分别作用在系统的不同部位），则必须分别对每个输入量逐个进行结构图化简，求得各自的传递函数。对于多个输出量的情况。也应分别化简。

2) 若结构图中有环路与环路之间的交叉，应设法使它们分开，或形成多回路结构，然后再利用相应的环节合并方法，得到所求系统的传递函数。

3) 解除交叉连接的有效方法是移动比较点和分支点。一般地，结构图上相邻的分支点可以彼此交换、相邻的综合点也可以彼此交换，但相邻的分支点和综合点原则上不能互换。此外，"$-$"号可以在信号线上越过函数方块移动，但不能越过比较点和分支点。

**3. 结构图简化举例**

**例 2-8**  试简化图 2-24 所示的系统结构图，并求系统的传递函数 $\dfrac{C(s)}{R(s)}$。

**解**：图 2-24 是具有交叉连接的结构图，为了消除交叉，可将 $b$ 分支点前移与 $a$ 互换或 $a$ 分支点后移与 $b$ 互换的方法，本例采用前一种方法。

简化步骤如下：

1) 将含有 $H_2(s)$ 负反馈支路的分支点 $b$ 前移，则应在反馈支路中串入 $G_1(s)$ 的环节，如图 2-25a 所示。

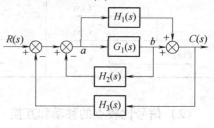

图 2-24  系统结构图

2) 图 2-25a 前向通道是一个反馈环节和一个并联环节的串联，采用环节合并方法，分别用 $\dfrac{1}{1+G_1(s)H_2(s)}$ 和 $G_1(s)+H_1(s)$ 代替它们，如图 2-25b 所示。

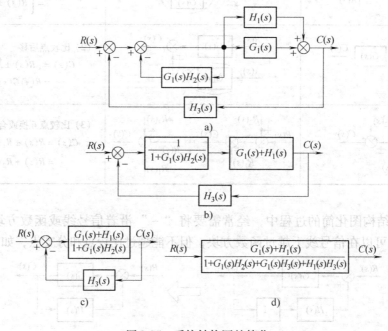

图 2-25  系统结构图的简化

3) 图 2-25b 中，前向通道为两个环节串联，化简后的传递函数为 $\dfrac{G_1(s)+H_1(s)}{1+G_1(s)H_2(s)}$，如图 2-25c 所示。

4) 图 2-25c 是一个负反馈回路，化简如图 2-25d 所示。最终得到系统的闭环传递函数为

$$\dfrac{C(s)}{R(s)} = \dfrac{G_1(s)+H_1(s)}{1+G_1(s)H_2(s)+G_1(s)H_3(s)+H_1(s)H_3(s)}$$

**例 2-9** 图 2-26 所示为一个多回路控制系统结构图，试对其进行简化，并求系统的闭环传递函数 $\dfrac{C(s)}{R(s)}$。

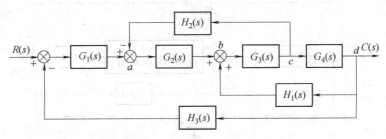

图 2-26 多回路控制系统结构图

**解**：图 2-26 为两个互相交叉的反馈回路包含在外环的反馈回路中，因此，首先解决交叉的问题，这里采用将比较点 $a$ 后移与 $b$ 合并的方法来消除交叉。

具体步骤如下：

1) 比较点 $a$ 后移与 $b$ 合并，从而形成三个环路陆续包围的情况，如图 2-27a 所示。

2) 根据图 2-27a，将前向通道中的串联环节合并，化简最内侧的负反馈回路，如图 2-27b 所示。

3) 根据图 2-27b，化简前向通道中的正反馈回路，如图 2-27c 所示。

4) 根据图 2-27c，消去含有 $H_3(s)$ 的负反馈回路，如图 2-27d 所示，得到系统的闭环传递函数为

$$\dfrac{C(s)}{R(s)} = \dfrac{G_1(s)G_2(s)G_3(s)G_4(s)}{1+G_2(s)G_3(s)H_2(s)-G_3(s)G_4(s)H_1(s)+G_1(s)G_2(s)G_3(s)G_4(s)H_3(s)}$$

需要说明的是，结构图简化的途径并不是唯一的，如本例中，也可以将比较点 $b$ 前移与 $a$ 合并；还可以将分支点 $c$ 后移或分支点 $d$ 前移，都可以消除交叉的情况。另外，由图 2-27a，将 $G_3(s)$ 后的分支点后移，$G_3(s)$ 前的比较点前移与前面的比较点合并，则三个反馈之间就是并联连接，可以合并，最后直接按一个环路写出系统的闭环传递函数。应熟练掌握技巧，选择最简捷的方法。

上面介绍的简化规则和化简方法可以通用于各种情况，而对于常见的含有多个局部反馈回路的系统，往往从闭环系统结构图的输入到输出只有一条前向通道；且各局部反馈回路之间含有公共的函数方块，则可以直接应用以下的公式求取等效闭环传递函数。

$$\Phi(s) = \dfrac{\text{前向通道各串联环节传递函数之积}}{1+\sum_{1}^{n}(\pm \text{每一个反馈回路的开环传递函数})} \qquad (2\text{-}60)$$

式中，每个反馈回路的开环传递函数前的正负号视反馈的正负而定，正反馈用 "−"，

35

负反馈用"+"。

如例2-9中的结构图就满足式（2-60）的条件，所以可应用公式直接得到例2-9化简后的传递函数。

更一般的情况可根据梅逊公式来求。

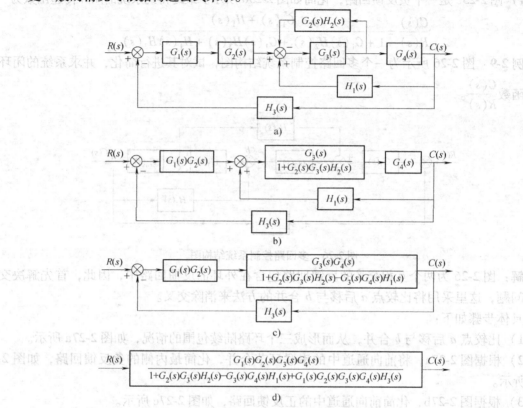

图2-27 系统结构图的简化

### 2.4.4 典型闭环控制系统的结构图及其传递函数

自动控制系统在工作过程中会受到外加信号的作用。其中一种是给定输入信号，另一种是干扰信号（扰动信号）。典型的闭环控制系统结构图如图2-28所示，其中，$R(s)$为给定输入信号，常加在系统的输入端；$N(s)$为干扰信号，常作用于被控对象。研究系统输出量$c(t)$的运动规律，不能只考虑输入量的作用，还需考虑干扰的影响，对给定输入信号和干扰信号的作用影响分析如下：

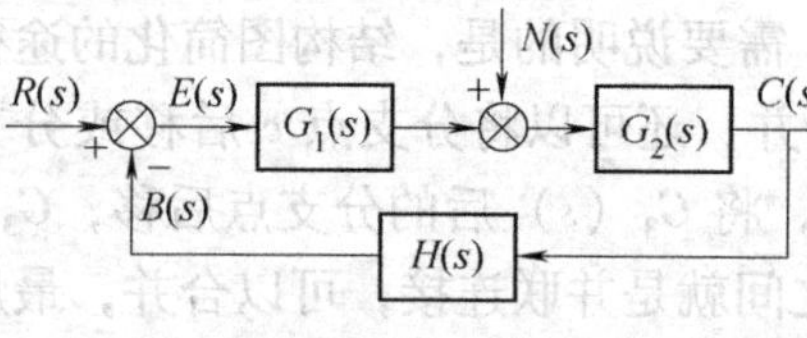

图2-28 典型的闭环控制系统结构图

**1. 系统闭环传递函数**

（1）$r(t)$作用下系统的闭环传递函数 令$n(t)=0$，此时系统结构图如图2-29所示。化简得系统输出$c(t)$对输入$r(t)$之间的传递函数为

$$\Phi(s) = \frac{C(s)}{R(s)} = \frac{G_1(s)G_2(s)}{1+G_1(s)G_2(s)H(s)} \tag{2-61}$$

称 $\Phi(s)$ 为在给定输入信号 $r(t)$ 作用下系统的闭环传递函数，输出的拉普拉斯变换式为

$$C(s) = \Phi(s)R(s) = \frac{G_1(s)G_2(s)}{1 + G_1(s)G_2(s)H(s)}R(s) \qquad (2\text{-}62)$$

（2）$n(t)$ 作用下系统的闭环传递函数　令 $r(t) = 0$，则图 2-28 简化为图 2-30。根据图 2-30，化简得 $c(t)$ 对 $n(t)$ 之间的传递函数为

$$\Phi_N(s) = \frac{C(s)}{N(s)} = \frac{G_2(s)}{1 + G_1(s)G_2(s)H(s)} \qquad (2\text{-}63)$$

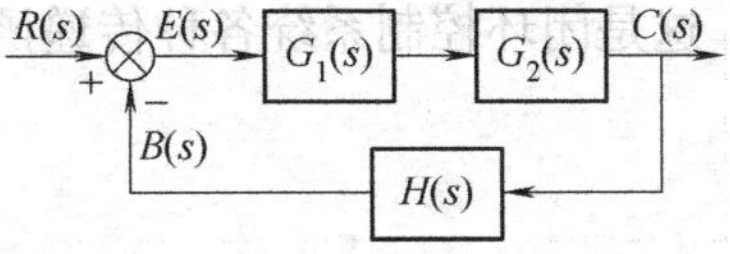

图 2-29　$r(t)$ 作用下的系统结构图 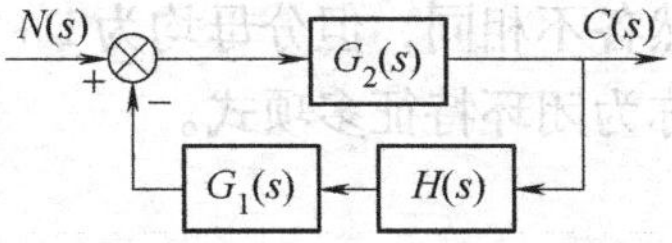　　　图 2-30　$n(t)$ 作用下的系统结构图

$\Phi_N(s)$ 为在干扰信号 $n(t)$ 作用下系统的闭环传递函数。此时输出的拉普拉斯变换式为

$$C(s) = \Phi_N(s)N(s) = \frac{G_2(s)}{1 + G_1(s)G_2(s)H(s)}N(s) \qquad (2\text{-}64)$$

（3）系统的总输出　当出现 $r(t)$ 和 $n(t)$ 同时作用于系统时，此时根据线性系统的叠加原理，总输出的拉普拉斯变换式为

$$C(s) = \Phi(s)R(s) + \Phi_N(s)N(s) = \frac{G_1(s)G_2(s)}{1 + G_1(s)G_2(s)H(s)}R(s) + \frac{G_2(s)}{1 + G_1(s)G_2(s)H(s)}N(s)$$
$$(2\text{-}65)$$

**2. 闭环系统的偏差传递函数**

偏差是指给定输入信号 $r(t)$ 与主反馈信号 $b(t)$ 的差值，用 $e(t)$ 表示，其拉普拉斯变换式为

$$E(s) = R(s) - B(s)$$

研究各种输入作用（包括给定输入信号和扰动输入信号）下所引起系统的偏差变化规律，常用到偏差传递函数，下面做具体介绍。

（1）$r(t)$ 作用下系统的偏差传递函数　令 $n(t) = 0$，此时系统结构图如图 2-31 所示，求得系统偏差对给定作用的偏差传递函数为

图 2-31　$r(t)$ 作用下的偏差输出结构图

$$\Phi_E(s) = \frac{E(s)}{R(s)} = \frac{1}{1 + G_1(s)G_2(s)H(s)} \qquad (2\text{-}66)$$

此时，在 $r(t)$ 作用下系统的偏差为

$$E(s) = \Phi_E(s)R(s) = \frac{1}{1 + G_1(s)G_2(s)H(s)}R(s) \qquad (2\text{-}67)$$

（2）$n(t)$ 作用下系统的偏差传递函数　令 $r(t) = 0$，此时系统结构图如图 2-32 所示，求得系统偏差对干扰信号的偏差传递函数为

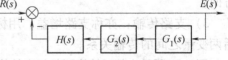

$$\Phi_{EN}(s) = \frac{E(s)}{N(s)} = \frac{-G_2(s)H(s)}{1 + G_1(s)G_2(s)H(s)}$$

(2-68)　图 2-32　$n(t)$ 作用下的偏差输出结构图

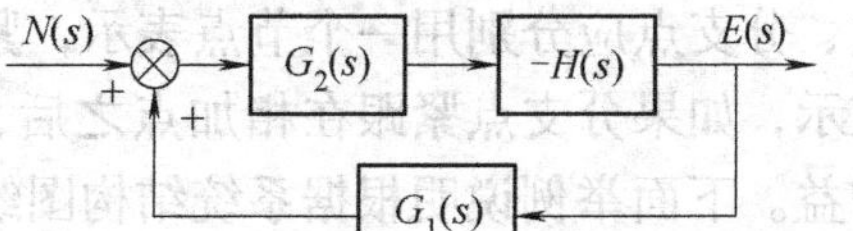

此时，在 $n(t)$ 作用下系统的偏差为

$$E(s) = \Phi_{EN}(s)N(s) = \frac{-G_2(s)H(s)}{1+G_1(s)G_2(s)H(s)}N(s) \tag{2-69}$$

（3）系统的总偏差

在 $r(t)$ 和 $n(t)$ 同时作用于系统时，此时系统的总偏差满足叠加原理，即

$$E(s) = \Phi_E(s)R(s) + \Phi_{EN}(s)N(s) \tag{2-70}$$

观察式（2-61）、式（2-63）、式（2-66）、式（2-68）四个传递函数表达式，可以看出，它们虽然各不相同，但分母均为 $1+G_1(s)G_2(s)H(s)$，这是闭环控制系统各种传递函数的规律性，称为闭环特征多项式。

## 2.5 信号流图

由系统的结构图可以求出系统的传递函数，但当系统比较复杂时，采用结构图化简的方法比较繁琐。采用便于绘制的信号流图，直接应用梅逊公式，就可直接求得系统的传递函数，因而特别适用于结构复杂系统的分析。

### 2.5.1 信号流图的概念

信号流图和结构图一样，可用以表示系统的结构和变量传递过程中的数学关系，信号流图也是控制系统的一种用图形表示的数学模型。

**1. 信号流图的组成**

组成信号流图的基本图形符号有三种：节点、支路和支路传输。

1）节点：代表系统中的一个变量（信号），用符号"○"表示。相应的节点变量标注在节点上，某个节点变量表示所有流向该节点的信号之和。

2）支路：连接两个节点的定向线段，用符号"→"表示，其中的箭头表示信号的传送方向。

3）支路传输：亦称支路增益，用标在支路旁的传递函数表示，定量地表明箭头方向前后两变量之间的传输关系。

图 2-33 所示为单元结构图与相应的信号流图。

**2. 信号流图的绘制**

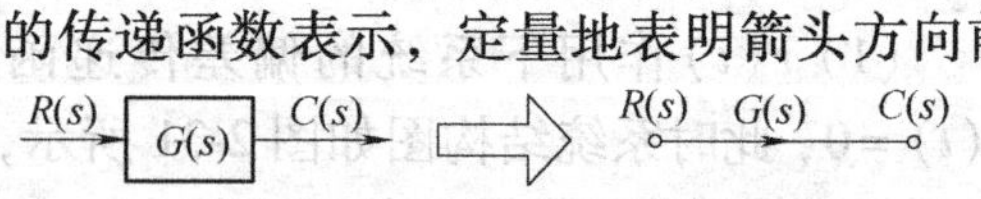

图 2-33 单元结构图与相应的信号流图

根据系统原理图画信号流图的方法类似于结构图的建立过程，只需注意信号流图与结构图表示方法的不同。在实际应用中，常常利用梅逊公式来求结构图的等效传递函数，所以这里主要介绍根据系统结构图绘制信号流图，也便于了解结构图与信号流图的对应关系，将梅逊公式直接应用于结构图。

根据系统结构图画相应信号流图的方法是：先明确节点（一般输入端、输出端、相加点、分支点应分别用一个节点表示，紧挨着的相加点或紧挨着的分支点可以合并用一个节点表示，如果分支点紧跟在相加点之后，也可合并为一个节点）然后连支路，并标上相应的增益。下面举例说明根据系统结构图绘制信号流图的方法。

**例 2-10** 根据图 2-28 中典型闭环控制系统结构图，绘制相应的信号流图。

**解**：首先，将输入信号、输出信号以及各个比较点和分支点按前后顺序用"○"表示成

节点；然后，用支路将每个节点按照结构图中的信号关系对应连接，在每条支路上标出节点间的增益，即为系统的信号流图。值得注意的是，在系统结构图中比较环节处的正负号在信号流图中反映在支路增益的符号上。图 2-28 对应的信号流图按此方法绘制如图 2-34 所示。

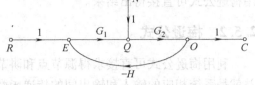

图 2-34 典型闭环控制系统的信号流图

### 3. 信号流图的常用术语

为便于描述信号流图的特征，常采用下面的名词术语。

1) 源节点（输入节点）：只有输出支路而没有输入支路的节点，称为源节点。它一般表示系统的输入变量，亦称输入节点，如图 2-34 中的节点 $R$ 和 $N$。

2) 阱节点（输出节点）：只有输入支路而没有输出支路的节点，称为阱节点。它一般表示系统的输出变量，亦称输出节点，如图 2-34 中的节点 $C$。

3) 混合节点：既有输入支路又有输出支路的节点，称为混合节点，如图 2-34 中的节点 $E$、$Q$、$O$。

4) 通路：沿着支路箭头的方向顺序穿过各相连支路的路径。如图 2-34 中的 $REQOC$、$NQG_2OC$、$QG_2OHE$ 等。

5) 前向通路：从源节点出发并且终止于阱节点，与其他节点相交不多于一次的通路称为前向通路，如图 2-34 中的 $REQOC$、$NQG_2OC$。

6) 回路：起点和终点在同一个节点，并且与其他节点相交不多于一次的闭合路径称为回路，如图 2-34 中的 $EQOE$。

7) 前向通路传输（增益）：前向通路中各支路传输（增益）的乘积。

8) 回路传输（增益）：回路中各支路传输（增益）的乘积。

9) 不接触回路：信号流图中，没有任何公共节点的回路，称为不接触回路或互不接触回路。

### 4. 信号流图的简化

信号流图的简化规则与结构图等效变换规则一样，具体见表 2-3。

表 2-3 信号流图的简化规则

| 原信号流图 | 等效变换后的信号流图 | 简 化 规 则 |
|---|---|---|
| $X_1 \xrightarrow{a} X_2 \xrightarrow{b} X_3$ | $X_1 \xrightarrow{ab} X_3$ | （1）串联支路<br>串联支路的总增益等于各支路增益之乘积 |
| $X_1 \begin{smallmatrix} a \\ b \end{smallmatrix} X_2$ | $X_1 \xrightarrow{a+b} X_2$ | （2）并联支路<br>并联支路的总增益等于各支路增益之和 |
| $X_1 \xrightarrow{a} X_3 \xrightarrow{c} X_4$，$X_2 \xrightarrow{b}$ | $X_1 \xrightarrow{ac} X_4$，$X_2 \xrightarrow{bc}$ | （3）混合节点<br>混合节点可以通过移动支路的方法消去 |
| $X_1 \xrightarrow{a} X_2 \xrightarrow{b} X_3$，$\pm c$ 反馈 | $X_1 \xrightarrow{\dfrac{ab}{1 \mp bc}} X_3$ | （4）回路<br>回路可以通过反馈连接的简化方法，化为等效支路 |
| $X_1 \xrightarrow{a} X_2$，$\pm b$ 自环 | $X_1 \xrightarrow{\dfrac{a}{1 \mp b}} X_2$ | |

利用表2-3中的简化规则可以求出任一复杂信号流图中某一阱节点对某一源节点的增益，但上述简化过程同复杂结构图化简一样，比较繁琐，需要反复进行多次才能完成，而使用梅逊公式可直接得出结果。

### 2.5.2 梅逊公式

利用梅逊公式可直接求得源节点和阱节点之间的总增益。对于动态系统来说，这个总增益就是系统相应的输入和输出间的传递函数。

计算任意输入节点和输出节点之间传递函数 $G(s)$ 的梅逊公式为

$$G(s) = \frac{1}{\Delta} \sum_{k=1}^{n} P_k \Delta_k \tag{2-71}$$

式中，$\Delta$ 为特征式，其计算公式为

$$\Delta = 1 - \sum L_a + \sum L_b L_c - \sum L_d L_e L_f + \cdots \tag{2-72}$$

其中，$\sum L_a$ 为所有不同回路的回路增益之和；$\sum L_b L_c$ 为所有两两互不接触回路的回路增益乘积之和；$\sum L_d L_e L_f$ 为所有三个互不接触回路的回路增益乘积之和；$n$ 为从输入节点到输出节点间前向通路的条数；$P_k$ 为从输入节点到输出节点间第 $k$ 条前向通路的总增益；$\Delta_k$ 为第 $k$ 条前向通路的余子式，即把与该前向通路相接触的回路的回路增益置为0后，特征式 $\Delta$ 所余下的部分。

**例 2-11** 根据图 2-35 的信号流图，求系统的传递函数 $\dfrac{C(s)}{R(s)}$。

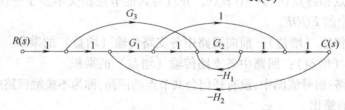

图 2-35 某系统的信号流图

**解：**

1) 该图共有三条回路，回路增益分别为

$$L_1 = -G_1 G_2 H_2, \quad L_2 = -G_1 H_2, \quad L_3 = -G_2 H_1$$

其中，$L_2$ 和 $L_3$ 互相不接触，所以系统的特征式为

$$\begin{aligned}\Delta &= 1 - (L_1 + L_2 + L_3) + L_2 L_3 \\ &= 1 + G_1 G_2 H_2 + G_1 H_2 + G_2 H_1 + G_1 G_2 H_1 H_2\end{aligned}$$

2) 该图共有三条前向通路，其增益分别为

$$P_1 = G_1 G_2, \quad P_2 = G_3 G_2, \quad P_3 = G_1$$

其中，$P_1$、$P_2$ 与所有回路均接触，故余子式 $\Delta_1 = \Delta_2 = 1$，而 $P_3$ 与回路 $L_3$ 不接触，故余子式 $\Delta_3 = 1 - L_3 = 1 + G_2 H_1$。

3) 系统的传递函数为

$$\frac{C(s)}{R(s)} = \frac{P_1 \Delta_1 + P_2 \Delta_2 + P_3 \Delta_3}{\Delta}$$

$$= \frac{G_1G_2 + G_2G_3 + G_1 + G_1G_2H_1}{1 + G_1G_2H_2 + G_1H_2 + G_2H_1 + G_1G_2H_1H_2}$$

**例 2-12** 试用梅逊公式求取图 2-24 所示系统的传递函数 $\frac{C(s)}{R(s)}$。

**解**：与图 2-24 对应的信号流图如图 2-36 所示。由信号流图可看出：

1) 回路共有三条，其增益分别为

$$L_1 = -G_1(s)H_2(s),\ L_2 = -G_1(s)H_3(s),\ L_3 = -H_1(s)H_3(s)$$

三条回路之间均互相接触，因此特征式为

图 2-36 与图 2-24 对应的信号流图

$$\Delta = 1 - (L_1 + L_2 + L_3) = 1 + G_1(s)H_2(s) + G_1(s)H_3(s) + H_1(s)H_3(s)$$

2) 系统共有两条前向通路，其增益分别为

$$P_1 = G_1(s),\ P_2 = H_1(s)$$

因各回路与前向通路 $P_1$、$P_2$ 均接触，因此余子式 $\Delta_1 = 1$，$\Delta_2 = 1$。

3) 用梅逊公式求得系统的传递函数为

$$\frac{C(s)}{R(s)} = \frac{1}{\Delta}(P_1\Delta_1 + P_2\Delta_2) = \frac{G_1(s) + H_1(s)}{1 + G_1(s)H_2(s) + G_1(s)H_3(s) + H_1(s)H_3(s)}$$

可见所得结果与结构图化简的结果相同。实际梅逊公式可直接应用于结构图，没必要画出相应的信号流图。

用梅逊公式求系统的传递函数虽然方便省时，但对于具有多条前向通路、多个反馈回路的复杂的动态结构图，使用梅逊公式时很容易出错。应仔细找出全部前向通路和反馈回路，并正确区分回路之间、回路与前向通路之间是否相接触，既不要遗漏，也不要重复。

## 2.6 小结

本章主要介绍了描述线性定常系统的各种数学模型，即微分方程、传递函数、动态结构图、信号流图。对每一种数学模型，应了解它是如何表示系统中变量与变量之间的数学关系的。

建立系统的微分方程，必须要深入了解系统及其组成元件的工作原理；然后根据实际的物理系统所遵循的物理化学等运动规律，列出它们的运动方程。在列写元件的运动方程式时，要舍去一些次要因素，并对弱非线性利用小偏差法进行线性化处理，以使所有元件和系统的数学模型既简单又有一定的精度。微分方程是时域中的数学模型，也是最基础的数学模型。

传递函数是在零初始条件下，系统输出量的拉普拉斯变换与输入量的拉普拉斯变换之比，故属于复域（$s$ 域）中的数学模型。传递函数一般为 $s$ 的有理分式，它与微分方程一样能反映系统本身的固有特性。传递函数只和系统的结构和参数有关，与输入量的大小和性质无关。传递函数在工程上应用比较广泛。

结构图和信号流图是控制系统的两种图形化的数学模型，它们既能清晰地表明系统的组成和信号的传递方向，又可表明信号传递过程中的函数关系。熟悉结构图的等效变换规则和信号流图的梅逊公式，就能较快地求出系统的传递函数。在运用梅逊公式时，关键是掌握梅逊公式中各项的含义，找全前向通路和回路，弄清它们的接触关系。

对于典型的闭环控制系统,应分清其前向通道传递函数、反馈通道传递函数、开环传递函数、闭环传递函数,它们对第 3 章讲述的系统性能的分析和研究十分重要。

## 2.7 习题

2-1 试用复阻抗法求图 2-37 所示电路的传递函数 $\dfrac{U_o(s)}{U_i(s)}$。

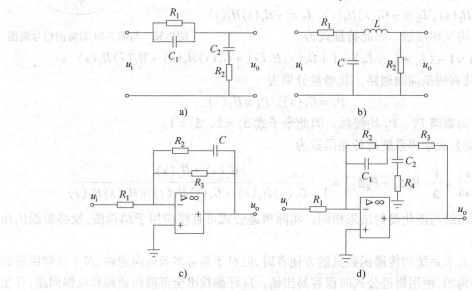

图 2-37 有源网络和无源网络

2-2 若某系统的单位阶跃响应为 $c(t) = 1 - e^{-2t} + e^{-t}$,试求系统的传递函数。

2-3 测速电桥的电路如图 2-38 所示。外加电压为 $u_a$,电动机转速为 $\omega$。电动机反电动势 $e$ 与 $\omega$ 成正比 ($e = C_e\omega$)。当满足 $R_1 R_a = R_2 R_3$ 时 ($R_a$ 为电动机电枢电阻),求电桥输出开路电压 $u$ 和转速 $\omega$ 的关系式,并写出传递函数 $\dfrac{\Omega(s)}{U(s)}$。

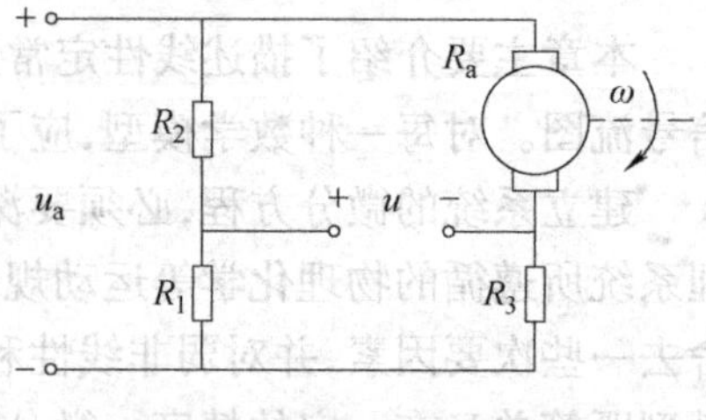

2-4 系统微分方程式如下:

$$\begin{cases} \dot{x}_1 = k_1[r(t) - c(t) - \beta x_3] \\ x_2(t) = \tau \dot{r}(t) \\ T\dot{x}_3 + x_3 = x_1 + x_2 \\ \dot{c}(t) = k_2 x_3 \end{cases}$$

图 2-38 测速电桥原理图

式中,$r(t)$ 是输入量,$c(t)$ 是输出量;$x_1$、$x_2$、$x_3$ 为中间变量;$\tau$、$\beta$、$k_1$、$k_2$ 为常数。画出系统的动态结构图,并求传递函数 $\dfrac{C(s)}{R(s)}$。

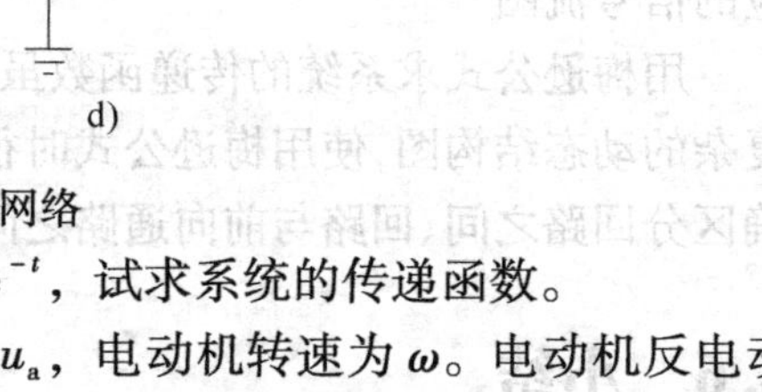

2-5 已知结构图如图 2-39 所示,求传递函数 $\dfrac{C_1(s)}{R_1(s)}$、$\dfrac{C_1(s)}{R_2(s)}$、$\dfrac{C_2(s)}{R_1(s)}$、$\dfrac{C_2(s)}{R_2(s)}$。

2-6 已知控制系统结构图如图 2-40 所示,试求

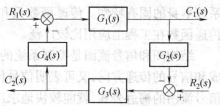

图 2-39 控制系统结构图

出它们的传递函数 $\dfrac{C(s)}{R(s)}$。

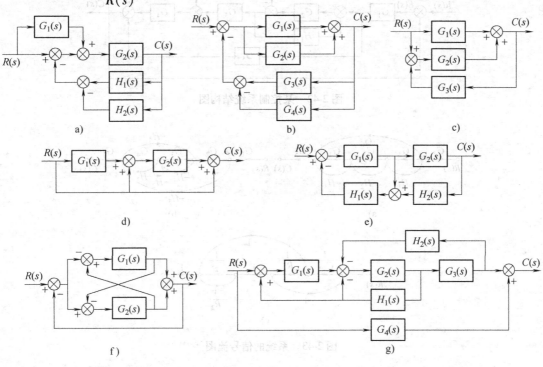

图 2-40 控制系统结构图

2-7 某系统动态结构图如图 2-41 所示，其中 $R(s)$ 为输入量，$N(s)$ 为扰动量，$C(s)$ 为输出量，求系统总的输出 $C(s)$ 的表达式。

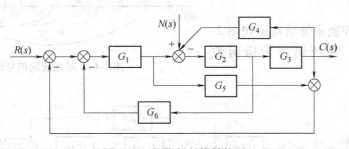

图 2-41 某控制系统结构图

2-8 图 2-42 所示为一系统结构图，试通过结构图简化求取系统传递函数 $\dfrac{C(s)}{R(s)}$、$\dfrac{E(s)}{R(s)}$、$\dfrac{C(s)}{N(s)}$、$\dfrac{E(s)}{N(s)}$。

2-9 已知系统的信号流图如图 2-43 所示，试求系统的传递函数 $\dfrac{C(s)}{R(s)}$。

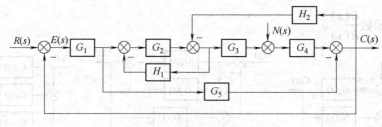

图 2-42 某控制系统结构图

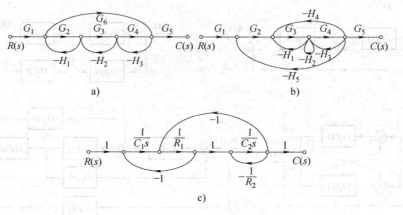

图 2-43 系统的信号流图

2-10 已知系统的信号流图如图 2-44 所示，试求系统的传递函数 $\dfrac{C(s)}{R(s)}$。若 $K_1 = 0$，为使上述传递函数 $\dfrac{C(s)}{R(s)}$ 保持不变，应如何修改 $G(s)$？

2-11 已知控制系统结构图如图 2-45 所示，试求：系统闭环传递函数 $\dfrac{C(s)}{R(s)}$。

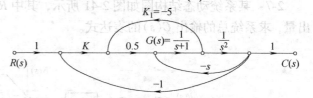

图 2-44 某系统的信号流图

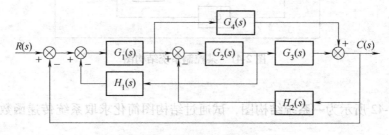

图 2-45 控制系统结构图

# 第 3 章　自动控制系统的时域分析法

确定了系统的数学模型，就可以用各种方法去分析系统的各项性能。在经典控制理论中，常用的分析方法有时域分析法、根轨迹法和频率特性法。本章主要介绍时域分析法。

时域分析法是基于系统的微分方程，以拉普拉斯变换为数学工具，直接解出系统的时间响应。然后，根据响应的表达式及时间响应曲线来分析系统的控制性能，诸如稳定性、快速性、平稳性、准确性等，并找出系统结构、参数与这些性能之间的关系。与根轨迹法、频率法相比较，时域分析法是一种直接分析法，易于为人们所接受。此外，它还是一种比较准确的方法，可以提供系统时间响应的全部信息。

## 3.1　系统稳定性分析

稳定性是控制系统的重要性能，是系统正常工作的首要条件。控制系统在实际运行过程中，总会受到外界或内部因素的扰动（如负载、能源的波动），偏离原来的工作状态，如果越偏越远，在扰动消失后，也不能恢复到原来的状态，这种现象称为系统的不稳定现象。显然，一个不稳定的系统是无法正常工作的。因此，分析系统的稳定性，并提出保证系统稳定的条件，是设计控制系统的基本任务之一。

### 3.1.1　线性系统稳定的概念和稳定的充要条件

**1. 稳定的概念**

为了便于说明稳定的概念，先看一个示例。如图 3-1a 所示，小球在一个光滑凹面里，原来平衡位置为 $A_0$。当小球受到外力作用后偏离 $A_0$ 处于位置 $A_1$，外力取消后，在重力和空气阻尼力的作用下，小球经过几次来回振荡，最终可以回到原平衡位置 $A_0$。我们称具有这种特性的平衡是稳定的。反之，如图 3-1b 所示，就是不稳定的。

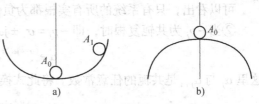

图 3-1　稳定平衡和不稳定平衡

可以将上述小球的稳定概念推广到控制系统。自动控制系统稳定的定义为：设系统处于某一起始的平衡状态，在外作用影响下它离开了平衡状态，当外作用消失后，若经过足够长的时间它能回到原来的平衡位置，则称这样的系统是稳定的，或称系统具有稳定性，否则是不稳定的或不具有稳定性。

**2. 稳定的充要条件**

根据上述关于稳定的定义，可以选用只在瞬间出现的单位理想脉冲信号让系统离开其平衡状态，若经过足够长的时间，系统能回到原来的平衡状态，则系统是稳定的。

设系统的闭环传递函数为一个真有理分式：

$$\Phi(s) = \frac{C(s)}{R(s)} = \frac{K'\prod_{i=1}^{m}(s+z_i)}{\prod_{j=1}^{n}(s+p_j)}$$

系统处于全零平衡状态。输入 $R(s)=1$，则输出 $c(t)$ 的拉普拉斯变换为

$$C(s) = \Phi(s)R(s) = \Phi(s) = \frac{K'\prod_{i=1}^{m}(s+z_i)}{\prod_{j=1}^{n}(s+p_j)}$$

$$c(t) = L^{-1}[C(s)] = L^{-1}[\Phi(s)] = L^{-1}\left[\frac{K'\prod_{i=1}^{m}(s+z_i)}{\prod_{j=1}^{n}(s+p_j)}\right] = \sum_{j=1}^{n}\alpha_j e^{-p_j t} \tag{3-1}$$

式中，$\alpha_j$ 是 $s=-p_j$ 极点处的留数。

根据稳定性的定义，如果 $c(t)$ 在 $t\to\infty$ 时趋于 0，则系统是稳定的；反之，若系统是稳定的，则 $c(t)$ 在 $t\to\infty$ 时应趋于 0。由式（3-1）可知，$\lim_{t\to\infty}c(t)=0$ 的充要条件是系统特征方程的所有根具有负实部。

下面具体分析特征根 $-p_j$ 的性质对系统稳定性的影响：

①当 $-p_j$ 为实根时，即 $-p_j=\sigma_i$，有

$$\begin{cases} \sigma_i<0, & \lim_{t\to\infty}e^{-p_j t}=0 \\ \sigma_i=0, & \lim_{t\to\infty}e^{-p_j t}=1 \\ \sigma_i>0, & \lim_{t\to\infty}e^{-p_j t}=\infty \end{cases} \tag{3-2}$$

可以看出，只有系统的所有实根都为负值，系统才稳定。

②当 $-p_j$ 为共轭复根时，即 $-p_j=\sigma_i\pm j\omega_i$，则式（3-1）中的相应分量可写为

$$\alpha_j e^{(\sigma_i+j\omega_i)t} + \alpha_{j+1} e^{(\sigma_i-j\omega_i)t}$$

这里 $\alpha_j$ 与 $\alpha_{j+1}$ 是共轭的任意常数。将此式换写为

$$\alpha e^{\sigma_i t}\sin(\omega_i t+\varphi_i) \tag{3-3}$$

若复根实部

$$\sigma_i<0, \text{则} \lim_{t\to\infty}e^{\sigma_i t}\sin(\omega_i t+\varphi_i)=0$$

$$\sigma_i=0, \text{则} \lim_{t\to\infty}e^{\sigma_i t}\sin(\omega_i t+\varphi_i)=\sin(\omega_i t+\varphi_i)$$

$$\sigma_i>0, \text{则} \lim_{t\to\infty}e^{\sigma_i t}\sin(\omega_i t+\varphi_i)=\infty$$

根据稳定的定义，可知只有系统特征根的实部均为负值，系统才是稳定的。

综上所述，线性系统稳定的充要条件是系统特征方程的根（即系统的闭环极点）均为负实数或具有负实部的共轭复数（也就是说，系统的全部闭环极点都在 $s$ 平面虚轴的左半部）。

从系统稳定的充要条件可见，稳定性是系统的固有特性，与系统的结构和参数有关，而与初始条件和外作用无关。

一阶系统的特征方程为

$$a_1 s + a_0 = 0$$

其特征根为 $-p_1 = -\dfrac{a_0}{a_1}$

当系数 $a_0 > 0$、$a_1 > 0$ 时，特征根为负数，系统是稳定的。

二阶系统的特征方程为

$$a_2 s^2 + a_1 s + a_0 = 0$$

其特征根为 $-p_{1,2} = \dfrac{-a_1 \pm \sqrt{a_1^2 - 4a_2 a_0}}{2a_2}$

当系数 $a_0 > 0$、$a_1 > 0$、$a_2 > 0$ 时，特征根为负实数或具有负实部的共轭复数，系统是稳定的。

对于一阶系统和二阶系统，特征方程的各项系数均为正值是系统稳定的充要条件。对于三阶以上的系统，必须求得特征方程的根才能判定系统的稳定性。当特征方程的次数较高时，求解是困难的，只能借助计算机求解。因此，常常希望使用一种不必解出特征根，而直接可判断出根是否在 $s$ 平面虚轴的左半部的方法。这在代数学中是一个已经解决的问题，我们用它来研究控制系统的稳定性，称为稳定性判据。

### 3.1.2 劳斯（Routh）稳定判据

**1. 劳斯稳定判据**

劳斯（E J Routh）于 1877 年提出的稳定性判据能够判定在一个多项式方程中是否存在位于 $s$ 平面右半部的正根，而不必求解方程。当把这个判据用于判断系统的稳定性时，又称为代数稳定判据。

劳斯稳定判据分析系统稳定性的方法步骤如下：

1）写出按降幂排列的系统特征方程，即

$$a_n s^n + a_{n-1} s^{n-1} + \cdots + a_1 s + a_0 = 0 \tag{3-4}$$

而且使 $a_n > 0$

2）设式（3-4）中所有系数都存在，并且均大于 0，这是系统稳定的必要条件。一个具有实系数的 $s$ 多项式，总可以分解成一次和二次因子，即 $(s+a)$ 和 $(s^2 + bs + c)$，式中 $a$、$b$ 和 $c$ 都是实数。一次因子给出的是实根，而二次因子给出的则是复根。只有当 $b$ 和 $c$ 都是正值时，因子 $(s^2 + bs + c)$ 才能给出具有负实部的根。所有因子中的常数 $a$、$b$、$c$ 等都为正值是所有的根都具有负实部的必要条件。任意只包含正系数的一次和二次因子的乘积，必然也是一个具有正系数的多项式。因此，式（3-4）缺项或具有负的系数，系统便是不稳定的。

3）如果系数都是正值，按下面的方式编制劳斯计算表：

$$\begin{array}{c|ccc}
s^n & a_n & a_{n-2} & a_{n-4} & \cdots \\
s^{n-1} & a_{n-1} & a_{n-3} & a_{n-5} & \cdots \\
s^{n-2} & b_1 & b_2 & b_3 \\
s^{n-3} & c_1 & c_2 & c_3 \\
s^{n-4} & d_1 & d_2 & d_3 \\
\vdots & \vdots \\
s^2 & e_1 & e_2 \\
s^1 & f_1 \\
s^0 & g_1
\end{array}$$

劳斯表的前两行元素由特征方程的系数所组成。从第三行开始,各行元素由其上两行的元素按下列公式计算:

$$b_1 = \frac{-\begin{vmatrix} a_n & a_{n-2} \\ a_{n-1} & a_{n-3} \end{vmatrix}}{a_{n-1}}, \quad b_2 = \frac{-\begin{vmatrix} a_n & a_{n-4} \\ a_{n-1} & a_{n-5} \end{vmatrix}}{a_{n-1}}, \quad \cdots$$

$$c_1 = \frac{-\begin{vmatrix} a_{n-1} & a_{n-3} \\ b_1 & b_2 \end{vmatrix}}{b_1}, \quad c_2 = \frac{-\begin{vmatrix} a_{n-1} & a_{n-5} \\ b_1 & b_3 \end{vmatrix}}{b_1}, \quad \cdots$$

$$d_1 = \frac{-\begin{vmatrix} b_1 & b_2 \\ c_1 & c_2 \end{vmatrix}}{c_1}, \quad d_2 = \frac{-\begin{vmatrix} b_1 & b_3 \\ c_1 & c_3 \end{vmatrix}}{c_1}, \quad \cdots$$

······

$n$ 阶系统的劳斯表共有 $n+1$ 行元素,以竖线左边 $s$ 的幂次标识出行号,不参与运算。靠近竖线右侧的一列元素(即 $a_n$, $a_{n-1}$, $b_1$, $c_1$, $\cdots$, $f_1$, $g_1$)是劳斯表的第一列元素。在展开劳斯阵列的过程中,可以用一个正整数去除或乘某一整行,这时并不会改变所得出的结论。

劳斯稳定判据指出:式(3-4)中,实部为正数的根的个数等于劳斯表的第一列元素符号改变的次数。因此,系统稳定的充要条件是特征方程的全部系数都是正数,并且劳斯表第一列元素都是正数。

**2. 劳斯稳定判据的应用**

(1) 判定控制系统的稳定性

**例 3-1** 已知线性系统的特征方程为

$$s^4 + 2s^3 + 3s^2 + 4s + 5 = 0$$

试判定系统的稳定性。

**解**:特征方程的全部系数均为正数,列出劳斯表如下:

$$
\begin{array}{c|ccc}
s^4 & 1 & 3 & 5 \\
s^3 & 2 & 4 & 0 \\
s^2 & \dfrac{-\begin{vmatrix}1 & 3\\2 & 4\end{vmatrix}}{2}=1 & \dfrac{-\begin{vmatrix}1 & 5\\2 & 0\end{vmatrix}}{2}=5 & \\
s^1 & \dfrac{-\begin{vmatrix}2 & 4\\1 & 5\end{vmatrix}}{1}=-6 & 0 & \\
s^0 & \dfrac{-\begin{vmatrix}1 & 5\\-6 & 0\end{vmatrix}}{-6}=5 & 0 & \\
\end{array}
$$

劳斯表第一列元素符号改变 2 次，表明系统有 2 个正实部的根，该系统是不稳定的。

在编制劳斯表时，可能遇到下面两种特殊情况：

①劳斯表某一行第一列数为 0，而其余各数不为 0 或部分不为 0。系统不稳定。

这时可以用一个很小的正数 $\varepsilon$ 来代替这个 0，然后继续计算其他元素。

**例 3-2** 已知线性系统的特征方程为

$$s^4 + s^3 + 3s^2 + 3s + 2 = 0$$

试判断系统的稳定性。

**解：** 特征方程的全部系数均为正数，列出劳斯表如下：

$$
\begin{array}{c|ccc}
s^4 & 1 & 3 & 2 \\
s^3 & 1(正数) & 3 & \\
s^2 & \varepsilon(本应为0) & 2 & \\
s^1 & 3-\dfrac{2}{\varepsilon}(负数) & 0 & \\
s^0 & 2 & & \\
\end{array}
$$

劳斯表第一列元素符号改变 2 次，有 2 个正实部的根，该系统是不稳定的。事实上，系统的特征根为 $0.13 \pm 1.59j$，$-0.63 \pm 0.62j$。

②劳斯表的某一行中，所有元素都为 0。

这时表明方程有一些关于原点对称的根，系统不稳定。这种情况下，可利用全 0 行的上一行各元构造一个辅助方程，并以这个辅助方程的导函数的系数代替全 0 行，然后继续计算下去。对原点对称的根可由辅助方程求得。

**例 3-3** 已知系统的特征方程为

$$s^5 + s^4 + 3s^3 + 3s^2 + 2s + 2 = 0$$

试判断系统的稳定性。

**解：** 特征方程式的系数全为正数，列出劳斯表如下：

$$
\begin{array}{c|ccc}
s^5 & 1 & 3 & 2 \\
s^4 & 1 & 3 & 2 \\
s^3 & 0 & 0 & \\
\end{array}
$$

出现全0行，可判定该系统不稳定。如果还想了解根的分布情况，可用下面的方法把劳斯表编制完整。

因标识号为 $s^3$ 的行各元素全为0，可用该行的上一行的元素作为系数构成一个辅助方程，即

$$Q(s) = s^4 + 3s^2 + 2 = 0$$

对辅助方程求关于 $s$ 的一次导数，得新方程

$$4s^3 + 6s = 0$$

用新方程左边各项系数代替全为0的 $s^3$ 标识号行各元素，劳斯表继续列下去，最后得

| | | |
|---|---|---|
| $s^5$ | 1 | 3 | 2 |
| $s^4$ | 1 | 3 | 2 |
| $s^3$ | 4 | 6 | |
| $s^2$ | $\frac{3}{2}$ | 2 | |
| $s^1$ | $\frac{2}{3}$ | | |
| $s^0$ | 2 | | |

劳斯表第一列元素符号没有改变，系统没有正实部的根，但该系统是不稳定的。原方程中关于原点对称的根可以通过解辅助方程

$$Q(s) = s^4 + 3s^2 + 2 = (s^2 + 1)(s^2 + 2) = 0$$

求出系统的特征根为 $\pm j$，$\pm\sqrt{2}j$，系统的另一特征根为 $-1$。

**例3-4** 已知线性系统的特征方程为

$$s^4 + 3s^3 + 3s^2 + 3s + 2 = 0$$

试判断系统的稳定性。

**解**：特征方程的全部系数均为正数，列出劳斯表如下：

| | | |
|---|---|---|
| $s^4$ | 1 | 3 | 2 |
| $s^3$ | 3 | 3 | |
| $s^2$ | 2 | 2 | |
| $s^1$ | 0 | | |
| $s^0$ | | | |

这种情况也属于出现全0行，可判定该系统不稳定。如果还想了解根的分布情况，可用上述方法把劳斯表编制完整。劳斯表第一列元素没有符号改变，系统没有正实部的根，但存在对原点对称的根，实际上系统的特征根为 $\pm j$，$-1$，$-2$。根据系统稳定的定义，该系统是不稳定的。

（2）分析系统参数变化对稳定性的影响　利用劳斯稳定判据可以确定系统的个别参数变化对稳定性的影响，以及为使系统稳定，这些参数的取值范围。若讨论的参数为开环放大系数，使系统稳定的开环放大系数的临界值称为临界放大系数，用 $K_p$ 表示。

**例3-5** 已知单位反馈系统的开环传递函数为

$$G(s) = \frac{K}{s(0.1s+1)(0.25s+1)}$$

试确定使系统稳定的开环放大系数 $K$ 的取值范围及 $K_p$。

**解**：闭环系统的特征方程为
$$s(0.1s+1)(0.25s+1)+K=0$$
即
$$0.025s^3+0.35s^2+s+K=0$$
$$s^3+14s^2+40s+40K=0$$
根据劳斯判据，系统稳定的充要条件是
$$\begin{cases} K>0 \\ 14\times 40-1\times 40K>0 \end{cases}$$
使系统稳定的开环放大系数 $K$ 的取值范围为
$$0<K<14$$
临界放大系数为
$$K_p=14$$

（3）确定系统的相对稳定性　前面利用稳定判据判别系统是否稳定，只回答了系统绝对稳定性的问题。这对于很多实际情况来说，是很不全面的。在控制系统的分析、设计中，常常应用相对稳定性的概念，用来说明系统的稳定度。由于一个稳定系统的特征方程的根都落在复平面虚轴的左半部，而虚轴是系统的临界稳定边界，因此，以特征方程最靠近虚轴的根和虚轴的距离 $\sigma$ 表示系统的相对稳定性或稳定裕度，如图 3-2 所示。一般来说，$\sigma$ 越大则系统的稳定度越高。

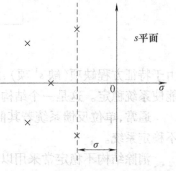

图 3-2　系统的稳定裕度

利用劳斯判据可以确定系统的稳定度。具体做法是：以 $s=z-\sigma$ 代入原系统的特征方程，得出以 $z$ 为变量的方程，然后，应用劳斯判据于新的方程。若满足稳定的充要条件，则该系统的特征根都落在 $s$ 平面中 $s=-\sigma$ 直线的左半部分，即具有 $\sigma$ 以上的稳定裕度。

**例 3-6**　对于例 3-5 系统，若要使系统具有 $\sigma=1$ 以上的稳定裕度，试确定 $K$ 的取值范围。

**解**：进行坐标变换，将 $s=z-1$ 代入原系统的特征方程，得
$$(z-1)^3+14(z-1)^2+40(z-1)+40K=0$$
整理后得
$$z^3+11z^2+15z+(40K-27)=0$$
根据劳斯判据，稳定的充要条件是
$$\begin{cases} 40K-27>0 \\ 11\times 15-(40K-27)>0 \end{cases}$$
得 $K$ 的取值范围为
$$0.675<K<4.8$$
实际上，当 $K=0.675$ 时，特征方程为
$$s^3+14s^2+40s+27=0$$

特征根为 -1，-2.6，-10.4。
当 $K=4.8$ 时，特征方程为
$$s^3+14s^2+40s+192=0$$
特征根为 -12，$-1\pm3.87\mathrm{j}$。

（4）结构不稳定系统及其改进措施　仅仅通过调整参数无法稳定的系统，称为结构不稳定系统。不稳定的系统是不能工作的，必须从结构上对系统进行改造，使系统满足稳定条件。

图 3-3 所示系统就是一个结构不稳定系统。该系统的开环传递函数为
$$G(s)=\frac{K_1K_mK_2}{s^2(T_ms+1)}$$
令 $K=K_1K_mK_2$，系统的特征方程为
$$T_ms^3+s^2+K=0$$

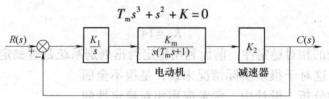

图 3-3　结构不稳定系统

由于特征方程缺项（缺 $s^1$ 项），故该系统是不稳定的，并且无论怎样改变 $K$ 和 $T_m$ 的数值，都不能使系统稳定。这是一个结构不稳定系统，必须改变系统的结构才可能使系统稳定。

通常，单位反馈系统若其前向通路包含有两个或两个以上的积分环节，便构成为一个结构不稳定系统。

消除结构不稳定常采用以下两种方法：一种是设法改变积分的性质；另一种是引入比例微分控制，以便填补特性方程的缺项。

1）改变积分环节的性质。用反馈环节 $K_H$ 包围积分环节即可改变其积分性质。如图 3-4a 所示，被包围后的小闭环系统的传递函数为
$$\frac{Y_1(s)}{X_1(s)}=\frac{K_1}{s+K_1K_H}$$
可见，积分环节已被改变为惯性环节。

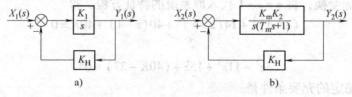

图 3-4　改变积分环节的性质
a) 用反馈包围积分环节　b) 用反馈包围电动机和转速机

用反馈包围电动机及减速器，如图 3-4b 所示，被包围后小闭环系统的传递函数为
$$\frac{Y_2(s)}{X_2(s)}=\frac{K_mK_2}{s(T_ms+1)+K_mK_2K_H}=\frac{K_mK_2}{T_ms^2+s+K_mK_2K_H}$$

这样电动机及减速器中的积分性质也改变了。

若将图 3-3 所示的结构不稳定系统的积分环节 $K_1/s$ 用反馈环节 $K_H$ 包围后，系统的特征方程变为

$$T_m s^3 + (1 + K_1 K_H T_m) s^2 + K_1 K_H s + K_1 K_m K_2 = 0$$

特征方程不再缺项，只要适当选择参数，便可使系统稳定。

需要指出，通过改变积分环节性质的方法可以改善系统的稳定性，但改变了系统的型别，降低了系统的稳态性能。关于这个问题，在后面的内容中会有进一步的论证。

2) 引入比例微分环节。若在图 3-3 所示的结构不稳定系统的前向通道中引入比例微分环节，如图 3-5 所示，则

系统的特征方程为

$$T_m s^3 + s^2 + K\tau_d s + K = 0$$

根据劳斯稳定判据，该系统稳定的充要条件是

$$T_m > 0, \ K > 0, \ \tau_d > T_m$$

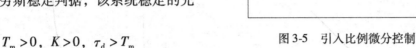

图 3-5　引入比例微分控制

可见，引入比例微分环节，适当选择参数便可以使系统稳定。

## 3.2　时域分析法基础

### 3.2.1　典型输入信号

在一般情况下，控制系统的输入信号具有随机性而无法预先确定，但为了便于分析、比较不同的系统，我们选择了一些典型的输入信号。这些典型信号的数学表达式比较简单，并且可以利用系统对这些信号的响应来预测在更复杂的输入作用下系统的性能。在设计系统时，也可以依据对这些典型信号的响应来决定系统性能的指标。常用的有阶跃函数信号、斜坡函数信号、抛物线函数信号。

**1. 阶跃函数信号**（等位置函数信号）

$$r(t) = \begin{cases} 0 & t < 0 \\ r_0 & t \geq 0 \end{cases}$$

$r_0$ 为常数，称为阶跃函数的幅值，$r_0 = 1$ 时称为单位阶跃函数，如图 3-6 所示。

单位阶跃函数的拉普拉斯变换为

$$L[1(t)] = \frac{1}{s}$$

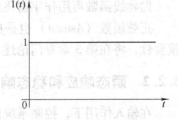

图 3-6　单位阶跃函数

指令的突然转换，电源的突然接通，负荷的突变，常值干扰的突然出现等，均可视为阶跃作用。

**2. 斜坡函数信号**（等速度函数信号）

$$r(t) = \begin{cases} 0 & t < 0 \\ v_0 t & t \geq 0 \end{cases}$$

$v_0$ 为常数,称为斜坡函数的幅值,$v_0=1$ 时称为单位斜坡函数,如图 3-7 所示。

单位斜坡函数的拉普拉斯变换为

$$L[t \cdot 1(t)] = \frac{1}{s^2}$$

大型船闸匀速升降时主拖动系统发出的位置信号,数控机床加工斜面时的进给指令等,均可看成斜坡作用。

**3. 抛物线函数信号**(等加速度函数信号)

$$r(t) = \begin{cases} 0 & t<0 \\ a_0 \dfrac{1}{2}t^2 & t \geq 0 \end{cases}$$

$a_0$ 为常数,称为抛物线函数的幅值,$a_0=1$ 时称为单位抛物线函数,如图 3-8 所示。

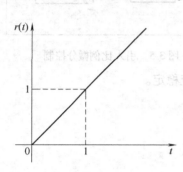

图 3-7 单位斜坡函数

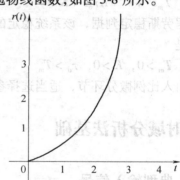

图 3-8 单位抛物线函数

单位抛物线函数的拉普拉斯变换为

$$L\left[\frac{1}{2}t^2 \cdot 1(t)\right] = \frac{1}{s^3}$$

抛物线函数可用作宇宙飞船控制系统的典型输入。

正弦函数($A\sin\omega t$)也是典型输入信号,但由于系统对正弦信号的响应有特殊的性质和重要性,将在第 5 章专门论述。

### 3.2.2 瞬态响应和稳态响应

在输入作用下,控制系统的时间响应都由瞬态响应和稳态响应两部分组成。令 $c(t)$ 代表时间响应,通常可表示为

$$c(t) = c_t(t) + c_{ss}(t) \tag{3-5}$$

式中,$c_t(t)$ 为瞬态响应;$c_{ss}(t)$ 为稳态响应。

瞬态响应定义为:时间变为很大时,其时间响应趋于 0 的部分,因此 $\lim_{t\to\infty}c_t(t)=0$。瞬态响应反映了系统在输入作用下其状态发生变化的过程,描述系统的动态性能。

稳态响应定义为:当时间达到无穷时一种固定的响应,即稳态响应是在瞬态响应消失后仍保留的部分。稳态响应反映出系统在输入信号作用下最后到达的状态,描述系统的静态性

能。

由此可见，控制系统在输入信号作用下的性能指标，通常由动态性能和稳态性能两部分组成。

### 3.2.3 阶跃响应性能指标

对于线性控制系统来说，不同形式的输入信号所对应的输出响应是不同的，但所表征的系统性能是一致的。通常，比较普遍选用阶跃函数信号来研究系统的时域性能。

阶跃响应性能指标是指系统在单位阶跃输入信号作用下时间响应曲线（过渡过程曲线）的一些特征值。利用这些特征值可分析、比较不同系统的性能，故又称为阶跃响应性能指标。

控制系统典型的单位阶跃响应曲线如图 3-9 所示。常用的阶跃响应性能指标如下：

1) 延迟时间 $t_d$：指单位阶跃响应曲线 $c(t)$ 上升到其稳态值的 50% 所需要的时间。
2) 上升时间 $t_r$：指单位阶跃响应曲线 $c(t)$ 第一次达到稳态值的时间。
3) 峰值时间 $t_p$：指单位阶跃响应曲线 $c(t)$ 超过其稳态值而达到第一个峰值 $c_{max}$ 所需要的时间。
4) 最大超调量 $\sigma\%$：指输出量的最大值超出稳态值的百分比，即

$$\sigma\% = \frac{c_{max} - c(\infty)}{c(\infty)} \times 100\%$$

5) 调节时间 $t_s$：在单位阶跃响应曲线的稳态值附近，取 $\pm 5\% c(\infty)$（有时也取 $\pm 2\% c(\infty)$）作为误差带，响应曲线达到并不再超出该误差带的最小时间，称为调节时间（或过渡过程时

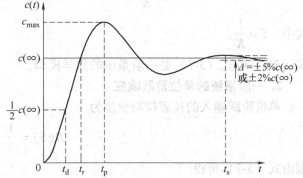

图 3-9 典型的单位阶跃响应曲线

间）。调节时间 $t_s$ 标志着过渡过程结束，系统的响应进入稳态过程。

6) 稳态误差 $\varepsilon_{ss}$：当时间 $t$ 趋于无穷时，系统期望值与单位阶跃响应的实际值（即稳态值）之差，即

$$\varepsilon_{ss} = c_0(\infty) - c(\infty)$$

上述六项性能指标中，延迟时间 $t_d$、上升时间 $t_r$ 和峰值时间 $t_p$ 均表征系统响应初始段的快慢；调节时间 $t_s$ 表示系统过渡过程持续的时间，是系统的快速性指标；超调量 $\sigma\%$ 反映系统响应过程的平稳性；它们描述了瞬态响应过程，反映了系统的动态性能，又称为动态性能指标。稳态误差 $\varepsilon_{ss}$ 则反映系统复现输入信号的稳态精度，又称为系统的稳态性能指标。

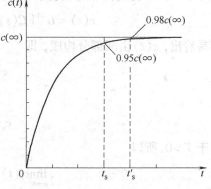

图 3-10 单调上升的阶跃响应曲线

单调上升的阶跃响应曲线如图 3-10 所示。由于响应过程不出现超调[$c(\infty)$ 是整个响应过程的最大值]，一般只取调节时间 $t_s$ 作为动态性能指标。

## 3.3 一阶系统的动态性能

**1. 一阶系统的数学模型**

由一阶微分方程描述的系统，称为一阶系统。一些控制元件及简单系统如 RC 网络、发电机、空气加热器等都是一阶系统。

一阶系统的微分方程为

$$T\frac{dc(t)}{dt} + c(t) = r(t) \tag{3-6}$$

式中，$c(t)$ 为输出量；$r(t)$ 为输入量；$T$ 为时间常数。

一阶系统的结构图如图 3-11 所示，其闭环传递函数为

$$\varPhi(s) = \frac{C(s)}{R(s)} = \frac{1}{\frac{1}{K}s + 1} = \frac{1}{Ts + 1} \tag{3-7}$$

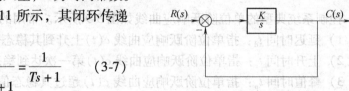

图 3-11 一阶系统的结构图

式中，$T = \dfrac{1}{K}$。

式 (3-6) 或式 (3-7) 是一阶系统的数学模型。

**2. 一阶系统的单位阶跃响应**

单位阶跃输入的拉普拉斯变换为

$$R(S) = \frac{1}{s}$$

则由式 (3-7) 可得

$$C(s) = \varPhi(s)R(s) = \frac{1}{Ts+1} \cdot \frac{1}{s} = \frac{1}{s} - \frac{1}{s + \frac{1}{T}}$$

取 $C(s)$ 的拉普拉斯反变换，可得一阶系统的单位阶跃响应为

$$c(t) = L^{-1}[C(s)] = (1 - e^{-t/T}) \cdot 1(t) \quad (t \geq 0) \tag{3-8}$$

容易看出，$c(t)$ 由两部分构成，即

$$c(t) = c_t(t) + c_{ss}(t)$$

而

$$c_t(t) = -e^{-t/T} \cdot 1(t) \tag{3-9}$$

由于 $T > 0$，所以

$$\lim_{t \to \infty} c_t(t) = \lim_{t \to \infty}[-e^{-t/T} \cdot 1(t)] = 0$$

$$c_{ss}(t) = \lim_{t \to \infty} c(t) = 1$$

由式 (3-8) 可见，一阶系统的单位阶跃响应是一条初始值为零，以指数规律上升到终值 $c_{ss}(t) = 1$ 的曲线，如图 3-12 所示。

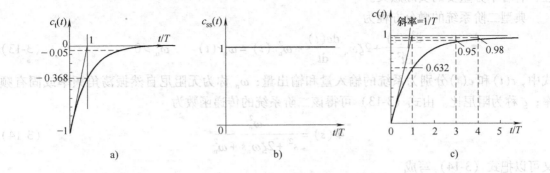

图 3-12 一阶系统的时间响应曲线
a) 瞬态响应 b) 稳态响应 c) 阶跃响应

图 3-12 表明，一阶系统的单位阶跃响应为非周期的，具备如下两个特点：

1) 一阶系统的瞬态响应是一个按指数规律衰减的过程，以 $t/T$ 为横坐标（见图 3-12），曲线表达了当时间 $t$ 是 $T$ 的某一倍数时瞬态响应的取值。当 $t/T=1$ 时，$c_t(t)|_{t/T=1} = -e^{-t/T}|_{t/T=1} = -0.368$，说明经过了 $t=T$ 时间，瞬态响应已衰减了 63.2%，所以，$T$ 越大，瞬态响应衰减得越慢。根据这个性质，参数 $T$ 称为时间常数，它具有时间的量纲。

2) 瞬态曲线（见图 3-12a）在 $t/T=0^+$ 处的斜率为

$$\frac{dc_t(t)}{d(t/T)}\bigg|_{t/T=0^+} = e^{-t/T}\bigg|_{t/T=0^+} = 1 \tag{3-10}$$

**3. 一阶系统的动态性能指标**

一阶系统的阶跃响应是一个按指数规律单调上升的过程（见图 3-12c），其动态性能指标中不存在超调量、峰值时间、上升时间等项。由于

$$c(t)|_{t/T=3} = (1-e^{-t/T})|_{t/T=3} = 0.95$$
$$c(t)|_{t/T=4} = (1-e^{-t/T})|_{t/T=4} = 0.98$$

按照前面关于调节时间的定义，一阶系统的调节时间为

$$t_s = 3T，对应 5\% 误差带 \tag{3-11}$$
$$t_s = 4T，对应 2\% 误差带 \tag{3-12}$$

$t_s$ 是一阶系统的动态性能指标。显然，系统的时间常数 $T$ 越小，调节时间 $t_s$ 越小，响应越快。

## 3.4 二阶系统的动态性能

### 3.4.1 典型二阶系统的动态性能

**1. 典型二阶系统的数学模型**

二阶微分方程描述的系统，称为二阶系统，实际系统中有许多都是二阶系统，例如 $RLC$ 网络，具有质量的物体的运动，忽略电枢电感 $L_a$ 后的电动机。尤其值得注意的是，许多高阶系统，在一定条件下，可以近似为二阶系统来研究。所以，详细讨论和分析二阶系统的特

性，有着十分重要的实际意义。

典型二阶系统的微分方程为

$$\frac{d^2 c(t)}{dt^2} + 2\zeta\omega_n \frac{dc(t)}{dt} + \omega_n^2 c(t) = \omega_n^2 r(t) \qquad \omega_n > 0 \tag{3-13}$$

式中，$r(t)$ 和 $c(t)$ 分别为系统的输入量和输出量；$\omega_n$ 称为无阻尼自然振荡角频率或固有频率；$\zeta$ 称为阻尼比。由式（3-13）可得该二阶系统的传递函数为

$$\Phi(s) = \frac{\omega_n^2}{s^2 + 2\zeta\omega_n s + \omega_n^2} \tag{3-14}$$

又可以把式（3-14）写成

$$\Phi(s) = \frac{K}{T^2 s^2 + 2\zeta T s + 1} \tag{3-15}$$

式中，$T = \dfrac{1}{\omega_n}$；$K$ 通常取值为1。

对应的系统结构图可由图 3-13 表示。

**2. 典型二阶系统的单位阶跃响应**

单位阶跃输入的拉普拉斯变换为

$$R(s) = \frac{1}{s}$$

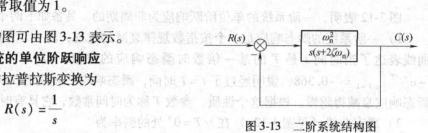

图 3-13 二阶系统结构图

则由式（3-14）可得

$$C(s) = \Phi(s) R(s) = \frac{\omega_n^2}{s^2 + 2\zeta\omega_n s + \omega_n^2} \cdot \frac{1}{s} = \frac{1}{s} - \frac{s + 2\zeta\omega_n}{s^2 + 2\zeta\omega_n s + \omega_n^2} = C_{ss}(s) + C_t(s)$$

将拉普拉斯变换的终值定理应用于 $C_t(s)$ 和 $C_{ss}(s)$，得

$$\lim_{s \to 0} s C_{ss}(s) = \lim_{s \to 0} s \frac{1}{s} = 1$$

$$\lim_{s \to 0} s C_t(s) = \lim_{s \to 0} \left( -s \frac{s + 2\zeta\omega_n}{s^2 + 2\zeta\omega_n s + \omega_n^2} \right) = 0$$

根据对稳态响应及瞬态响应的定义，显然

$$c_{ss}(t) = L^{-1}[C_{ss}(s)] = L^{-1}\left[\frac{1}{s}\right] = 1$$

$$c_t(t) = L^{-1}[C_t(s)] = L^{-1}\left[-\frac{s + 2\zeta\omega_n}{s^2 + 2\zeta\omega_n s + \omega_n^2}\right]$$

二阶系统的特征方程为 $s^2 + 2\zeta\omega_n s + \omega_n^2 = 0$，方程的特征根为

$$s_{1,2} = -\zeta\omega_n \pm \omega_n \sqrt{\zeta^2 - 1}$$

当 $\zeta$ 取不同值时，时间响应曲线有不同的形状。

（1）$\zeta = 0$ 特征方程有一对共轭虚根 $s_{1,2} = \pm j\omega_n$，瞬态响应为

$$c_t(t) = L^{-1}\left[-\frac{s}{s^2 + \omega_n^2}\right] = -\cos\omega_n t \qquad t \geq 0 \tag{3-16}$$

瞬态响应是无衰减的周期振荡，$\omega_n$ 是无阻尼振荡角频率，也称自然频率。此时系统相当于无阻尼情况。

(2) $0 < \zeta < 1$　特征方程有一对共轭复根 $-s_{1,2} = -\zeta\omega_n \pm j\omega_n\sqrt{1-\zeta^2}$，瞬态响应为

$$c_t(t) = L^{-1}\left[-\frac{s+2\zeta\omega_n}{s^2+2\zeta\omega_n s+\omega_n^2}\right] = -\frac{1}{\sqrt{1-\zeta^2}}e^{-\zeta\omega_n t}\sin(\omega_d t + \beta) \qquad t \geq 0 \qquad (3-17)$$

式中，$\omega_d = \omega_n\sqrt{1-\zeta^2}$，$\beta = \arctan\dfrac{\sqrt{1-\zeta^2}}{\zeta}$。

瞬态响应是一个衰减的振荡过程，此时系统处于欠阻尼状态。

(3) $\zeta = 1$　特征方程有一对相等的负实数根，$-s_{1,2} = -\omega_n$，瞬态响应为

$$\begin{aligned}c_t(t) &= L^{-1}\left[-\frac{s+2\omega_n}{s^2+2\omega_n s+\omega_n^2}\right] = L^{-1}\left[-\frac{1}{s+\omega_n} - \frac{\omega_n}{(s+\omega_n)^2}\right] \\ &= -e^{-\omega_n t} - \omega_n t e^{-\omega_n t} = -(1+\omega_n t)e^{-\omega_n t} \\ &= -\left(1+\frac{t}{T}\right)e^{-t/T} \qquad t \geq 0\end{aligned} \qquad (3-18)$$

瞬态响应是一个单调的衰减过程，此时系统处于临界阻尼状态。

(4) $\zeta > 1$　特征方程有两个不同的负实数根 $-s_{1,2} = -\zeta\omega_n \pm \omega_n\sqrt{\zeta^2-1}$，瞬态响应为

$$\begin{aligned}c_t(t) &= L^{-1}\left[-\frac{s+2\zeta\omega_n}{s^2+2\zeta\omega_n s+\omega_n^2}\right] \\ &= L^{-1}\left[-\frac{-\zeta+\sqrt{\zeta^2-1}}{(2\sqrt{\zeta^2-1})(s+\zeta\omega_n+\omega_n\sqrt{\zeta^2-1})} + \frac{-\zeta-\sqrt{\zeta^2-1}}{(2\sqrt{\zeta^2-1})(s+\zeta\omega_n-\omega_n\sqrt{\zeta^2-1})}\right] \\ &= -\frac{-\zeta+\sqrt{\zeta^2-1}}{2\sqrt{\zeta^2-1}}e^{[-(\zeta+\sqrt{\zeta^2-1})\omega_n t]} + \frac{-\zeta-\sqrt{\zeta^2-1}}{2\sqrt{\zeta^2-1}}e^{[-(\zeta-\sqrt{\zeta^2-1})\omega_n t]} \qquad t \geq 0\end{aligned} \qquad (3-19)$$

由于 $\zeta > 1$，$(\zeta+\sqrt{\zeta^2-1})$ 和 $(\zeta-\sqrt{\zeta^2-1})$ 均大于0，由式 (3-19) 可知，$c_t(t)$ 是两个指数衰减的过程的叠加，瞬态响应是单调的衰减过程，此时系统处于过阻尼状态。

$\zeta$ 取值不同，二阶系统的特征根在 $s$ 平面上的分布不同，对应的二阶系统的响应曲线也不同，见表3-1。二阶系统的响应特性完全由 $\zeta$ 和 $\omega_n$ 两个参数决定，$\zeta$ 和 $\omega_n$ 称为二阶系统的特征参数。

表3-1　二阶系统的典型阶跃响应曲线

| 阻尼系数 | 特征方程根 | 根在复平面上位置 | 单位阶跃响应 |
|---|---|---|---|
| $\zeta = 0$（无阻尼） | $-s_{1,2} = \pm j\omega_n$ | | |

(续)

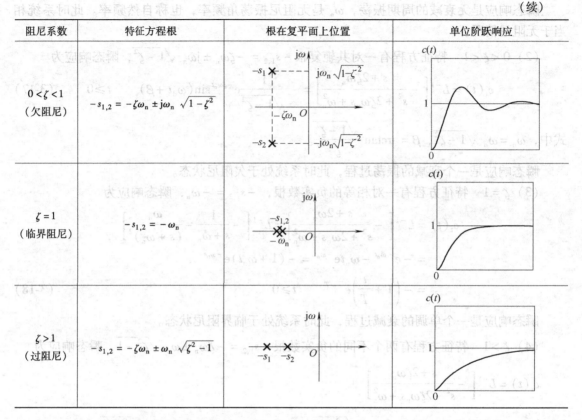

### 3. 典型二阶系统的动态性能指标

下面研究稳定的二阶系统的动态过程。这里分为欠阻尼和过阻尼两种情况。

(1) 欠阻尼二阶系统的动态性能指标　在二阶系统中，欠阻尼二阶系统尤属多见。由于欠阻尼二阶系统具有一对实部为负的共轭复根，时间响应呈衰减振荡特性，故又称为振荡环节。

当 $0<\zeta<1$ 时，二阶系统的单位阶跃响应为

$$c(t) = 1 - \frac{1}{\sqrt{1-\zeta^2}}e^{-\zeta\omega_n t}\sin(\omega_d t + \beta) \qquad t \geq 0 \tag{3-20}$$

图 3-14 为二阶系统的瞬态响应和稳态响应。下面根据该图来分析系统结构参数 $\zeta$、$\omega_n$ 对阶跃响应的影响。

平稳性：由曲线看出，阻尼比 $\zeta$ 越大，超调量 $\sigma\%$ 越小，响应的振荡倾向越弱，平稳性越好。反之，阻尼比 $\zeta$ 越小，振荡越强，平稳性越差。当 $\zeta=0$ 时，则为频率为 $\omega_n$ 的无衰减（等幅）振荡。

阻尼比 $\zeta$ 和超调量 $\sigma\%$ 的关系曲线如图 3-15 所示。由于 $\omega_d = \omega_n\sqrt{1-\zeta^2}$，所以，在一定的阻尼比 $\zeta$ 下，$\omega_n$ 越大，振荡频率 $\omega_d$ 也越高，系统响应的平稳性越差。

总之，要使系统单位阶跃响应的平稳性好，则要求阻尼比 $\zeta$ 大，自然频率 $\omega_n$ 小。

快速性：由图 3-14 中曲线可以看出，$\zeta$ 过大，如 $\zeta$ 越接近 1，系统响应迟钝，调节时间 $t_s$ 长，快速性差；$\zeta$ 过小，虽然响应的起始速度较快，但振荡强烈，调节时间亦长，快速性

也不好。后面会得到结论,当 $\zeta = 0.707$ 时,调节时间最短,快速性最好。而超调量 $\sigma\% < 5\%$ ,平稳性也较好,故称为最佳阻尼比。

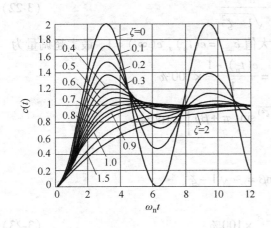

图 3-14 二阶系统的瞬态响应和稳态响应

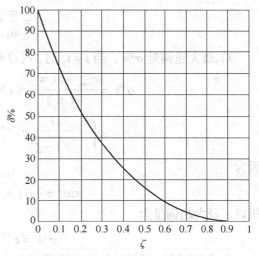

图 3-15 $\sigma\%$ 和 $\zeta$ 的关系

对于阻尼比 $\zeta$ 一定的情况下,所对应的 $\omega_n t_s$ 是固定的。$\omega_n$ 越大,调节时间 $t_s$ 也就越短,快速性越好。

下面具体定量计算欠阻尼二阶系统的单位阶跃响应性能指标。

1) 上升时间 $t_r$。根据定义,$c(t_r) = 1$ ,由式(3-20)得

$$c(t_r) = 1 - \frac{1}{\sqrt{1-\zeta^2}} e^{-\zeta\omega_n t_r} \sin(\omega_d t_r + \beta) = 1$$

$$\frac{1}{\sqrt{1-\zeta^2}} e^{-\zeta\omega_n t_r} \sin(\omega_d t_r + \beta) = 0$$

$$\omega_d t_r + \beta = \pi$$

$$t_r = \frac{\pi - \beta}{\omega_d} = \frac{\pi - \beta}{\omega_n \sqrt{1-\zeta^2}} \tag{3-21}$$

$\beta$ 为共轭复数对负实轴的张角。$\beta$ 和阻尼比 $\zeta$ 之间有确定的关系,如图 3-16 所示,

$$\beta = \arccos\zeta$$

也称 $\beta$ 为阻尼角。

2) 峰值时间 $t_p$。根据定义,$t_p$ 应为 $c(t)$ 第一次出现峰值所对应的时间。$c(t)$ 对时间求导并令其为零,可得峰值时间。令 $\dfrac{dc(t)}{dt} = 0$ ,得

$$-\zeta\sin(\omega_d t + \beta) + \sqrt{1-\zeta^2}\cos(\omega_d t + \beta) = 0$$

$$\tan(\omega_d t + \beta) = \frac{\sqrt{1-\zeta^2}}{\zeta} = \tan\beta$$

当 $\omega_d t = 0, \pi, 2\pi, \cdots$ 时

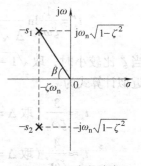

图 3-16 $\beta$ 角的确定

$$\tan(\omega_d t + \beta) = \tan\beta$$

按定义,应有 $\omega_d t_p = \pi$

$$t_p = \frac{\pi}{\omega_d} = \frac{\pi}{\omega_n \sqrt{1-\zeta^2}} \qquad (3-22)$$

3)最大超调量 $\sigma\%$。当 $t = t_p$ 时,$c(t)$ 有最大值 $c_{\max} = c(t_p)$,$c(\infty) = 1$,最大超调量为

$$\sigma\% = \frac{c_{\max} - c(\infty)}{c(\infty)} \times 100\% = \frac{c(t_p) - 1}{1} \times 100\%$$

$$= \left[ -\frac{1}{\sqrt{1-\zeta^2}} e^{(-\zeta\pi/\sqrt{1-\zeta^2})} \sin(\pi + \beta) \right] \times 100\%$$

因为

$$\sin(\pi + \beta) = -\sin\beta = -\sqrt{1-\zeta^2}$$

所以,最大超调量为

$$\sigma\% = e^{-\zeta\pi/\sqrt{1-\zeta^2}} \times 100\% \qquad (3-23)$$

由式(3-23)可见,最大超调量完全由 $\zeta$ 决定。$\zeta$ 越小,$\sigma\%$ 越大,$\sigma\%$ 和 $\zeta$ 的关系如图 3-15 所示。

4)调节时间 $t_s$。根据调节时间的定义,当 $t \geq t_s$ 时,应有

$|c(t) - c(\infty)| \leq c(\infty) \times \Delta$,$\Delta$ 取 0.02 或 0.05。根据式(3-20)有

$$|c(t) - c(\infty)| = \left| \frac{e^{-\zeta\omega_n t_s}}{\sqrt{1-\zeta^2}} \sin(\omega_d t_s + \beta) \right| \leq \Delta \qquad (3-24)$$

由于

$$-1 \leq \sin(\omega_d t + \beta) \leq 1$$

响应曲线

$$c(t) = 1 - \frac{e^{-\zeta\omega_n t}}{\sqrt{1-\zeta^2}} \sin(\omega_d t + \beta) \qquad t \geq 0$$

一定包围在一对曲线 $1 \pm (e^{-\zeta\omega_n t}/\sqrt{1-\zeta^2})$ 之内,这对曲线是阶跃响应曲线的包络线(见图 3-17)。设当 $t = t_s'$ 时包络线与误差带边线相交,则

$$\frac{e^{-\zeta\omega_n t_s'}}{\sqrt{1-\zeta^2}} = \Delta$$

$$t_s' = \frac{1}{\zeta\omega_n} \ln \frac{1}{\Delta \sqrt{1-\zeta^2}}$$

当 $\zeta$ 比较小时,取 $\sqrt{1-\zeta^2} = 1$,得 $t_s$ 的近似计算式为

$$t_s \approx \frac{3}{\zeta\omega_n} \quad (\text{取 } \Delta = 0.05) \qquad (3-25)$$

$$t_s \approx \frac{4}{\zeta\omega_n} \quad (\text{取 } \Delta = 0.02) \qquad (3-26)$$

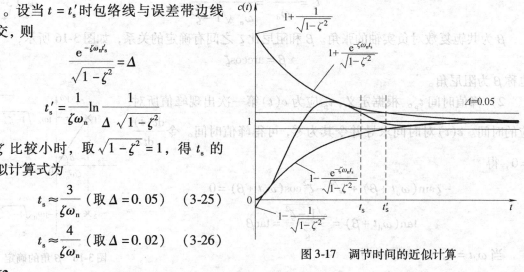

图 3-17 调节时间的近似计算

上面求得的 $t_r$、$t_p$、$t_s$、$\sigma\%$ 与二阶系统特征参数之间的关系是分析二阶系统动态性能的基础。若已知 $\zeta$ 和 $\omega_n$ 的值或复平面上特征方程根的位置，则可以计算出各个性能指标。另一方面，也可以根据对系统的动态性能要求，由性能指标确定二阶系统的特征参数 $\zeta$ 和 $\omega_n$。如要求系统具有一定的 $\sigma\%$ 和 $t_s$，则由 $\sigma\%$ 确定出 $\zeta$ 值 [式（3-23）或图3-15]，再由 $t_s$ 和 $\zeta$ 计算 $\omega_n$ 值 [式（3-25）或式（3-26）]。$\sigma\%$ 和 $t_s$ 是动态性能中两个最重要的指标。从图3-15可看到，$\zeta$ 越小，$\sigma\%$ 越大。$\zeta$ 与 $t_s$ 的精确关系比较复杂，图3-18所示为 $\zeta$ 与 $\omega_n t_s$ 的关系曲线。若 $\zeta = 0.707$，$t_s \omega_n = 2.93$，$t_s = 2.93T$，调节时间可以取得最小值，这时最大超调量 $\sigma\%$ 约为4.3%。工程上常取 $\zeta = 0.707$ 作为最佳阻尼系数。一般地，当 $\zeta$ 取 0.4~0.8 之间值时，最大超调量在 2.5%~25% 之间，而调节时间在 $2.93T$~$8T$ 之间（$\Delta$ 取 0.05）。

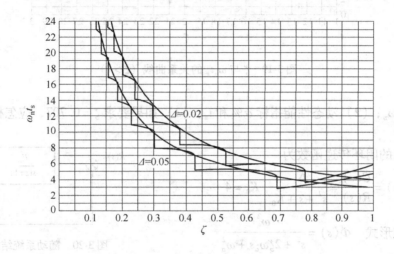

图 3-18　$\zeta$ 与 $\omega_n t_s$ 的关系曲线（$0 < \zeta < 1$）

（2）过阻尼二阶系统的动态性能指标　当 $\zeta > 1$ 时，二阶系统的阶跃响应为

$$c(t) = 1 - \frac{-\zeta + \sqrt{\zeta^2 - 1}}{2\sqrt{\zeta^2 - 1}} e^{[-(\zeta + \sqrt{\zeta^2 - 1})\omega_n t]} + \frac{-\zeta - \sqrt{\zeta^2 - 1}}{2\sqrt{\zeta^2 - 1}} e^{[-(\zeta - \sqrt{\zeta^2 - 1})\omega_n t]} \tag{3-27}$$

阶跃响应是从0到1的单调上升过程，超调量为0。用 $t_s$ 即可描述系统的动态性能。$\zeta$ 与 $\omega_n t_s$ 的关系曲线如图3-19所示。由图可见，$\zeta$ 越大，$t_s$ 也越大。$\zeta = 1$ 是非振荡响应过程中具有最小调节时间的情况。

通常总是希望控制系统的阶跃响应进行得比较快，瞬态响应很快便衰减为0。当 $\zeta > 1$ 时，调节时间比较长，因此设计系统时总希望系统处于欠阻尼的状态。对于一些不允许出现超调（例如液体控制系统，超调会导致液体溢出）或大惯性（例如加热装置）的控制系统，则可采用 $\zeta > 1$，使系统处于过阻尼的状态。

**4. 二阶系统动态性能指标与系统参数的关系**

下面通过例子讨论二阶系统的实际参数 $K$、$T$ 与特征参数 $\zeta$、$\omega_n$ 之间的关系以及性能指标的计算方法。

**例 3-7**　有一位置随动系统，其结构图如图3-20所示，其中 $K_0 = 4$。求该系统的（1）

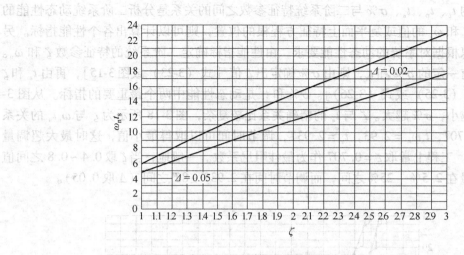

图 3-19 $\zeta$ 与 $\omega_n t_s$ 的关系曲线（$\zeta>1$）

特征参数 $\zeta$、$\omega_n$；（2）动态性能指标 $\sigma\%$ 和 $t_s$；（3）如果要求 $\zeta=0.707$，应怎样改变系统实际参数 $K_0$ 值？

**解**：系统的闭环传递函数为

$$\Phi(s)=\frac{C(s)}{R(s)}=\frac{K_0}{s^2+s+K_0}, K_0=4$$

写成标准形式 $\Phi(s)=\dfrac{\omega_n^2}{s^2+2\zeta\omega_n s+\omega_n^2}$

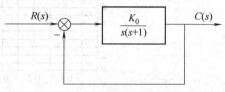

图 3-20 随动系统结构图

由此得

（1）自然振荡角频率 $\omega_n=\sqrt{K_0}=2$

由 $2\zeta\omega_n=1$，得 $\zeta=\dfrac{1}{2\omega_n}=0.25$，处于欠阻尼状态。

（2）超调量 $\sigma\%=\mathrm{e}^{-\zeta\pi/\sqrt{1-\zeta^2}}\times100\%=44.43\%$

调节时间 $t_s\approx\dfrac{3}{\zeta\omega_n}=6\mathrm{s}(\Delta=0.05)$

（3）要求 $\zeta=0.707$，$\omega_n=\dfrac{1}{\sqrt{2}}$，$K_0=\omega_n^2=0.5$

所以需要降低开环放大系数 $K_0$ 的值，才能满足二阶系统最佳参数的要求。但是过分降低开环放大系数将使系统稳态误差增大。

**例 3-8** 已知系统的结构图如图 3-21 所示。要求系统具有性能指标：$\sigma\%=20\%$，$t_p=1\mathrm{s}$。试确定系统参数 $K$ 和 $A$，并计算单位阶跃响应的动态性能指标 $t_r$、$t_s$。

**解**：系统的闭环传递函数由图可得

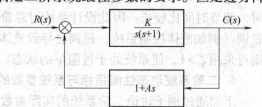

图 3-21 系统结构图

$$\Phi(s)=\frac{C(s)}{R(s)}=\frac{K}{s^2+(1+KA)s+K}$$

写成标准形式

$$\Phi(s)=\frac{\omega_n^2}{s^2+2\zeta\omega_n s+\omega_n^2}$$

可得

$$\omega_n=\sqrt{K},\ 2\zeta\omega_n=1+KA$$

由 $\sigma\%=\mathrm{e}^{-\zeta\pi/\sqrt{1-\zeta^2}}\times100\%=20\%$，可得 $\zeta=0.456$。

由 $t_p=\dfrac{\pi}{\omega_n\sqrt{1-\zeta^2}}=1\mathrm{s}$，可得 $\omega_n=3.53\mathrm{rad/s}$。

将上式代入 $\omega_n=\sqrt{K},\ 2\zeta\omega_n=1+KA$，可得 $K=12.5,\ A=0.178$。

最后计算得

$$\text{上升时间 } t_r=\frac{\pi-\beta}{\omega_n\sqrt{1-\zeta^2}}=0.65\mathrm{s}$$

式中，$\beta=\arccos\zeta=1.1\mathrm{rad}$

$$\text{调节时间 } t_s\approx\frac{3}{\zeta\omega_n}=1.86\mathrm{s}\ (\Delta=0.05)$$

**例 3-9** 设位置随动系统（单位负反馈）的开环传递函数为

$$G(s)=\frac{5K_0}{s(s+34.5)}$$

当给定单位阶跃信号时，试计算当开环放大系数 $K_0=200$ 时系统的动态性能指标 $t_p$、$t_s$、$\sigma\%$。若调整 $K_0=1500$ 或 $K_0=13.5$，对系统的动态性能有何影响？

**解：** 因为系统是单位负反馈，所以闭环传递函数为

$$\Phi(s)=\frac{5K_0}{s^2+34.5s+5K_0},\ K_0=200$$

写成标准形式

$$\Phi(s)=\frac{\omega_n^2}{s^2+2\zeta\omega_n s+\omega_n^2}$$

可得

$$\omega_n=\sqrt{1000}=31.6\mathrm{rad/s},\ \zeta=\frac{34.5}{2\omega_n}=0.545$$

$$\text{峰值时间 } t_p=\frac{\pi}{\omega_n\sqrt{1-\zeta^2}}=0.12\mathrm{s}$$

$$\text{调节时间 } t_s\approx\frac{3}{\zeta\omega_n}=0.17\mathrm{s}(\Delta=0.05)$$

$$\text{超调量 } \sigma\%=\mathrm{e}^{-\zeta\pi/\sqrt{1-\zeta^2}}\times100\%=13\%$$

如果 $K_0=1500$，同样可以计算出 $\omega_n=86.2\mathrm{rad/s},\ \zeta=0.2$

则 $t_p=0.037\mathrm{s},\ t_s=0.17\mathrm{s},\ \sigma\%=52.7\%$

可见，$K_0$ 增大，$\zeta$ 减小，$\sigma\%$ 增大，峰值时间提前，超调量增大，调节时间无多大变化。

当 $K_0 = 13.5$ 时,可以计算出 $\omega_n = 8.22 \text{rad/s}$, $\zeta = 2.1$ 系统处于过阻尼状态,峰值和超调量不存在,调节时间可从图 3-19 得 $t_s \omega_n \approx 12.3$, $t_s = 12.3\text{s}/8.22 = 1.5\text{s}$。显然,调节时间比上两种情况大得多。尽管响应无超调,但过程过于缓慢,这也是不希望的。

**例 3-10** 图 3-22 为单位反馈二阶系统的单位阶跃响应曲线。已知性能指标为 $\sigma\% = 37\%$, $t_s = 5\text{s}$ ($\Delta = 0.05$), $c(\infty) = 0.95$,试确定系统的开环传递函数。

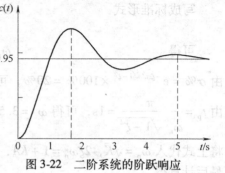

图 3-22 二阶系统的阶跃响应

**解**:二阶系统的传递函数为

$$\Phi(s) = \frac{K}{T^2 s^2 + 2\zeta T s + 1} = K \frac{\omega_n^2}{s^2 + 2\zeta \omega_n s + \omega_n^2}$$

由 $\sigma\% = e^{-\zeta \pi / \sqrt{1-\zeta^2}} \times 100\% = 37\%$,可得 $\zeta = 0.3$

由 $t_s \approx \frac{3}{\zeta \omega_n} = 5\text{s}(\Delta = 0.05)$,可得 $\omega_n = 1/T = 2\text{rad/s}, T = 0.5$

由

$$c(\infty) = \lim_{t \to \infty} c(t) = \lim_{s \to 0} sC(s) = \lim_{s \to 0} sR(s)\Phi(s) = \lim_{s \to 0} \frac{1}{s} K \frac{\omega_n^2}{s^2 + 2\zeta \omega_n s + \omega_n^2} = 0.95$$

可得 $K = 0.95$

则

$$\Phi(s) = \frac{0.95 \times 4}{s^2 + 2 \times 0.3 \times 2s + 4}$$

因为系统是单位负反馈系统,所以系统的开环传递函数 $G(s)$ 为

$$G(s) = \frac{\Phi(s)}{1 - \Phi(s)} = \frac{19}{5s^2 + 6s + 1} = \frac{19}{(5s+1)(s+1)}$$

### 3.4.2 具有零点的二阶系统分析

上面所研究的二阶系统具有式(3-14)或式(3-15)的典型形式,其传递函数具有两个极点 $-p_1$、$-p_2$,没有零点,即

$$\Phi(s) = \frac{1}{T^2 s^2 + 2\zeta T s + 1} = \frac{\omega_n^2}{s^2 + 2\zeta \omega_n s + \omega_n^2} = \frac{\omega_n^2}{(s+p_1)(s+p_2)}$$

下面研究当二阶系统的传递函数还包含一个零点时的情况,即

$$\Phi(s) = \frac{(\tau s + 1)}{T^2 s^2 + 2\zeta T s + 1} = \frac{\tau \left(s + \frac{1}{\tau}\right)}{T^2 s^2 + 2\zeta T s + 1} = \frac{\tau(s+z)}{T^2 s^2 + 2\zeta T s + 1} \tag{3-28}$$

式中,$-z = -\frac{1}{\tau}$,是系统的零点。

**1. 零点对动态性能的影响**

把式(3-28)可写成

$$\Phi(s) = \frac{1}{T^2s^2 + 2\zeta Ts + 1} + \tau \frac{s}{T^2s^2 + 2\zeta Ts + 1} = \Phi_1(s) + \Phi_2(s) \tag{3-29}$$

系统的单位阶跃响应 $c(t)$ 的拉普拉斯变换为

$$C(s) = \Phi(s)\frac{1}{s} = \Phi_1(s)\frac{1}{s} + \Phi_2(s)\frac{1}{s} = C_1(s) + C_2(s)$$

$$= \frac{1}{T^2s^2 + 2\zeta Ts + 1}\frac{1}{s} + \frac{\tau}{T^2s^2 + 2\zeta Ts + 1}$$

$$c(t) = L^{-1}[C(s)] = L^{-1}[C_1(s)] + L^{-1}[C_2(s)] = c_1(t) + c_2(t)$$

不难发现, $C_2(s) = \tau s C_1(s)$, 根据拉普拉斯变换的微分定理有

$$c_2(t) = \tau L^{-1}[sC_1(s)] = \tau \frac{dc_1(t)}{dt} + \tau L^{-1}[c_1(0)]$$

由于 $c_1(0) = 0$, 故

$$c_2(t) = \tau \frac{dc_1(t)}{dt}$$

$c_1(t)$ 是典型二阶系统的单位阶跃响应, 而 $c_2(t)$ 是典型二阶系统的单位脉冲响应(乘以系数 $\tau$), 如图 3-23 所示。

$$c(t) = c_1(t) + \tau \frac{dc_1(t)}{dt}$$

一般情况下, 零点的影响是使响应迅速且具有较大的超调量。零点与一对共轭复数极点在复平面上的相对位置(如图 3-24 所示)决定了零点对阶跃响应的影响。用 $\alpha$ 表示零点到虚轴的距离与一对共轭复数极点到虚轴的距离之比, 即 $\alpha = z/(\zeta\omega_n)$。在同一 $\zeta$ 值下, $\alpha$ 对阶跃响应过程的影响如图 3-25 所示($\zeta = 0.5$)。零点越靠近虚轴, 对阶跃响应的影响越大。$\alpha = \infty$ ($\tau = 0$) 所对应的曲线即为典型二阶系统的阶跃响应曲线。图 3-26 为 $\zeta = 0.25$、0.5、0.75 时超调量 $\sigma\%$ 与 $\alpha$ 的关系曲线。从图 3-26 可以看出, 当 $\zeta = 0.25$、$\alpha \geq 8$ 或 $\zeta \geq 0.5$、$\alpha \geq 4$ 时, 可以忽略零点对超调量的影响。

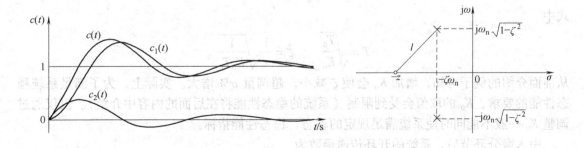

图 3-23 具有零点的二阶系统的阶跃响应曲线　　　　图 3-24 二阶系统的零极点

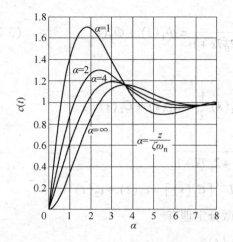

图 3-25 α 对阶跃响应过程的影响

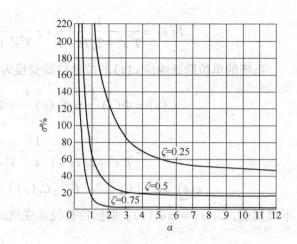

图 3-26 超调量 σ% 与 α 的关系曲线

由调节时间的定义，可求出：

$$t_s = \left(3 + \ln \frac{l}{z}\right)\frac{1}{\zeta\omega_n} \quad (\Delta = 0.05) \tag{3-30}$$

$$t_s = \left(4 + \ln \frac{l}{z}\right)\frac{1}{\zeta\omega_n} \quad (\Delta = 0.02) \tag{3-31}$$

式中，$l$ 为零点与任一共轭复数极点之间的距离（如图 3-24 所示）。

**2. 带有比例加微分环节的二阶系统分析**

在系统中引入微分环节（在控制作用中引入误差的导数）可以提高系统的动态品质。图 3-27 是引入微分环节的系统结构图。当控制作用没有误差的导数（$\tau=0$）时，系统的开环传递函数为

$$G(s) = \frac{K_0}{s(T_0 s + 1)}$$

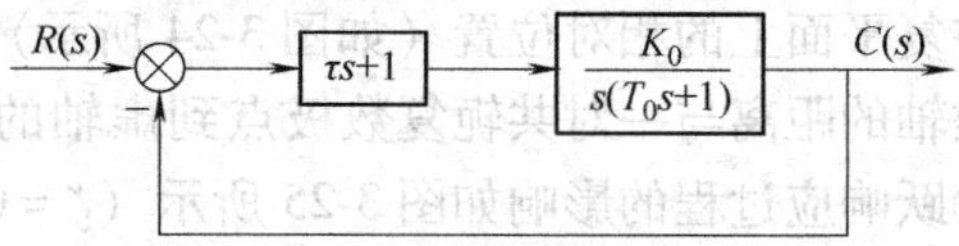

系统的闭环传递函数为

图 3-27 引入微分环节的系统结构图

$$\Phi(s) = \frac{1}{\frac{T_0}{K_0}s^2 + \frac{1}{K_0}s + 1} = \frac{1}{T^2 s^2 + 2\zeta T s + 1} \tag{3-32}$$

式中

$$T = \sqrt{\frac{T_0}{K_0}} \qquad \zeta = \frac{1}{2}\sqrt{\frac{1}{K_0 T_0}}$$

从前面介绍的例子可知，增加 $K_0$ 会使 $\zeta$ 减小，超调量 σ% 增大。实际上，为了满足系统稳态性能的要求，$K_0$ 的取值会受到限制（系统的稳态性能将在后面的内容中介绍）。仅仅通过调整 $K_0$ 一般不能同时使系统满足规定的动态、稳态性能指标。

引入微分环节后，系统的开环传递函数为

$$G(s) = \frac{K_0(\tau s + 1)}{s(T_0 s + 1)}$$

系统的闭环传递函数为

$$\Phi(s) = \frac{\tau s + 1}{\frac{T_0}{K_0}s^2 + \left(\tau + \frac{1}{K_0}\right)s + 1} \tag{3-33}$$

从式(3-33)可看出,引入微分环节后该系统成为具有零点的二阶系统。比较式(3-32)和式(3-33)可知,微分环节的引入并不改变二阶系统的时间常数,但是阻尼比 $\zeta$ 增加了。

适当地选取 $\zeta$ 值,可以使系统有令人满意的动态性能,同时满足对稳态性能提出的要求。

## 3.5 高阶系统的动态性能

用高阶微分方程描述的系统称为高阶系统,工程上,许多控制系统是高阶系统。用解微分方程的办法求高阶系统的时间响应是很困难的,但后面将讨论,多数高阶系统可以用一些方法近似为一、二阶系统,并且在工程上能保证一定的准确度,在这种情况下,可以应用上述一、二阶系统的分析方法和结论。

高阶系统传递函数的一般表达式为

$$\Phi(s) = \frac{b_m s^m + b_{m-1} s^{m-1} + \cdots + b_1 s^1 + b_0}{a_n s^n + a_{n-1} s^{n-1} + \cdots + a_1 s^1 + a_0}, n > m \tag{3-34}$$

**1. 高阶系统的单位阶跃响应**

当 $R(s) = \frac{1}{s}$ 时,为研究方便,将式子表示成零、极点的形式

$$C(s) = R(s)\Phi(s) = \frac{K_g \cdot \prod_{i=1}^{m}(s + z_i)}{s \cdot \prod_{j=1}^{n_1}(s + p_j) \prod_{l=1}^{n_2}(s^2 + 2\zeta_l \omega_l s + \omega_l^2)} \tag{3-35}$$

当系统的闭环极点互不相同时,$C(s)$ 的部分分式展开式为

$$C(s) = \frac{A_0}{s} + \sum_{j=1}^{n_1} \frac{A_j}{s + p_j} + \sum_{l=1}^{n_2} \frac{B_l s + C_l}{s^2 + 2\zeta_l \omega_l s + \omega_l^2} \tag{3-36}$$

$$A_j = C(s)(s + p_j)|_{s = p_j}$$

对于一个稳定的高阶系统,系统响应为

$$c(t) = A_0 + \sum_{j=1}^{n_1} A_j e^{-p_j t} + \sum_{l=1}^{n_2} e^{-\zeta_l \omega_l t}\left(-B_l \cos\omega_{dl} t + \frac{C_l - \zeta_l \omega_l B_l}{\omega_{dl}}\sin\omega_{dl} t\right) \tag{3-37}$$

$$\omega_{dl} = \omega_l \sqrt{1 - \zeta_l^2}$$

**2. 高阶系统的近似分析**

从式(3-36)和式(3-37)可以看出,高阶系统的瞬态响应是由一些简单的函数项组成。这些函数项是一阶系统和二阶系统($0 < \zeta < 1$)的瞬态响应。相应函数项和闭环系统零、极点有下面的关系:

(1)极点距离虚轴越远,响应分量衰减越快。

(2)极点离原点越远,相应系数越小。极点越靠近零点,相应系数越小。

(3)一对零极点 $z, p$,若 $|z - p| < \frac{1}{10}|p|\left(或 \frac{1}{10}|z|\right)$,则这一对零极点对系统的影响

完全可以忽略。这一对零极点称为偶极子。

（4）如果高阶系统中距离虚轴最近的极点，其实部为其他极点的 $\frac{1}{5}$ 或更小，且附近又没有零点，可认为系统的响应主要由该极点（或共轭复数极点）决定。

对系统瞬态响应起主要作用的极点称为闭环主导极点。这种情况下，高阶系统的动态性能就可以近似用主导极点（一般为共轭复数极点）所对应的系统分析。

**例3-11** 闭环控制系统的传递函数为 $\dfrac{G(s)}{R(s)} = \dfrac{2.7}{s^3 + 5s^2 + 4s + 2.7}$，求单位阶跃响应性能指标。

**解**：求得三个极点分别为

$$-p_{1,2} = -0.4 \pm j0.69, \quad -p_3 = -4.2$$

因为 $\dfrac{4.2}{0.4} > 5$，$-p_{1,2}$ 是闭环主导极点。

又 $\omega_n = \sqrt{0.4^2 + 0.69^2} = 0.8$，$\zeta\omega_n = 0.4$

故 $\zeta = 0.5$，$\sigma\% = 16.3\%$，$t_s = 7.5$（$\Delta = 0.05$）

## 3.6 稳态误差分析

控制系统的性能包括动态性能和稳态性能，对动态过程关心的是系统的最大偏差、快速性等，所以用超调量、上升时间、调节时间等指标描述系统的动态性能。当系统的过渡过程结束后，就进入了稳态，这时关心的是系统的输出是否是期望的输出，相差多少，其偏差量称为稳态误差。稳态误差描述了控制系统的控制精度，它在控制系统分析与设计中，是一项重要的性能指标。

系统产生稳态误差主要有两个方面的原因：一方面原因是组成系统的元件不完善，例如静摩擦、间隙、不灵敏区以及放大器的零点、老化等，这种稳态误差的消除方法可以通过优选元件解决，也可以通过结构形式的改变解决；另一方面原因是系统结构造成的，系统结构取决于系统开环传递函数的形式，消除这种误差的唯一方法是改变系统结构。

稳态误差必须在允许范围之内，控制系统才有实用价值。例如火炮跟踪的误差超过允许限度就不能用于战斗，工业加热炉的炉温误差超过允许限度就会影响产品质量，轧钢机的辊距误差超过限度就会使轧出的钢材不合格……这些都表明控制系统的稳态性能（静态性能）是系统质量的一项重要指标，称为稳态性能指标。

线性控制系统若不稳定则不存在稳定的状态，谈不上稳态误差。因此，讨论稳态误差时所指的都是稳定的系统。

控制系统的稳态误差是因输入信号不同而不同的，因而，控制系统的静态性能是通过评价系统在典型输入信号作用下的稳态误差来衡量的。

稳态误差可以分为两种：一种是当系统仅仅受到输入信号的作用而没有任何扰动时的稳态误差，称为输入信号引起的稳态误差；另一种是输入信号为零而有扰动作用于系统上时的稳态误差，称为扰动引起的稳态误差。当线性系统既受到输入信号作用又受到扰动作用时，它的稳态误差是上述两项误差的代数和。这两种误差都与系统结构有直接关系。

### 3.6.1 稳态误差的定义

定义误差有两种方法：一种是从输出端定义；另一种是从输入端定义。

（1）从输出端定义　系统的误差被定义为输出量的期望值 $c_r(t)$ 和实际值 $c(t)$ 之间的差，如图 3-28 所示，即

$$\varepsilon(t) = c_r(t) - c(t) \tag{3-38}$$

对于单位反馈系统，系统的期望输出就是输入信号，即 $c_r(t) = r(t)$。而对于非单位反馈系统，系统的期望输出为 $c_r(t) = \mu(t)r(t)$ 或 $C_r(s) = \mu(s)R(s)$，其中 $\mu(s) = \dfrac{1}{H(s)}$。

图 3-28　从输出端定义误差

（2）从输入端定义　对于图 3-29 所示的一般反馈系统，当反馈信号 $b(t)$ 与输入信号 $r(t)$ 不相等时，比较装置就有偏差信号，将偏差信号记为 $e(t)$，即 $e(t) = r(t) - b(t)$ 或 $E(s) = R(s) - B(s)$。系统在偏差 $e(t)$ 作用下产生动作，使输出量 $c(t)$ 趋于期望值。同时，偏差信号 $e(t)$ 也逐渐减小。可见偏差量 $e(t)$ 也间接反映了系统输出量偏离

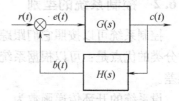

图 3-29　从输入端定义误差

期望值的程度。它也可以作为误差的度量，而且在实际系统中，偏差信号是可以测量的，具有一定的物理意义，所以，常常把偏差信号定义为误差，即从输入端定义的误差。

系统的误差被定义为输入信号 $r(t)$ 与反馈信号 $b(t)$ 之间的差，即

$$e(t) = r(t) - b(t) \tag{3-39}$$

或

$$E(s) = R(s) - H(s)C(s) \tag{3-40}$$

显然，定义（1）给出的误差 $\varepsilon(s)$ 与定义（2）的误差 $E(s)$ 存在如下的简单关系：

$$\varepsilon(s) = C_r(s) - C(s) = \frac{1}{H(s)}R(s) - C(s)$$

$$= \frac{1}{H(s)}[R(s) - H(s)C(s)] = \frac{1}{H(s)}[R(s) - B(s)]$$

$$= \frac{1}{H(s)}E(s) \tag{3-41}$$

或

$$E(s) = H(s)\varepsilon(s) \tag{3-42}$$

由式（3-42）可见，从系统输入端定义的系统误差 $E(s)$，直接或间接地表示了从系统输出端定义的系统误差 $\varepsilon(s)$。

在本书中，如果没有特别说明，均采用从系统输入端定义的误差来进行分析计算，如有必要计算输出端的误差，则可利用上面的关系进行换算。

由反馈系统的结构图 3-29 可以得到误差（偏差）信号的拉普拉斯变换为

$$E(s) = \frac{1}{1+G(s)H(s)}R(s) = \Phi_E(s)R(s) \tag{3-43}$$

式中，$\Phi_E(s) = \dfrac{1}{1+G(s)H(s)}$，称为系统误差传递函数。

当 $t \to \infty$ 时，系统的误差称为稳态误差，用 $e_{ss}$ 表示。

根据拉普拉斯变换的终值定理，得

$$e_{ss} = \lim_{t \to \infty} e(t) = \lim_{s \to 0} sE(s) = \lim_{s \to 0} \frac{sR(s)}{1+G(s)H(s)} = \lim_{s \to 0} \frac{sR(s)}{1+G_k(s)} \tag{3-44}$$

式中，$G_k(s) = G(s)H(s)$，是闭环系统的开环传递函数。由式（3-44）可知，系统的稳态误差与系统的开环传递函数（由系统的结构及参数决定）和输入信号的形式都有关系。

### 3.6.2 控制系统的型别

控制系统可以按照它们跟踪阶跃输入、斜坡输入、抛物线输入等信号的能力来分类。这种分类的优点是：可以根据系统输入信号的形式以及系统类型，迅速判断系统是否存在稳态误差。

设系统的开环传递函数为

$$G_k(s) = \frac{K_0}{s^\nu} \frac{\prod_{i=1}^{m_1}(\tau_i s + 1) \prod_{k=1}^{m_2}(\tau_k^2 s^2 + 2\zeta_k \tau_k s + 1)}{\prod_{j=1}^{n_1}(T_j s + 1) \prod_{l=1}^{n_2}(T_l^2 s^2 + 2\zeta_l T_l s + 1)} \tag{3-45}$$

式中，$K_0$ 为系统的开环放大系数；$\nu$ 为系统的开环传递函数中所含积分环节的个数。

工程上，按 $\nu$ 的数值对系统进行分类，$\nu = 0$，称为 0 型系统；$\nu = 1$，称为 Ⅰ 型系统；$\nu = 2$，称为 Ⅱ 型系统。

Ⅲ 型或 Ⅲ 型以上的系统很难稳定，所以实际上很少见，因此不对这些系统进行详细讨论。

### 3.6.3 给定输入作用下系统的稳态误差

下面分析不同给定输入信号作用下的稳态误差。

**1. 阶跃函数输入**

$$r(t) = r_0 1(t) \qquad R(s) = \frac{r_0}{s}$$

由式（3-44）得出系统的阶跃输入的稳态误差为

$$e_{ss} = \lim_{s \to 0} \frac{s \dfrac{r_0}{s}}{1+G_k(s)} = \frac{r_0}{1+\lim\limits_{s \to 0} G_k(s)} \tag{3-46}$$

令

$$K_p = 1 + \lim_{s \to 0} G_k(s) \tag{3-47}$$

$K_p$ 称为系统的稳态位置误差系数。稳态误差与稳态位置误差系数的关系为

$$e_{ss} = \frac{r_0}{K_p} \tag{3-48}$$

由式（3-48）易知，对于 0 型系统，$K_p = 1 + K_0$，$e_{ss} = r_0/(1+K_0)$ 是一个常数；对 Ⅰ 型和 Ⅰ 型以上系统，$K_p = \infty$，$e_{ss} = 0$。所以，在单位阶跃输入作用下，0 型系统的稳态误差为有限值，且稳态误差随开环放大系数增大而减小；Ⅰ 型及以上系统的稳态误差为零。

**2. 斜坡函数输入**

$$r(t) = v_0 t \qquad R(s) = \frac{v_0}{s^2}$$

由式（3-44）得出系统的斜坡函数输入的稳态误差为

$$e_{ss} = \lim_{s \to 0} \frac{s\frac{v_0}{s^2}}{1 + G_k(s)} = \frac{v_0}{\lim_{s \to 0} s G_k(s)} \tag{3-49}$$

令

$$K_v = \lim_{s \to 0} s G_k(s) \tag{3-50}$$

$K_v$ 称为系统的稳态速度误差系数。稳态误差与稳态速度误差系数的关系为

$$e_{ss} = \frac{v_0}{K_v} \tag{3-51}$$

由式（3-51）可知，对 0 型系统，$K_v = 0$，$e_{ss} = \infty$；对 Ⅰ 型系统，$K_v = K_0$，$e_{ss} = v_0/K_0$；对 Ⅱ 型系统，$K_v = \infty$，$e_{ss} = 0$。

可见，0 型系统不能正常跟踪斜坡输入信号。

**3. 抛物线函数输入**

$$r(t) = \frac{a_0 t^2}{2} \qquad R(s) = \frac{a_0}{s^3}$$

由式（3-44）得出系统的抛物线函数输入的稳态误差为

$$e_{ss} = \lim_{s \to 0} \frac{s\frac{a_0}{s^3}}{1 + G_k(s)} = \frac{a_0}{\lim_{s \to 0} s^2 G_k(s)} \tag{3-52}$$

令

$$K_a = \lim_{s \to 0} s^2 G_k(s) \tag{3-53}$$

$K_a$ 称为系统的稳态加速度误差系数。稳态误差与稳态加速度误差系数的关系为

$$e_{ss} = \frac{a_0}{K_a} \tag{3-54}$$

由式（3-54）可知，对于 0 型系统和 Ⅰ 型系统，$K_a = 0$，$e_{ss} = \infty$；对 Ⅱ 型系统，$K_a = K_0$，$e_{ss} = a_0/K_0$。

可见，0 型系统和 Ⅰ 型系统均不能正常跟踪抛物线（加速度）输入信号。

这三种典型输入信号作用下，各种型别系统的稳态误差系数和稳态误差见表 3-2。

表 3-2 输入信号作用下的稳态误差

| 系统型别 | 稳态误差系数 | | | 阶跃输入 $r(t)=r_0 1(t)$ | 斜坡输入 $r(t)=v_0 t$ | 抛物线输入 $r(t)=\dfrac{a_0 t^2}{2}$ |
| --- | --- | --- | --- | --- | --- | --- |
| | $K_p$ | $K_v$ | $K_a$ | $e_{ss}=\dfrac{r_0}{K_p}$ | $e_{ss}=\dfrac{v_0}{K_v}$ | $e_{ss}=\dfrac{a_0}{K_a}$ |
| 0 | $1+K_0$ | 0 | 0 | $\dfrac{r_0}{1+K_0}$ | $\infty$ | $\infty$ |
| I | $\infty$ | $K_0$ | 0 | 0 | $\dfrac{v_0}{K_0}$ | $\infty$ |
| II | $\infty$ | $\infty$ | $K_0$ | 0 | 0 | $\dfrac{a_0}{K_0}$ |

由表 3-2 可以看出，稳态误差值可能为 0、有限值或无限大三种情况，它取决于输入信号的形式和系统的型别。可见，增加系统的型号（$\nu$ 值）可以提高系统的无稳态误差的等级（或称为无差度阶数）。

习惯上把 0 型、I 型、II 型系统分别称为有差系统（0 阶无差度系统）、一阶无差度系统、二阶无差度系统。另外，在稳态误差为有限值的情况下，增大系统的开环放大系数就可以减小系统的稳态误差。

必须注意，增加开环传递函数中的积分环节或增大系统的开环放大系数 $K_0$，使系统的稳态性能得到改善的同时，往往使系统的动态品质变差，甚至导致系统不稳定。因此要根据实际情况折中考虑。

计算稳态误差的方法一般有两种：一种是直接利用终值定理计算；另外一种是用稳态误差系数法计算。下面分别来看利用两种方法计算稳态误差的例子。

**例 3-12** 已知单位反馈系统的开环传递函数为 $G(s)=\dfrac{5}{s(s+4)}$，求当系统输入分别为阶跃信号、速度信号、加速度信号时的稳态误差。

**解：** 系统误差信号为

$$E(s)=\frac{1}{1+G(s)}R(s)=\frac{1}{1+\dfrac{5}{s(s+4)}}R(s)=\frac{s(s+4)}{s^2+4s+5}R(s)$$

(1) $r(t)=r_0 1(t)$, $R(s)=\dfrac{r_0}{s}$

$$E(s)=\frac{s(s+4)}{s^2+4s+5}\cdot\frac{r_0}{s}=\frac{r_0(s+4)}{s^2+4s+5}$$

$$sE(s)=\frac{r_0 s(s+4)}{s^2+4s+5}$$

$$e_{ss}=\lim_{s\to 0}sE(s)=\lim_{s\to 0}\frac{r_0 s(s+4)}{s^2+4s+5}=0$$

(2) $r(t)=v_0 t$, $R(s)=\dfrac{v_0}{s^2}$

$$E(s) = \frac{s(s+4)}{s^2+4s+5} \cdot \frac{v_0}{s^2} = \frac{v_0(s+4)}{s(s^2+4s+5)}$$

$$sE(s) = \frac{v_0(s+4)}{s^2+4s+5}$$

$$e_{ss} = \lim_{s \to 0} sE(s) = \lim_{s \to 0} \frac{v_0(s+4)}{s^2+4s+5} = \frac{4v_0}{5}$$

(3) $r(t) = \frac{a_0 t^2}{2}$, $R(s) = \frac{a_0}{s^3}$

$$E(s) = \frac{s(s+4)}{s^2+4s+5} \cdot \frac{a_0}{s^3} = \frac{a_0(s+4)}{s^2(s^2+4s+5)}$$

$$sE(s) = \frac{a_0(s+4)}{s(s^2+4s+5)}$$

$$e_{ss} = \lim_{s \to 0} sE(s) = \lim_{s \to 0} \frac{a_0(s+4)}{s(s^2+4s+5)} = \infty$$

**例3-13** 设单位反馈系统的开环传递函数为 $G(s) = \dfrac{8}{s(s+1)(s+4)}$，试求系统的稳态位置误差系数 $K_p$、稳态速度误差系数 $K_v$ 和稳态加速度误差系数 $K_a$。

**解：** 该系统前向通道含有一个积分环节，是一个Ⅰ型系统。把开环传递函数写为式 (3-45) 的形式，即

$$G(s) = \frac{8/4}{s(s+1)\left(\frac{1}{4}s+1\right)}$$

$K_0 = 8/4 = 2$。系统的各稳态误差系数分别为 $K_p = \infty$，$K_v = K_0 = 2$，$K_a = 0$。

**例3-14** 引入比例微分控制的系统结构图如图 3-30 所示。若已知输入信号为 $r(t) = (1+t+t^2) \cdot 1(t)$，试利用误差系数法求系统的稳态误差 $e_{ss}$（设 $K_1$，$K_m$，$T_m$，$\tau$ 均为正数）。

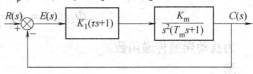

图 3-30 例 3-14 的系统结构图

**解：** 1) 先判断系统的稳定性。

系统的特征方程为 $s^2(T_m s+1) + K_1 K_m(\tau s+1) = 0$

即 $T_m s^3 + s^2 + K_1 K_m \tau s + K_1 K_m = 0$

根据劳斯稳定判据，该系统稳定的充要条件是

$$K_1 K_m \tau - K_1 K_m T_m > 0, \quad 即 \tau > T_m$$

2) 求稳态误差。

系统的开环放大系数为 $K_0 = K_1 K_m$，是Ⅱ型系统。稳态误差系数分别为 $K_p = \infty$，$K_v = \infty$，$K_a = K_0 = K_1 K_m$。由表 3-2 可知，Ⅱ型系统在阶跃信号输入下的稳态误差为 0，在斜坡信号输入下的稳态误差也为 0，在抛物线输入下的稳态误差为 $a_0/K_a$（对本题，$a_0 = 2$）。所以系统的稳态误差应为三个稳态误差分量之和，即

$$e_{ss} = \frac{r_0}{K_p} + \frac{v_0}{K_v} + \frac{a_0}{K_a} = 0 + 0 + \frac{2}{K_1 K_m} = \frac{2}{K_1 K_m}$$

### 3.6.4 扰动输入作用下系统的稳态误差

前面研究了系统在给定输入信号作用下的误差信号和稳态误差的计算问题。但是，所有控制系统除了接受给定输入信号作用外，还经常处于各种扰动输入信号的作用，而这些扰动将使系统输出量偏离期望值，造成误差。

给定输入信号作用产生的误差通常称为系统给定误差，简称误差；而扰动输入作用产生的误差则称为系统扰动误差。带有扰动的反馈控制系统的一般框图如图 3-31 所示。

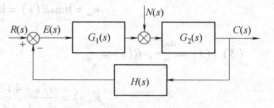

图 3-31 带有扰动的反馈控制系统

由图 3-31 可得

$$\begin{cases} E(s) = R(s) - C(s)H(s) \\ C(s) = [G_1(s)E(s) + N(s)]G_2(s) \end{cases}$$

$$E(s) = R(s) - G_1(s)G_2(s)H(s)E(s) - G_2(s)H(s)N(s) \quad (3\text{-}55)$$

因此，系统在给定输入和扰动输入作用下的误差信号的拉普拉斯变换为

$$E(s) = \frac{1}{1 + G_1(s)G_2(s)H(s)} R(s) - \frac{G_2(s)H(s)}{1 + G_1(s)G_2(s)H(s)} N(s) \quad (3\text{-}56)$$

定义

$$\Phi_E(s) = \frac{1}{1 + G_1(s)G_2(s)H(s)} \quad (3\text{-}57)$$

为给定误差传递函数；

$$\Phi_{EN}(s) = -\frac{G_2(s)H(s)}{1 + G_1(s)G_2(s)H(s)} \quad (3\text{-}58)$$

为扰动误差传递函数。

则

$$E(s) = \Phi_E(s)R(s) + \Phi_{EN}(s)N(s) = E_R(s) + E_N(s) \quad (3\text{-}59)$$

可见，系统的误差等于给定误差与扰动误差的代数和，可以分别计算。计算系统的扰动作用下的稳态误差可以应用前面介绍的终值定理法，但误差系数法已不适用。下面进行一般性的讨论。

在图 3-31 所示控制系统中，设 $G_1(s)$、$G_2(s)$、$H(s)$ 为时间常数形式，即

$$G_1(s) = \frac{K_1 B_1(s)}{s^{\nu_1} A_1(s)}$$

$$G_2(s) = \frac{K_2 B_2(s)}{s^{\nu_2} A_2(s)} \quad (3\text{-}60)$$

$$H(s) = \frac{K_3 B_3(s)}{s^{\nu_3} A_3(s)}$$

式中，$K_1$、$K_2$、$K_3$ 为传递系数；$\nu_1$、$\nu_2$、$\nu_3$ 为积分环节数（即系统的型别）。

考察扰动输入为

$$n(t) = \frac{A}{l!}t^l \tag{3-61}$$

其拉普拉斯变换为

$$N(s) = \frac{A}{s^{l+1}}$$

则由式（3-56），扰动产生的误差为

$$E_N(s) = -\frac{AK_2K_3s^{\nu_1}A_1(s)B_2(s)B_3(s)}{s^{l+1}[s^{\nu_1+\nu_2+\nu_3}A_1(s)A_2(s)A_3(s) + K_1K_2K_3B_1(s)B_2(s)B_3(s)]} \tag{3-62}$$

设 $sE_N(s)$ 满足终值定理条件，则

$$e_{Nss} = \lim_{s \to 0} sE_N(s) = -\lim_{s \to 0} \frac{AK_2K_3s^{\nu_1}A_1(s)B_2(s)B_3(s)}{s^l[s^{\nu_1+\nu_2+\nu_3}A_1(s)A_2(s)A_3(s) + K_1K_2K_3B_1(s)B_2(s)B_3(s)]} \tag{3-63}$$

1）当扰动输入为阶跃信号时，$l = 0$

$$e_{Nss} = \begin{cases} -\dfrac{AK_2K_3}{1+K_1K_2K_3} & \nu_1 = 0(\nu_2 = 0, \nu_3 = 0) \\ -\dfrac{A}{K_1} & \nu_1 = 0(\nu_2 \neq 0 \text{ 或 } \nu_3 \neq 0) \\ 0 & \nu_1 \geq 1 \end{cases}$$

2）当扰动输入为速度信号时，$l = 1$

$$e_{Nss} = \begin{cases} \infty & \nu_1 = 0 \\ -\dfrac{A}{K_1} & \nu_1 = 1 \\ 0 & \nu_1 \geq 2 \end{cases}$$

3）当扰动输入为加速度信号时，$l = 2$

$$e_{Nss} = \begin{cases} \infty & \nu_1 \leq 1 \\ -\dfrac{A}{K_1} & \nu_1 = 2 \\ 0 & \nu_1 \geq 3 \end{cases}$$

从上面的一般分析可以看出，扰动作用下的稳态误差取决于扰动作用点之前的传递函数 $G_1(s)$ 的积分环节数和传递系数。而给定输入下的稳态误差与系统传递函数 $G_1(s)G_2(s)H(s)$ 的积分环节数与传递系数有关。所以在系统设计中，通常在 $G_1(s)$ 中增加积分环节或增大传递系数，这样既可抑制给定输入引起的稳态误差，又可抑制扰动输入引起的稳态误差。

**例 3-15** 某单位反馈系统的结构图如图 3-32 所示。试求系统在给定输入信号 $r(t) = v_0 t \cdot 1(t)$ 和单位阶跃扰动输入信号 $n(t) = 1(t)$ 共同作用下的稳态误差。

**解：** 由图 3-32 可知，

在给定输入信号 $r(t) = v_0 t \cdot 1(t)$ 作用下，

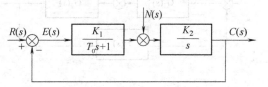

图 3-32 扰动作用下的系统

$$e_{rss} = \lim_{s \to 0} \frac{sR(s)}{1 + G_1(s)G_2(s)H(s)} = \lim_{s \to 0} \frac{s \cdot \dfrac{v_0}{s^2}}{1 + \dfrac{K_1}{T_0 s + 1} \cdot \dfrac{K_2}{s}}$$

在单位阶跃扰动输入信号 $n(t) = 1(t)$ 作用下

$$e_{nss} = \lim_{s \to 0} \frac{-sG_2(s)H(s)}{1 + G_1(s)G_2(s)H(s)} N(s) = \lim_{s \to 0} \frac{-s \cdot \dfrac{K_2}{s} \cdot \dfrac{1}{s}}{1 + \dfrac{K_1}{T_0 s + 1} \cdot \dfrac{K_2}{s}}$$

$$e_{ss} = e_{rss} + e_{nss} = \frac{v_0 - K_2}{K_1 K_2}$$

### 3.6.5 降低稳态误差的方法

对系统稳态误差的分析可以看出，为了减小或消除系统的给定稳态误差，必须增大系统的开环放大系数或增加系统前向通道传递函数的零值极点（在前向通道加入积分环节，而在反馈通道一般是不能包含积分环节的）；为了减小或消除系统的扰动误差，则必须增加 $E(s)$ 到扰动作用点间传递函数中的零值极点。一般情况下，系统的积分环节不能超过两个，放大系数也不能随意增大，否则将导致系统动态性能变差，甚至使系统不稳定。也就是说，提高系统的稳态精度往往与系统的动态性能的提高发生矛盾。控制系统的校正就是解决这个矛盾的常用方法，相关内容将在第 6 章中详细论述。另外，在输入信号和扰动信号可以检测的情况下，在控制系统的闭合环路以外，引进与给定作用有关或与扰动作用有关的附加控制作用构成复合控制系统的方法，可以进一步减小或消除给定误差或扰动误差。

**1. 复合控制系统**

复合控制系统按其开环和闭环的组合方式有以下两种基本方式。

（1）顺馈控制系统 按给定补偿的复合控制系统即为顺馈控制系统。

顺馈控制系统如图 3-33 所示。输入信号通过补偿通道或顺馈通道 $G_c(s)$ 对系统进行开环控制。

（2）前馈控制系统 按扰动补偿的复合控制系统即为前馈控制系统。

前馈控制系统如图 3-34 所示。这种控制方式仅适用于扰动信号可测量的情况。

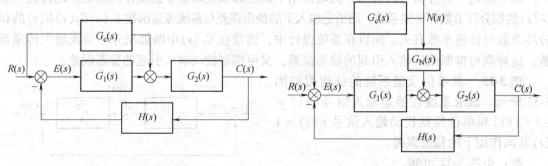

图 3-33 顺馈控制系统　　　　　　　　图 3-34 前馈控制系统

该系统中，扰动信号通过补偿通道前馈至输入端参与控制，补偿或者抵消扰动信号的作用。在该系统中，补偿信号对系统也是开环控制。

**2. 复合补偿原理**

下面分析复合控制系统的误差。

（1）顺馈控制系统　由图3-33可得

$$\begin{cases} E(s) = R(s) - C(s)H(s) \\ C(s) = G_2(s)[G_c(s)R(s) + G_1(s)E(s)] \end{cases} \tag{3-64}$$

则

$$E(s) = R(s) - G_c(s)G_2(s)H(s)R(s) - G_1(s)G_2(s)E(s)H(s) \tag{3-65}$$

$$E(s) = \frac{1 - G_c(s)G_2(s)H(s)}{1 + G_1(s)G_2(s)H(s)} R(s) \tag{3-66}$$

由此可见，若设计补偿装置 $G_c(s)$ 满足

$$1 - G_c(s)G_2(s)H(s) = 0 \tag{3-67}$$

即

$$G_c(s) = \frac{1}{G_2(s)H(s)} \tag{3-68}$$

则系统误差为0，即 $E(s) = 0$。

这种将误差完全补偿的作用称为全补偿。式（3-68）称为按给定作用的不变性条件。

增加了补偿通道后，闭环特征方程式仍然是 $1 + G_1(s)G_2(s)H(s) = 0$。所以，复合控制系统的稳定性不变。

完全不变性条件只是一种理想情况，事实上，式（3-68）确定的 $G_c(s)$ 往往不满足物理可实现条件。

（2）前馈控制系统　由图3-34可得

$$\begin{cases} E(s) = R(s) - C(s)H(s) + G_c(s)N(s) \\ C(s) = G_2(s)[G_1(s)E(s) + G_1(s)N(s)] \end{cases} \tag{3-69}$$

则

$$E(s) = R(s) - G_1(s)G_2(s)H(s)E(s) - G_2(s)G_N(s)H(s)N(s) + G_c(s)N(s) \tag{3-70}$$

$$E(s) = \frac{1}{1 + G_1(s)G_2(s)H(s)} R(s) + \frac{G_c(s) - G_2(s)G_N(s)H(s)}{1 + G_1(s)G_2(s)H(s)} N(s) \tag{3-71}$$

由此可见，若设计补偿装置 $G_c(s)$ 满足

$$G_c(s) - G_2(s)G_N(s)H(s) = 0 \tag{3-72}$$

即

$$G_c(s) = G_2(s)G_N(s)H(s) \tag{3-73}$$

则由扰动引起的误差为0。式（3-73）称为按扰动作用的不变性条件。

增加了前馈补偿通道后，闭环特征方程式不变，所以不影响系统稳定性。但是按扰动补偿的困难在于扰动信号通常不易测到。

（3）部分补偿　完全补偿是一种理想情况，有时不满足物理可实现条件，或者所设计的补偿器复杂，所以常常采用较简单、可实现的部分补偿。例如下面的微分补偿方法。

**例 3-16**　图 3-35 为一随动系统，系统输入为 $r(t)=t$，试设计微分补偿复合控制。

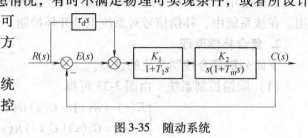

图 3-35　随动系统

**解**：与图 3-33 所示顺馈系统相比，得

$$G_1(s)=1,\ H(s)=1,\ G_2(s)=\frac{K_1 K_2}{s(1+T_1 s)(1+T_m s)},\ G_c(s)=\tau_d s,$$

$$E(s)=\frac{1-G_c(s)G_2(s)H(s)}{1+G_1(s)G_2(s)H(s)}R(s)$$

$$=\frac{s[(1+T_1 s)(1+T_m s)-\tau_d K_1 K_2]}{s(1+T_1 s)(1+T_m s)+K_1 K_2}\frac{1}{s^2}$$

$$e_{ss}=\lim_{s\to 0}sE(s)=\lim_{s\to 0}\frac{(1+T_1 s)(1+T_m s)-\tau_d K_1 K_2}{s(1+T_1 s)(1+T_m s)+K_1 K_2}$$

$$=\frac{1-\tau_d K_1 K_2}{K_1 K_2}=\frac{1}{K_1 K_2}-\tau_d$$

由上式可见：若没有微分补偿，即 $\tau_d=0$，则系统稳态误差终值为 $\frac{1}{K_1 K_2}$；若设计微分补偿 $\tau_d=\frac{1}{K_1 K_2}$，则 $e_{ss}=0$，称为全补偿；若设计微分补偿 $\tau_d<\frac{1}{K_1 K_2}$，则也有补偿功能，但不能使 $e_{ss}=0$，称为欠补偿；若设计微分补偿 $\tau_d>\frac{1}{K_1 K_2}$，则称为过补偿。在工程上一般设计为欠补偿状态。

需要指出的是，上述系统对于速度输入也能准确跟踪。但它与Ⅱ型系统的准确跟踪有本质区别。因为当系统参数发生变化时，上述补偿就被破坏，从而使稳态误差不为 0。所以，这种由补偿使稳态误差为 0 的方法不是鲁棒的。而对于Ⅱ型系统，只要参数、结构的变化不改变系统型号，总能准确（渐近）跟踪速度输入，稳态误差为 0，所以这种方法是鲁棒的。

## 3.7　PID 基本控制规律的分析

自动控制系统是由被控对象和控制器两部分组成的。控制器按实际需要以某种规律向被控对象发出控制信号，以达到预期的控制目的。目前，工业自动化设备中，经常采用比例、微分、积分等基本控制规律，或用这些基本控制规律的适当组合，例如比例微分、比例积分、比例积分微分等控制规律，以便对被控对象进行有效的控制。本节主要针对这些控制规律进行研究，讨论它们在改善系统控制性能方面所起的作用。

**1. 比例（P）控制规律**

具有比例控制规律的控制器，称为 P 控制器，如图 3-36 所示。P 控制器的时域方程为

$$m(t) = K_p e(t) \tag{3-74}$$

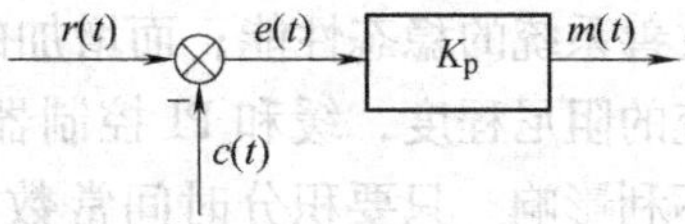

式中，$K_p$ 称为 P 控制器增益。P 控制器实质上是一个具有可调增益的放大器，加大控制器的增益 $K_p$，可以提高系统的开环增益，减小系统稳态误差，从而提高系统的控制精度。但过大的 $K_p$ 值会导致系统的相对稳定性下降，甚至可能造成闭环系统不稳定。因此，在工程实际中一般不单独适用比例控制规律。

图 3-36 P 控制器框图

**2. 比例微分（PD）控制规律**

具有比例微分控制规律的控制器，称为 PD 控制器，其输出 $m(t)$ 与其输入 $e(t)$ 的关系为

$$m(t) = K_p e(t) + K_p \tau \frac{de(t)}{dt} \tag{3-75}$$

式中，$K_p$ 为比例系数；$\tau$ 为微分时间常数；$K_p$ 和 $\tau$ 都是可调的参数。PD 控制器框图如图 3-37 所示。

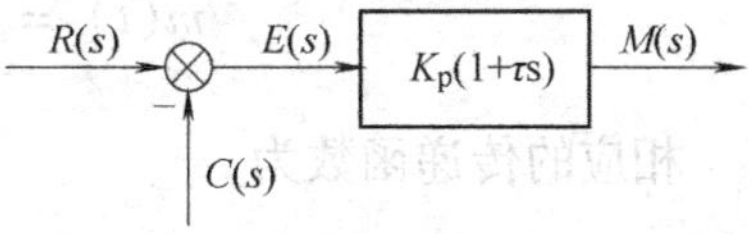

PD 控制规律中的微分控制规律能反映输入信号的变化趋势，产生有效的早期修正信号，以增加系统的阻尼程度，从而改善系统的稳定性。

图 3-37 PD 控制器框图

需要指出的是，因为微分控制作用只对动态过程起作用，而对稳态过程没有影响，且对系统噪声非常敏感，所以单一的 D 控制器在任何情况下都不宜与被控对象串联起来单独使用。通常，微分控制规律总是与比例控制规律或比例积分控制规律结合起来，构成组合的 PD 或 PID 控制器，应用于实际的控制系统。

**3. 积分（I）控制规律**

具有积分控制规律的控制器，称为 I 控制器。I 控制器的输出信号 $m(t)$ 与其输入信号 $e(t)$ 的积分成正比，如图 3-38 所示，即

$$m(t) = K_i \int_0^t e(t) dt \tag{3-76}$$

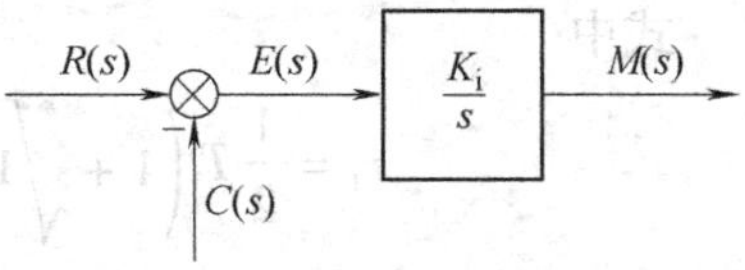

式中，$K_i$ 为可调比例系数。由于 I 控制器的积分作用，当其输入 $e(t)$ 消失后，输出信号 $m(t)$ 有可能还是一个不为零的常量。

图 3-38 I 控制器框图

当串联校正时，采用 I 控制器可以提高系统的型别（无差度），有利于系统稳态性能的提高，但积分控制使系统增加了一个位于原点的开环极点，对系统的稳定性不利。因此，在控制器设计中，通常不宜单独采用 I 控制器。

**4. 比例积分（PI）控制规律**

具有比例积分控制规律的控制器，称为 PI 控制器，其输出信号 $m(t)$ 同时成比例地反应其输入信号 $e(t)$ 及其积分，即

$$m(t) = K_p e(t) + \frac{K_p}{T_i} \int_0^t e(t) dt \tag{3-77}$$

式中，$K_p$ 为可调比例系数；$T_i$ 为可调积分常数。PI 控制器框图如图 3-39 所示。

PI 控制器相当于在系统中增加了一个位于原点的开环极点，同时也增加了一个位于 s 左半平面的开环零点。位于原点的极点可以提高系统的型别，以消除或减小系统的稳态误差，改善系统的稳态性能；而增加的负实数零点则可以提高系统的阻尼程度，缓和 PI 控制器极点对系统稳定性产生的不利影响。只要积分时间常数 $T_i$ 足够大，PI 控制器对系统稳定性的不利影响可大为减小。在实际工程中，PI 控制器主要用来改善控制系统的稳态性能。

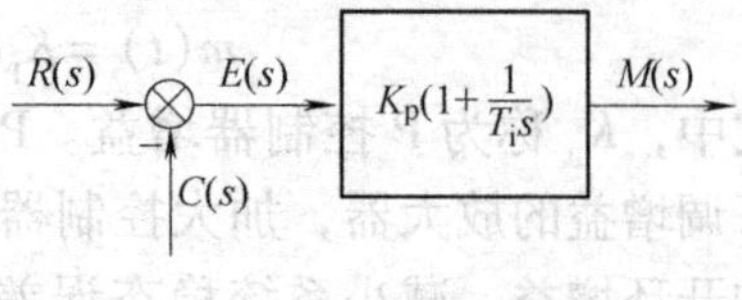

图 3-39 PI 控制器框图

PI 控制的物理意义可从误差 $e(t)$ 的角度作出解释：由于引入积分环节，只要误差信号不为 0（即使很小），积分环节就将其不断累积，并对系统进行相应的控制，迫使误差恢复至 0 为止，从而有效地提高了稳态性能；而比例控制部分则将 $e(t)$ 的大小和符号即时按比例对系统进行控制，以维持系统的正常运行。

**5. 比例积分微分（PID）控制规律**

具有比例积分微分控制规律的控制器，称为 PID 控制器。这种组合具有三种基本控制规律各自的特点，其运动方程为

$$m(t) = K_p e(t) + \frac{K_p}{T_i} \int_0^t e(t) dt + K_p \tau \frac{de(t)}{dt} \tag{3-78}$$

相应的传递函数为

$$G_c(s) = K_p \left(1 + \frac{1}{T_i s} + \tau s\right) = \frac{K_p}{T_i} \frac{T_i \tau s^2 + T_i s + 1}{s} \tag{3-79}$$

PID 控制器框图如图 3-40 所示。

若 $4\tau/T_i < 1$，式（3-79）还可写成

$$G_c(s) = \frac{K_p}{T_i} \frac{(\tau_1 s + 1)(\tau_2 s + 1)}{s} \tag{3-80}$$

式中

$$\tau_1 = \frac{1}{2} T_i \left(1 + \sqrt{1 - \frac{4\tau}{T_i}}\right)$$

$$\tau_2 = \frac{1}{2} T_i \left(1 - \sqrt{1 - \frac{4\tau}{T_i}}\right)$$

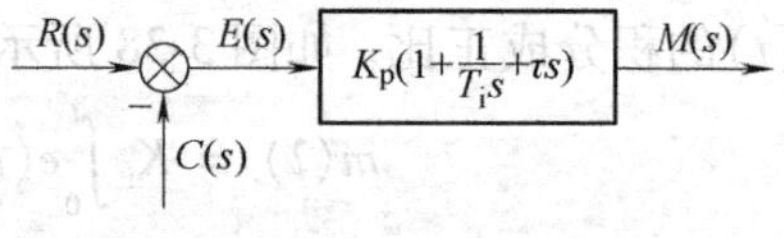

图 3-40 PID 控制器框图

由式（3-80）可见，控制系统串入 PID 控制器后，由于引入了一个位于坐标原点的极点，可使系统的型别增大 1。同时还引入两个负实数零点。与 PI 控制规律相比，PID 控制规律保持了 PI 控制规律提高系统稳态性能的优点，同时多提供一个负实数零点，致使在提高系统动态性能方面具有更大的优越性。因此，这种控制器在控制系统中得到了广泛的应用。

## 3.8 利用 MATLAB 进行时域分析

MATLAB 是美国 MathWorks 公司开发的大型数学软件包，在自动控制、图像及信号处理等许多领域都有广泛的应用。启动 MATLAB 后进入一个标准的 Windows 命令窗口。在 MAT-LAB 命令窗口里，用户可以直接输入命令程序，单击菜单栏或者工具栏的按钮，就可以进

行计算，其结果也在命令窗口中显示。

当程序较长时，在命令窗口修改程序不方便。这时可以建立一个 m 文件，并在这个文件中编写和修改程序；然后为这个程序命名，并保存在同一子目录下；最后在命令窗口键入程序名，并按〈Enter〉键，就可以执行该程序。

MATLAB 软件包的内容十分丰富，本书仅介绍控制系统分析与设计方法中最基本的内容。本节首先介绍控制系统数学模型的 MATLAB 表示，然后介绍用 MATLAB 进行时域分析的方法。

### 3.8.1 传递函数模型的 MATLAB 表示

为了利用 MATLAB 进行分析（包括时域分析和后面的频率分析等），需要首先用 MATLAB 将系统的数学模型表示出来。下面简要介绍几种常用的传递函数模型的 MATLAB 表示。

**1. 有理分式的传递函数**

如下式表示的有理分式形式的传递函数：

$$G(s) = \frac{b_m s^m + b_{m-1} s^{m-1} + \cdots + b_1 s + b_0}{a_n s^n + a_{n-1} s^{n-1} + \cdots + a_1 s + a_0} = \frac{num(s)}{den(s)}$$

在 MATLAB 中表示为

$$num = [b_m, b_{m-1}, \cdots, b_0]$$
$$den = [a_n, a_{n-1}, \cdots, a_0]$$
$$G = tf[num, den]$$

式中的 num、den、G 可以根据读者需要，用另外的变量名来表示。

例如，对于传递函数

$$G(s) = \frac{2s^2 - 4s - 6}{s^3 + 5s^2 + 8s + 6}$$

在 MATLAB 窗口中键入如下命令：

$$num = [2, -4, -6]$$
$$den = [1, 5, 8, 6]$$
$$G = tf(num, den)$$

按〈Enter〉键，命令窗口输出如下结果：

Transfer function:

2s^2 - 4s - 6
-----------------------
s^3 + 5s^2 + 8s + 6

**2. 零、极点形式的传递函数**

如下式表示的零、极点形式的传递函数：

$$G(s) = \frac{k \prod_{i=1}^{m}(s - z_i)}{\prod_{i=1}^{n}(s - p_i)}$$

在 MATLAB 中用 zpk(z,p,k) 矢量组表示为

例如对于传递函数

$$G(s) = \frac{2s^2 - 4s - 6}{s^3 + 5s^2 + 8s + 6} = \frac{2(s+1)(s-3)}{(s+3)(s+1+j)(s+1-j)}$$

在 MATLAB 窗口中键入如下命令：

$$z = [-1, 3]$$
$$p = [-3, -1-j, -1+j]$$
$$k = [2]$$
$$G = zpk(z, p, k)$$

按〈Enter〉键，命令窗口输出如下结果：

Zero/pole/gain：

  2(s+1)(s-3)

--------------------------

(s+3)(s^2+2s+2)

**3. 传递函数形式的转换**

在 MATLAB 中，输入下面的命令就可以将零极点形式的传递函数转换为有理分式的传递函数：

$$[num, den] = zp2tf(z, p, k)$$
$$G = tf(num, den)$$

需要注意的是 zp2tf 命令要求 z 和 p 必须是列向量，因此在定义 z 和 p 的时候，如果是用行向量定义的，那么需要用撇号（'）对 z 和 p 进行转置运算，才能使用 zp2tf 命令。

例如，在 MATLAB 窗口中键入如下命令：

$$z = [-1, 3]'$$
$$p = [-3, -1-j, -1+j]'$$
$$k = [2]$$
$$[num, den] = zp2tf(z, p, k)$$
$$G = tf(num, den)$$

就会得到如下结果：

Transfer function：

  2s^2 - 4s - 6

--------------------------

s^3 + 5s^2 + 8s + 6

类似地，用命令 [z, p, k] = tf2zp (num, den) 可以将有理分式形式的传递函数转换为零极点形式的传递函数。

实际上，tf2zp 命令相当于一个对有理分式的分子分母同时进行因式分解的命令，由于运算精度的问题，有时候，结果并不是非常精确，这个命令要谨慎使用。

有了上面的传递函数描述，我们就可以用 MATLAB 对系统进行时域分析了。

### 3.8.2 用 MATLAB 求控制系统的单位阶跃响应

如果已知系统的传递函数的系数，则可以用 step（num，den）或者 step（num，den，t）来得到系统的单位阶跃响应曲线图。

Step（num，den）中没有制定时间 t，系统就会自动生成时间向量，响应曲线的坐标也是自动标注的。执行该命令能自动画出系统的单位阶跃响应图。

**例 3-17** 已知系统的闭环传递函数为

$$G(s) = \frac{5s+15}{s^3+4s^2+8s+15}$$

用 MATLAB 求系统的单位阶跃响应。

**解**：在 MATLAB 窗口中键入如下命令：
num = [5,15];
den = [1,14,8,15];
step(num,den)
即可看到阶跃响应的结果。

我们还可键入如下命令，使图像结果更加便于读取和分析：
grid on
xlabel('t'),ylabel('c(t)')
title('单位阶跃响应')

MATLAB 程序运行后得到如图 3-41 所示的结果。用鼠标指向曲线上任何一点，还可以读取该点对应的时间和幅值，从而可进一步分析系统的时域性能指标。

在 MATLAB 中也可以采用命令 step（num，den，t）求系统的单位阶跃响应，其中的时间 t 由用户制定。MATLAB 会根据用户给定的时间 t，算出对应的坐标值。

MATLAB 提供了求系统各种响应的函数，例如求脉冲响应的 impulse 命令等，使用方式类似 step 命令，读者可自行验证。

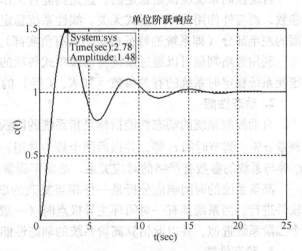

图 3-41　例 3-14 的单位阶跃响应

### 3.8.3 利用 MATLAB 辅助分析控制系统的稳定性

系统稳定的充要条件是特征根都具有负实部，显然，最直接的方法是求出系统的全部特征根。而求解代数方程对于计算机是非常容易的。

**例 3-18** 用 MATLAB 判断例 3-2 系统的稳定性，系统的特征方程为

$$D(s) = s^4 + s^3 + 3s^2 + 3s + 2 = 0$$

**解**：在MATLAB窗口中键入如下命令：
den = [1,1,3,3,2]
roots(den)
按〈Enter〉键后得到如下结果：
ans =
  0.1304 + 1.5891i
  0.1304 − 1.5891i
 −0.6304 + 0.6240i
 −0.6304 − 0.6240i

由于有2个正实部的特征根，所以系统不稳定，与例3-7的结论相同。

在3.8.1节中也提到过一个命令ft2zp，它是一个可将有理分式转换成零极点形式的命令，因此，使用这个命令可以直接得到系统的零极点，从而判断系统是否稳定。

## 3.9 小结

对控制系统的性能要求，主要是稳定性、动态性能和稳态性能几个方面。自动控制系统的时域分析法是根据控制系统的传递函数直接分析系统的稳定性、动态性能、稳态性能的一种方法。

**1. 稳定性**

自动控制系统应该是稳定的，这是其能否工作的首要条件。稳定性取决于系统的结构与参数，而与外作用信号的形式无关。线性系统稳定的充要条件是其特征方程的根都在复数平面的左半部分（即系统的特征根必须具有负实部）。

利用劳斯判据可以通过系统特征多项式各项的系数，间接地判断系统是否稳定，可以确定使系统稳定时系统的有关参数（如$K$、$T$等）的取值范围。

**2. 动态性能**

自动控制系统的动态性能指标是指系统的阶跃响应的上升时间$t_r$、峰值时间$t_p$、最大超调量$\sigma\%$、调节时间$t_s$等，并以后两个最为常用。典型一、二阶系统的动态性能指标$\sigma\%$和$t_s$等与系统的参数有严格的对应关系，必须牢固掌握，并能熟练运用。

高阶系统的时间响应分析是一件相当复杂的事情，可以利用MATLAB计算机辅助分析软件进行。当系统具有一对闭环主导极点时（一般应该是一对共轭复数极点），便可以用一个二阶系统近似，并以此估算高阶系统的动态性能。

**3. 稳态性能**

稳态误差是控制系统的稳态性能指标，与系统的结构参数以及输入信号的形式有关。系统的型别（$\nu$的值）决定了系统对典型输入信号的跟踪能力。计算稳态误差既可应用拉普拉斯变换的终值定理，也可以由静态误差系数求得。

为了减小或消除稳态误差，可以通过增大系统的开环放大系数或增加开环传递函数中所含积分环节的数目来实现，但这往往会使系统的动态性能变差，甚至导致系统不稳定。为了既提高系统的稳态精度，又保证系统具有较满意的动态性能，对系统进行校正是常用的方法。在系统的主闭合回路以外加入按给定输入作用或按扰动作用进行补偿的附加装置而构成复合控制的方法，也可以获得显著的效果。

## 3.10 习题

3-1 已知单位反馈系统的开环传递函数为

(1) $G(s) = \dfrac{50}{s(s+1)(s+5)}$

(2) $G(s) = \dfrac{8(s+1)}{s(s-1)(s+6)}$

(3) $G(s) = \dfrac{0.2(s+2)}{s(s+0.5)(s+0.8)(s+3)}$

(4) $G(s) = \dfrac{4}{s^3(s+2)(s+3)}$

试分别用劳斯判据判定系统的稳定性。

3-2 已知系统的特征方程如下，试用劳斯判据判定系统的稳定性。若系统不稳定，指出在 $s$ 平面右半部的特征根的数目。

(1) $0.02s^3 + 0.8s^2 + s + 20 = 0$

(2) $s^4 + 2s^3 + 8s^2 + 4s + 3 = 0$

(3) $s^5 + s^4 + 3s^3 + 9s^2 + 16s + 10 = 0$

(4) $s^5 + 3s^4 + s^3 + 2s + 1 = 0$

(5) $s^6 + 3s^5 + 5s^4 + 9s^3 + 8s^2 + 6s + 4 = 0$

3-3 已知系统的特征方程如下，试用劳斯判据确定使系统稳定的 $K$ 的取值范围。

(1) $s^4 + 4s^3 + 13s^2 + 36s + K = 0$

(2) $s^4 + Ks^3 + s^2 + s + 1 = 0$

3-4 已知系统结构图如图 3-42 所示，试用劳斯稳定判据确定能使系统稳定的反馈参数 $\tau$ 的取值范围。

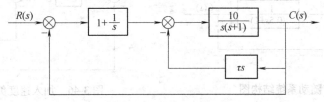

图 3-42 系统结构图

3-5 系统结构图如图 3-43 所示，试求：(1) 系统稳定的充要条件是什么？(2) 当 $K = 5$ 时，确定使系统稳定的 $\tau$ 的取值范围。

3-6 分别确定图 3-44 所示各系统开环放大系数 $K$ 的稳定域，并说明积分环节的数目对系统稳定性的影响。

3-7 已知单位反馈系统的开环传递函数为

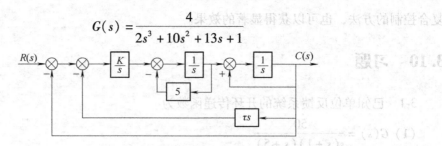

图 3-43 系统结构图

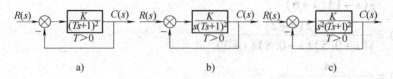

图 3-44 系统结构图

试用劳斯判据判定系统是否稳定和是否具有 $\sigma=1$ 的稳定裕度。

3-8 已知单位反馈系统的开环传递函数为

$$G(s) = \frac{K}{s}$$

试确定：(1) $K = 1 s^{-1}$；(2) $K = 2 s^{-1}$；(3) $K = 4 s^{-1}$ 时系统的阶跃响应的调节时间 $t_s$，并说明 $K$ 的增大对 $t_s$ 的影响。

3-9 已知随动系统如图 3-45 所示，当 $K = 8$ 时，试求：(1) 系统的结构参量 $\zeta$ 和 $\omega_n$；(2) 系统的动态性能指标 $\sigma\%$ 和 $t_s$。

3-10 对上题所示系统，若加入速度负反馈 $\tau s$，如图 3-46 所示。为使系统阻尼系数 $\zeta = 0.5$，试求：(1) $\tau$ 的取值；(2) 系统的动态性能指标 $\sigma\%$ 和 $t_s$。

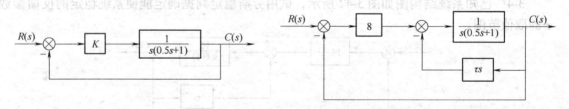

图 3-45 随动系统结构图　　　　图 3-46 加入速度负反馈的系统

3-11 典型二阶系统的结构及单位阶跃响应如图 3-47 所示，并已知过渡过程时间 $t_s = 6s$（允许 5% 误差），求该系统的传递函数 $\Phi(s)$、$G(s)$ 和 $K$。

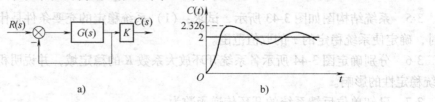

图 3-47 题 3-11 图

3-12 设电子心律起搏器系统如图 3-48 所示，其中模仿心脏的传递函数相当于一纯积分器。

(1) 若 $\zeta=0.5$ 对应最佳响应，问起搏器增益 $K$ 应取多少？

(2) 若期望心速为 60 次/min，并突然接通起搏器，问 1s 后实际心速为多少？瞬时最大心速为多少？

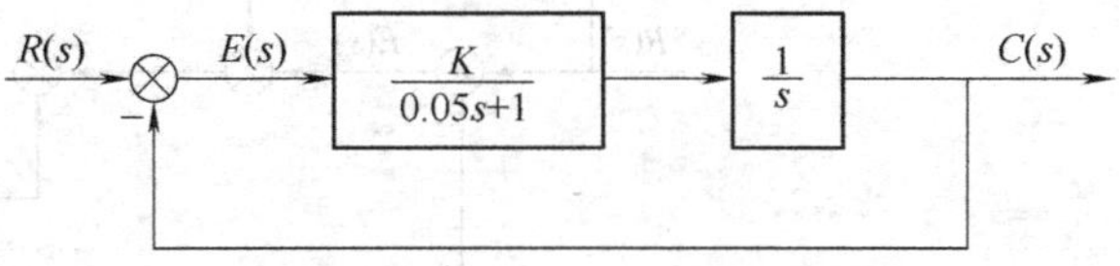

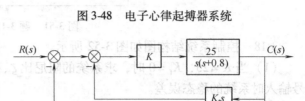

图 3-48 电子心律起搏器系统

3-13 图 3-49 是飞机自动控制系统的简单结构图。试选择参数 $K$ 和 $K_t$，使系统的 $\omega_n=6\text{s}^{-1}$，$\zeta=1$，并讨论系统在单位阶跃作用下的各项性能指标。

3-14 已知单位反馈系统的开环传递函数为

图 3-49 飞机自动控制系统

(1) $G(s)=\dfrac{100}{(0.1s+1)(s+5)}$

(2) $G(s)=\dfrac{50}{s(0.1s+1)(s+5)}$

(3) $G(s)=\dfrac{20(s+0.5)}{s^2(s^2+6s+100)}$

试分别求出当输入信号 $r(t)=(2+2t)\cdot 1(t)$ 时系统的稳态误差。

3-15 某单位反馈系统的闭环传递函数为 $\Phi(s)=\dfrac{C(s)}{R(s)}=\dfrac{a_1s+a_0}{a_ns^n+a_{n-1}s^{n-1}+\cdots+a_1s+a_0}$，设系统闭环稳定。试分别求输入作用为 $r(t)=(1+2t)\cdot 1(t)$、$r(t)=(1+2t+t^2)\cdot 1(t)$ 时，系统的稳态误差 $e_{ss}$。

3-16 控制系统的结构如图 3-50 所示。

(1) 当 $K=8$，$\alpha=0$ 时，确定系统的阻尼系数 $\zeta$、无阻尼自然振荡频率 $\omega_n$ 以及单位斜坡信号输入时系统的稳态误差。

(2) 当 $K=8$ 时，确定使系统为最佳二阶系统 ($\zeta=0.707$) 时反馈校正参数 $\alpha$ 的值，并计算单位斜坡输入时的稳态误差。

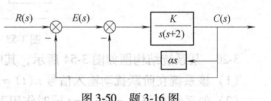

图 3-50 题 3-16 图

(3) 在保证 $\zeta=0.707$ 和单位斜坡信号输入时的稳态误差 $e_{ss}=0.25$ 的条件下，确定参数 $\alpha$ 及前向通道增益 $K$。

3-17 控制系统结构图如图 3-51 所示。

(1) 计算测速反馈校正 ($\tau_1=0$，$\tau_2=0.1$) 时，系统的动态性能指标 $\sigma\%$、$t_s$ 以及单位斜坡信号输入作用下的稳态误差 $e_s$。

(2) 计算比例微分校正 ($\tau_1=0.1$，$\tau_2=0$) 时，系统的动态性能指标 $\sigma\%$、$t_s$ 以及单位斜坡信号输入作用下的稳态误差 $e_{ss}$。

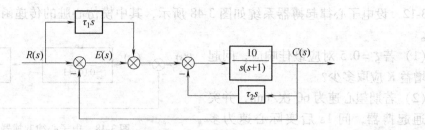

图 3-51 题 3-17 图

3-18 控制系统结构图如图 3-52 所示。

（1）当 $K=25$，$K_f=0$ 时，求系统的阻尼比 $\zeta$、无阻尼自然振荡频率 $\omega_n$ 以及单位斜坡信号输入时系统的稳态误差。

（2）当 $K=25$ 时，求 $K_f$ 取何值能使闭环系统的阻尼比 $\zeta=0.707$，并求单位斜坡输入时的稳态误差 $e_{ss}$。

（3）欲使 $\zeta=0.707$，单位斜坡输入作用时的稳态误差 $e_{ss}=0.12$，求 $K$ 和 $K_f$。

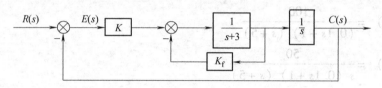

图 3-52 题 3-18 图

3-19 复合控制系统的结构图如图 3-53 所示，图中 $K_1$、$K_2$、$T_1$、$T_2$ 是大于零的常数。

（1）确定当闭环系统稳定时，参数 $K_1$、$K_2$、$T_1$、$T_2$ 应满足的条件。

（2）当输入 $r(t)=v_0 t$（斜坡输入）时，选择校正装置 $G_c(s)$，使得系统无稳态误差。

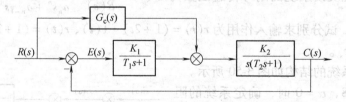

图 3-53 题 3-19 图

3-20 某系统结构图如图 3-54 所示，其中 $R(s)$ 为给定输入量，$N(s)$ 为扰动输入量。

（1）该系统在阶跃扰动输入信号 $n(t)=1(t)$ 的作用下所引起的稳态误差 $e_{Nss}$。

（2）使系统在 $r(t)=n(t)=t$ 同时作用下的稳态误差 $e_{ss}=0$，试确定 $K_d$ 的取值。

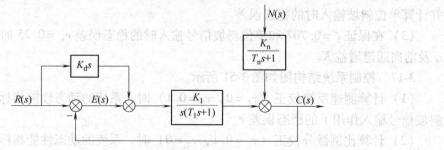

图 3-54 题 3-20 图

# 第 4 章  根轨迹分析法

通过上一章的讨论可知,闭环系统的动态性能与闭环极点(即特征方程的根)在 $s$ 平面上的位置密切相关,因此,在分析系统性能时,往往要求确定闭环系统极点的分布情况。然而,一个较完善的闭环控制系统,其特征方程一般是高阶的,直接求解比较困难,这就限制了时域分析法在高阶系统中的应用。另一方面,在分析或设计系统时,经常要研究一个或者几个参变量在一定范围内变化时,对闭环系统极点的位置以及系统性能的影响。例如系统的开环增益发生变化时,为了求取闭环极点,需要反复地进行计算,这时采用分解因式的经典方法就显得十分繁琐,难以在实际中应用。

1948 年,伊万斯(W. R. Evans)根据反馈控制系统中开、闭环传递函数之间的内在联系,首先提出了一种由开环传递函数求闭环特征方程根的图解方法——根轨迹法。这种方法很快就在控制工程中得到了广泛的应用。采用根轨迹法可以在已知系统开环零、极点的情况下,绘制出闭环特征方程的根在 $s$ 平面上随参数(例如根轨迹增益 $K_g$ 或时间常数 $T$)变化运动的轨迹。借助这种方法可以比较简便、直观地分析系统特征方程的根与系统参数之间的关系。根轨迹法已发展成为经典控制理论的基本方法之一,与下一章将要介绍的频率法互为补充,成为研究自动控制系统的有效工具。

## 4.1  根轨迹的基本概念

### 4.1.1  根轨迹的概念

所谓根轨迹,是指在已知开环系统零、极点的情况下,当开环增益或某个其他参数由零变化到无穷大时,其对应的闭环系统极点在 $s$ 平面上移动的轨迹。在介绍图解法之前,先用直接求根的方法来说明根轨迹的含义。

**例 4-1**  已知单位反馈系统的结构图如图 4-1 所示,试绘制其根轨迹。

**解**:系统的开环传递函数为

$$G(s) = \frac{K}{s(0.5s+1)} = \frac{2K}{s(s+2)} = \frac{K_g}{s(s+2)} \tag{4-1}$$

式中,$K$ 为系统开环传递系数;$K_g$ 为开环根轨迹增益,$K_g = 2K$。

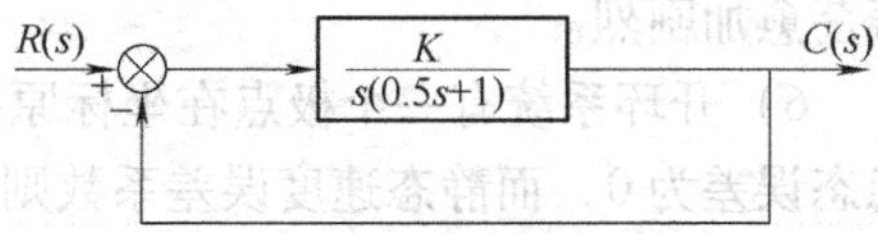

经过处理,开环传递函数 $G(s)$ 就由原来的时间常数表达式转变成为零、极点表达式了。式(4-1)表明,系统有两个开环极点:$-p_1 = 0$ 和 $-p_2 = -2$,用符号"×"标于图 4-2 的 $s$ 平面上。本例中没有开环零点。若有开环零点,则在 $s$ 平面上用符号"○"表示。

图 4-1  单位反馈系统的结构图

闭环系统的传递函数为

$$\Phi(s) = \frac{C(s)}{R(s)} = \frac{K_g}{s^2 + 2s + K_g}$$

则闭环特征方程为

$$s^2 + 2s + K_g = 0 \tag{4-2}$$

解得闭环特征方程的两个根分别为

$$\begin{cases} s_1 = -1 + \sqrt{1 - K_g} \\ s_2 = -1 - \sqrt{1 - K_g} \end{cases} \tag{4-3}$$

式(4-3)表明：闭环特征根 $s_1$ 和 $s_2$ 是参数 $K_g$ 的函数，它们随着 $K_g$ 的变化而变化。若 $K_g$ 由 0 变至 ∞ ，则 $s_1$ 和 $s_2$ 的值见表 4-1。

表 4-1 例 4-1 表

| $K_g$ | 0 | 0.25 | 0.5 | 1 | 2 | 5 | … | ∞ |
|---|---|---|---|---|---|---|---|---|
| $s_1$ | 0 | −0.13 | −0.29 | −1 | −1 + j | −1 + 2j | … | −1 + j∞ |
| $s_2$ | −2 | −1.866 | −1.707 | −1 | −1 − j | −1 − 2j | … | −1 − j∞ |

当 $K_g$ 由 0 变化到无穷大时，将闭环特征根的全部数值标在 $s$ 平面上，并用平滑曲线将其连接起来，如图 4-2 所示，图中粗实线就称为图 4-1 所示系统的根轨迹。轨迹上的箭头方向表示 $K_g$ 增大时根轨迹移动的方向，而标注的数值则代表与闭环极点位置相应的根轨迹增益 $K_g$ 的数值。

由图 4-2 可知：

1) 当 $K_g = 0$ 时，闭环系统的两个特征根分别为 $s_1 = 0$ 以及 $s_2 = -2$ 。此时，闭环极点与开环极点相一致。

2) 当 $K_g$ 由 0→∞ 时，根轨迹均在 $s$ 平面的左半平面，因此，系统对所有的 $K_g > 0$ 都是稳定的。

3) 当 $0 < K_g < 1$ 时，两个特征根均位于负实轴上。此时，系统处于过阻尼状态，单位阶跃响应为非周期过程。

4) 当 $K_g = 1$ 时，两个特征根汇合于 $s_1 = s_2 = -1$ 点，此时，系统处于临界阻尼状态，单位阶跃响应仍为非周期过程。

5) 当 $K_g > 1$ 时，两个特征根从 $s_1 = s_2 = -1$ 点分离，变为共轭复数根，系统呈欠阻尼状态，单位阶跃响应为衰减振荡过程。并且随着 $K_g$ 值的增加，阻尼系数 $\zeta$ 变小，从而导致超调量变大，振荡愈加剧烈。

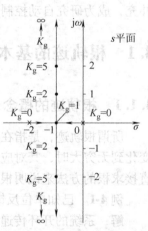

图 4-2 二阶系统的根轨迹

6) 开环系统有一个极点在坐标原点，故系统属于 I 型系统，因而，阶跃函数作用下的稳态误差为 0，而静态速度误差系数则由根轨迹上对应的 $K_g$ 值求得。

上述二阶系统的特征根是直接对特征方程求解得到的，进而可以利用其来直接绘制系统的根轨迹。然而对高阶系统而言，直接求解特征根往往是十分困难的。因此，希望能有简便、实用的绘制根轨迹的方法。为此，首先来看 $s$ 平面上的点需要满足哪些条件才能成为根轨迹上的点。

### 4.1.2 幅值条件和相角条件

首先介绍，绘制负反馈系统的根轨迹所需要的条件。

图 4-3 是典型的带有负反馈的闭环系统结构图。

其闭环传递函数为

$$\Phi(s) = \frac{G(s)}{1+G(s)H(s)} = \frac{G(s)}{1+G_k(s)} \tag{4-4}$$

式中，$G_k(s) = G(s)H(s)$ 为开环传递函数。那么绘制系统根轨迹的本质，就是在 $s$ 平面上寻找满足闭环特征方程 $1+G_k(s) = 0$ 的特征根的位置。

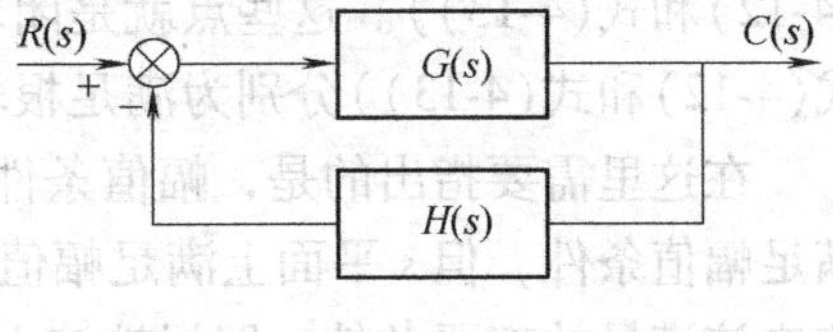

为此，将 $G_k(s)$ 写成如下零、极点的表达形式：

$$G_k(s) = K_g \frac{\prod_{i=1}^{m}(s+z_i)}{\prod_{j=1}^{n}(s+p_j)} \tag{4-5}$$

图 4-3 典型负反馈系统结构图

式中，$-z_i(i=1,\cdots,m)$ 和 $-p_j(j=1,\cdots,n)$ 分别为系统的开环零点和开环极点；$K_g$ 为开环传递函数用零、极点形式表示时的系数，称为开环根轨迹增益，它和开环传递系数 $K$ 的关系为

$$K = K_g \frac{\prod_{i=1}^{m} z_i}{\prod_{j=1}^{n} p_j} \tag{4-6}$$

注意，式(4-6)中不计零值极点，且当 $m=0$ 时，令 $\prod_{i=1}^{m} z_i = 1$。

而闭环系统传递函数的极点就是闭环系统特征方程

$$1 + G_k(s) = 0 \tag{4-7}$$

或

$$G_k(s) = -1 \tag{4-8}$$

的根。将式(4-5)代入式(4-8)中，有

$$K_g \frac{\prod_{i=1}^{m}(s+z_i)}{\prod_{j=1}^{n}(s+p_j)} = -1 \tag{4-9}$$

系统的根轨迹就是当开环传递函数的开环根轨迹增益 $K_g$ 变化时，闭环系统特征方程的根在 $s$ 平面上变化的轨迹。一般称式(4-8)或式(4-9)为根轨迹方程。

根轨迹方程实际上是一个向量方程，因而，可得到幅值和相角分别相等的两个方程，即

$$|G_k(s)| = 1 \tag{4-10}$$

和

$$\angle G_k(s) = \pm 180°(2k+1), \quad k=0,1,2,\cdots \tag{4-11}$$

考虑到式(4-9)，则有

$$K_g \frac{\prod_{i=1}^{m}|(s+z_i)|}{\prod_{j=1}^{n}|(s+p_j)|} = 1 \tag{4-12}$$

和

$$\sum_{i=1}^{m}\angle(s+z_i) - \sum_{j=1}^{n}\angle(s+p_j) = \pm 180°(2k+1) \quad k=0,1,2,\cdots \tag{4-13}$$

那么 $s$ 平面上满足式(4-8)或式(4-9)的点，也必然同时满足式(4-10)和式(4-11)(或式(4-12)和式(4-13))。这些点就是闭环系统特征方程的根。我们称式(4-10)和式(4-11)(或式(4-12)和式(4-13))分别为满足根轨迹方程的幅值条件和相角条件。

在这里需要指出的是，幅值条件仅仅是根轨迹的必要条件，即根轨迹上所有的点都应该满足幅值条件，但 $s$ 平面上满足幅值条件的点未必都在根轨迹上，然而，相角条件则是根轨迹应该满足的充要条件，即根轨迹上的点都满足相角条件，同时 $s$ 平面中满足相角条件的点都在根轨迹上。因而，绘制根轨迹时，用相角条件确定根轨迹上的点，用幅值条件确定根轨迹某一点所对应的根轨迹增益 $K_g$ 的值。

综上所述，根据开环传递函数，以及上述的幅值条件和相角条件，很容易判断 $s$ 平面上任意一点是否是根轨迹上的点。

**例4-2** 已知开环传递函数 $G(s) = \dfrac{K_g}{s(s+1)}$，其零、极点分别如图4-4所示。试判断 $s_1(-1, j1)$ 和 $s_2(-0.5, -j1)$ 这两点是否在根轨迹上。若在根轨迹上，计算出其对应的根轨迹增益。

**解：** 由开环传递函数可知，系统没有开环零点，有两个开环极点：$-p_1 = 0$，$-p_2 = -1$。

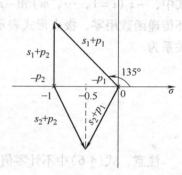

图4-4 相角条件的试探

过两个极点向 $s_1$ 点做向量 $(s_1 + p_1) = s_1$ 和 $(s_1 + p_2) = (s_1 + 1)$，如图4-4所示。则由 $s_1$ 点导出的向量相角分别为

$$\angle(s_1 + p_1) = \angle s_1 = 135°$$
$$\angle(s_1 + p_2) = \angle(s_1 + 1) = 90°$$

故 $s_1$ 点的总相角为

$$\sum_{i=1}^{m}\angle(s_1+z_i) - \sum_{j=1}^{n}\angle(s_1+p_j) = -\angle s_1 - \angle(s_1+1) = -225°$$

根据相角条件知 $s_1$ 点不在根轨迹上，也就是说，$s_1$ 点不是系统的闭环极点。

同理，过两个极点向 $s_2$ 点做连线，得到向量 $(s_2 + p_1) = s_2$ 和 $(s_2 + p_2) = (s_2 + 1)$，用量角器测得(或计算得)

$$\angle(s_2 + p_1) = \angle s_2 = -116.6°$$
$$\angle(s_2 + p_2) = \angle(s_2 + 1) = -63.4°$$

进而，$s_2$ 点的总相角为

$$\sum_{i=1}^{m}\angle(s_1+z_i) - \sum_{j=1}^{n}\angle(s_1+p_j) = -\angle s_2 - \angle(s_2+1) = 180°$$

满足相角条件,则 $s_2$ 点在根轨迹上,是系统的一个闭环极点。

因此,考虑到 $s_2$ 点在根轨迹上,就可以根据幅值条件计算出相应的根轨迹增益。由幅值条件即式(4-12)有

$$K_g = \frac{\prod_{j=1}^{n}|(s+p_j)|}{\prod_{i=1}^{m}|(s+z_i)|} = |s_2+p_1| \cdot |s_2+p_2|$$

$$= |-0.5-j+0| \cdot |-0.5-j+1|$$

$$= 1.118 \times 1.118 = 1.25$$

## 4.2 绘制根轨迹的基本法则

在上节中,介绍了根轨迹的基本概念以及根轨迹上的点所需要满足的幅值条件和相角条件。本节中,依据幅值条件和相角条件,推证出绘制根轨迹的十条基本规则。这些基本法则非常简单,熟练地掌握它们,对于分析和设计控制系统是非常有帮助的。

在这里需要指出的是,假定所研究的变化参数为根轨迹增益 $K_g$,当可变参数为系统中其他参数时,这些基本法则仍然适用。另外,用这些基本法则绘制出的根轨迹,其相角是遵循 $180°+2k\pi$ 条件,因此称为 $180°$ 根轨迹,相应的绘制法则称为 $180°$ 根轨迹的绘制法则。

在绘制根轨迹前,应先把系统的开环传递函数写成零、极点的表达形式,即式(4-5)。为了便于在图中进行计算,根轨迹图的实轴和虚轴应取相同的比例尺。

**1. 根轨迹的连续性**

通常,系统的闭环特征方程 $1+G_k(s)=0$ 为代数方程。当根轨迹增益 $K_g$ 从 0 到无穷大连续变化时,代数方程的根也连续变化,因而,闭环特征方程的根轨迹是连续变化的曲线或直线。

**2. 根轨迹的对称性**

对于实际的物理系统而言,闭环特征方程的系数均为实数,所以系统的特征根只有实根和复根两种,实根位于实轴上,复根必是共轭的,而根轨迹是特征根的集合,因而根轨迹对称于实轴。

根据对称性,只需要做出 $s$ 平面上半部分(包括实轴)的根轨迹即可,然后利用对称关系就可画出 $s$ 平面下半部分的根轨迹。

**3. 根轨迹的起点和终点**

根轨迹的起点是指根轨迹增益 $K_g=0$ 时闭环极点在 $s$ 平面上的分布情况,而根轨迹的终点则是根轨迹增益 $K_g \to \infty$ 时闭环极点在 $s$ 平面上的分布情况。

由根轨迹方程即式(4-9)可知

$$\frac{\prod_{i=1}^{m}(s+z_i)}{\prod_{j=1}^{n}(s+p_j)} = -\frac{1}{K_g} \tag{4-14}$$

当 $K_g=0$ 时,式(4-14)右边为 $\infty$,因而只有当 $s=-p_j(j=1,2,\cdots,n)$ 时,式(4-14)

才能成立。而这里的 $-p_j(j=1, 2, \cdots, n)$ 是开环传递函数的极点，故根轨迹的起点就是开环极点。

当 $K_g \to \infty$ 时，式(4-14)右边为 0，只有当 $s = -z_i(i=1, 2, \cdots, m)$ 时，才能使得式(4-14)成立，而 $-z_i(i=1, 2, \cdots, m)$ 是开环传递函数的零点，故根轨迹的终点是系统的开环零点。

通常，对于实际系统而言，系统的开环极点数 $n$ 总是大于或等于开环零点数 $m$ 的。当 $n > m$ 时，由开环极点出发的 $n$ 条根轨迹中，只有 $m$ 条终止在有限零点处。另外 $n-m$ 条根轨迹将终止于无穷远处。证明如下：

当 $K_g \to \infty$ 时，式(4-14)右边为 0，而在 $n > m$ 的情况下，只有当 $s \to \infty$ 时，左边才为 0。因此，对式(4-14)两边取模，当 $s \to \infty$ 时，左边可以只保留分子和分母的最高次项，即

$$\lim_{s \to \infty} \frac{\prod_{i=1}^{m}|s+z_i|}{\prod_{j=1}^{n}|s+p_j|} = \lim_{s \to \infty} |s|^{n-m} = 0$$

这表明，当 $K_g \to \infty$ 时，有 $n-m$ 条根轨迹分支趋于无穷远处。

**4. 根轨迹的分支数**

每一个开环极点就是一条根轨迹的起点，因而系统的根轨迹共有 $n$ 条分支。

**5. 实轴上的根轨迹**

对于实轴上的任意点，如果它右方的开环零、极点数目的总和为奇数，则该点必为根轨迹上的点。应用相角条件可以证明这一法则。

设某系统的开环零、极点的分布如图 4-5 所示，其中 $-p_2$、$-p_3$ 是一对共轭开环极点，$-z_2$、$-z_3$ 是一对共轭开环零点。在实轴上任取一点 $s_1$，观察各开环零、极点对 $s_1$ 点的相角变化。

首先观察各共轭开环零点和共轭开环极点到 $s_1$ 点的相角，由图 4-5 可见，共轭开环零点到实轴上 $s_1$ 点的向量相角（在图中用 $\theta_a$、$\theta_b$ 表示）和为 360°，同理，共轭开环极点到 $s_1$ 点的向量相角（在图中用 $\theta_c$、$\theta_d$ 表示）和也为 360°。即共轭开环零、极点的存在不影响 $s_1$ 点的相角条件。由 $s_1$ 点

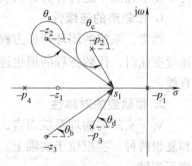

图 4-5 某开环零、极点的分布

的任意性可知，共轭开环零、极点均不对实轴上任意一点的相角条件产生影响。因此，在确定实轴上的根轨迹时，可以不考虑共轭开环零、极点的影响。

由以上叙述可知，实轴上的根轨迹就仅仅由落在实轴上的开环零、极点的分布所决定。在实轴上，落在 $s_1$ 点左边的开环零、极点对该点构成的向量的相角为 0°，对相角条件亦无影响，因而也可不予考虑。在 $s_1$ 点右方的每一个开环零、极点均对该点构成 180°的相角。而 180°的奇数倍满足根轨迹方程的相角条件，即式(4-13)。所以，若实轴上某一点（如 $s_1$ 点）右方的实数开环零、极点的总和为奇数，则该点在根轨迹上。

利用本法则不难判断在图 4-5 中，$[-p_1, -z_1]$ 和 $(-\infty, -p_4]$ 的区段为系统的实轴根轨迹。

**6. 根轨迹的渐近线**

若系统的开环极点数 $n$ 大于开环零点数 $m$，在 $K_g \to \infty$ 时，有 $n-m$ 条根轨迹分支沿着与实轴正方向的夹角为 $\theta$、截距为 $-\sigma_a$ 的一组渐近线趋向无穷远处，这里

$$\theta = \frac{180°(2k+1)}{n-m} \quad k=0, 1, 2, \cdots, n-m-1 \tag{4-15}$$

$$-\sigma_a = \frac{\sum_{j=1}^{n}(-p_j) - \sum_{i=1}^{m}(-z_i)}{n-m} \tag{4-16}$$

上述结论可证明如下：

（1）式(4-15)的证明 渐近线是 $s$ 值趋于无穷大时的根轨迹。故假设在无穷远处有闭环特征根 $s_k$，则 $s$ 平面上所有开环极点和有限零点到 $s_k$ 的向量所形成的幅角都相同，用 $\theta$ 表示，即

$$\angle(s_k + z_i) = \angle(s_k + p_j) = \theta \quad i=1, 2, \cdots, m; j=1, 2, \cdots, n$$

将其代入式(4-13)中得

$$m\theta - n\theta = \pm 180°(2k+1) \quad k=0, 1, 2, \cdots$$

进而得渐近线与正实轴的夹角为

$$\theta = \frac{\mp 180°(2k+1)}{n-m} \quad k=0, 1, 2, \cdots$$

注意到，由于相角的周期为 $360°$，$k$ 取到 $n-m-1$ 即可。

同样，由于相角的周期为 $360°$，取"$-$"和"$+$"计算的结果将是一致的，我们取

$$\theta = \frac{180°(2k+1)}{n-m} \quad k=0, 1, 2, \cdots$$

（2）式(4-16)的证明 将式(4-5)写成多项式的形式，有

$$G_k(s) = K_g \frac{\prod_{i=1}^{m}(s+z_i)}{\prod_{j=1}^{n}(s+p_j)} = K_g \frac{s^m + b_{m-1}s^{m-1} + \cdots + b_0}{s^n + a_{n-1}s^{n-1} + \cdots + a_0}$$

$$= \frac{K_g}{s^{n-m} + (a_{n-1} - b_{m-1})s^{n-m-1} + \cdots} \tag{4-17}$$

式中

$$a_{n-1} = -\sum_{j=1}^{n}(-p_j), \quad b_{m-1} = -\sum_{i=1}^{m}(-z_i)$$

假设在无穷远处有闭环特征根 $s_k$，当 $s \to s_k$ 时，$s$ 平面上所有开环极点 $-p_j$ 和有限零点 $-z_i$ 到 $s$ 点的向量长度都相等。于是，可将从各个有限开环零点和极点到 $s$ 点的向量用同一点（即 $-\sigma_a$）处指向 $s$ 点的向量来代替，即

$$(s+z_i) \approx (s+p_j) \approx (s+\sigma_a) \quad i=1, \cdots, m; j=1, \cdots, n$$

从而，式(4-17)可写为

$$G_k(s) = K_g \frac{\prod_{i=1}^{m}(s+z_i)}{\prod_{j=1}^{n}(s+p_j)} = \frac{K_g}{(s+\sigma_a)^{n-m}} = \frac{K_g}{s^{n-m} + (n-m)\sigma_a s^{n-m-1} + \cdots} \tag{4-18}$$

比较式(4-17)和式(4-18)可知
$$(a_{n-1} - b_{m-1}) = (n-m)\sigma_a$$
因而有
$$\sigma_a = \frac{(a_{n-1} - b_{m-1})}{n-m} = \frac{-\sum_{j=1}^{n}(-p_j) - \left[-\sum_{i=1}^{m}(-z_i)\right]}{n-m}$$
即
$$-\sigma_a = \frac{\sum_{j=1}^{n}(-p_j) - \sum_{i=1}^{m}(-z_i)}{n-m}$$

下面来举例说明根轨迹渐近线的作法。

**例 4-3** 设系统的开环传递函数为
$$G_k(s) = \frac{K_g(s+1)}{s(s+4)(s^2+2s+2)}$$
试根据根轨迹的渐近线法则确定渐近线的方位。

**解**：由已知的开环传递函数可知，系统有 4 个开环极点和 1 个开环零点，即 $-p_1 = 0$；$-p_2 = -1+j1$；$-p_3 = -1-j1$；$-p_4 = -4$；$-z_1 = -1$。系统有 3 条根轨迹趋于无穷远处，其渐近线的方位是：

截距  $-\sigma_a = \dfrac{0 + (-1+j) + (-1-j) + (-4) - (-1)}{4-1} = -\dfrac{5}{3}$

夹角  $\theta = \dfrac{180°(2k+1)}{4-1} = 60°, 180°, 300°, k = 0, 1, 2$

故 3 条渐近线如图 4-6 中虚线所示。

**7. 根轨迹的分离点或会合点**

若干条根轨迹在 $s$ 平面上的某点相遇，然后又立即分开，该点就称为根轨迹的分离点或会合点。由于根轨迹的共轭对称性，故分离点或会合点必然是实数或共轭复数对，在一般情况下，分离点或会合点多出现在实轴上。

图 4-7 所示为某系统的根轨迹图，由开环极点 $-p_1$ 和 $-p_2$ 出发的两条根轨迹，随着 $K_g$ 的增大，在实轴上的 $a$ 点会合后即分离进入复平面。当 $K_g$ 继续增大后，根轨迹又在实轴上的 $b$ 点相遇并分离。当 $K_g \to \infty$ 时，一条根轨迹终止于开环有限零点 $-z_1$，另外一条趋于负无穷远处。

一般而言，如果实轴上两相邻开环极点之间存在根轨迹，则在这两个相邻极点之间必有分离点；如果实轴上两相邻开环零点（其中一个可能是无穷远零点）之间有根轨迹，则在这两相邻零点之间必有分离点；如果实

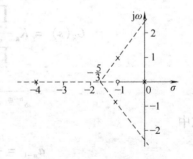

图 4-6 渐近线的确定

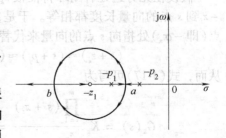

图 4-7 根轨迹的会合和分离

轴上的根轨迹在开环零点和开环极点之间，分离点要么不存在，要么成对出现。

在分离点或会合点上，某一根轨迹分支进入分离点前的切线方向与离开分离点后的切线方向（向有根轨迹的一方画切线所对应的方向）的夹角称为分离角，记为 $\theta_d$，它与相分离的根轨迹分支数 $l$ 相关，关系式为

$$\theta_d = \frac{180°}{l}$$

确定分离点与会合点的位置对于绘制根轨迹图很重要。常见的方法有重根法、切线法以及牛顿余数定理法等。

(1) 重根法　根轨迹的分离点和会合点都是闭环特征方程的重根，因此，可用求重根的方法确定它们的位置。

若代数方程 $f(x) = 0$ 有重根 $x_1$，则必然同时满足 $f(x_1) = 0$ 和 $f'(x_1) = 0$。

设系统的开环传递函数为

$$G_k(s) = K_g \frac{\prod_{i=1}^{m}(s + z_i)}{\prod_{j=1}^{n}(s + p_j)} = K_g \frac{N(s)}{D(s)}$$

式中，$N(s) = \prod_{i=1}^{m}(s + z_i)$；$D(s) = \prod_{j=1}^{n}(s + p_j)$，则闭环系统特征方程为

$$1 + K_g \frac{N(s)}{D(s)} = 0$$

即

$$D(s) + K_g N(s) = 0 \tag{4-19}$$

当特征方程在实轴上有重根时，那么必有下面的方程组成立：

$$\begin{cases} D(s) + K_g N(s) = 0 \\ D'(s) + K_g N'(s) = 0 \end{cases} \tag{4-20}$$

从上面的方程组中消去 $K_g$，可得

$$N(s)D'(s) - N'(s)D(s) = 0 \tag{4-21}$$

求解式(4-21)便可得到分离点（或会合点）的坐标 $\sigma_d$。将求出的 $\sigma_d$ 代入方程组(4-20)中的任意一个方程可求得分离点（或会合点）的根轨迹增益 $K_g$。

在这里需要指出的是，由式(4-19)有

$$K_g = -\frac{D(s)}{N(s)}$$

进而

$$\frac{dK_g}{ds} = \frac{D(s)N'(s) - N(s)D'(s)}{N^2(s)}$$

如果令 $\frac{dK_g}{ds} = 0$，则有式(4-21)成立。因此，有时候也通过对根轨迹增益 $K_g$ 的求导而得到分离点或会合点的坐标。

显然，重根法适合于系统开环传递函数阶次不太高的情况。

**例 4-4** 单位反馈系统的开环传递函数为

$$G_o(s) = \frac{K_g(s+1)}{(s+0.1)(s+0.5)}$$

试确定实轴上根轨迹的分离点的位置,以及相应的根轨迹增益值。

**解**:由已知的开环传递函数可得,系统有一个开环零点 $-z_1 = -1$;两个开环极点 $-p_1 = -0.1$,$-p_2 = -0.5$。因此,实轴上的根轨迹位于 $(-\infty, -1]$ 和 $[-0.5, -0.1]$ 区间。又由 $G_o(s)$ 可知

$$N(s) = s + 1$$
$$D(s) = (s+0.1)(s+0.5) = s^2 + 0.6s + 0.05$$

进而有

$$N'(s) = 1$$
$$D'(s) = 2s + 0.6$$

代入式(4-21)可得

$$s^2 + 0.6s + 0.05 - (s+1)(2s+0.6) = -s^2 - 2s - 0.55 = 0$$

解之,得

$$s_1 = -1.67, \quad s_2 = -0.33$$

显然,在区间 $[-0.5, -0.1]$ 上,根轨迹具有分离点 $s_2 = -0.33$,在区间 $(-\infty, -1]$ 上,根轨迹具有分离点 $s_1 = -1.67$。将 $s_1$、$s_2$ 的值代入方程组(4-20)的第一个式子,可得 $K_{g1} = 0.06$,$K_{g2} = 2.74$。

(2) 试探法

若系统的开环传递函数阶次较高,对于实轴上的分离点(或会合点),可采用试探法。将式(4-20)中的两个方程相除,得

$$\frac{D'(s)}{D(s)} = \frac{N'(s)}{N(s)}$$

进而有

$$\frac{d(\ln D(s))}{ds} = \frac{d(\ln N(s))}{ds}$$

代入

$$\ln D(s) = \sum_{j=1}^{n} \ln(s + p_j), \quad \ln N(s) = \sum_{i=1}^{m} \ln(s + z_i)$$

得

$$\sum_{j=1}^{n} \frac{d(\ln(s+p_j))}{ds} = \sum_{i=1}^{m} \frac{d(\ln(s+z_i))}{ds}$$

计算得

$$\sum_{i=1}^{m} \frac{1}{s + z_i} = \sum_{j=1}^{n} \frac{1}{s + p_j}$$

从上式中解出,即为分离点。

当没有开环零点时,上式的左侧应取零。

**例 4-5** 设单位负反馈的开环传递函数为

$$G_K(s) = \frac{K_g(s+1)}{s(s+2)(s+3)}$$

试确定实轴上根轨迹的分离点的位置。

**解：** 由已知的开环传递函数可得，系统有一个开环零点 $-z_1 = -1$；三个开环极点 $-p_1 = 0$，$-p_2 = -2$，$-p_3 = -3$。因此，实轴上的区域 $[-3, -2]$ 必有一个分离点，它满足下面的方程

$$\frac{1}{s+1} = \frac{1}{s} + \frac{1}{s+2} + \frac{1}{s+3}$$

考虑到 $s$ 必在 $-2$ 到 $-3$ 之间，初步试探时，设 $s = -2.5$，算出

$$\frac{1}{s+1} = -0.67, \quad \frac{1}{s} + \frac{1}{s+2} + \frac{1}{s+3} = -0.4$$

因为方程两边不等，所以 $-2.5$ 不是所求分离点。故重取 $s = -2.47$，方程两边近似相等，故分离点为 $-2.47$。

(3) 牛顿余数定理法　牛顿余数定理法的一般步骤如下：

1) 求出表达式 $P(s) = N(s)D'(s) - N'(s)D(s)$。
2) 分析根轨迹，估计在其分离点（或会合点）可能出现的实轴坐标附近找一个试探点 $s_1$。
3) 用 $(s - s_1)$ 去除 $P(s)$，算出商多项式 $Q(s)$ 以及余数 $R_1$。
4) 再用 $(s - s_1)$ 去除 $Q(s)$，得到第二个余数 $R_2$。
5) 令 $s_2 = s_1 - R_1/R_2$，则 $s_2$ 的值更靠近分离点；将 $s_2$ 作为新的试探点，重复步骤3)~4)，可以找到比 $s_2$ 更为靠近分离点的试探点 $s_3 = s_2 - R_1/R_2$。

从绘制根轨迹的角度看，只要做一次试探求出 $s_2$ 就已经足够了。

**例 4-6**　已知系统的开环传递函数为

$$G_k(s) = K_g \frac{s(s+6)}{(s+10)(s^2+24)}$$

试求其根轨迹的分离点（或会合点）。

**解：** 闭环系统的特征方程为

$$(s+10)(s^2+24) + K_g s(s+6) = 0$$

求得 $K_g$ 为

$$K_g = -\frac{(s+10)(s^2+24)}{s(s+6)}$$

进而

$$\frac{dK_g}{ds} = \frac{-s^4 - 12s^3 - 36s^2 + 480s + 1440}{(s^2+6s)^2}$$

式中分子的阶次较高，若用重根法直接求解，比较困难。因此，在这里采用牛顿余数定理法进行逼近。为此，记

$$P(s) = -s^4 - 12s^3 - 36s^2 + 480s + 1440$$

又由已知条件可知，实轴上的根轨迹区间为 $(-\infty, -10]$ 和 $[-6, 0]$，故 $[-6, 0]$ 区间必有会合点。初次选取 $s_1 = -3$，$s - s_1 = s + 3$，用 $(s+3)$ 去除 $P(s)$、$Q(s)$，详细计算如下：

$$\begin{array}{r}-s^3-9s^2-9s+507\\s+3\overline{\smash{\big)}\,-s^4-12s^3-36s^2+480s+1440}\\-s^4-3s^3\phantom{000000000000000}\\\hline -9s^3-36s^2\phantom{00000000}\\-9s^3-27s^2\phantom{000000}\\\hline -9s^2+480s\phantom{00}\\-9s^2-27s\phantom{00}\\\hline 507s+1440\\507s+1521\\\hline -81=R_1\end{array}$$

$$\begin{array}{r}-s^2-6s+9\\s+3\overline{\smash{\big)}\,-s^3-9s^2-9s+507}\\-s^3-3s^2\phantom{000000000}\\\hline -6s^2-9s\phantom{0000}\\-6s^2-18s\phantom{000}\\\hline 9s+507\\9s+27\\\hline 480=R_2\end{array}$$

故有
$$s_2 = s_1 - \frac{R_1}{R_2} = -2.83$$

**8. 根轨迹的出射角和入射角**

当开环系统的零、极点位于 $s$ 平面上时，根轨迹离开开环极点处的切线方向所对应的向量相角，称为出射角或起始角，用 $\theta_l(l=1,2,\cdots,n)$ 表示；根轨迹进入开环零点处的切线方向（向有根轨迹的一方画）所对应的向量相角，称为入射角或终止角，用 $\varphi_l(l=1,2,\cdots,m)$ 表示。

设系统开环零、极点的分布如图 4-8 所示，为了求根轨迹离开开环极点 $-p_1$ 的出射角，在离开 $-p_1$ 点附近的根轨迹上取一点 $s_1$，使得 $s_1$ 和 $-p_1$ 非常靠近，那么这两点之间的直线就可以看成是根轨迹在 $-p_1$ 点的切线。图中所示的 $\theta_1$ 便为出射角。那么，除了 $-p_1$ 点外，所有的开环零、极点到 $s_1$ 的向量都可以用这些零、极点到 $-p_1$ 点的向量来近似。根据相角条件得

$$\varphi_1 - \theta_1 - \theta_2 - \theta_3 - \theta_4 = \pm 180°(2k+1) \quad k=0,1,2,\cdots$$

故有
$$\theta_1 = \mp 180°(2k+1) + \varphi_1 - \theta_2 - \theta_3 - \theta_4 \quad k=0,1,2,\cdots$$

如果系统共有 $m$ 个有限零点、$n$ 个极点，根据相角条件，则有

$$\theta_l = \mp 180°(2k+1) + \sum_{i=1}^{m}\varphi_i - \sum_{\substack{j=1\\j\neq l}}^{n}\theta_j \quad k=0,1,2,\cdots \tag{4-22}$$

式中，$\theta_l$ 表示第 $l$ 个开环极点 $-p_l$ 的出射角；$\theta_j(j=1,2,\cdots l-1,l+1,\cdots)$ 为开环极点对 $-p_l$ 的幅角；$\varphi_i(i=1,2,\cdots)$ 是各开环零点对 $-p_l$ 的幅角。

由于相角的周期为 $360°$，可取

$$\theta_l = 180° + \sum_{i=1}^{m}\varphi_i - \sum_{\substack{j=1\\j\neq l}}^{n}\theta_j$$

同理，根轨迹趋于开环零点 $-z_l$ 的入射角为

$$\varphi_l = 180° + \sum_{j=1}^{n}\theta_j - \sum_{\substack{i=1\\i\neq l}}^{m}\varphi_i$$

**例 4-7** 试求图 4-9 所示开环极点 $-p_1$、$-p_2$ 的出射角。已知 $-z_1=-1.5$，$-p_1=-1+\mathrm{j}$，$-p_2=-1-\mathrm{j}$，$-p_3=0$。

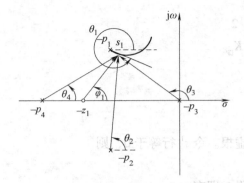
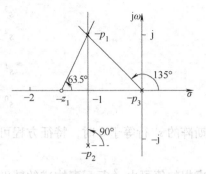

图 4-8　复数极点出射角的求取　　　　　图 4-9　确定出射角

**解**：用量角器量得各有关角度，按式(4-22)计算得

$$\theta_1 = \mp 180°(2k+1) + 63.5° - 135° - 90°$$

取 $k=0$，得 $\theta_1 = \begin{cases} 18.5° \\ -341.5° \end{cases}$，而 $18.5°$ 和 $-341.5°$ 是完全相同的角度，故在 $-p_1$ 点的出射角为 $\theta_1 = 18.5°$。考虑到根轨迹具有对称性，可知在 $-p_2$ 点的出射角为 $-18.5°$。

### 9. 根轨迹与虚轴的交点及临界根轨迹增益值

当根轨迹增益 $K_g$ 增大到一定数值时，根轨迹可能越过虚轴，进入右半 $s$ 平面，而这表示出现实部为正的特征根，系统将变得不稳定。为了较为精确地绘制虚轴附近的根轨迹，就有必要确定根轨迹和虚轴的交点，并计算出相对应的 $K_g$ 值。

根轨迹与虚轴相交，表明系统正处于临界稳定状态，可由劳斯判据求出交点坐标以及相应的 $K_g$ 值。也可在闭环特征方程中令 $s = j\omega$，然后令其实部和虚部分别为零，从而求得交点的坐标以及相应的 $K_g$ 值。此处的根轨迹增益称为临界根轨迹增益，常记为 $K_{gp}$。

**例 4-8**　设系统的开环传递函数为

$$G_k(s) = \frac{K_g}{s(s+1)(s+2)}$$

试求根轨迹和虚轴的交点，并计算临界根轨迹增益 $K_{gp}$。

**解**：由开环传递函数可知闭环特征方程为

$$s^3 + 3s^2 + 2s + K_g = 0 \tag{4-23}$$

当 $K_g = K_{gp}$ 时，根轨迹和虚轴相交。将 $s = j\omega$ 代入特征方程得

$$(j\omega)^3 + 3(j\omega)^2 + 2(j\omega) + K_g = 0$$

将此式分解为实部与虚部，并分别等于 0，则有

$$K_{gp} - 3\omega^2 = 0$$
$$2\omega - \omega^3 = 0$$

解之，得 $\omega = 0, \pm\sqrt{2}$，相应的 $K_{gp} = 0, 6$。其中，$K_{gp} = 0$ 为根轨迹的起点，不属于所讨论的根轨迹与虚轴的交点。当 $K_{gp} = 6$ 时，根轨迹与虚轴相交，交点坐标为 $\pm j\sqrt{2}$，于是 $K_{gp} = 6$ 为临界根轨迹增益。

本题也可以利用劳斯判据来确定根轨迹与虚轴的交点以及相应的临界根轨迹增益。由闭环系统的特征方程，即式(4-23)，可列出劳斯阵为

$$\begin{array}{c|cc} s^3 & 1 & 2 \\ s^2 & 3 & K_{gp} \\ s^1 & \dfrac{6-K_{gp}}{3} & \\ s^0 & K_{gp} & \end{array}$$

当劳斯阵的 $s^1$ 行等于 0 时，特征方程可能出现纯虚根。令 $s^1$ 行等于 0，则
$$K_{gp} = 6$$
共轭虚根的值可由 $s^2$ 行元素构成的辅助多项式求得，即有
$$3s^2 + K_{gp} = 3s^2 + 6 = 0$$
从而得根轨迹和虚轴的交点为
$$s_{1,2} = \pm j\sqrt{2}$$

**10. 闭环极点的和与积**

设开环系统的传递函数为
$$G_k(s) = K_g \frac{\prod\limits_{i=1}^{m}(s+z_i)}{\prod\limits_{j=1}^{n}(s+p_j)} = K_g \frac{s^m + b_{m-1}s^{m-1} + \cdots + b_1 s + b_0}{s^n + a_{n-1}s^{n-1} + \cdots + a_1 s + a_0}$$

其中
$$b_{m-1} = \sum_{i=1}^{m} z_i,\ b_0 = \prod_{i=1}^{m} z_i,\ a_{n-1} = \sum_{j=1}^{n} p_j,\ a_0 = \prod_{j=1}^{n} p_j$$

闭环系统的特征方程为
$$s^n + a_{n-1}s^{n-1} + \cdots + a_1 s + a_0 + K_g(s^m + b_{m-1}s^{m-1} + \cdots + b_1 s + b_0) = 0 \tag{4-24}$$

设闭环系统的特征根为 $-s_1, -s_2, \cdots, -s_n$，则有
$$(s+s_1)(s+s_2)\cdots(s+s_n) = s^n + (s_1+s_2+\cdots+s_n)s^{n-1} + \cdots + s_1 s_2 \cdots s_n$$

将上式与式(4-24)作比较，可得如下结论：

1) 当 $n-m \geq 2$ 时，式(4-24)中 $s^{n-1}$ 的系数仍然是 $a_{n-1}$，因而有
$$\sum_{j=1}^{n} p_j = a_{n-1} = \sum_{j=1}^{n} s_j \tag{4-25}$$

式(4-25)表明，闭环系统极点之和等于开环系统极点之和，且为常数。此外还说明，随着 $K_g$ 的变化，若有些闭环特征根增大，则另外一些特征根必然减小，以保持其代数和为常数。换言之，随着 $K_g$ 的增大（或减小），如果一些闭环系统极点在 $s$ 平面上向右移动，则另一些闭环系统极点必然向左移动。

2) 闭环系统极点之积和开环系统零、极点之间的关系如下：
$$\prod_{j=1}^{n} s_j = \prod_{j=1}^{n} p_j + K_g \prod_{i=1}^{m} z_i \tag{4-26}$$

当开环系统有等于零的极点时 $\left(\text{即}\prod\limits_{j=1}^{n} p_j = 0\right)$，则有
$$\prod_{j=1}^{n} s_j = K_g \prod_{i=1}^{m} z_i \tag{4-27}$$

即闭环极点之积和根轨迹增益成正比。

对于某些简单的系统，在已知部分闭环极点的情况下，可以利用式(4-25)、式(4-26)和式(4-27)，来确定其余的闭环极点。

**例 4-9** 已知形如例 4-8 中的开环传递函数，根轨迹与虚轴的交点为 $s_{1,2} = \pm j\sqrt{2}$，试确定第三个闭环极点，并求交点处的临界增益 $K_{gp}$。

**解**：在本例中，$m=0$，$n=3$，满足 $n-m \geq 2$。由式(4-25)，闭环极点之和等于开环极点之和，即

$$(-s_1 - s_2 - s_3) = 0 + (-1) + (-2) = -3$$

所以

$$(-s_3) = -3 - (-s_1) - (-s_2) = -3 - j\sqrt{2} - (-j\sqrt{2}) = -3$$

本例中由于在开环极点中包括等于零的极点，可利用式(4-27)来求临界增益 $K_{gp}$。由于开环系统中没有零点，$b_0 = \prod_{i=1}^{m} z_i = 1$，故有

$$K_{gp} = \prod_{j=1}^{3} s_j = (-j\sqrt{2}) \times (j\sqrt{2}) \times 3 = 6$$

在本节中，介绍了绘制根轨迹的十条法则，牢记这十条法则，当 $K_g \to \infty$ 时，就可以方便地绘制出根轨迹的大致形状，从而可以直观地分析系统参数 $K_g$ 的变化对系统性能产生的影响。为了准确地绘制系统的根轨迹，可根据相角条件，采用试探法确定轨迹上若干点的位置，尤其是靠近虚轴或原点的位置，做相应的修改，可以得到比较精确的根轨迹。

在研究控制系统时，常常碰到系统具有两个开环极点和一个开环零点的情况。这时，系统的根轨迹有可能是直线，也可能是圆弧。实轴以外的根轨迹必然是沿着圆弧移动的，现证明如下：

设系统的开环传递函数为

$$G_k(s) = \frac{K_g(s+z)}{(s+p_1)(s+p_2)}$$

取根轨迹上一点 $s$，则其应满足相角条件，即

$$\angle(s+z) - \angle(s+p_1) - \angle(s+p_2) = 180°$$

若 $s = \sigma + j\omega$，代入上式得

$$\angle(\sigma + j\omega + z) - \angle(\sigma + j\omega + p_1) - \angle(\sigma + j\omega + p_2) = 180°$$

若用反正切表示，则有

$$\arctan \frac{\omega}{\sigma+z} - \arctan \frac{\omega}{\sigma+p_1} = 180° + \arctan \frac{\omega}{\sigma+p_2}$$

对上式的左边利用反三角函数的恒等关系式，有

$$\arctan \frac{\dfrac{\omega}{\sigma+z} - \dfrac{\omega}{\sigma+p_1}}{1 + \dfrac{\omega}{\sigma+z}\dfrac{\omega}{\sigma+p_1}} = 180° + \arctan \frac{\omega}{\sigma+p_2}$$

进而对两边取正切得

$$\frac{\dfrac{\omega}{\sigma+z}-\dfrac{\omega}{\sigma+p_1}}{1+\dfrac{\omega}{\sigma+z}\dfrac{\omega}{\sigma+p_1}}=\frac{\omega}{\sigma+p_2}$$

经化简整理后得

$$\sigma^2+2z\sigma+\omega^2=p_1p_2-p_1z-p_2z$$

上式两边同时加上 $z^2$，可得

$$(\sigma+z)^2+\omega^2=(p_1-z)(p_2-z) \tag{4-28}$$

式(4-28)是圆方程，圆心为 $(-z,0)$，半径是两个极点与零点之间距离之积的平方根，即

$$R=\sqrt{|p_1-z|\cdot|p_2-z|}$$

**例 4-10** 已知控制系统开环传递函数为

$$G(s)=\frac{K_g(s+2)}{s(s+3)(s^2+2s+2)}$$

试绘制根轨迹。

**解：**

1) 作出开环零、极点分布图，如图 4-10 所示。

2) 因为 $n=4$，因此有四条根轨迹分支，其起点分别为四个开环极点。又因为 $m=1$，故有一条根轨迹终止于开环零点；$n-m=3$，故有三条根轨迹分支终止于无穷远处。

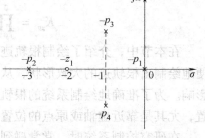

图 4-10 开环零、极点分布图

3) 渐近线：因为有三条根轨迹分支终止于无穷远处，故有三条渐近线。

$$-\sigma_a=\frac{-3+(-1+j)+(-1-j)-(-2)}{3}=-1$$

$$\theta=\frac{180°(2k+1)}{n-m}=60°,180°,300°\;(k=0,1,2)$$

4) 根轨迹与虚轴的交点：令 $s=j\omega$ 代入系统闭环特征方程中，得

$$[s(s+3)(s^2+2s+2)+K_g(s+2)]\big|_{s=j\omega}=0$$

分别令上式的实部与虚部等于零，得

$$\begin{cases}\omega^4-8\omega^2+2K_g=0\\-5\omega^3+(K_g+6)\omega=0\end{cases}$$

解上述方程组，并舍去无意义值，得

$$\omega=\pm1.61;\;K_{gp}=7$$

5) 求复数极点的出射角。

根据式(4-22)，得

$$\theta_3=180°+\varphi_1-\theta_1-\theta_2-\theta_4$$

经计算得

$$\theta_1=135°,\;\theta_2=26.6°$$

则
$$\theta_4 = 90°, \varphi_1 = 45°$$
$$\theta_3 = 180° + 45° - 135° - 26.6° - 90° = -26.6°$$
利用根轨迹的对称性可知
$$\theta_4 = 26.6°$$
至此，即可给出大致根轨迹图，如图 4-11 所示。

**例 4-11** 系统开环传递函数为
$$G(s)H(s) = \frac{K_g}{s(s+2.73)(s^2+2s+2)}$$
试绘制系统根轨迹，并求出系统的临界开环放大系数。

**解：**

1) 由于上述系统的特征方程 $s(s+2.73)(s^2+2s+2) + K_g = 0$ 的最高阶次为 4，因此其根轨迹有四个分支。

2) 根轨迹的四个分支起始于四个开环极点，即 $-p_1 = 0$，$-p_2 = -2.73$，$-p_3 = -1+j$，$-p_4 = -1-j$，当 $K_g \to \infty$ 时，它们均伸向无穷远。因为，开环零点数 $m = 0$，$n - m = 4$。

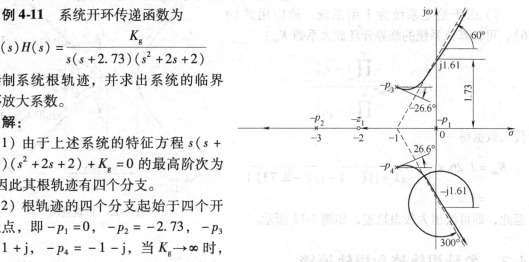

图 4-11 根轨迹图

3) 根轨迹的四个分支连续且对称于实轴。

4) 作出开环零、极点分布图，如图 4-12 所示。对该系统来说，实轴上属于根轨迹的线段，只能是 $[-2.73, 0]$。

5) 可由式(4-21)得
$$(s^4 + 4.73s^3 + 7.46s^2 + 5.46s)' = 0$$
解之求得根轨迹与实轴的交点，本题只有分离点，用牛顿余数定理求得分离点为 $-2.05$。

6) 该系统当 $K_g \to \infty$ 时，由于 $n - m = 4$，则共有四条渐近线。这些渐近线与实轴正方向的夹角由公式 $\frac{180°(2k+1)}{n-m}$ ($k = 0, 1, \cdots, n-m-1$) 求得为 $\frac{1}{4}\pi$、$\frac{3}{4}\pi$、$\frac{5}{4}\pi$、$\frac{7}{4}\pi$。这些渐近线与实轴的交点坐标，可由公式 $\dfrac{\sum\limits_{j=1}^{n}(-p_j) - \sum\limits_{i=1}^{m}(-z_i)}{n-m}$ 求得，代入已知数据，求得 $-\sigma_a = -1.18$，渐近线与实轴的交点坐标为 $(-1.18, j0)$。

7) 计算根轨迹的出射角。

根轨迹离开开环极点的出射角按式(4-22)求得，代入已知数据，得
$$\theta_3 = 180° - \angle(p_3 - p_1) - \angle(p_3 - p_2) - \angle(p_3 - p_4) = -75°$$
由根轨迹的对称性可直接得出 $\theta_4 = 75°$。

8) 确定根轨迹与虚轴的交点以及相应的临界根轨迹增益。

将 $s = j\omega$ 代入系统的特征方程得

$$\omega^4 - j4.73\omega^3 - 7.46\omega^2 + j5.46\omega + K_g = 0$$

从而得实部方程和虚部方程分别为

$$\omega^4 - 7.46\omega^2 + K_g = 0$$
$$-4.73\omega^3 + 5.46\omega = 0$$

解虚部方程和实部方程得

$\omega = 0$（舍去）或 $\omega = \pm 1.07(\text{rad/s})$；$K_{gp} = 7.26$

9) 由于给定系统为 I 型系统，故应用式(4-6)，可计算该系统的临界开环放大系数 $K_{vc}$：

$$K_{vc} = K_{gp} \frac{\prod_{i=1}^{m} |-z_i|}{\prod_{j=2}^{n} |-p_j|}$$

代入数据得

$$K_{vc} = 7.26 \times \frac{1}{|(-1+j)(-1-j)(-2.73)|}$$
$$= 1.33$$

至此，即可绘出大致根轨迹，如图 4-12 所示。

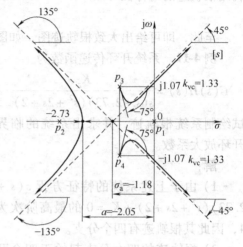

图 4-12 根轨迹图

## 4.3 参量根轨迹和根轨迹簇

### 4.3.1 参量根轨迹

上节介绍了以根轨迹增益 $K_g$ 为变量的根轨迹绘制方法。然而，在实际工程系统的分析和设计过程中，还需要考虑其他参量（除系统的根轨迹增益外）变化对系统的影响，例如时间常数、反馈系数或开环零、极点变化对系统性能的影响等。这种选择除根轨迹增益以外的系统其他参量作为可变参量绘制的根轨迹，称为参量根轨迹或广义根轨迹。而以根轨迹增益为可变参量绘制的根轨迹称为常规根轨迹。

在前两节已经指出，绘制根轨迹的相角、幅值条件和基本法则都是基于系统的闭环特征方程得到的。当选择根轨迹增益 $K_g$ 为可变参量时，以图 4-3 为例，特征方程为

$$1 + G(s)H(s) = 1 + K_g \frac{\prod_{i=1}^{m}(s+z_i)}{\prod_{j=1}^{n}(s+p_j)} = 1 + K_g \frac{N(s)}{D(s)} \quad (4-29)$$

式中，$G(s)H(s)$ 为开环传递函数。

如果选取系统其他参量为可变参量，绘制参量根轨迹的法则与绘制常规根轨迹的法则完全相同。只要在绘制参量根轨迹之前，引入等效单位反馈系统和等效传递函数的概念，把系统的特征方程化为式(4-29)的形式，用所选可变参量 $\alpha$ 代替 $K_g$，即

$$1 + \alpha \frac{P(s)}{Q(s)} = 0 \quad (4-30)$$

式中，$P(s)$、$Q(s)$ 为不含可变参量 $\alpha$ 的多项式，且都需写成零、极点的表达形式。则上面介绍的相角、幅角条件和绘制根轨迹的各种法则仍然有效。

下面通过举例来说明参量根轨迹的绘制方法。

**例 4-12** 图 4-13 所示是测速发电机反馈控制系统的框图。试绘制测速机反馈系数 $\tau$ 由 0 → ∞ 变化时的根轨迹。

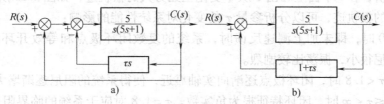

图 4-13 具有测速局部反馈的系统
a) 原系统结构图  b) 等效结构图

**解：** 首先将图 4-13a 的原系统结构图等效变换成图 4-13b 的形式，并得开环传递函数为

$$G_k(s) = G(s)H(s) = \frac{5(\tau s + 1)}{s(5s + 1)}$$

进而得闭环系统的特征方程为

$$s(5s+1) + 5(\tau s + 1) = 0$$

将特征方程化简并整理成包含 $\tau$ 和不包含 $\tau$ 的两大部分，即

$$(5s^2 + s + 5) + 5\tau s = 0$$

将其表示成式(4-30)的形式，有

$$1 + \tau \frac{s}{s^2 + 0.2s + 1} = 0$$

且记

$$G'_k(s) = \tau \frac{s}{s^2 + 0.2s + 1} \tag{4-31}$$

则 $G'_k(s)$ 是等效单回路系统的开环传递函数，这里的反馈系数 $\tau$ 相当于常规根轨迹增益 $K_g$。因而，绘制随反馈系数 $\tau$ 变化的根轨迹可按照绘制常规根轨迹的法则进行。

式(4-31)表明，等效开环传递函数含有两个极点、一个零点：

$$-p'_{1,2} = -0.1 \pm j0.995$$

$$-z'_1 = 0$$

下面说明如何绘制图 4-14 所示的系统根轨迹：

1) 根轨迹的起点为 $-p'_1 = -0.1 + j0.995$ 和 $-p'_2 = -0.1 - j0.995$，一条根轨迹终止于开环零点 $-z'_1 = 0$ 处，另外一条趋向于无穷远处。

2) 根轨迹与实轴有交点，可按照下面的式子计算出交点坐标：

$$D'(s)N(s) - N'(s)D(s) = s(2s + 0.2) - (s^2 + 0.2s + 1) = 0$$

解之，得

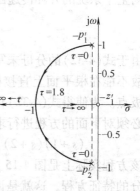

图 4-14 参量根轨迹图

$$s_1 = -1, \quad s_2 = 1 (舍去)$$

根据上节关于根轨迹方程即式(4-28)的证明可知，本例的根轨迹是 $s$ 平面上的圆弧，圆心在零点 $-z_1' = 0$ 处，半径为

$$R = \sqrt{0.1^2 + 0.995^2} = 1$$

按照以上的分析，在 $s$ 平面上画出 $\tau$ 从零变化至无穷大的根轨迹，如图 4-14 所示。

由图所绘的根轨迹，可以分析参量 $\tau$ 的变化对系统性能的影响：

1) 当 $\tau = 0$ 时，即未加上测速反馈时，系统的复数闭环极点和等效开环极点相等，这时，系统的阻尼很小，振荡比较剧烈。

2) 当 $0 < \tau < 1.8$ 时，闭环极点逐渐向实轴靠近，使得系统的阻尼逐渐增大，振荡减弱。

3) 当 $1.8 \leq \tau < \infty$ 时，闭环特征根为负实数。$\tau = 1.8$ 对应于系统的临界阻尼状态（即 $\zeta = 1$），系统的阶跃响应是非周期的。

由此可见，只要选择合适的 $\tau$ 值，就能使得系统具有良好的动态性能。

### 4.3.2 根轨迹簇

在许多设计问题中，经常需要研究几个系统参数同时变化对闭环极点的影响。当有两个（或者两个以上）参数变化时，其相应的根轨迹就是根轨迹簇。

绘制根轨迹簇的方法与绘制单参数系统根轨迹的方法相类似。考虑到具有根轨迹簇特点的系统一般是多回路系统，因而，这里主要以多回路系统为例来介绍根轨迹簇的绘制。

绘制多回路系统的根轨迹簇的方法：通常从内环入手，由里到外，从局部到整体地多次绘制根轨迹。具体做法是：首先根据局部闭环子系统的开环传递函数绘制其根轨迹，确定局部小闭环系统的极点分布；然后由局部小闭环系统的零、极点和系统其他部分的零、极点所构成的整个多回路系统开环零、极点的布局，绘制出总系统的根轨迹。

下面就通过一个例子来说明绘制多回路系统的根轨迹簇。

**例 4-13** 已知多回路控制系统如图 4-15 所示，试绘制系统局部闭环参数 $\beta$ 以及放大器放大系数 $K$ 变化时的根轨迹。

**解**：系统局部闭环的传递函数为

$$\Phi'(s) = \frac{1}{(s+1)(s+2) + \beta}$$

则整个系统的开环传递函数为

$$G_k(s) = K\Phi'(s)\frac{1}{s} = \frac{K}{s[(s+1)(s+2) + \beta]} \tag{4-32}$$

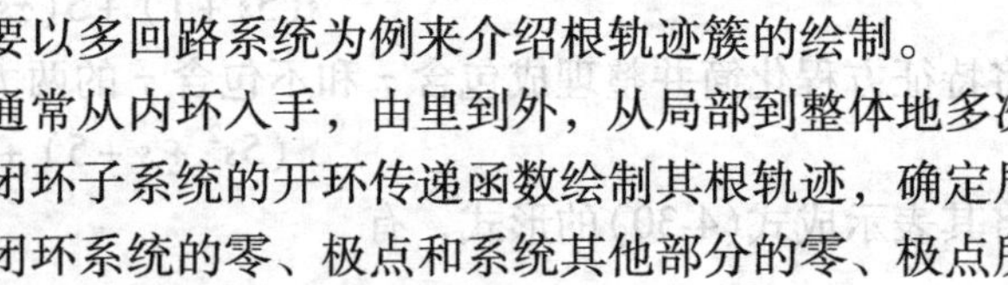

由于式(4-32)的分母未写成因式的形式，故不能在根平面上直接标出系统的开环极点。为使得式(4-32)化成因式的形式，必须对下面的方程进行求解：

$$(s+1)(s+2) + \beta = 0 \tag{4-33}$$

图 4-15 多回路控制系统

该方程实际上是图 4-15 所示系统内环部分的特征方程，这就是说，为了确定多回路系统的开环极点，往往首先需要确定内环的极点。于是，解题的过程可以分为两个步骤：

1) 绘制内环的根轨迹。

式(4-33)可改写成如下的形式：

$$1 + \frac{\beta}{(s+1)(s+2)} = 1 + G'_k(s) = 0$$

式中，$G'_k(s)$ 为内环部分的等效开环传递函数，由此可见，等效开环传递函数仅有 2 个极点，分别为 $-p'_1 = -1$，$-p'_2 = -2$。当参数 $\beta$ 从 0 变化到无穷大时，局部反馈子系统的根轨迹如图 4-16 所示。当 $\beta = 2.5$ 时，内环的两个闭环极点分别为 $-s'_1 = -1.5 + j1.5$，$-s'_2 = -1.5 - j1.5$。

此时，内环的特征多项式可写成

$$(s+1)(s+2) + \beta = (s + 1.5 - j1.5)(s + 1.5 + j1.5)$$

将此式代入式(4-32)中得

$$G_k(s) = \frac{K}{s(s+1.5-j1.5)(s+1.5+j1.5)}$$

进而可知，系统共有 3 个开环极点，其中 2 个正好是内环的闭环极点，即

$$-p_1 = -s'_1 = -1.5 + j1.5, \quad -p_2 = -s'_2 = -1.5 - j1.5, \quad -p_3 = 0$$

2) 当 $\beta = 2.5$ 时，整个多回路系统的极点分布如图 4-17 所示。图中同时绘制了 $K$ 从零变化到无穷大时的根轨迹。由此可见，整个多回路系统的振荡程度明显加剧，尤其当 $K > 13.5$ 时，系统变得不稳定。

当 $\beta$ 取其他不同值时，可绘制出一组根轨迹曲线，最终形成一簇根轨迹，如图 4-17 中的虚线所示。

图 4-16　局部反馈子系统的根轨迹

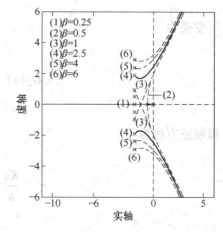

图 4-17　等效开环系统的极点分布及其根轨迹

## 4.4 零度根轨迹

前面介绍的有关根轨迹绘制的方法都是针对负反馈系统的，但是在某些复杂的系统中，

可能会出现局部正反馈的结构，如图4-18所示。这里只讨论局部正反馈部分。正反馈回路的闭环传递函数为

$$\frac{C(s)}{R_1(s)} = \frac{G(s)}{1 - G(s)H(s)}$$

相应的特征方程为

$$1 - G(s)H(s) = 0$$

或

$$G(s)H(s) = 1 \qquad (4-34)$$

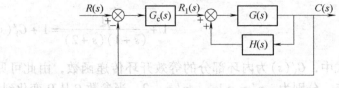

图4-18 具有局部正反馈的系统

比较式(4-8)和式(4-34)，不难得到，绘制根轨迹的幅值条件没有改变，而相角条件改变了。根据式(4-34)，绘制正反馈回路根轨迹的幅值条件和相角条件可写为

$$|G(s)H(s)| = K_g \frac{\prod_{i=1}^{m}|s + z_i|}{\prod_{j=1}^{n}|s + p_j|} = 1$$

$$\angle G(s)H(s) = \sum_{i=1}^{n} \angle(s + z_i) - \sum_{j=1}^{m} \angle(s + p_j) = \pm 180°(2k) \qquad k = 0, 1, 2, \cdots$$

(4-35)

式(4-35)表明，对于正反馈回路，相角条件不是 $\pm 180°(2k+1)$，而是 $\pm 180°(2k)$，因而，通常把这种根轨迹称为零度根轨迹，而把前面讲的根轨迹称为180°根轨迹。

如果负反馈系统

$$G_K(s) = \frac{K(1 - as)}{s(1 + bs)}$$

可变换为

$$G_K(s) = -\frac{Ka}{b} \frac{\left(s - \frac{1}{a}\right)}{s\left(s + \frac{1}{b}\right)}$$

根轨迹方程为

$$\frac{Ka}{b} \frac{\left(s - \frac{1}{a}\right)}{s\left(s + \frac{1}{b}\right)} = 1$$

也属于零度根轨迹。

根据式(4-35)的相角条件，在绘制零度根轨迹时，需要对前面介绍的三条与相角条件相关的法则，作如下修改：

1) 实轴上的根轨迹：实轴上根轨迹区段的右侧实轴上，开环零点和极点的数目之和应为偶数。

2) 根轨迹的渐近线：渐近线与实轴的交点的求取方法与180°根轨迹相同。而渐近线与正实轴的夹角应改为

$$\theta = \frac{180° \times 2k}{n-m} \quad k=0,1,2,\cdots$$

3）根轨迹的出射角和入射角：离开开环极点 $-p_l$ 的出射角改为

$$\theta_l = \sum_{i=1}^{m} \varphi_i - \sum_{\substack{j=1 \\ j \neq l}}^{n} \theta_j \tag{4-36}$$

进入零点 $-z_l$ 的入射角改为

$$\varphi_l = \sum_{j=1}^{n} \theta_j - \sum_{\substack{i=1 \\ i \neq l}}^{m} \varphi_i$$

除了上述三条法则外，其他法则不变。

**例 4-14** 设单位正反馈系统的开环传递函数为

$$G_k(s) = \frac{K_g(s+2)}{s^2+2s+2}$$

试绘制 $K_g$ 由 $0 \to \infty$ 时的根轨迹。

**解：** 根据绘制零度根轨迹的有关法则进行绘制。

1）系统有一个零点，即 $-z = -2$；两个极点，即 $-p_{1,2} = -1 \pm j$，故系统有两条根轨迹分支，由 $-p_{1,2}$ 出发，一条终止于 $-z$，另一条趋于无穷远处。

2）根据式(4-36)，可知从开环极点 $-p_1$ 处出发的根轨迹出射角为

$$\theta_1 = \angle(-p_1 + z) - \angle(-p_1 + p_2) = 45° - 90° = -45°$$

同理，$-p_2$ 处根轨迹的出射角为

$$\theta_2 = 45°$$

3）利用式(4-21)，求取根轨迹在实轴上的会合点，得

$$N(s)D'(s) - N'(s)D(s) = (s+2)(2s+2) - (s^2+2s+2) = 0$$

解之有

$$s_1 = -0.59, \quad s_2 = -3.41$$

由于实轴上的根轨迹应该出现在 $-z$ 的右侧，故会合点在负实轴的 $-0.59$ 处，并且根轨迹的会合角为

$$\theta_d = \frac{180°}{2} = 90°$$

系统完整的根轨迹如图 4-19 所示。图中还用虚线绘制出了具有相同零、极点的负反馈系统的 180°根轨迹。比较虚线和实线不难发现：

1）实轴和圆上零度根轨迹没有经过的区段，正好由 180°根轨迹填补上了。

2）在任一开环极点(或零点)处，正、负反馈系统根轨迹的出射角(或入射角)恰好相差 180°。

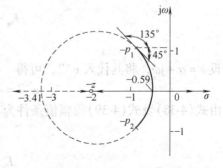

图 4-19 正反馈系统的零度根轨迹

## 4.5 延迟系统的根轨迹

第 2 章中已经指出，在自动控制系统中有时候会出现时间滞后现象。对于含有延迟环节的系统，都称为延迟系统。在控制工程上，一些温度、湿度、压力、流量等控制系统中，都存在信号传递过程的延迟现象。有的时候延迟时间不长，对系统的性能影响不大，则会忽略系统的延迟环节；如果延迟时间足够长，则会对系统产生明显的不良影响，这时候就需要对包含延迟环节的系统进行分析研究。

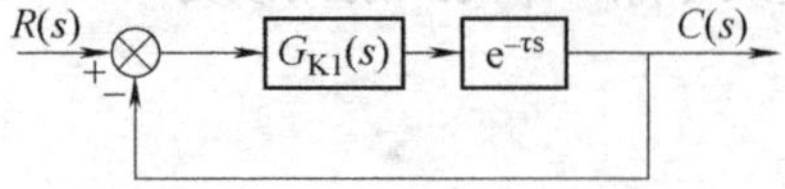

图 4-20 延迟系统的框图

设延迟系统的框图如图 4-20 所示。

设图中 $G_{k1}(s)$ 为

$$G_{k1}(s) = K_g \frac{\prod_{i=1}^{m}(s+z_i)}{\prod_{j=1}^{n}(s+p_j)} = K_g \frac{N_1(s)}{D_1(s)}$$

则延迟系统的开环传递函数为

$$G_k(s) = K_g \frac{\prod_{i=1}^{m}(s+z_i)}{\prod_{j=1}^{n}(s+p_j)} e^{-\tau s}$$

而闭环系统特征方程为

$$\prod_{j=1}^{n}(s+p_j) + K_g \prod_{i=1}^{m}(s+z_i) e^{-\tau s} = 0 \tag{4-37}$$

由于在式(4-37)中含有 $e^{-\tau s}$，故上面的方程是复变量 $s$ 的超越方程，它的根不再是 $n$ 个，而是无穷多个，因此根轨迹也有无穷多条，这是延迟系统根轨迹的一个重要特点。

### 4.5.1 延迟系统根轨迹方程的幅值条件和相角条件

由式(4-37)可知延迟系统的根轨迹方程为

$$K_g \frac{\prod_{i=1}^{m}(s+z_i)}{\prod_{j=1}^{n}(s+p_j)} e^{-\tau s} = -1 \tag{4-38}$$

设 $s = \sigma + j\omega$，将其代入 $e^{-\tau s}$，可得

$$e^{-\tau s} = e^{-\tau(\sigma+j\omega)} = e^{-\tau\sigma} \angle(-\omega\tau) \tag{4-39}$$

由式(4-38)及式(4-39)得幅值条件为

$$K_g \frac{\prod_{i=1}^{m}|s+z_i|}{\prod_{j=1}^{n}|s+p_j|} e^{-\tau \sigma} = 1 \tag{4-40}$$

相角条件为

$$\sum_{i=1}^{m} \angle(s+z_i) - \sum_{j=1}^{n} \angle(s+p_j) = \pm 180°(2k+1) + \frac{180°}{\pi}\omega\tau$$
$$= \pm 180°(2k+1) + 57.3°\omega\tau \quad k = 0, 1, 2, \cdots \quad (4-41)$$

### 4.5.2 绘制延迟系统的根轨迹

将式(4-12)、式(4-13)和式(4-40)、式(4-41)进行比较，可知，式(4-40)比式(4-12)多了一项 $e^{-\tau s}$，而式(4-41)比式(4-13)多了一项 $57.3°\omega\tau$。当 $\tau \neq 0$ 时，相角条件取决于 $\omega$，即它沿着 $s$ 平面的虚轴而变化。若 $k$ 取不同的整数，则可以得到无穷多条根轨迹。

下面来详细说明延迟系统根轨迹的绘制方法。

1) 延迟系统的根轨迹是连续的，且对称于实轴。

事实上，将 $e^{-\tau s}$ 展开为无穷级数，则延迟系统的特征方程式(4-37)就化为具有实系数而阶次为无穷大的多项式方程，其根随着参变量连续变化，并对称于实轴。

2) 当 $K_g = 0$ 时，延迟系统的根轨迹从开环极点 $-p_j$ 和 $\sigma = -\infty$ 处出发；当 $K_g \to \infty$ 时，根轨迹趋向于开环零点和 $\sigma = \infty$ 处。

延迟系统根轨迹的幅值条件即式(4-40)可改写为

$$\frac{\prod_{i=1}^{m}|s+z_i|}{\prod_{j=1}^{n}|s+p_j|} e^{-\tau s} = \frac{1}{K_g}$$

当 $K_g = 0$ 时，只有满足 $s = -p_j$ 和 $\sigma = -\infty$ 的条件，上式才能成立。因此，$K_g = 0$ 时，系统的根轨迹必定处于 $s = -p_j$ 和 $\sigma = -\infty$ 处，也就是说，根轨迹是从开环极点和 $\sigma = -\infty$ 处出发。根据此式还可以看出，当 $K_g = \infty$ 时，只有满足 $s = -z_i$ 和 $\sigma = \infty$ 的条件，此式才能成立，所以当 $K_g \to \infty$ 时，根轨迹必定趋向系统的开环零点和 $\sigma = \infty$ 处。

3) 延迟系统的根轨迹在实轴上的线段存在的条件是，其右边开环零、极点数目之和为奇数。

这是因为对于实轴上的点 $\omega = 0$，此时式(4-41)和式(4-13)一样，那么延迟系统根轨迹在实轴上的线段规则与常规根轨迹的规则相同。

4) 延迟系统根轨迹的渐近线有无穷多条，且都平行于 $s$ 平面的实轴，并且与虚轴的交点为

$$\omega = \frac{180° \cdot N}{57.3°\tau}$$

其中 $N$ 的值见表4-2。

表4-2　$N$ 值

| $n-m$ | $K_g = 0$ 渐近线 | $K_g = \infty$ 渐近线 |
| --- | --- | --- |
| 奇数 | $N = 0、\pm 2、\pm 4、\cdots$ | $N = \pm 1、\pm 3、\pm 5、\cdots$ |
| 偶数 | $N = \pm 1、\pm 3、\pm 5、\cdots$ | $N = \pm 1、\pm 3、\pm 5、\cdots$ |

延迟系统根轨迹的渐近线有无穷多条是因为系统的特征方程为超越方程。在根轨迹上，当 $s \to \infty$ 时，$K_g$ 趋于零或趋于 $\infty$。根据2)，$K_g = 0$ 时渐近线是在 $\sigma = -\infty$ 处，$K_g = \infty$ 时渐近

线是在 $\sigma = \infty$ 处。因为渐近线与实轴平行，故只能与虚轴相交，其交点及表4-2所列的 $N$ 值是根据相角条件即式(4-41)得到的。

5）延迟系统根轨迹的分离点必须满足

$$\frac{d[e^{-\tau s}G_{k1}(s)]}{ds} = 0 \tag{4-42}$$

6）延迟系统根轨迹的出射角和入射角可根据相角条件即式(4-41)来确定。

7）确定延迟系统根轨迹与虚轴交点时，将 $s = j\omega$ 代入特征方程求解可得。

由于延迟系统的特征方程是复变量 $s$ 的超越方程，不是 $s$ 的代数方程，故不能用劳斯判据求解根轨迹与虚轴的交点。另外，因为延迟系统的根轨迹有无穷多条分支，要确定根轨迹与虚轴的所有交点是困难的。分析表明，只有最靠近实轴根轨迹的分支与虚轴的交点，才是研究稳定性的关键。

下面通过一个例子来说明绘制延迟系统根轨迹的方法。

**例4-15** 设系统由惯性环节和延迟环节组成，其开环传递函数为

$$G_k(s) = \frac{K_g e^{-\tau s}}{s+1}$$

当延迟时间 $\tau = 1\text{s}$ 时，试绘制 $K_g$ 由 $0 \to \infty$ 变化时的根轨迹。

**解**：当 $\tau = 1\text{s}$ 时，系统的根轨迹方程为

$$\frac{K_g e^{-s}}{s+1} = -1$$

令 $s = \sigma + j\omega$，则可得幅值条件和相角条件分别为

$$K_g \frac{e^{-\sigma}}{|s+1|} = 1$$

$$-\angle(s+1) = \pm 180°(2k+1) + 57.3°\omega \quad k = 0, 1, 2, \cdots \tag{4-43}$$

1）当 $K_g = 0$ 时，系统的根轨迹从开环极点 $-p_1 = -1$ 和 $\sigma = -\infty$ 处出发；当 $K_g \to \infty$ 时，根轨迹趋向于无穷远处（给定开环传递函数没有零点）。

2）根据前面的绘制方法3），可知实轴上的根轨迹区间为 $[-1, -\infty)$。

3）根据绘制方法4）和5），当 $K_g \to \infty$，$\sigma \to \infty$，而 $\omega$ 为有限值（即考虑到根轨迹趋于无穷远处零点的情况）时，复平面上所有的有限极点和有限零点到 $s = \sigma + j\omega$ 点的向量相角均为0。因此，相角条件即式(4-43)变为

$$\pm 180°(2k+1) + 57.3°\omega = 0 \quad k = 0, 1, 2, \cdots$$

这表明趋于无穷远零点处根轨迹的渐近线为水平线，它和虚轴的交点为

$$\omega = \frac{\mp 180°(2k+1)}{57.3°} \quad k = 0, 1, 2, \cdots$$

当 $k = 0$ 时，$\omega = \pm\pi$。

4）根据式(4-42)计算实轴上根轨迹的分离点，其中 $G_{k1}(s) = \frac{K_g}{s+1}$，可得

$$\frac{\mathrm{d}[\mathrm{e}^{-\tau s}G_{k1}(s)]}{\mathrm{d}s} = \frac{\mathrm{d}\left[\mathrm{e}^{-s}\dfrac{K_g}{s+1}\right]}{\mathrm{d}s} = \frac{-K_g\mathrm{e}^{-s}(s+2)}{(s+1)^2} = 0$$

解得 $s=-2$，即分离点在实轴上的 $s=-2$ 处，且分离角为

$$\theta_d = \frac{180°}{2} = 90°$$

5) 当 $k=0$ 时，相角条件即式(4-43)变为

$$\angle(s+1) = \mp 180° - 57.3°\omega \tag{4-44}$$

式(4-44)左边的几何意义为：由 $-p_1=-1$ 点向平面上任一试探点 $s=\sigma+\mathrm{j}\omega$ 作向量 $\overrightarrow{s+1}$ 后，该向量与正实轴的夹角。在 $\omega$ 取不同值时，表4-3列出了夹角 $\angle(s+1)$ 的相应计算结果。

表 4-3 计算结果

| $\omega/(\mathrm{rad}\cdot\mathrm{s}^{-1})$ | 0 | 0.5 | 1.0 | 1.5 | 2.0 | 2.5 | 3.0 | π |
|---|---|---|---|---|---|---|---|---|
| $\angle(s+1)/(°)$ | 180 | 151.4 | 122.7 | 94.1 | 65.4 | 36.8 | 8.1 | 0 |

在表4-3中，共列出了8组数据，每组数据都可确定出根轨迹上的一点，例如第三组数据是 $\omega=1.0$，$\angle(s+1)=122.7°$，意即在 $s$ 平面上过纵轴上的 $\omega=1.0$ 作一条水平线，然后通过横轴 $-1$ 处作一条张角为 $122.7°$ 的直线，这两条直线的交点即是根轨迹上的一个点，如图4-21所示。若将表4-3中的8组数据都在 $s$ 平面上标出，然后用平滑曲线连接起来，则得到 $k=0$ 时的根轨迹图，如图4-21所示。

另外，根轨迹与虚轴的交点可由关系式

$$\arctan\frac{\omega}{1} = 180° - 57.3°\omega$$

求得 $\omega=2.03$，相应的 $K_{gp}=2.26\approx2.3$。

6) 当 $k=1,2,\cdots$ 时，根据相角条件即式(4-43)同样可作出无穷多条根轨迹。例如，当 $k=1$ 时，相角条件为

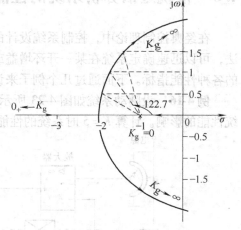

图 4-21 主区 ($k=0$) 根轨迹的绘制

$$\angle(s+1) = \mp 540° - 57.3°\omega$$

当 $k=2$ 时，相角条件为

$$\angle(s+1) = \mp 900° - 57.3°\omega$$

$k=1,2$ 时的根轨迹做图方法与 $k=0$ 时相同，$k=0,1,2$ 时，相应的完整根轨迹如图4-22所示，其中对应于 $k=0$ 的两条根轨迹称为主根轨迹，其闭环极点对系统性能起着主导作用；而对应于 $k=1,2,\cdots$ 的根轨迹称为辅助根轨迹。

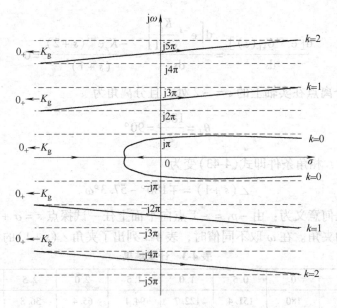

图 4-22 延迟系统的根轨迹

## 4.6 根轨迹法分析系统的性能

在经典控制理论中,控制系统设计的重要评价取决于系统的各种性能指标。应用根轨迹法,可以迅速确定系统在某一开环增益或某一参数值下的闭环零、极点位置,从而确定系统的各种性能指标。下面通过几个例子来说明怎样根据根轨迹法来分析系统的性能。

**例 4-16** 设随动系统如图 4-23 所示,这即是例 4-1 给出的系统。试分析参变量 $K$ 对系统性能的影响。计算 $K=5$ 时系统的性能指标 $t_s$ 和 $\sigma$。

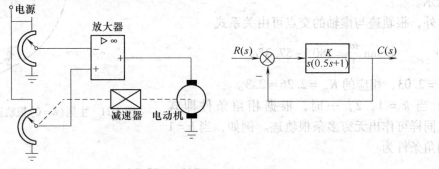

图 4-23 随动系统及其框图

**解:**
1) 已知系统的开环传递函数为

$$G(s) = \frac{K}{s(0.5s+1)}$$

2) 绘制系统根轨迹图。
对于这种简单的二阶系统,根轨迹可由特征方程直接画出来。

系统的闭环传递函数为

$$\Phi(s) = \frac{G(s)}{1+G(s)} = \frac{2K}{s^2+2s+2K} = \frac{K_g}{s^2+2s+K_g}$$

式中，$K_g = 2K$，在4.1节中已经画出该系统的根轨迹，现重画于图4-24中。

3) 根轨迹图分析。

由图4-24可以看出：

① 在任意 $K_g$ 值下，系统是稳定的。

② 若 $K_g < 1$，则系统瞬态响应是非振荡的。

③ 若 $K_g > 1$，则瞬态响应是振荡的。如 $K_g > 5$，则系统的阻尼系数 $\zeta < 0.45$，系统将出现严重超调。

4) 系统瞬态性能的计算。

当 $K = 5$ 时，相应的

$$K_g = \frac{K}{0.5} = \frac{5}{0.5} = 10$$

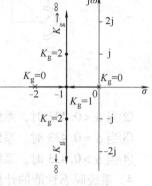

图4-24 根轨迹图

由根轨迹图可得，此时闭环极点为 $-1 \pm j3$，则系统的闭环传递函数为

$$\Phi(s) = \frac{10}{(s+1+3j)(s+1-3j)} = \frac{10}{s^2+2s+10}$$

比较二阶系统的标准式，得

$$\omega_n = \sqrt{10}, \quad \zeta = \frac{2}{2\omega_n} = \frac{1}{\sqrt{10}}$$

当 $\Delta = 0.05$ 时，有

$$t_s = \frac{3}{\zeta\omega_n} = 3\text{s}$$

当 $\Delta = 0.02$ 时，有

$$t_s = \frac{4}{\zeta\omega_n} = 4\text{s}$$

$$\sigma\% = e^{-\frac{\zeta}{\sqrt{1-\zeta^2}}\pi} \times 100\% = e^{-\frac{\pi}{3}} \times 100\% = 35.1\%$$

**例4-17** 试分析图4-25所示速度反馈对系统瞬态响应的影响，计算 $\alpha = 0.2$ 时系统的性能指标 $t_s$ 和 $\sigma$。

**解：** 1) 系统的开环传递函数为

$$G(s)H(s) = \frac{10(1+\alpha s)}{s(s+2)}$$

2) 类似于例4-12，绘制以 $\alpha$ 为参数的根轨迹图，如图4-26所示。

3) 根轨迹图分析。

① 在任意 $\alpha$ 值下，系统都是稳定的。

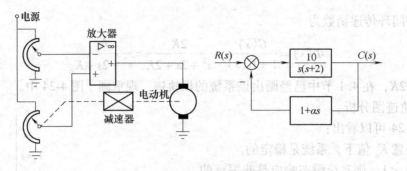

图 4-25 速度反馈校正及框图

② 当 $\alpha < 0.433$ 时，系统是欠阻尼的。
③ 当 $\alpha = 0.433$ 时，系统是处于临界阻尼状态的。
④ 当 $\alpha > 0.433$ 时，系统是处于过阻尼状态的。

4) 系统瞬态性能的计算。

当 $\alpha = 0.2$ 时

$$\frac{C(s)}{R(s)} = \frac{\frac{10}{s(s+2)}}{1 + \frac{10}{s(s+2)}(0.2s+1)} = \frac{10}{s^2 + 4s + 10}$$

$$= \frac{10}{(s+2+j2.45)(s+2-j2.45)}$$

从而得

$$\omega_n = \sqrt{10}, \quad \zeta = \frac{2}{\sqrt{10}}$$

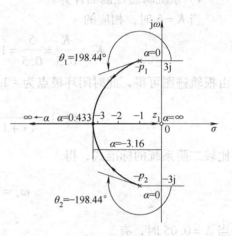

图 4-26 根轨迹图

当 $\Delta = 0.05$ 时，有

$$t_s = \frac{3}{\zeta \omega_n} = 1.5\text{s}$$

当 $\Delta = 0.02$ 时，有

$$t_s = \frac{4}{\zeta \omega_n} = 2\text{s}$$

$$\sigma\% = e^{-\frac{\zeta}{\sqrt{1-\zeta^2}}\pi} \times 100\% = e^{-\frac{2}{\sqrt{6}}\pi} \times 100\% = 7.7\%$$

**例 4-18** 已知系统的特征方程为

$$s^3 + 4s^2 + 4s + c = 0$$

试绘制以 $c$ 为参变量的根轨迹图，并求阻尼系数 $\zeta = 0.5$ 时 $c$ 的值。

**解**：1) 恰当处理。

用 $s^3 + 4s^2 + 4s$ 去除特征方程的两边得

$$1 + \frac{c}{s^3 + 4s^2 + 4s} = 0$$

即

$$G'(s)H'(s) = -1$$

其中
$$G'(s)H'(s) = \frac{c}{s^3 + 4s^2 + 4s}$$

2) 按绘制 180°根轨迹的规则，绘制参量根轨迹。

①由于特征方程最高阶次为 3，因此其根轨迹有三个分支。

②根轨迹的三个分支连续且对称于实轴。

③根轨迹的三个分支起始于三个开环极点，即 $p_1 = 0$，$p_2 = p_3 = -2$。由于 $m = 0$，当 $c \to \infty$ 时，三条根轨迹都趋于无穷远处。

④作出开环零、极点分布图，如图 4-27 所示，整个负实轴都是根轨迹上的线段。

⑤求根轨迹的分离点。由
$$N(s)D'(s) - D(s)N'(s) = 3s^2 + 8s + 4 = 0$$

解得
$$s_1 = -\frac{2}{3}, \quad s_2 = -2 (\text{舍去})$$

是所求分离点。

⑥根轨迹的渐近线有 $n - m = 3$ 条，其与实轴的交点为 $(-\sigma_a, 0)$，其中
$$-\sigma_a = \frac{\sum_{j=1}^{n}(-p_j) - \sum_{i=1}^{m}(-z_i)}{n-m} = -\frac{4}{3}$$

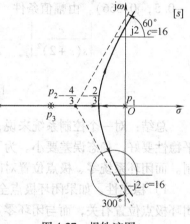

图 4-27 根轨迹图

与实轴正方向的夹角是
$$\varphi_1 = \frac{1}{3}\pi = 60°(k=0)$$
$$\varphi_2 = \frac{3}{3}\pi = 180°(k=1)$$
$$\varphi_3 = \frac{5}{3}\pi = 300°(k=2)$$

⑦没有复极点、复零点，故不用求入射角与出射角。

⑧求根轨迹与虚轴的交点，将 $s = j\omega$ 代入特征方程得
$$-j\omega^3 - 4\omega^2 + 4j\omega + c = 0$$

则实部和虚部方程分别为
$$\begin{cases} -4\omega^2 + c = 0 \\ -j\omega^3 + 4j\omega = 0 \end{cases}$$

解之有
$$\omega = 0(\text{舍去}) \text{ 或 } \omega = \pm 2\text{rad/s}, \quad c = 16$$

因此，根轨迹与虚轴的交点是 $\pm 2j$，$c = 16$。

3) 求 $\zeta = 0.5$ 时 $c$ 的值。

由于

$$\cos\beta = \frac{\zeta\omega_n}{\omega_n} = \zeta = 0.5$$

得
$$\beta = 60°$$

由相角条件，结合图 4-28 得
$$2\varphi + 180° - 60° = 180°$$

则
$$\varphi = 30°$$

因此，$\triangle OCD$ 为直角三角形，$OD = 2$，则 $OC = 1$，$OA = 0.5$，$AC = 0.866$。$C$ 点坐标为 $(-0.5, \text{j}0.866)$。由幅值条件

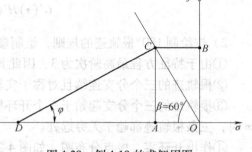

图 4-28 例 4-18 的求解用图

$$\left|\frac{c}{s(s+2)^2}\right|_{s=-0.5+\text{j}0.866} = \frac{|c|}{\sqrt{0.5^2 + 0.866^2}(1.5^2 + 0.866^2)} = 1$$

$$|c| = \left(\sqrt{1.5^2 + \left(\frac{\sqrt{3}}{2}\right)^2}\right)^2 = 3$$

**总结**：对一个控制系统来说，对它的基本要求为闭环系统要稳定，动态过程的快速性、平稳性要好，稳态误差要小。为了达到这些要求，就对闭环系统的零、极点分布有一定的限制。而闭环系统零、极点位置对时间响应性能的影响，可以归纳为以下几点：

1) 稳定性。如果闭环极点全部位于 $s$ 左半平面，则系统一定是稳定的，即稳定性只与闭环极点位置有关，而与闭环零点位置无关。另外，要使得系统的平稳性好，则共轭复数极点应位于 $\beta = \pm 45°$ 的等阻尼线上，其对应的阻尼系数（$\zeta = 0.707$）为最佳阻尼系数。

2) 运动形式。如果闭环系统无零点，且闭环极点均为实数极点，则时间响应一定是单调的；如果闭环极点均为复数极点，则时间响应一般是振荡的。

3) 离虚轴最近的闭环极点对系统的动态过程性能影响最大，起着决定性的主导作用，故称为主导极点。通常，若主导极点的实部是其他极点的实部的 1/5 或更小，而且附近又没有闭环零点，则其他极点可以忽略。工程上往往只用闭环主导极点来估算系统的性能，即将系统近似地看成是由共轭主导极点构成的二阶系统或由实数主导极点构成的一阶系统。

4) 超调量。超调量主要取决于闭环复数主导极点的衰减率 $\sigma/\omega_d = \zeta/\sqrt{1-\zeta^2}$，并与其他闭环零、极点接近坐标原点的程度有关。

5) 调节时间。调节时间主要取决于最靠近虚轴的闭环复数极点的实部绝对值 $b_1 = \zeta\omega_n$；如果实数极点距虚轴最近，并且它附近没有实数零点，则调节时间主要取决于该实数极点的模值。

6) 实数零、极点影响。零点减小系统阻尼，使峰值时间提前，超调量增大；极点增大系统阻尼，使峰值时间滞后，超调量减小。它们的作用，随着其本身接近坐标原点的程度而加强。

当某个零点 $-z_i$ 与某个极点 $-p_j$ 非常接近时，它们便称为一对偶极子。偶极子靠得越近，则 $-z_i$ 对 $-p_j$ 的抵消作用就越强。从而，就使得我们有可能在系统中人为地引入适当的零点，以此来抵消对动态过程有明显不好影响的极点，进而提高系统的性能指标。

## 4.7 增加开环零极点对根轨迹的影响

考虑到根轨迹是系统特征方程的根随着某个参数变化而在 $s$ 平面上移动的轨迹，那么，闭环特征根不同，根轨迹的形状就不同，系统的性能就不一样了。在实际中，为了满足系统的性能要求，常常需要对根轨迹进行改造。

从前面的分析可知，系统根轨迹的形状、位置取决于开环系统的零点和极点。因而，就可以通过增加零、极点的方式来改变系统的性能。下面就来讨论增加开环零点、极点和开环偶极子对系统根轨迹所产生的影响。

### 4.7.1 增加开环零点对根轨迹的影响

由绘制根轨迹的法则可知，增加一个开环有限零点，对根轨迹的影响如下：
1）改变根轨迹在实轴上的分布。
2）改变根轨迹渐近线的条数、渐近线与正实轴的夹角以及截距。
3）改变根轨迹一条分支的终点位置。
4）如果增加的开环零点和某个极点重合或距离很近，两者构成开环偶极子，则它们相互抵消。因此，可加入一个零点来抵消对系统性能不利的极点。
5）根轨迹曲线将向左偏移，有利于改善系统的动态性能，而且，所增加的零点越靠近虚轴，影响越大。

### 4.7.2 增加开环极点对根轨迹的影响

增加一个开环极点，对系统根轨迹的影响如下：
1）改变根轨迹在实轴上的分布。
2）改变根轨迹渐近线的条数、渐近线与正实轴的夹角以及截距。
3）改变根轨迹的分支数。
4）根轨迹曲线将向右偏移，不利于改善系统的动态性能，而且，所增加的极点越靠近虚轴，影响越大。

### 4.7.3 增加开环偶极子对根轨迹的影响

开环偶极子是指一对距离很近的开环零、极点，它们之间的距离比它们的模值小一个数量级左右。当系统增加一对开环偶极子时，其产生的影响有：

1）开环偶极子对离它们较远的根轨迹形状及根轨迹增益 $K_g$ 没有影响。原因是每个偶极子到根轨迹远处某点的向量基本相等，因而它们在幅值条件及相角条件中可以相互抵消。

2）若开环偶极子位于 $s$ 平面原点附近，则由于闭环主导极点离坐标原点较远，故它们对系统主导极点的位置以及增益 $K_g$ 均无影响。但是，开环偶极子将显著地影响系统的稳态误差系数，从而在很大程度上影响系统的静态性能，其原因如下：

设系统开环传递函数用时间常数表示为

$$G(s)H(s) = K \frac{\prod_{i=1}^{m}(\tau_i s + 1)}{s^v \prod_{j=v+1}^{n}(T_j s + 1)}$$

若写成零、极点的表达形式,则有

$$G(s)H(s) = K_g \frac{\prod_{i=1}^{m}(s + z_i)}{s^v \prod_{j=v+1}^{n}(s + p_j)}$$

式中,$v$ 是系统的无差度阶数;$K$ 为系统的开环传递系数,又称开环放大系数,$K$ 与系统的误差系数 $K_p$、$K_v$ 以及 $K_a$ 有着密切的关系(详见第 3 章有关部分的讲述);$K_g$ 为系统的根轨迹增益,比较上述两个式子,不难得到

$$K = K_g \frac{\prod_{i=1}^{m} z_i}{\prod_{j=v+1}^{n} p_j} \tag{4-45}$$

如果在原系统零、极点的基础上增加一对实数开环偶极子,并且增加的极点比零点更靠近原点,则按式(4-45)求得加入开环偶极子后系统的传递函数为

$$K' = K_g \frac{\prod_{i=1}^{m} z_i}{\prod_{j=v+1}^{n} p_j} \cdot \frac{-z_c}{-p_c} = K \frac{-z_c}{-p_c} \tag{4-46}$$

式中,$-z_c$,$-p_c$ 为偶极子的零、极点;$K$ 为原系统的开环传递系数。例如增加的开环偶极子为 $-z_c = -0.02$,$-p_c = -0.002$,它们离坐标原点均很近,但 $(-z_c)/(-p_c) = 10$,从式(4-46)可知,加入开环偶极子之后,系统的传递系数提高了 10 倍,这对提高静态性能大有好处。

下面通过两个例子来说明增加开环零、极点对系统根轨迹产生的影响。

**例 4-19** 已知某系统的开环传递函数为

$$G(s)H(s) = \frac{K_g}{s(s+1)}$$

若给此系统增加一个开环极点 $-p_c = -2$,或增加一个开环零点 $-z_c = -2$,试分别讨论对系统根轨迹和动态性能的影响。

**解**:根据绘制根轨迹的法则,绘制已知系统的根轨迹,如图 4-29 所示。

增加开环极点后,开环传递函数为

$$G(s)H(s) = \frac{K_g}{s(s+1)(s+2)}$$

对应的根轨迹如图 4-29b 所示。

增加开环零点后,开环传递函数为

$$G(s)H(s) = \frac{K_g(s+2)}{s(s+1)}$$

对应的根轨迹如图 4-29c 所示。

由图可见,增加极点后根轨迹及其分离点都向右偏移;而增加开环零点后根轨迹及其分离点都向左偏移。

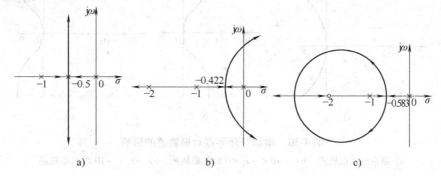

图 4-29 增加零点或极点的影响
a)原系统的根轨迹 b)增加极点后的根轨迹 c)增加零点后的根轨迹

原来的二阶系统,当 $K_g$ 从 0 变化到无穷大时,系统总是稳定的。增加一个开环极点后,当 $K_g$ 增大到一定程度时,有两条根轨迹分支进入 s 平面的右半平面,系统变得不稳定;另一条根轨迹分支仍在左边的根轨迹,随着 $K_g$ 的增大,阻尼角增加,$\zeta$ 变小,振荡程度加剧。当特征根进一步靠近虚轴时,衰减振荡过程变得很缓慢,因而,增加开环极点对系统的动态性能是不利的。

然而增加开环零点的效应恰恰相反,当 $K_g$ 从 0 变化到无穷大时,根轨迹始终都在 s 平面的左半平面,故系统总是稳定的。随着 $K_g$ 的增大,闭环极点由两个实数变为共轭复数,然后再回到实轴上,相对稳定性比原系统要好,阻尼系数 $\zeta$ 更大,因此,系统的超调量变小,调节时间变短,系统的动态性能得到了明显的提高。在工程设计中,常常采用增加开环零点的方法对系统进行校正。

**例 4-20** 单位反馈系统的开环传递函数为

$$G_k(s) = \frac{K_g}{s^2(s+10)}$$

试用根轨迹法讨论增加开环零点对系统稳定性的影响。

**解:** 该系统无开环零点,有 3 个开环极点:$-p_1 = -p_2 = 0$,$-p_3 = -10$。根据绘制根轨迹的法则,得出的系统根轨迹如图 4-30a 所示,其中有两条根轨迹分支始终位于 s 平面的右半平面,这说明无论 $K_g$ 取何值,系统都是不稳定的。这种系统属于结构性不稳定系统。

若在原系统中增加一个负实数的开环零点,则系统的开环传递函数为

$$G_k(s) = \frac{K_g(s+z_1)}{s^2(s+10)}$$

如果 $-10 < -z_1 < 0$,则增加开环零点后系统的根轨迹如图 4-30b 所示。图形表明,随着 $K_g$ 从 0 变化到无穷大,3 条根轨迹分支都落在 s 平面的左半平面,系统总是稳定的。由于闭环特征根包含了共轭复数,故阶跃响应应呈衰减振荡形式。

如果增加的开环零点 $-z_1 < -10$,则系统的根轨迹如图 4-30c 所示。此时根轨迹虽然向左偏了一些,但仍有 2 条根轨迹分支始终落在 s 平面的右半平面,系统仍然不稳定,因此,

要引入适当的开环零点才能比较显著地改善系统的性能。

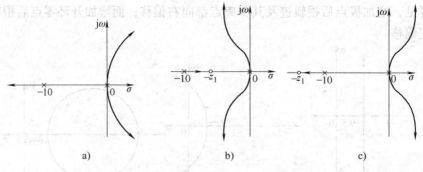

图 4-30 增加开环零点对根轨迹的影响
a) 原系统的根轨迹  b) $-10 < -z_1 < 0$ 时的根轨迹  c) $-z_1 < -10$ 时的根轨迹

## 4.8 利用 MATLAB 绘制根轨迹图

通常采用如下的命令
$$\text{rlocus}(\text{num}, \text{den})$$
可以绘制形如
$$1 + K\frac{\text{num}(s)}{\text{den}(s)} = 0$$
系统的根轨迹。

为了进行稳定性分析，可以利用命令
$$[r, k] = \text{rlofind}(\text{num}, \text{den})$$
找出由十字光标定位的根轨迹上任一点的增益和相应的闭环极点。

**例 4-21** 系统开环传递函数为
$$G_k(s) = \frac{K_g}{s(s+3)(s^2+2s+2)}$$
$$= \frac{K_g}{s^4 + 5s^3 + 8s^2 + 6s}$$

试利用 MATLAB 绘制其轨迹图。

**解**：在 MATLAB Command Window 中输入如下命令：
num = 1；den = [1 5 8 6 0]；axis equal；
rlocus(num, den)
title('$G_k = K_g/[s(s+3)(s^2+2s+2)]$系统的根轨迹')
[rk] = rlocfind(num, den)

运行后得到根轨迹图如图 4-31 所示，图中垂直虚线为 $s$ 平面虚轴，并提示用户在图形窗口选择根轨迹上一点（用鼠标移动十字光标），来计算该点的根轨迹增益及闭环极点。运行结果如图 4-31 所示。

本程序若增加如下语句，还可求出输入 $K_g$ 下的闭环极点：

K = input('K$_g$ =') ; q = [1 5 8 6 K]
rr = roots(q)

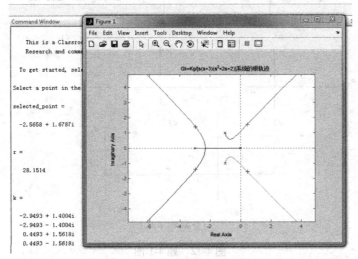

图 4-31　运行结果

## 4.9　小结

控制系统的动态性能与系统闭环传递函数的零、极点在 $s$ 平面上的分布有着密切的联系。本章介绍了在系统开环传递函数的零、极点已知情况下确定闭环极点的根轨迹方法，并详细给出了绘制控制系统根轨迹的方法以及根轨迹在控制系统性能分析中的应用，最后还介绍了利用 MATLAB 绘制根轨迹的方法。

所谓根轨迹是当系统中某个参量从零变化到无穷大时闭环特征根在 $s$ 平面上移动过的轨迹，而根轨迹法是一种研究高阶系统动态性能的图解分析、计算方法，不需求解系统的时域响应，又称为复域分析法。

绘制根轨迹应掌握根据幅值条件和相角条件得出的十条基本法则，这些法则只适用于负反馈系统或本质上相当于负反馈的系统，且为开环增益 $K_g$ 从零变化到无穷大时系统的根轨迹（其他参数变化，经适当变换才可用基本法则）。对于正反馈系统以及延迟系统，将这十条法则做一些修改，也可绘制相应的根轨迹。

在控制系统中适当地增加一些开环零、极点，可以改变根轨迹的形状，从而达到改善系统性能的目的。一般来说，增加开环零点可使得根轨迹左移，有利于改善系统的相对稳定性性和动态性能，而单纯的引入开环极点，则使得根轨迹右移，不利于改善系统的相对稳定性以及动态性能。然而，若在原点附近的实轴上增加一对开环偶极子（极点比零点更靠近原点），则将大大改善系统的静态性能。

## 4.10　习题

4-1　设开环系统的零、极点分布如图 4-32 所示，试绘制相应的根轨迹草图。

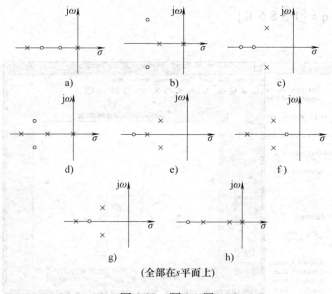

图 4-32 题 4-1 图

4-2 设系统的开环传递函数为

$$G_k(s) = \frac{K_g(s+5)}{s(s^2+4s+8)}$$

试用相角条件检验下列点在不在根轨迹上。若是根轨迹上的点,则需求出相应的 $K_g$ 值。

(1) $a$ 点 $(-1, j0)$;  (2) $b$ 点 $(-1.5, j2)$;  (3) $c$ 点 $(0, j2)$;  (4) $d$ 点 $(-4, j3)$;
(5) $e$ 点 $(-1, j2.37)$;  (6) $f$ 点 $(1, j1.5)$。

4-3 已知系统的开环传递函数为

(1) $G_k(s) = \dfrac{K}{s(0.5s+1)(0.2s+1)}$;   (2) $G_k(s) = \dfrac{K_g}{s(s^2+8s+20)}$;

(3) $G_k(s) = \dfrac{K_g}{s(s+1)(s+2)(s+5)}$;   (4) $G_k(s) = \dfrac{K_g(s+5)}{(s+1)(s+3)}$。

试分别绘制系统的根轨迹图(要求确定分离点坐标)。

4-4 根据下列正反馈回路的开环传递函数,绘制出根轨迹的大致图形:

(1) $G(s)H(s) = \dfrac{K_g}{(s+1)(s+2)}$;

(2) $G(s)H(s) = \dfrac{K_g}{s(s+1)(s+2)}$;

(3) $G(s)H(s) = \dfrac{K_g(s+2)}{s(s+1)(s+3)(s+4)}$。

4-5 设控制系统的结构图如图 4-33 所示,图 a 中的 $K_d$ 为速度反馈系数,试绘制以 $K_d$ 为参量的根轨迹;图 b 中 $\tau$ 为比例微分控制器的微分时间常数,试绘制以 $\tau$ 为参变量的根轨迹,并讨论 $K_d$、$\tau$ 逐渐增大时,对系统动态性能的影响。

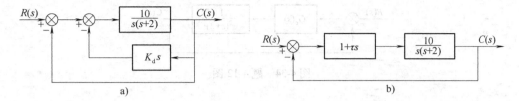

图4-33 题4-5图

4-6 设控制系统的开环传递函数为

$$G(s)H(s) = \frac{K_g(s+1)}{s^2(s+2)(s+4)}$$

试分别绘制正反馈系统和负反馈系统的根轨迹图,并指出它们的稳定性有何不同。

4-7 设某单位反馈控制系统的开环传递函数为

$$G_k(s) = \frac{K_g}{s(s+4)(s+6)}$$

若要求闭环系统单位阶跃响应的最大超调量 $\sigma\% \leq 18\%$,试确定开环增益 $K_g$ 的值。

4-8 设单位反馈控制系统的开环传递函数为

$$G_k(s) = \frac{K_g(s+2)}{s(s+1)(s+5)}$$

若要使得其闭环主导极点的阻尼角 $\beta = 45°$,试用根轨迹法确定该系统的瞬态性能指标 $\sigma\%$ 和 $t_s$,并计算静态性能指标 $K_p$、$K_v$、$K_a$。

4-9 设单位反馈控制系统的开环传递函数为

$$G_k(s) = \frac{K_g(s+1)}{s^2(s+a)} \quad (a>0)$$

当 $a$ 取不同值时,在 $K_g$ 从0变化到∞时候的根轨迹可能没有分离点,也可能有一个或两个分离点。试确定使得根轨迹具有一个、两个或没有分离点($s=0$的点除外)时 $a$ 的取值范围,并画出三种代表性的根轨迹大致形状。

4-10 已知系统的开环传递函数为

$$G_k(s) = \frac{K_g}{s(s^2+3s+9)}$$

试用根轨迹法确定使得闭环系统稳定的 $K_g$ 的取值范围。

4-11 设单位反馈系统的开环传递函数为

$$G(s)H(s) = \frac{K_g}{s^2(s+2)}$$

(1) 试绘制系统根轨迹的大致图形,并对系统的稳定性进行分析。

(2) 若增加一个开环零点 $-z = -1$,试问根轨迹图有何变化,对系统稳定性有何影响?

4-12 某单位反馈系统的结构图如图4-34所示,试分别绘制出控制器的传递函数 $G_c(s)$ 为(1)$K_g$;(2)$K_g(s+3)$;(3)$K_g(s+1)$时系统的根轨迹,并讨论比例微分控制器 $G_c(s) = K_g(s+z_c)$中,零点 $-z_c$ 的取值范围对系统稳定性的影响。

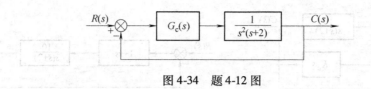

图 4-34  题 4-12 图

4-13  已知系统的结构图如图 4-35 所示，试绘制系统随时间常数 $T$ 变化时的根轨迹，并分析参数 $T$ 的变化对系统动态性能的影响。

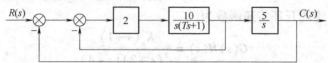

图 4-35  题 4-13 图

4-14  已知单位反馈系统的开环传递函数为

$$G_k(s) = \frac{K_g(s^2 - 2s + 5)}{(s+2)(s-0.5)}$$

试绘制系统的根轨迹，并确定 $K_g$ 的取值范围使得系统稳定。

4-15  设延迟系统的开环传递函数为

$$G_{k1}(s) = K_g e^{-\tau s}\,(\tau=1)\,;\quad G_{k2}(s) = \frac{K_g e^{-\tau s}}{s(s+1)}\,(\tau=0.5)$$

试绘制系统的主根轨迹，并讨论系统的稳定性。

4-16  设单位反馈系统的开环传递函数为

$$G_k(s) = \frac{K_g}{s(s+a)(s+b)}$$

若要求系统的根轨迹增益 $K_g = 90$，试问 $a$ 取何值才能满足闭环系统最大超调量 $\sigma\% \leq 18\%$ 的要求？

4-17  设某系统的结构图如图 4-36 所示，如果要求闭环系统的最大超调量 $\sigma\% \leq 25\%$，调节时间 $t_s \leq 10\mathrm{s}$，试选择适当的 $K$ 值使得系统具有较好的静态性能。

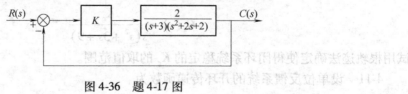

图 4-36  题 4-17 图

4-18  利用根轨迹法，求下面多项式的根：$3s^4 + 10s^3 + 21s^2 + 24s - 16 = 0$。

# 第 5 章 频率特性分析法

时域分析法具有直观、准确的优点。如果描述系统的微分方程是一阶或二阶的，求解后可利用时域指标直接衡量和评估系统的性能。然而，实际系统往往是高阶的，要建立和求解高阶系统的微分方程相当困难，也不易分析系统的各种因素对总体性能的影响。

频率特性分析法简称频率法，是基于系统的频率特性或频率响应对系统进行分析和设计的一种图解方法，它可以弥补时域分析法的不足，具有以下特点：

1）物理意义鲜明。一个控制系统的运动就是信号沿各个相关环节传递和变换的过程，每个信号含有不同频率的正弦分量，这些不同频率的正弦信号在不同环节或不同系统的传递或变换过程中，其振幅和相位的变化规律不一样，从而产生不同形式的运动。可见这种方法易于理解，并能启发人们找出影响系统特性的主要因素以及改善系统特性的基本途径。

2）可用试验方法测出系统的频率特性，并求得其传递函数以及其他形式的数学模型。当装置模型存在不确定性时，使用频率特性分析法效果较好。

3）它是一种图解法，形象直观，计算量小，简便快捷。可以直接根据频率特性的形状及其特征量来分析系统的特性，而不必对系统的数学模型进行繁琐的求解。

4）只适用于线性定常系统。对于时变系统则不能直接应用这种方法，尽管可以将它推广应用于某些非线性控制系统，但只是一种近似的方法而不是研究非线性系统的得力工具。

频率特性分析法在工程上很有实用价值，因而得到了广泛的应用，它是经典控制理论中的重要内容。

## 5.1 频率特性的基本概念

### 5.1.1 频率特性的定义

首先以图 5-1 所示的 $RC$ 电路为例，建立频率特性的基本概念。设电路的输入电压和输出电压分别为 $U_i(t)$ 和 $U_o(t)$，其相应的拉普拉斯变换分别为 $U_i(s)$ 和 $U_o(s)$。该电路的传递函数为

$$G(s) = \frac{U_o(s)}{U_i(s)} = \frac{1}{Ts+1}$$

式中，$T = RC$，为电路的时间常数，单位为秒(s)。

取输入信号为正弦信号 $U_i(t) = U_i \sin\omega t$，当初始条件为 0 时，输出电压的拉普拉斯变换为

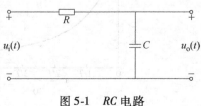

图 5-1　$RC$ 电路

$$U_o(s) = G(s)U_i(s) = \frac{1}{Ts+1}\frac{U_i\omega}{s^2+\omega^2}$$

对上式取拉普拉斯反变换，得出输出时域解为

$$u_o(t) = \frac{U_i T\omega}{1+T^2\omega^2}e^{-\frac{t}{T}} + \frac{U_i}{\sqrt{1+T^2\omega^2}}\sin(\omega t - \arctan T\omega) \tag{5-1}$$

式中，$u_o(t)$由两项组成，第一项是瞬态分量，第二项是稳态分量。电路的稳态输出为

$$u_o(t)|_{t\to\infty} = \frac{U_i}{\sqrt{1+T^2\omega^2}}\sin(\omega t - \arctan T\omega) = U_o\sin(\omega t + \varphi) \tag{5-2}$$

式中，$U_o(t)|_{t\to\infty} = \frac{U_i}{\sqrt{1+T^2\omega^2}}$，为输出电压的振幅；$\varphi = -\arctan T\omega$，为$u_o(t)$和$u_i(t)$之间的相位差，单位为弧度(rad)。

式(5-2)表明：$RC$电路在输入正弦信号$U_i\sin\omega t$的作用下，在过渡过程结束后，输出的稳态响应仍是一个正弦信号，其频率与输入信号频率相同，幅值却是输入正弦信号幅值的$1/\sqrt{1+T^2\omega^2}$倍，相位则滞后了$\arctan T\omega$。

实际上，对于一般的线性系统(或元件)，当输入正弦信号$x(t) = X\sin\omega t$，在$t\to\infty$即稳态情况下，系统的输出信号必为$y(t) = Y\sin(\omega t + \varphi)$。即稳态的输出也是正弦信号，且$y(t)$与$x(t)$的频率相同，但幅值和相角不一样，$Y$和$\varphi$均是角频率$\omega$的函数。

定义$Y/X$为系统的幅频特性，用$A(\omega)$表示。定义相角差$\varphi$为系统的相频特性，用$\varphi(\omega)$表示。即

$$A(\omega) = \frac{Y}{X}$$

$$\varphi(\omega) = \varphi$$

例如，对图5-1所示的$RC$电路而言，其幅频特性$A(\omega)$及相频特性$\varphi(\omega)$分别为

$$A(\omega) = \frac{U_o}{U_i} = \frac{1}{\sqrt{1+T^2\omega^2}}$$

$$\varphi(\omega) = -\arctan T\omega$$

当$\omega$取不同数值时，对应的幅频特性和相频特性如图5-2所示。

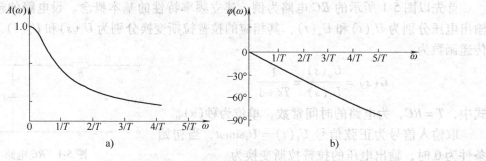

图5-2 $RC$电路的频率特性
a) 幅频特性  b) 相频特性

由于输入、输出信号在稳态时均为正弦函数，故可用电路理论的符号法将其表示为复数形式，即输入为 $Xe^{j0}$，输出为 $Ye^{j\varphi}$，则输出与输入之比为

$$\frac{Ye^{j\varphi}}{Xe^{j0}} = \frac{Y}{X}e^{j\varphi} = A(\omega)e^{j\varphi(\omega)}$$

它恰恰是系统（或元件）的幅频特性和相频特性。通常将幅频特性 $A(\omega)$ 和相频特性 $\varphi(\omega)$ 统称为系统（或元件）的频率特性。

综上所述，可对频率特性的定义作如下陈述：线性定常系统（或元件）的频率特性是零初始条件下，稳态输出正弦信号与输入正弦信号的复数比。若用 $G(j\omega)$ 表示，则有

$$G(j\omega) = A(\omega)e^{j\varphi(\omega)} = A(\omega)\angle\varphi(\omega) \tag{5-3}$$

$G(j\omega)$ 称为系统（或元件）的频率特性，它描述了在不同频率下系统（或元件）传递正弦信号的能力。

频率特性可以在复平面上用一个向量 $G(j\omega)$ 表示，向量的长度等于 $A(\omega)$，向量的相角为 $\varphi(\omega)$，如图 5-3 所示。由于向量的长度 $A(\omega)$ 和相角 $\varphi(\omega)$ 均随 $\omega$ 的变化而变化，因此向量 $G(j\omega)$ 也是频率 $\omega$ 的函数。

频率特性 $G(j\omega)$ 还可用实部部分和虚部部分所组成的复数形式来表示，即

$$G(j\omega) = P(\omega) + jQ(\omega) \tag{5-4}$$

式中，$P(\omega)$ 和 $Q(\omega)$ 分别称为系统（或元件）的实频特性和虚频特性。$A(\omega)$、$\varphi(\omega)$ 和 $P(\omega)$、$Q(\omega)$ 之间的关系为

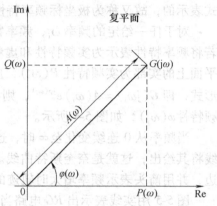

图 5-3 $G(j\omega)$ 在复平面上的表示

$$P(\omega) = A(\omega)\cos\varphi(\omega)$$

$$Q(\omega) = A(\omega)\sin\varphi(\omega)$$

$$A(\omega) = \sqrt{P^2(\omega) + Q^2(\omega)}$$

$$\varphi(\omega) = \arctan\frac{Q(\omega)}{P(\omega)}$$

线性系统（或元件）的频率特性可通过实验方法求得。其具体做法是：根据被测系统（或元件）的特点确定测试的频率范围，并在此范围内足够多的频率点上测取输出与输入的幅值比与相位差，便可绘制系统的频率特性曲线，或者应用频率特性分析仪等现代仪器直接测绘出系统的频率特性曲线。

### 5.1.2 频率特性和传递函数的关系

频率特性和传递函数的关系为

$$G(j\omega) = G(s)\big|_{s=j\omega} \tag{5-5}$$

即传递函数的复变量 $s$ 用 $j\omega$ 代替后，传递函数则变为频率特性。频率特性与前几章介绍过的微分方程、传递函数、脉冲响应函数一样，都能表征系统的运动规律。所以，频率特性也是线性控制系统的数学模型。

## 5.2 频率特性的图示方法

在工程分析和设计中，通常把线性系统（或元件）的频率特性画成曲线，再运用图解的方法进行研究。常用的频率特性曲线有以下三种：幅相频率特性曲线、对数频率特性曲线和对数幅相频率特性曲线。

### 5.2.1 幅相频率特性曲线

幅相频率特性曲线又称奈奎斯特（Nyquist）曲线，由于它是在复平面上以极坐标的形式表示的，故又称为极坐标频率特性曲线。

对于任一给定的频率 $\omega_i$，频率特性 $G(j\omega_i)$ 为复数，可以表示为复平面上的一个向量。若将频率特性表示为实频特性和虚频特性的形式，即 $G(j\omega_i) = P(\omega_i) + jQ(\omega_i)$，则在复平面上的实部为实频特性 $P(\omega_i)$，虚部为虚频特性 $Q(\omega_i)$。若将频率特性表示为复指数形式，即 $G(j\omega_i) = A(\omega_i)e^{j\varphi(\omega_i)}$，则在复平面上的向量的模为幅频特性 $A(\omega_i)$，相角为相频特性 $\varphi(\omega_i)$，如图 5-4 所示。

当频率从 0 连续变化至 $\infty$ 时，这些向量的端点将在复平面上形成一条轨迹，用圆滑曲线将其绘出，这就是奈奎斯特曲线。习惯上，常把 $\omega$ 作为参变量标在曲线上相应点的旁边，并用箭头表示频率增大时轨迹的走向。

图 5-5 用实线表示出 RC 电路当频率 $\omega$ 从 0 变至 $\infty$ 时，向量 $G(j\omega)$ 端点在复平面上扫出的曲线，并以箭头表示当 $\omega$ 增大时曲线的走向。这就是图 5-1 所示电路的幅相频率特性曲线，或称为该电路的奈奎斯特曲线。

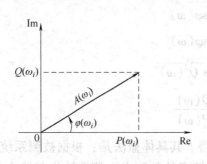

图 5-4 极坐标图的表示方法

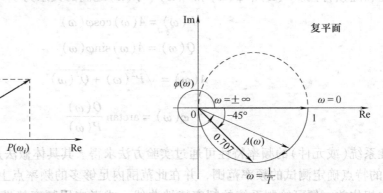

图 5-5 RC 电路的幅相频率特性

由于幅频特性为 $\omega$ 的偶函数，相频特性为 $\omega$ 的奇函数，则 $\omega$ 从 0 变至 $-\infty$ 与 $\omega$ 从 0 变至 $+\infty$ 的幅相频率曲线关于实轴对称。图 5-5 的虚线部分即为 RC 电路当 $\omega$ 从 0 变至 $-\infty$ 时的幅相频率特性曲线。

### 5.2.2 对数频率特性曲线

对数频率特性曲线又叫伯德（Bode）曲线。它由对数幅频特性和对数相频特性两条曲线所组成，是工程中广泛使用的一组曲线。伯德图是在半对数坐标纸上绘制出来的。所谓半对数坐标，是指横坐标采用对数分度，而纵坐标则采用线性分度。

伯德图中，对数幅频特性曲线的纵坐标是 $L(\omega)=20\lg|G(j\omega)|=20\lg A(\omega)$，单位是分贝(dB)，对数相频特性曲线的纵坐标是 $\varphi(\omega)$，单位是度(°)。对数幅频特性和对数相频特性的横坐标虽采用对数分度的 $\lg\omega$，但标写的都是 $\omega$ 的实际值，单位是弧度/秒(rad/s)。

对数分度与线性分度如图 5-6 所示。

图 5-1 所示 RC 电路的对数幅频特性和对数相频特性如图 5-7 所示。

采用对数坐标图的优点较多，主要如下：

1) 由于横坐标采用对数分度，将低频段相对展宽了，而将高频段相对压缩了。因此采用对数坐标，既可以拓宽视野，又便于研究低频段的特性。

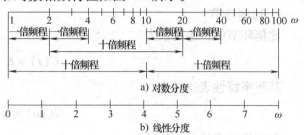

图 5-6 对数分度与线性分度

2) 对数幅频特性采用 $20\lg A(\omega)$，能将幅频特性 $A(\omega)$ 的乘除运算转化为对数幅频特性 $L(\omega)$ 的加减运算，从而简化了画图的过程。

3) 在对数坐标图上，所有典型环节的对数幅频特性乃至系统的对数幅频特性均可用分段直线近似表示。这种近似具有一定的精确度。若对分段直线进行修正，即可得到精确的特性曲线。

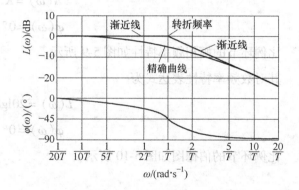

4) 若将实验所得的频率特性数据整理并用分段直线画出对数频率特性，

图 5-7 RC 电路的对数幅频特性和对数相频特性

则很容易写出实验对象的频率特性表达式或传递函数。

### 5.2.3 对数幅相特性曲线

对数幅相特性曲线又称尼柯尔斯(Nichols)曲线。

对数幅相特性是由对数幅频特性和对数相频特性合并而成的曲线。对数幅相坐标的横轴为相角 $\varphi(\omega)$，纵轴为对数幅值 $L(\omega)=20\lg A(\omega)$，横坐标和纵坐标均是线性分度。对数幅相特性可以从伯德图得到。只要从伯德图中读取各个频率 $\omega$ 下的对数幅频值 $L(\omega)$ 和相角值 $\varphi(\omega)$，就可以在对数幅相坐标上以 $\omega$ 作为隐含的变量而得到多个点，然后用圆滑曲线将这些点连接起来，便得到所求的对数幅相特性。

由图 5-7 所示的伯德图求得的 RC 电路的对数幅相频率特性如图 5-8 所示。

采用对数幅相频率特性图的优点是：可以方便地

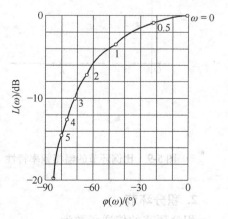

图 5-8 RC 电路的对数幅相频率特性

求得系统的闭环频率特性及其有关的特性参数，作为评估系统性能的依据。

## 5.3 典型环节的频率特性

在第 2 章中曾经述及，控制系统通常由若干环节所组成。根据它们的数学模型的特点，可以划分为几种典型环节。下面介绍这些典型环节的频率特性。

**1. 比例环节**

比例环节的传递函数为

$$G(s) = K$$

其频率特性表达式为

$$G(j\omega) = K \tag{5-6}$$

其幅相频率特性表达式为

$$A(\omega) = K \tag{5-7}$$

$$\varphi(\omega) = 0° \tag{5-8}$$

比例环节的幅相频率特性如图 5-9 所示。

其对数频率特性表达式为

$$L(\omega) = 20\lg K \tag{5-9}$$

$$\varphi(\omega) = 0° \tag{5-10}$$

比例环节的伯德图如图 5-10 所示。

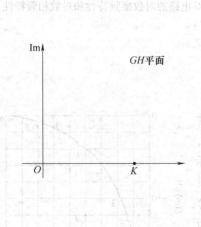

图 5-9　比例环节的幅相频率特性

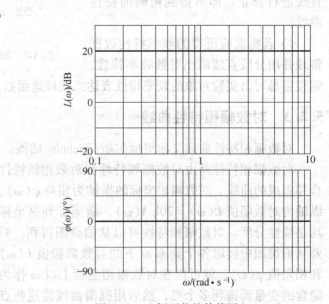

图 5-10　比例环节的伯德图（$K=10$）

**2. 积分环节**

积分环节的传递函数为

$$G(s) = \frac{1}{s}$$

其频率特性表达式为

$$G(j\omega) = \frac{1}{j\omega} = -j\frac{1}{\omega} \qquad (5\text{-}11)$$

其幅相频率特性表达式为

$$A(\omega) = \frac{1}{\omega} \qquad (5\text{-}12)$$

$$\varphi(\omega) = -90° \qquad (5\text{-}13)$$

其对数频率特性表达式为

$$L(\omega) = 20\lg\frac{1}{\omega} = -20\lg\omega \qquad (5\text{-}14)$$

$$\varphi(\omega) = -90° \qquad (5\text{-}15)$$

积分环节的幅相频率特性如图 5-11 所示。相应的伯德图如图 5-12 所示，其对数幅频特性为一条经过 $\omega = 1$，$L(\omega) = 0$ 这一点且斜率为 $-20\mathrm{dB/dec}$ 的直线，其对数相频特性是一条纵坐标为 $-90°$ 的水平线。

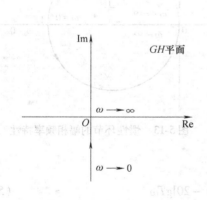

图 5-11　积分环节的幅相频率特性　　　图 5-12　积分环节的伯德图

### 3. 惯性环节

惯性环节的传递函数为

$$G(s) = \frac{1}{Ts+1}$$

其频率特性表达式为

$$G(j\omega) = \frac{1}{jT\omega+1} \qquad (5\text{-}16)$$

其幅相频率特性表达式为

137

$$A(\omega) = \frac{1}{\sqrt{T^2\omega^2 + 1}} \tag{5-17}$$

$$\varphi(\omega) = -\arctan T\omega \tag{5-18}$$

其对数频率特性表达式为

$$L(\omega) = 20\lg \frac{1}{\sqrt{T^2\omega^2 + 1}} = -20\lg \sqrt{T^2\omega^2 + 1} \tag{5-19}$$

$$\varphi(\omega) = -\arctan T\omega \tag{5-20}$$

绘制幅相频率特性图(奈奎斯特图)时,由式(5-17)、式(5-18)知,当 $\omega = 0$ 时,$A(\omega) = 1$,$\varphi(\omega) = 0$;当 $\omega = \infty$ 时,$A(\omega) \to 0$,而 $\varphi(\omega) \to -90°$;在 $\omega = 0$ 到 $\infty$ 之间,还可以取若干 $\omega$ 值,计算其对应的 $A(\omega)$ 和 $\varphi(\omega)$,以供绘制幅相频率特性之用。可以证明,其幅相频率特性曲线是一个以 $(0.5, j0)$ 为圆心、0.5 为半径的圆,如图 5-13 所示。

绘制对数幅频特性图时,可以将 $\omega$ 由 0 至无穷取值,计算出相应的 $L(\omega)$ 值,即可绘出惯性环节的对数幅频特性曲线。用这种方法绘制的结果很准确,但费时,工程上一般用渐近线分段表示对数幅频特性。渐近线分段近似法的思路如下:

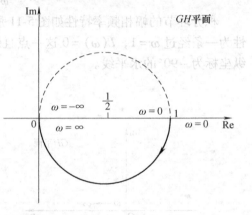

图 5-13 惯性环节的幅相频率特性

在低频段,$\omega$ 很小,由式(5-19)知,当 $T\omega \ll 1$ 时,即 $\omega \ll 1/T$ 时,对数幅频特性可近似为

$$L(\omega) \approx 20\lg 1 = 0 \tag{5-21}$$

称为低频渐近线。

在高频段,$\omega$ 很大,由式(5-19)知,当 $T\omega \gg 1$ 时,即 $\omega \gg 1/T$ 时,对数幅频特性可近似为

$$L(\omega) \approx -20\lg \sqrt{T^2\omega^2} = -20\lg T\omega \tag{5-22}$$

这是一个线性方程,意味着 $\omega \gg 1/T$ 的高频段可用一根斜线来表示,称为高频渐近线。高频渐近线的斜率可以这样求得:当取 $\omega = \omega_1$ 时,得

$$L(\omega_1) = -20\lg T\omega_1 \tag{5-23}$$

再取 $\omega_2 = 10\omega_1$,得

$$L(\omega_2) = -20\lg T\omega_2 = -20\lg T(10\omega_1)$$
$$= -20\lg 10 - 20\lg T\omega_1$$
$$= -20 + L(\omega_1) \tag{5-24}$$

$$L(\omega_2) - L(\omega_1) = -20 \tag{5-25}$$

由式(5-25)可知,当频率由 $\omega_1$ 增大至 $\omega_2$,即频率增大为原来的 10 倍时,$L(\omega)$ 增大了 $-20\text{dB}$,也就是说,由式(5-22)所描述的主频渐近线具有 $-20\text{dB}/10$ 倍频程的斜率,记为 $-20\text{dB/dec}$,或简写为 $[-20]$。

由式(5-22)还可以看出，当 $\omega = 1/T$ 时，$L(\omega) = 0(\mathrm{dB})$，即高频渐近线在频率 $\omega = 1/T$ 时正好与低频渐近线相交，交点处的频率称为转折频率。

根据以上讨论，绘制惯性环节的对数幅频特性就很方便。首先确定转折频率 $\omega = 1/T$，然后在 $\omega \leq 1/T$ 的频率段作一条与横坐标相重合的水平线；在 $\omega \geq 1/T$ 的频率段作一条斜率为 $-20\mathrm{dB}/\mathrm{dec}$ 的斜线，该斜线在转折频率处正好与低频渐近线衔接，如图5-14所示。

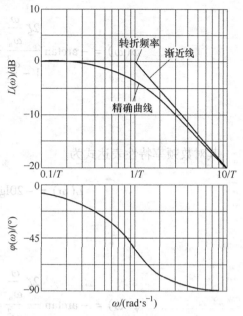

用渐近线代替对数幅频特性会带来一些误差，但并不大。可以证明，越接近转折频率，误差就越大。最大误差出现在转折频率 $\omega = 1/T$ 处，惯性环节的最大误差为

$$0 - L(\omega) = 0 - [-20\lg\sqrt{1+T^2(1/T)^2}]$$
$$= 20\lg\sqrt{1+1} = 3.01\mathrm{dB} \quad (5\text{-}26)$$

必要时，可以对渐近线进行修正。

为了绘制对数相频特性，只需计算若干点，在对数相频特性图上标出，然后用平滑曲线将其连接起来。有时也可以采用模板来绘制。惯性环节的伯德图如图5-14所示，可以看出它是关于 $\varphi(\omega) = 45°$ 点对称的。

图5-14 惯性环节的伯德图

**4. 振荡环节**

振荡环节的传递函数为

$$G(s) = \frac{1}{T^2s^2 + 2\zeta Ts + 1} = \frac{\omega_n^2}{s^2 + 2\zeta\omega_n s + \omega_n^2}$$

式中，$\omega_n = 1/T$，为环节的自然振荡角频率；$\zeta$ 为阻尼系数，$0 < \zeta < 1$。

其频率特性表达式为

$$G(j\omega) = \frac{\omega_n^2}{(j\omega)^2 + 2\zeta\omega_n(j\omega) + \omega_n^2} = \frac{\omega_n^2}{(\omega_n^2 - \omega^2) + j2\zeta\omega_n\omega}$$

$$= \frac{1}{\left[1 - \left(\dfrac{\omega}{\omega_n}\right)^2\right] + j2\zeta\dfrac{\omega}{\omega_n}} \quad (5\text{-}27)$$

其幅相频率特性表达式为

$$A(\omega) = \frac{1}{\sqrt{\left(1 - \dfrac{\omega^2}{\omega_n^2}\right)^2 + \left(2\zeta\dfrac{\omega}{\omega_n}\right)^2}} \quad (5\text{-}28)$$

$$\varphi(\omega) = -\arctan\frac{2\zeta\dfrac{\omega}{\omega_n}}{1-\dfrac{\omega^2}{\omega_n^2}} = \begin{cases} -\arctan\dfrac{2\zeta\dfrac{\omega}{\omega_n}}{1-\dfrac{\omega^2}{\omega_n^2}} & \omega \leqslant \omega_n \\ -180° + \arctan\dfrac{2\zeta\dfrac{\omega}{\omega_n}}{\dfrac{\omega^2}{\omega_n^2}-1} & \omega > \omega_n \end{cases} \quad (5\text{-}29)$$

其对数频率特性表达式为

$$L(\omega) = -20\lg\sqrt{\left(1-\dfrac{\omega^2}{\omega_n^2}\right)^2 + \left(2\zeta\dfrac{\omega}{\omega_n}\right)^2} \quad (5\text{-}30)$$

$$\varphi(\omega) = -\arctan\frac{2\zeta\dfrac{\omega}{\omega_n}}{1-\dfrac{\omega^2}{\omega_n^2}} = \begin{cases} -\arctan\dfrac{2\zeta\dfrac{\omega}{\omega_n}}{1-\dfrac{\omega^2}{\omega_n^2}} & \omega \leqslant \omega_n \\ -180° + \arctan\dfrac{2\zeta\dfrac{\omega}{\omega_n}}{\dfrac{\omega^2}{\omega_n^2}-1} & \omega > \omega_n \end{cases} \quad (5\text{-}31)$$

由式(5-28)、式(5-29),以阻尼系数 $\zeta$ 为参变量,频率 $\omega$ 由 $0\to\infty$ 取一系列数值,计算出相应的幅值和相角,即可绘出幅相频率特性曲线,如图 5-15 所示。从图中可见,当 $\omega = \omega_n$ 时,$A(\omega_n) = 1/2\zeta$,$\varphi(\omega) = -90°$,特性曲线与负虚轴相交,且阻尼系数越小,虚轴上的交点离原点越远。

由式(5-30)、式(5-31)逐点计算,其中阻尼系数取不同的数值,可作出振荡环节的对数幅频和对数相频特性曲线族如图 5-16 所示。

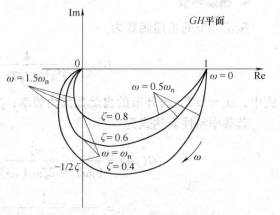

图 5-15 振荡环节的幅相频率特性

振荡环节的对数幅频特性曲线也可采用分段直线近似法画出。其分析方法与惯性环节相似,可得振荡环节的对数幅频特性渐近线是由低频段的零分贝线和斜率为 $-40\text{dB/dec}$ 的斜线交接而成的,转折频率为 $\omega = \omega_n$,如图5-16中的粗线所示。

用渐近线代替准确曲线,在 $\omega = \omega_n$ 附近会导致误差。只有当 $\zeta = 0.5$ 时,误差才等于0。若 $\zeta$ 在 0.3~0.7 之间,误差仍比较小,不超过 3dB。但当 $\zeta < 0.3$ 时,误差就急剧增加。因此,当用渐近线近似表示振荡环节的对数幅频特性时,若 $\zeta$ 处在 0.3~0.7 之间,则所得的渐进曲线可以不作修正;若 $\zeta$ 超出上述范围,则必须对曲线加以修正。

**5. 微分环节**

（1）纯微分环节　纯微分环节的传递函数为

$$G(s) = s$$

其频率特性表达式为

$$G(j\omega) = j\omega \tag{5-32}$$

其幅相频率特性表达式为

$$A(\omega) = \omega \tag{5-33}$$

$$\varphi(\omega) = 90° \tag{5-34}$$

其对数频率特性表达式为

$$L(\omega) = 20\lg\omega \tag{5-35}$$

$$\varphi(\omega) = 90° \tag{5-36}$$

纯微分环节的幅相频率特性如图 5-17 所示。相应的伯德图如图 5-18 所示，其对数幅频特性为一条经过 $\omega=1$，$L(\omega)=0$ 这一点且斜率为 20dB/dec 的直线，其对数相频特性是一条纵坐标为 90°的水平线。

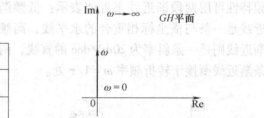

图 5-17　纯微分环节的幅相频率特性

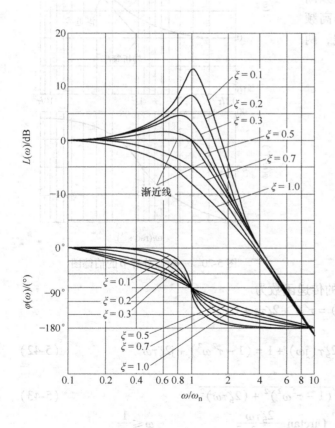

图 5-16　振荡环节的伯德图

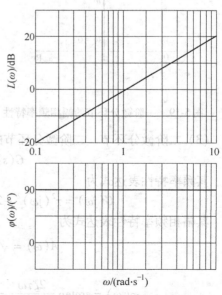

图 5-18　纯微分环节的伯德图

(2) 一阶微分环节　一阶微分环节的传递函数为
$$G(s) = 1 + \tau s$$

其频率特性表达式为
$$G(j\omega) = 1 + j\tau\omega \tag{5-37}$$

其幅相频率特性表达式为
$$A(\omega) = \sqrt{\tau^2\omega^2 + 1} \tag{5-38}$$
$$\varphi(\omega) = \arctan\tau\omega \tag{5-39}$$

其对数频率特性表达式为
$$L(\omega) = 20\lg\sqrt{\tau^2\omega^2 + 1} \tag{5-40}$$
$$\varphi(\omega) = \arctan\tau\omega \tag{5-41}$$

一阶微分环节的幅相频率特性如图 5-19 所示，是由 $(1, j0)$ 点出发，平行于虚轴而一直向上引伸的一条直线。对比式(5-40)、式(5-41) 与式(5-14)、式(5-15)，当取 $\tau = T$ 时，一阶微分环节的对数频率特性与惯性环节成相反数。参考惯性环节伯德图的做法，得一阶微分环节的伯德图如图 5-20 所示，其对数幅频特性可用两段渐近线来近似表示：低频渐近线是一条与横坐标相重合的水平线，高频渐近线则是一条斜率为 20dB/dec 的直线，两条渐近线衔接于转折频率 $\omega = 1/\tau$ 处。

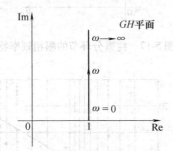

图 5-19　一阶微分环节的幅相频率特性　　图 5-20　一阶微分环节的伯德图

(3) 二阶微分环节　二阶微分环节的传递函数为
$$G(s) = \tau^2 s^2 + 2\zeta\tau s + 1$$

其频率特性表达式为
$$G(j\omega) = \tau^2(j\omega)^2 + 2\zeta\tau(j\omega) + 1 = (1 - \tau^2\omega^2) + j2\zeta\tau\omega \tag{5-42}$$

其幅相频率特性表达式为
$$A(\omega) = \sqrt{(1-\tau^2\omega^2)^2 + (2\zeta\tau\omega)^2} \tag{5-43}$$

$$\varphi(\omega) = \arctan\frac{2\zeta\tau\omega}{1-\tau^2\omega^2} = \begin{cases} \arctan\dfrac{2\zeta\tau\omega}{1-\tau^2\omega^2} & \omega \leq \dfrac{1}{\tau} \\ 180° - \arctan\dfrac{2\zeta\tau\omega}{\tau^2\omega^2-1} & \omega > \dfrac{1}{\tau} \end{cases} \tag{5-44}$$

其对数频率特性表达式为

$$L(\omega) = 20\lg\sqrt{(1-\tau^2\omega^2)^2 + (2\zeta\tau\omega)^2} \tag{5-45}$$

$$\varphi(\omega) = \arctan\frac{2\zeta\tau\omega}{1-\tau^2\omega^2} = \begin{cases} \arctan\dfrac{2\zeta\tau\omega}{1-\tau^2\omega^2} & \omega \leq \dfrac{1}{\tau} \\ 180° - \arctan\dfrac{2\zeta\tau\omega}{\tau^2\omega^2-1} & \omega > \dfrac{1}{\tau} \end{cases} \tag{5-46}$$

二阶微分环节的幅相频率特性如图 5-21 所示，$\zeta = 0.707$ 时的二阶微分环节的对数频率特性如图 5-22 所示。（具体做法可参考振荡环节）

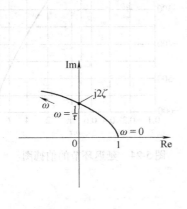
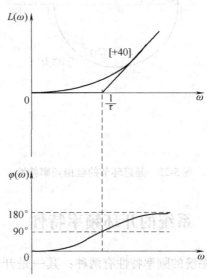

图 5-21　二阶微分环节的幅相频率特性　　　图 5-22　二阶微分环节的对数频率特性

### 6. 延迟环节

延迟环节的传递函数为

$$G(s) = e^{-\tau s}$$

其频率特性表达式为

$$G(j\omega) = e^{-j\tau\omega} \tag{5-47}$$

其幅相频率特性表达式为

$$A(\omega) = 1 \tag{5-48}$$

$$\varphi(\omega) = -\tau\omega\,(\text{rad}) \tag{5-49}$$

其对数频率特性表达式为

$$L(\omega) = 0 \tag{5-50}$$

$$\varphi(\omega) = -\tau\omega\,(\text{rad}) = -\frac{180°}{\pi}\tau\omega \tag{5-51}$$

延迟环节的幅相频率特性如图 5-23 所示，为一个顺时针方向的单位圆。

延迟环节的伯德图如图 5-24 所示，对数幅频特性 $L(\omega)$ 与频率轴相重合，对数相频特性从 0°开始，随着 $\omega$ 的增大而按线性关系下降。延迟环节的相角总是负值（滞后）的，而且 $\tau$ 越大，所导致的相角滞后也越大。延迟环节的这种相角滞后对闭环系统的稳定性是很不利的。

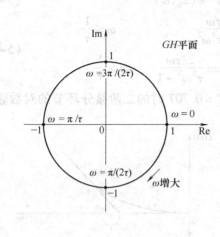

图 5-23 延迟环节的幅相频率特性

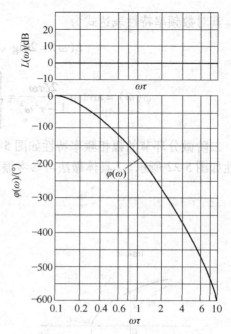

图 5-24 延迟环节的伯德图

## 5.4 系统的开环频率特性

系统的频率特性有两种：其一是开环传递函数 $G_k(s)$ 所对应的开环频率特性 $G_k(j\omega)$；其二是闭环传递函数 $\Phi(s)$ 所对应的闭环频率特性 $\Phi(j\omega)$。本节所讨论的是系统的开环频率特性。

### 5.4.1 系统开环幅相频率特性的绘制

若已知系统的开环传递函数 $G_k(s)$，用 $j\omega$ 代替 $s$ 即得到开环频率特性 $G_k(j\omega)$。将 $G_k(j\omega)$ 写成 $P(\omega)+jQ(\omega)$ 或 $A(\omega)e^{j\varphi(\omega)}$ 的形式，然后在 $\omega:0\to\infty$ 的变化范围内选取若干不同的 $\omega$ 值，计算出对应的 $P(\omega)$、$Q(\omega)$ 或 $A(\omega)$、$\varphi(\omega)$ 值，在复平面上标出各点并描点成线，即可得到系统的开环奈奎斯特曲线。

**例 5-1** 设某 0 型系统的开环传递函数为

$$G_k(s)=\frac{K}{(T_1s+1)(T_2s+1)}$$

式中，$K$、$T_1$、$T_2$ 等参数均为正数，试绘制系统的开环幅相频率特性图。

**解：**

$$G_k(j\omega)=\frac{K}{(j\omega T_1+1)(j\omega T_2+1)} \tag{5-52}$$

$$G_k(j\omega)=\frac{K(-j\omega T_1+1)(-j\omega T_2+1)}{(j\omega T_1+1)(-j\omega T_1+1)(j\omega T_2+1)(-j\omega T_2+1)}$$

$$= \frac{K(1-T_1T_2\omega^2)}{(1+\omega^2T_1^2)(1+\omega^2T_2^2)} - j\frac{K(T_1+T_2)\omega}{(1+\omega^2T_1^2)(1+\omega^2T_2^2)}$$

则

$$P(\omega) = \frac{K(1-T_1T_2\omega^2)}{(1+\omega^2T_1^2)(1+\omega^2T_2^2)} \tag{5-53}$$

$$Q(\omega) = \frac{-K(T_1+T_2)\omega}{(1+\omega^2T_1^2)(1+\omega^2T_2^2)} \tag{5-54}$$

或

$$A(\omega) = \frac{K}{\sqrt{\omega^2T_1^2+1}\sqrt{\omega^2T_2^2+1}} \tag{5-55}$$

$$\varphi(\omega) = -\arctan\omega T_1 - \arctan\omega T_2 \tag{5-56}$$

取 $\omega: 0 \to +\infty$ 间的不同数值，绘制出系统的开环幅相频率特性如图 5-25 所示。

**例 5-2** 设某 I 型系统的开环传递函数为

$$G_k(s) = \frac{K}{s(T_1s+1)(T_2s+1)}$$

式中，$K$、$T_1$、$T_2$ 等参数均为正数，试绘制系统的开环幅相频率特性图。

**解：**

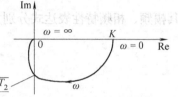

图 5-25 例 5-1 系统的幅相频率特性

$$G_k(j\omega) = \frac{K}{j\omega(j\omega T_1+1)(j\omega T_2+1)} \tag{5-57}$$

经过化简，得

$$P(\omega) = \frac{-K(T_1+T_2)}{(1+\omega^2T_1^2)(1+\omega^2T_2^2)} \tag{5-58}$$

$$Q(\omega) = \frac{-K(1-T_1T_2\omega^2)}{\omega(1+\omega^2T_1^2)(1+\omega^2T_2^2)} \tag{5-59}$$

或

$$A(\omega) = \frac{K}{\omega\sqrt{1+\omega^2T_1^2}\sqrt{1+\omega^2T_2^2}} \tag{5-60}$$

$$\varphi(\omega) = -90° - \arctan\omega T_1 - \arctan\omega T_2 \tag{5-61}$$

取 $\omega: 0 \to +\infty$ 间的不同数值，绘制出系统的开环幅相频率特性如图 5-26 所示。

例 5-1 和例 5-2 系统的开环传递函数表达式有所区别，它们的开环奈奎斯特图存在很大差别。分析这个差别形成的原因，有助于系统开环奈奎斯特图的绘制。

设系统的开环传递函数表达式为

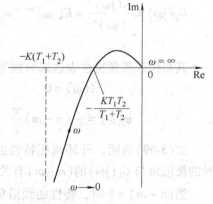

图 5-26 例 5-2 系统的幅相频率特性

$$G_k(s) = \frac{K\prod_{i=1}^{m_1}(\tau_i s + 1) \cdot \prod_{k=1}^{m_2}(\tau_k^2 s^2 + 2\zeta_k \tau_k s + 1)}{s^v \prod_{j=1}^{n_1}(T_j s + 1) \cdot \prod_{l=1}^{n_2}(T_l^2 s^2 + 2\zeta_l T_l s + 1)} \quad (5\text{-}62)$$

式中，$m_1 + 2m_2 = m$，$v + n_1 + 2n_2 = n$，$n \geq m$。

则系统的开环频率特性表达式为

$$G_k(j\omega) = \frac{K}{(j\omega)^v} \cdot \frac{\prod_{i=1}^{m_1}(j\omega\tau_i + 1) \cdot \prod_{k=1}^{m_2}[\tau_k^2(j\omega)^2 + 2\zeta_k \tau_k(j\omega) + 1]}{\prod_{j=1}^{n_1}(j\omega T_j + 1) \cdot \prod_{l=1}^{n_2}[T_l^2(j\omega)^2 + 2\zeta_l T_l(j\omega) + 1]} \quad (5\text{-}63)$$

当 $\omega \to 0$ 时，$G_k(j\omega)$ 的起点表达式可以简化为

$$G_k(j\omega) = \frac{K}{(j\omega)^v} \quad (5\text{-}64)$$

其幅频、相频特性表达式分别为

$$A(\omega) = \frac{K}{\omega^v} \quad (5\text{-}65)$$

$$\varphi(\omega) = -v\frac{\pi}{2} \quad (5\text{-}66)$$

可见，开环奈奎斯特曲线起点的幅值和相角均与积分环节的个数（即系统型别）$v$ 有关：

对于 0 型系统，$v = 0$，$A(0) = K$，$\varphi(0) = 0$；

对于 Ⅰ 型系统，$v = 1$，$A(0) = \infty$，$\varphi(0) = -\frac{\pi}{2}$；

对于 Ⅱ 型系统，$v = 2$，$A(0) = \infty$，$\varphi(0) = -\pi$；

对于 $v$ 型系统，$v = v$，$A(0) = \infty$，$\varphi(0) = -v\frac{\pi}{2}$。

图 5-27 绘出了 0 型、Ⅰ 型、Ⅱ 型系统的开环幅相频率特性曲线低频部分的一般形状。

当 $\omega \to \infty$ 时，由于实际的物理系统通常总是 $n > m$，则 $G_k(j\omega)$ 的终点表达式可以简化为

$$G_k(j\omega) = \frac{K(j\omega)^m}{(j\omega)^n} = K(j\omega)^{m-n} = \frac{K}{(j\omega)^{n-m}}$$

$$(5\text{-}67)$$

其幅频、相频特性表达式分别为

$$A(\omega) = 0 \quad (5\text{-}68)$$

$$\varphi(\omega) = -(n-m)\frac{\pi}{2} \quad (5\text{-}69)$$

式(5-69)表明，开环幅相特性曲线在 $\omega \to \infty$ 时的极限角与 $G_k(j\omega)$ 的 $(n-m)$ 有关：

当 $(n-m) = 1$ 时，特性曲线沿负虚轴卷向坐标原点；

当 $(n-m) = 2$ 时，特性曲线沿负实轴卷向坐标原点；

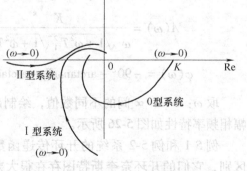

图 5-27 开环奈奎斯特图的低频段

当$(n-m)=3$时，特性曲线沿正虚轴卷向坐标原点；

$\vdots$

依此类推。

上述3种情况的特性曲线高频部分的一般形状如图5-28所示。

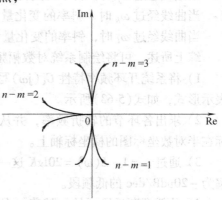

在控制工程中，一般只需要画出奈奎斯特图的大致形状和几个关键点的准确位置。

### 5.4.2 系统开环对数频率特性的绘制

设系统的开环传递函数为

$$G_k(s) = G_1(s)G_2(s)\cdots G_n(s)$$

系统的开环频率特性为

图5-28 开环奈奎斯特图的高频段

$$\begin{aligned}
G_k(j\omega) &= G_1(j\omega)G_2(j\omega)\cdots G_n(j\omega) \\
&= A_1(\omega)e^{j\varphi_1(\omega)}A_2(\omega)e^{j\varphi_2(\omega)}\cdots A_n(\omega)e^{j\varphi_n(\omega)} \\
&= A_1(\omega)A_2(\omega)\cdots A_n(\omega)\cdot e^{j[\varphi_1(\omega)+\varphi_2(\omega)+\cdots+\varphi_n(\omega)]}
\end{aligned} \tag{5-70}$$

若将$G_k(j\omega)$表示成$G_k(j\omega)=A(\omega)e^{j\varphi(\omega)}$形式，则

$$A(\omega) = A_1(\omega)A_2(\omega)\cdots A_n(\omega) \tag{5-71}$$

$$\varphi(\omega) = \varphi_1(\omega) + \varphi_2(\omega) + \cdots + \varphi_n(\omega) \tag{5-72}$$

就有

$$\begin{aligned}
L(\omega) &= 20\lg A(\omega) = 20\lg A_1(\omega) + 20\lg A_2(\omega) + \cdots + 20\lg A_n(\omega) \\
&= L_1(\omega) + L_2(\omega) + \cdots + L_n(\omega)
\end{aligned} \tag{5-73}$$

$$\varphi(\omega) = \varphi_1(\omega) + \varphi_2(\omega) + \cdots + \varphi_n(\omega) \tag{5-74}$$

可见，只要绘出各环节的对数幅频特性分量，再将各分量的纵坐标相加，就可以得到整个系统的开环对数幅频特性。同理，将各环节的相频特性分量相加，就成为系统的开环对数相频特性。

系统是由典型环节组合而成的，而典型环节的对数幅频特性渐近线是一些不同斜率的直线或折线，故叠加后得到系统的开环特性曲线仍为不同斜率的线段所组成的折线群。因此，只要能确定低频渐近线的斜率和位置，线段转折的频率以及转折后线段斜率的变化量，就可以由低频到高频，将整个系统的开环特性曲线画出，而无需先画出各个环节的对数幅频特性渐近线，然后再行逐点叠加。

**1. 低频渐近线段的确定**

系统低频段的幅频特性可用式(5-65)表示，则低频段的对数幅频特性为

$$L(\omega) = 20\lg A(\omega) = 20\lg K - 20\lg\omega^v = 20\lg K - 20v\lg\omega \tag{5-75}$$

式(5-75)表明，系统低频段的对数幅频特性渐近线是一条经过（或其延长线经过）$\omega=1$，$L(\omega)=20\lg K$这一点，且斜率为$-20v\text{dB/dec}$的直线，如图5-29所示。

**2. 转折频率及转折后斜率变化量的确定**

式(5-63)中各环节的转折频率分别为

$$\omega_i = 1/\tau_i, \quad \omega_j = 1/T_j, \quad \omega_k = 1/\tau_k, \quad \omega_l = 1/T_l$$

当曲线经过$\omega_i$时，斜率的变化量为20dB/dec；

当曲线经过 $\omega_j$ 时，斜率的变化量为 $-20\mathrm{dB/dec}$；

当曲线经过 $\omega_k$ 时，斜率的变化量为 $40\mathrm{dB/dec}$；

当曲线经过 $\omega_l$ 时，斜率的变化量为 $-40\mathrm{dB/dec}$。

综上所述，可将绘制系统对数幅频特性的步骤归纳如下：

1) 将系统开环频率特性 $G_k(\mathrm{j}\omega)$ 写成时间常数表示形式，如式(5-63)所示。

2) 求出各环节的转折频率，并从小到大依次标在半对数坐标图的横坐标轴上。

3) 通过 $\omega = 1$，$L(\omega) = 20\lg K$ 这一点，绘制斜率为 $-20v\mathrm{dB/dec}$ 的低频段。

4) 从低频渐近线开始，随着 $\omega$ 的增大，每遇到一个典型环节的转折频率，就按上述规律改变一次对数幅频特性曲线的斜率，直至经过全部转折频率为止。

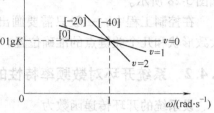

图5-29 低频段与 $k$、$v$ 的关系

5) 必要时可利用误差修正曲线，对转折频率附近的曲线进行修正，以求得更精确的对数幅频特性的光滑曲线。

对数相频特性的绘制可以直接利用相频特性表达式逐点计算而得，有时也可以采用模板来绘制。对于式(5-63)所描述的系统，其相频表达式为

$$\varphi(\omega) = \sum_{i=1}^{m_1} \arctan\tau_i\omega + \sum_{k=1}^{m_2} \arctan\frac{2\zeta_k\tau_k\omega}{1-\tau_k^2\omega^2} - v\frac{\pi}{2} - \sum_{j=1}^{n_1} \arctan T_j\omega - \sum_{l=1}^{n_2} \arctan\frac{2\zeta_l T_l\omega}{1-T_l^2\omega^2} \tag{5-76}$$

以及

$$\lim_{\omega\to 0}\varphi(\omega) = -v\frac{\pi}{2} \tag{5-77}$$

$$\lim_{\omega\to\infty}\varphi(\omega) = -(n-m)\frac{\pi}{2} \tag{5-78}$$

**例 5-3** 某系统的开环传递函数为

$$G_k(s) = \frac{1000(s+2)}{s(s+0.4)(s+20)(s+10)}$$

试绘制系统的开环对数频率特性。

**解：** 1) 将系统的开环传递函数改写成时间常数表示形式。

$$G_k(s) = \frac{25(0.5s+1)}{s(2.5s+1)(0.05s+1)(0.1s+1)} \tag{5-79}$$

2) 求出各环节的转折频率，分别为 0.4、2、10、20，标在 $\omega$ 轴上。

3) 绘制对数幅频特性曲线的低频渐近线。通过 $\omega = 1$，$L(\omega) = 20\lg K = 28\mathrm{dB}$ 的点画一条斜率为 $-20\mathrm{dB/dec}$ 的直线。

4) 从上述低频渐近线开始，由左向右逐段绘制系统的对数幅频特性渐近线。第一个遇到的转折频率为 $\omega_1 = 0.4$，于是幅频特性曲线经 $\omega_1$ 后斜率变化 $-20\mathrm{dB/dec}$，即由原来的 $-20\mathrm{dB/dec}$ 变成 $-40\mathrm{dB/dec}$；第二个遇到的转折频率为 $\omega_2 = 2$，于是经 $\omega_2$ 后斜率变化

+20dB/dec，即由上一段的 -40dB/dec 变为 -20dB/dec；第三个遇到的转折频率为 $\omega_3 = 10$，斜率又变为 -40dB/dec；第四个遇到的转折频率为 $\omega_4 = 20$，斜率变为 -60dB/dec，至此已绘出系统的开环对数幅频特性渐近线，如图 5-30 所示。

系统开环对数相频特性表达式为

$$\varphi(\omega) = \arctan 0.5\omega - 90° - \arctan 2.5\omega - \arctan 0.05\omega - \arctan 0.1\omega \tag{5-80}$$

对数相频特性的绘制可以利用对数相频特性表达式逐点计算的数据描出。也可绘制出系统的对数相频概略曲线，如图 5-30 所示。对数幅频特性渐近线由五段折线组成，它们的斜率分别为 -20、-40、-20、-40 和 -60（dB/dec）。与此相对应的对数相频曲线的五条渐近线的相角值分别为 -90°、-180°、-90°、-180° 和 -270°，如图 5-30 中虚线所示。由式(5-80)可计算出各个转折频率处的相角值。当 $\omega_1 = 0.4$ 时，$\varphi(\omega_1)$ = arctan0.2 - 90° - arctan1 - arctan0.02 - arctan0.04 = -127.13°；同理，当 $\omega_2 = 2$ 时，$\varphi(\omega_2) = -140.71°$；当 $\omega_3 = 10$ 时，$\varphi(\omega_3) = -170.59°$；当 $\omega_4 = 20$ 时，$\varphi(\omega_4) = -202.99°$。根据以上各转折频率处的相角值和各组成环节相角特性的特

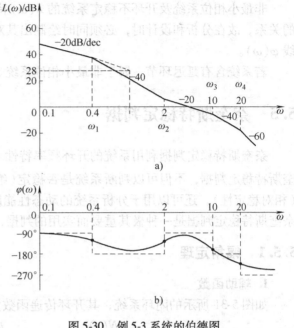

图 5-30 例 5-3 系统的伯德图
a) 对数幅频曲线 b) 对数相频曲线

点以及各段相角变化范围的渐近线，可绘制出系统的对数相频概略曲线，如图 5-30 所示。

$L(\omega)$ 曲线穿越 $\omega$ 轴时的频率称为截止频率，又称零分贝频率，常用 $\omega_c$ 表示。对于相频曲线，除了解其大致趋向外，最重要的是截止频率 $\omega_c$ 处的相角。本例中，$\omega_c = 4.75$，当 $\omega = \omega_c$ 时的相角为 $\varphi(\omega_c) = -147°$。

### 5.4.3 最小相位系统与非最小相位系统

根据系统开环零、极点在 $s$ 平面上分布情况的不同，开环传递函数 $G_k(s)$ 可分为最小相位传递函数、非最小相位传递函数以及开环不稳定的传递函数三类，其定义如下：

1) 最小相位系统：开环传递函数 $G_k(s)$ 的全部极点均位于 $s$ 左半平面，而没有零点落在 $s$ 右半平面上，则这种函数称为最小相位传递函数。具有最小相位传递函数的系统称为最小相位系统。

2) 非最小相位系统：开环传递函数 $G_k(s)$ 的全部极点均位于 $s$ 左半平面，但有一个或多个零点落在 $s$ 右半平面上，则这种函数称为非最小传递函数。具有非最小相位传递函数的系统称为非最小相位系统。

3) 开环不稳定系统：开环传递函数 $G_k(s)$ 有一个或多个极点落在 $s$ 右半平面，则这种函数称为开环不稳定的传递函数。具有开环不稳定传递函数的系统称为开环不稳定系统。

在具有相同幅频特性的一类系统中，当 $\omega$ 从 $0 \to \infty$ 时，最小相位系统的相角变化范围最

小,而非最小相位系统的相角变化范围通常要比前者大,因此得名。

对于最小相位系统,一条对数幅频特性曲线只能有一条对数相频特性曲线与之对应。当给定了 $L(\omega)$ 特性后,其对应的 $\varphi(\omega)$ 特性也随之而定,反之亦然。因此,在利用伯德图对系统进行分析、设计时,对于最小相位系统往往只绘出其对数幅频特性 $L(\omega)$ 就够了,只要绘出(或测量出)对数幅频特性,就可根据 $L(\omega)$ 特性的形状写出系统的开环传递函数。

非最小相位系统及开环不稳定系统的 $L(\omega)$ 特性和 $\varphi(\omega)$ 特性之间一般不具有一一对应的关系,故在分析和设计时,必须同时绘制出其对数幅频特性曲线 $L(\omega)$ 和对数相频特性曲线 $\varphi(\omega)$。

若系统含有延迟环节,属于非最小相位系统。

## 5.5 奈奎斯特稳定判据

奈奎斯特稳定判据利用系统的开环频率特性 $G_k(j\omega)$ 来判断闭环系统的稳定性。利用奈奎斯特稳定判据,不但可以判断系统是否稳定(绝对稳定性),也可以确定系统的稳定程度(相对稳定性),还可以用于分析系统的动态性能以及指出改善系统性能指标的途径。因此,奈奎斯特稳定判据是一种极其重要而实用的判据,在工程上获得了广泛的应用。

### 5.5.1 幅角定理

**1. 辅助函数**

如图 5-31 所示的闭环系统,其开环传递函数为

$$G_k(s) = G(s)H(s) = \frac{N(s)}{D(s)}$$

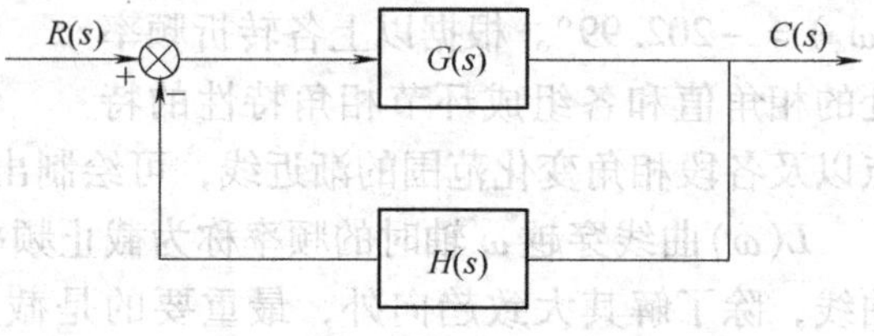

闭环传递函数为

$$\Phi(s) = \frac{G(s)}{1 + G(s)H(s)} = \frac{D(s)G(s)}{D(s) + N(s)}$$

式中,$N(s)$ 为开环传递函数的分子多项式,$m$ 阶;$D(s)$ 为开环传递函数的分母多项式,$n$ 阶,其中,$n \geq m$。

图 5-31 闭环系统结构图

为了找出开环频率特性与闭环极点之间的关系,引出辅助函数 $F(s)$,并令 $F(s) = 1 + G_k(s)$,则有

$$F(s) = 1 + G_k(s) = 1 + \frac{N(s)}{D(s)} = \frac{D(s) + N(s)}{D(s)}$$

$$= \frac{K \prod_{i=1}^{n}(s + z_i)}{\prod_{j=1}^{n}(s + p_j)} \tag{5-81}$$

式中,$-z_1$,$-z_2$,$\cdots$,$-z_n$ 和 $-p_1$,$-p_2$,$\cdots$,$-p_n$ 分别为 $F(s)$ 的零、极点。

从式(5-81)可知,辅助函数 $F(s)$ 具有以下特点:$F(s)$ 的极点等于开环传递函数的极点,$F(s)$ 的零点就是闭环传递函数的极点。因此,系统稳定条件可以转化为:当 $F(s)$ 的零

点分布在 $s$ 右半平面的数目为 0 时，闭环系统稳定。

**2. 幅角定理**

辅助函数 $F(s)$ 是复变量 $s$ 的单值有理复变函数。根据复变函数的理论，如果 $F(s)$ 在 $s$ 平面上指定域内是非奇异的，那么对于此区域内的任一点 $d$ 都可通过 $F(s)$ 的映射关系在 $F(s)$ 平面（以下称为 $F$ 平面）上找到一个相应的点 $d'$（称 $d'$ 为 $d$ 的像）；对于 $s$ 平面上的任意一条不通过 $F(s)$ 任何奇异点的封闭曲线 $\Gamma$，也可通过映射关系在 $F(s)$ 平面找到一条与它相对应的封闭曲线 $\Gamma'$（称 $\Gamma'$ 为 $\Gamma$ 的像），如图 5-32 所示。

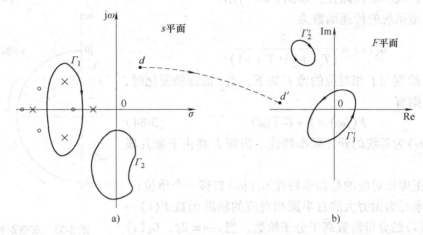

图 5-32 $s$ 平面与 $F$ 平面的映射关系
a) $s$ 平面  b) $F$ 平面

如果在 $s$ 平面上有一个封闭曲线包围 $F(s)$ 的一个零点 $-z_i$，当 $s$ 在此路径上顺时针旋转一周时，$F(s)$ 的相角变化量 $\triangle \angle F(s) = -2\pi$，表明在 $F(s)$ 平面上有一条闭合路径绕原点顺时针旋转一周。如果在 $s$ 平面上有一个封闭曲线包围 $F(s)$ 的一个极点 $-p_j$，当 $s$ 在此路径上顺时针旋转一周时，则 $\triangle \angle F(s) = 2\pi$，表明在 $F(s)$ 平面上有一条闭合路径绕原点逆时针旋转一周。

设 $s$ 平面上不通过 $F(s)$ 任何奇异点的某条封闭曲线 $\Gamma$，它包围了 $F(s)$ 在 $s$ 平面上的 $Z$ 个零点和 $P$ 个极点。当 $s$ 以顺时针方向沿封闭曲线 $\Gamma$ 移动一周时，则在 $F$ 平面上相对应于封闭曲线 $\Gamma$ 的像 $\Gamma'$ 将以顺时针的方向围绕原点旋转 $N$ 圈。$N$ 与 $Z$、$P$ 的关系为

$$N = Z - P \tag{5-82}$$

例如图 5-32 中，$F(s)$ 在 $s$ 平面上有 4 个极点和 4 个零点，封闭曲线 $\Gamma_1$ 包围了 1 个零点和 2 个极点，当 $s$ 在 $s$ 平面上以顺时针方向沿 $\Gamma_1$ 移动一周时，其对应的像 $\Gamma_1'$ 将以顺时针方向围绕原点 $N_1$ 圈，$N_1 = Z_1 - P_1 = 1 - 2 = -1$（圈），即以逆时针方向围绕原点 1 圈。同理，因 $\Gamma_2$ 不包围 $F(s)$ 的任何零点和极点，当 $s$ 在 $s$ 平面上以顺时针方向沿 $\Gamma_2$ 移动一周时，其对应的像 $\Gamma_2'$ 将以顺时针方向围绕原点 $N_2$ 圈，$N_2 = Z_2 - P_2 = 0$（圈），即 $\Gamma_2'$ 不绕过原点。

$F(s)$ 的相角为

$$\angle F(s) = \sum_{i=1}^{n} \angle (s + z_i) - \sum_{j=1}^{n} \angle (s + p_j) \tag{5-83}$$

### 5.5.2 奈奎斯特判据

设 $s$ 平面上 $\Gamma$ 曲线由以下 3 段所组成：

i. 正虚轴 $s = j\omega$：频率 $\omega$ 由 0 变到 $\infty$；
ii. 半径为无限大的右半圆 $s = Re^{j\theta}$：$R \to \infty$，$\theta$ 由 $\pi/2$ 变化到 $-\pi/2$；
iii. 负虚轴 $s = j\omega$：频率 $\omega$ 由 $-\infty$ 变到 0。

这样，由这 3 段所组成的封闭曲线 $\Gamma$ 就包围了整个 $s$ 右半平面，这种封闭曲线 $\Gamma$ 称为奈奎斯特路径，简称奈氏路径，如图 5-33 所示。

现设 0 型系统的传递函数为

$$G_k(s) = \frac{K}{(T_1 s + 1)(T_2 s + 1)}$$

在 $F$ 平面上绘制与 $\Gamma$ 相对应的像 $\Gamma'$ 如下：当 $s$ 沿虚轴变化时，由式(5-81)则有

$$F(j\omega) = 1 + G_k(j\omega) \qquad (5\text{-}84)$$

式中，$G_k(j\omega)$ 为系统的开环频率特性。因而 $\Gamma'$ 将由下面几段组成：

i. 和正虚轴对应的是频率特性 $G_k(j\omega)$ 右移一个单位；
ii. 和半径为无穷大的右半圆相对应的辅助函数 $F(s) \to 1$。由于 $G_k(s)$ 的分母阶数高于分子阶数，当 $s \to \infty$ 时，$G_k(s) \to 0$，则 $F(s) \to 1$；
iii. 和负虚轴相对应的是频率特性对称于实轴的镜像。

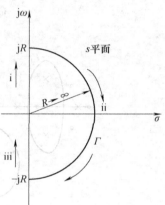

图 5-33 奈奎斯特路径

图 5-34 绘出了系统开环频率特性曲线 $G_k(j\omega)$，将曲线右移 1 个单位，并取镜像，则成为 $F$ 平面上的封闭曲线 $\Gamma'$，如图 5-35 所示。

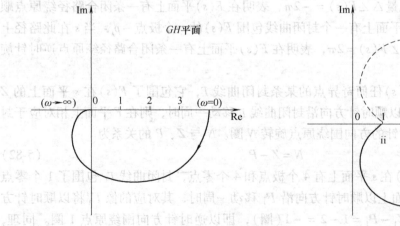

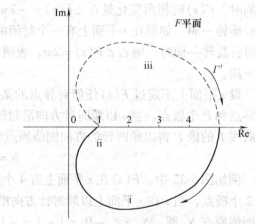

图 5-34 $G_k(j\omega)$ 特性曲线  　　　　图 5-35 $F$ 平面上的封闭曲线

对于包围了整个 $s$ 右半平面的奈奎斯特路径，式(5-82)中的 $Z$ 和 $P$ 分别为闭环传递函数和开环传递函数在 $s$ 右半平面上的极点数，而 $N$ 可以有两种提法：其一是，$F$ 平面上 $\Gamma'$ 曲线顺时针围绕原点的圈数；其二是，开环奈奎斯特曲线 $G_k(j\omega)$ 及其镜像顺时针围绕 $(-1, j0)$ 点的圈数。这两种提法是完全等效的。

由于 $F(s)$ 的零点就是 $\Phi(s)$ 的极点，所以闭环系统稳定的充要条件是 $Z=0$，即

$$N = -P \tag{5-85}$$

综上所述，将奈奎斯特稳定判据的内容归纳如下：

设系统开环传递函数 $G_k(s)$ 在 $s$ 右半平面的极点数为 $P$，开环频率特性 $G_k(j\omega)$ 曲线及其镜像以顺时针方向包围 $(-1, j0)$ 点 $N$ 圈。若 $N = -P$，则闭环系统稳定。若闭环系统不稳定，则系统在右半 $s$ 平面上的闭环极点数为

$$Z = N + P \tag{5-86}$$

**例 5-4** 设某系统开环传递函数为

$$G_k(s) = \frac{52}{(s+2)(s^2+2s+5)}$$

试用奈奎斯特稳定判据判别闭环系统的稳定性。

**解：**

$$G_k(s) = \frac{5.2}{\left(\frac{1}{2}s+1\right)\left(\frac{1}{5}s^2+\frac{2}{5}s+1\right)}$$

绘出系统的极坐标频率特性曲线，如图 5-36 所示，图中虚线部分表示其镜像。随着 $\omega$ 从 $-\infty$ 变化到 0 再到 $\infty$，以顺时针方向包围 $(-1, j0)$ 点 2 圈，即 $N = 2$。而由 $G_k(s)$ 表达式可知，分布在 $s$ 右半平面的开环极点数为 0，即 $P = 0$。所以 $N \neq -P$，按奈奎斯特稳定判据可知，闭环系统是不稳定的。用式(5-86)可求出系统在 $s$ 右半平面上的极点数为 $Z = N + P = 2 + 0 = 2$。

利用奈奎斯特判据还可讨论开环传递系数 $K$ 对闭环系统稳定性的影响。当 $K$ 值改变时，在任一频率下将引起幅频特性成比例地变化，而相频特性不受影响。因此，就图 5-36 而言，奈奎斯特曲线与负实轴相交于 $(-2, j0)$ 点，若 $K$ 缩小一半，即由 5.2 变为 2.6 时，奈奎斯特曲线就正好通过 $(-1, j0)$ 点，此时系统处于临界稳定

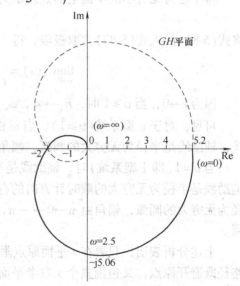

图 5-36 例 5-4 系统的极坐标图及其镜像

状态；若 $K$ 再减小，即 $K < 2.6$ 时，奈奎斯特曲线将从 $(-1, j0)$ 点的右方穿过负实轴，整个奈奎斯特曲线将不再包围 $(-1, j0)$ 点，这时闭环系统就稳定了。

### 5.5.3 奈奎斯特判据在 I 型和 II 型系统中的应用

设系统开环传递函数为

$$G_k(s) = \frac{K \prod_{i=1}^{m}(\tau_i s + 1)}{s^\nu \prod_{j=1}^{n-\nu}(T_j s + 1)} \tag{5-87}$$

按照幅角定理的规定，在 $s$ 平面上的奈奎斯特路径 $\Gamma$ 不能通过 $F(s)$ 的奇异点，所以对于 $v \neq 0$ 的系统，不能直接应用图 5-33 所示的奈奎斯特路径。

为了应用奈奎斯特判据分析 I、II 型系统的稳定性，可以如图 5-37 所示修改 $s$ 平面上原点附近的奈奎斯特路径 $\Gamma$，在图 5-33 的基础上，增加一个以原点为圆心、半径 $R'$ 为无穷小的右半圆，使它既不通过 $s=0$ 处的开环极点而又能包围整个 $s$ 右半平面。修改后的奈奎斯特路径由下列 4 段曲线所组成：

i. 正虚轴 $s=j\omega$：频率 $\omega$ 由 $0^+$ 变化到 $+\infty$；

ii. 半径为无穷大的右半圆 $s=Re^{j\theta}$：$R \to \infty$，$\theta$ 由 $\pi/2 \to 0 \to -\pi/2$（顺时针方向变化）；

iii. 负虚轴 $s=j\omega$：频率 $\omega$ 由 $-\infty$ 变化到 $0^-$；

iv. 半径为无穷小的右半圆 $s=re^{j\varphi}$：$r \to 0$，$\varphi$ 由 $-\pi/2 \to 0 \to \pi/2$（逆时针方向变化）。

将半径为无穷小的半圆上的点表示为

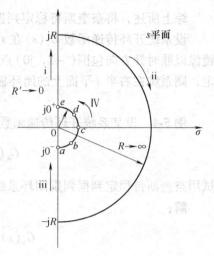

图 5-37 修改后的奈奎斯特路径

$$s = re^{j\varphi} \tag{5-88}$$

将式(5-88)代入式(5-87)并取极限，得

$$\lim_{s \to 0} G_k(s) = \frac{K}{(re^{j\varphi})^v} = \frac{K}{r^v} e^{-jv\varphi} = K_v e^{j\varphi_v} \tag{5-89}$$

因为 $r \to 0$，当 $v \geq 1$ 时，$K_v \to \infty$，$\varphi_v$ 由 $v\pi/2 \to 0 \to v\pi/2$（顺时针方向变化）。

可见，对于 $v$ 型系统（$v \geq 1$），当 $\omega$ 由 $0^- \to 0 \to 0^+$ 时，可作出对应的奈奎斯特曲线辅助线，辅助线是半径为无穷大的圆弧，幅角由 $v\pi/2 \to 0 \to v\pi/2$。

当 $v=1$（即 I 型系统）时，辅助线是半径为无穷大的圆弧，幅角由 $\pi/2 \to 0 \to -\pi/2$，即辅助线是半径为无穷大的顺时针方向的右半个圆周。当 $v=2$（即 II 型系统）时，辅助线是半径为无穷大的圆弧，幅角由 $\pi \to 0 \to -\pi$，即辅助线是半径为无穷大的顺时针方向的一个圆周。

上述分析表明，只要在 $s$ 平面原点附近的奈奎斯特路径增加一个小右半圆，使奈奎斯特路径既避开原点，又包围整个 $s$ 右半平面，对应着奈奎斯特曲线增加一段辅助线，则奈奎斯特稳定判据完全适用于 $v \geq 1$ 型系统。

**例 5-5** 设某 I 型系统的开环频率特性如图 5-38 所示，没有在 $s$ 右半平面的开环极点，试用奈奎斯特稳定判据判断系统的稳定性。

**解**：因为系统没有在 $s$ 右半平面的开环极点，所以 $P=0$。

作出开环频率特性的镜像，因为是 I 型系统，还需作奈奎斯特曲线的辅助线，如图 5-39 所示。可见，当 $\omega$ 由 $-\infty \to 0 \to \infty$ 时，奈奎斯特曲线形成封闭曲线，顺时针包围 $(-1, j0)$ 点 0 圈，则 $N=-P=0$，根据奈奎

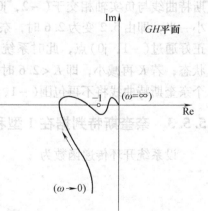

图 5-38 例 5-5 系统的奈奎斯特图

斯特稳定判据，该Ⅰ型系统是稳定的。

**例 5-6**　某Ⅱ型系统的开环频率特性如图 5-40 中实线所示，已知系统在 $s$ 右半平面无开环极点，试用奈奎斯特稳定判据判断系统的稳定性。

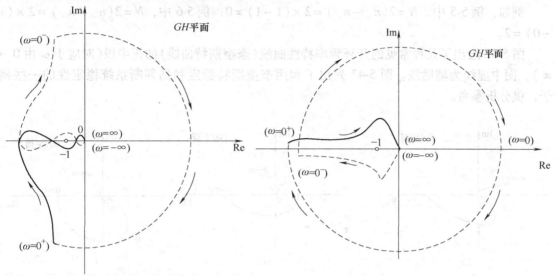

图 5-39　例 5-5 奈奎斯特图及其镜像　　　图 5-40　例 5-6 系统的奈奎斯特图及其镜像

**解：**因为系统在 $s$ 右半平面无开环极点，所以 $P=0$。

作出开环频率特性的镜像，因为是Ⅱ型系统，还需作奈奎斯特曲线的辅助线，如图 5-40 所示。可见，奈奎斯特曲线形成封闭曲线，顺时针包围($-1$，$j0$)点 2 圈，即 $N=2$，则 $N\neq -P$。由式(5-86)可得，$Z=N+P=2$，即该闭环系统在 $s$ 右半平面有 2 个特征根。

在利用奈奎斯特图判别闭环系统的稳定性时，为简便起见，可以只画出 $\omega=0\to\infty$ 变化的频率特性曲线(在 $v\geq 1$ 时，含 $\omega=0\to 0^+$ 时作的辅助线)进行判断，此时用一根直线连接 $\omega=0$ 和 $\omega=\infty$ 两点，形成一个封闭曲线。顺时针包围($-1$，$j0$)点的圈数 $\times 2=N$，再根据式(5-85)就可以判断出闭环系统的稳定性。如例 5-5 中，$N=0\times 2=0$；例 5-6 中，$N=1\times 2=2$。

还可以用频率特性曲线的正、负穿越的概念来求出频率特性曲线顺时针包围($-1$，$j0$)点的圈数。

先画出 $\omega=0\to\infty$ 变化的频率特性曲线(在 $v\geq 1$ 时，含 $\omega=0\to 0^+$ 时作的辅助线)。随着 $\omega$ 的增大，若奈奎斯特曲线 $G_k(j\omega)$ 穿过负实轴的($-\infty$，$-1$)区间，就称发生了穿越。若这次穿越伴随着相角的增加，就称为正穿越，正穿越次数用 $n_+$ 表示；若这次穿越伴随着相角的减小，就称为负穿越，负穿越次数用 $n_-$ 表示。如图 5-41 所示，则奈奎斯特曲线顺时针包围($-1$，$j0$)点的圈数为

$$N=2(n_- - n_+) \tag{5-90}$$

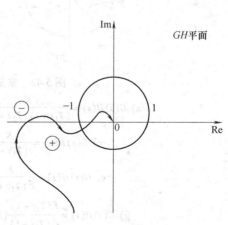

图 5-41　正负穿越的定义

注意，若某次穿越发生在由奈奎斯特图的第二象限进入第三象限或由第三象限进入第二象限，则穿越次数算 1 次。若某次穿越开始于负实轴或终止于负实轴，则穿越次数算 0.5 次，如图 5-43b、e 所示。

例如，例 5-5 中，$N = 2(n_- - n_+) = 2 \times (1-1) = 0$；例 5-6 中，$N = 2(n_- - n_+) = 2 \times (1-0) = 2$。

图 5-42 绘出了几种常见的开环频率特性曲线(奈奎斯特曲线)的正半段(对应于 $\omega$ 由 $0 \to \infty$)，图中虚线为辅助线。图 5-43 列出了利用奈奎斯特稳定判据判断系统稳定性的一些例子，供分析参考。

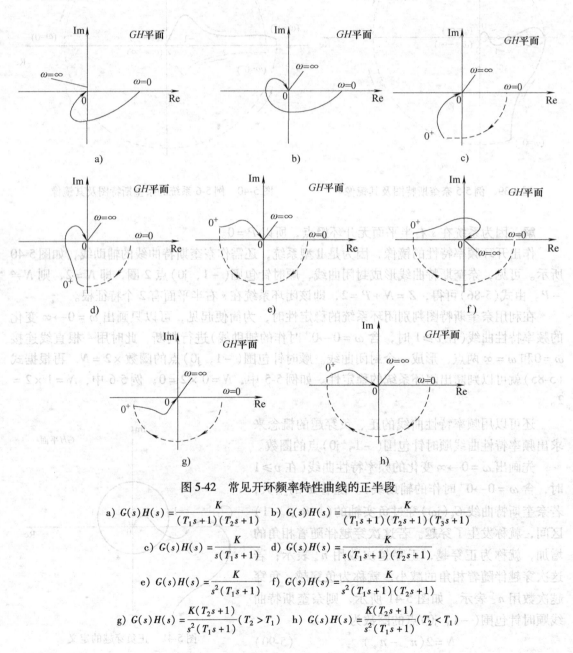

图 5-42 常见开环频率特性曲线的正半段

a) $G(s)H(s) = \dfrac{K}{(T_1s+1)(T_2s+1)}$   b) $G(s)H(s) = \dfrac{K}{(T_1s+1)(T_2s+1)(T_3s+1)}$

c) $G(s)H(s) = \dfrac{K}{s(T_1s+1)}$   d) $G(s)H(s) = \dfrac{K}{s(T_1s+1)(T_2s+1)}$

e) $G(s)H(s) = \dfrac{K}{s^2(T_1s+1)}$   f) $G(s)H(s) = \dfrac{K}{s^2(T_1s+1)(T_2s+1)}$

g) $G(s)H(s) = \dfrac{K(T_2s+1)}{s^2(T_1s+1)}(T_2 > T_1)$   h) $G(s)H(s) = \dfrac{K(T_2s+1)}{s^2(T_1s+1)}(T_2 < T_1)$

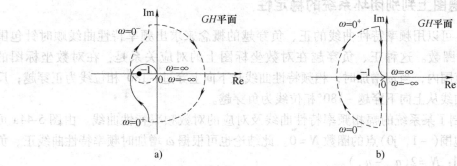

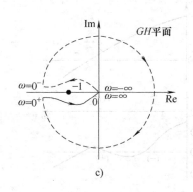
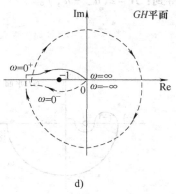

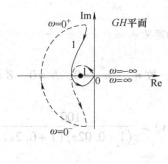
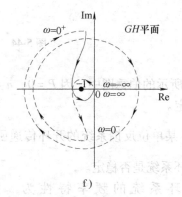

图 5-43 利用奈奎斯特稳定判据判断系统稳定性的一些例子

a) $GH(s) = \dfrac{K}{s(T_1s+1)(T_2s+1)}$ $N=2$, $P=0$, 所以 $Z=2$, 闭环不稳定

b) $GH(s) = \dfrac{K}{s(Ts-1)}$ $N=1$, $P=1$, 所以 $Z=2$, 闭环不稳定

c) $GH(s) = \dfrac{K(T_2s+1)}{s^2(T_1s+1)}(T_2>T_1)$ $N=0$, $P=0$, 所以 $Z=0$, 闭环稳定

d) $GH(s) = \dfrac{K(T_2s+1)}{s^2(T_1s+1)}(T_2<T_1)$ $N=2$, $P=0$, 所以 $Z=2$, 闭环不稳定

e) $GH(s) = \dfrac{K(T_2s+1)}{s(T_1s-1)}$ $N=-1$, $P=1$, 所以 $Z=0$, 闭环稳定

f) $GH(s) = \dfrac{K}{s^3}(T_1s+1)(T_2s+1)$ $N=0$, $P=0$, 所以 $Z=0$, 闭环稳定

### 5.5.4 在伯德图上判别闭环系统的稳定性

前面讲到，可以用频率特性曲线的正、负穿越的概念来求出频率特性曲线顺时针包围 $(-1, j0)$ 点的圈数。这种正、负穿越在对数坐标图上的对应关系是：在对数坐标图的 $L(\omega) > 0 \text{dB}$ 的范围内，当 $\omega$ 增加时，相频特性曲线从下向上穿过 $-180°$ 相位线为正穿越；反之，相频特性曲线从上向下穿越 $-180°$ 相位线为负穿越。

图 5-44 绘制了某系统的幅相频率特性曲线及对应的对数频率特性曲线。由图 5-44a 可知，幅相曲线包围 $(-1, j0)$ 点的圈数 $N=0$。此结论也可根据 $\omega$ 增加时频率特性曲线正、负穿越的情况得到：$N = 2(n_- - n_+)$。

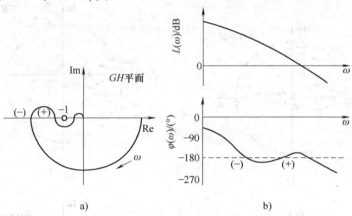

图 5-44 正负穿越的定义

图 5-44 所示的伯德图中，因 $P=0$，$n_- = n_+ = 1$，故 $n_- - n_+ = 0$，$N=0$，$Z=N+P=0$，闭环系统稳定。

**例 5-7** 某单位反馈系统的开环传递函数为 $G_k(s) = \dfrac{100}{s(1+0.02s)(1+0.2s)}$，试用伯德图判断其闭环系统是否稳定。

**解：** 开环系统的频率特性为 $G_k(j\omega) = \dfrac{100}{j\omega(1+0.02j\omega)(1+0.2j\omega)}$，其对数频率特性曲线如图 5-45 所示。本系统开环稳定，没有右侧开环极点，即 $P=0$。

从伯德图可知，在 $L(\omega) > 0 \text{dB}$ 的频带范围内，随着 $\omega$ 的增大，$\varphi(\omega)$ 由上向下穿越了 $-180°$ 相位线，即 $n_- = 1$，而 $n_+ = 0$。故

$$n_- - n_+ = 1 - 0 = 1, \quad N = 2$$

又由于 $P=0$，故 $Z = N+P = 2$

说明闭环系统右半平面有两个极

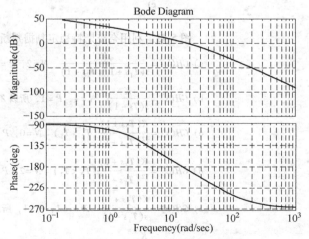

图 5-45 例 5-7 系统的伯德图

点，系统不稳定。

### 5.5.5 多回路系统的稳定性分析

判别多回路系统的稳定性时，首先应判断其局部反馈部分（即内环）的稳定性。如图5-46所示的多回路系统中，首先应对内环 $G_2'(j\omega)H_2'(j\omega)$ 的稳定性作出判断，找出内环部分在 $s$ 右半平面的极点数，再和系统其余开环部分在 $s$ 右半平面的极点数一起考虑，以便判别整个多回路系统的稳定性。一般来说，多回路控制系统需多次利用奈奎斯特判据才能最终确定整个闭环系统是否稳定。

**例 5-8** 设多回路系统的结构如图 5-47 所示。试用奈奎斯特判据判断当 $K_1 = 1$ 时系统是否稳定，并计算 $K_1$ 的稳定域。

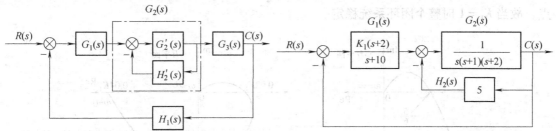

图 5-46 多回路系统的结构形式之一　　　图 5-47 例 5-8 的多回路系统结构图

**解**：局部反馈回路的小闭环传送函数为

$$\Phi_1(s) = \frac{G_2(s)}{1+G_2(s)H_2(s)} = \frac{1}{s(s+1)(s+2)+5}$$

故全系统的开环传递函数为

$$G_k(s) = G_1(s)\Phi_1(s) = \frac{K_1(s+2)}{(s+10)[s(s+1)(s+2)+5]}$$

内回路的开环传递函数为

$$G_2(s)H_2(s) = \frac{5}{s(s+1)(s+2)} = \frac{2.5}{s(s+1)(0.5s+1)}$$

式中，实频特性和虚频特性分别为

$$P_1(\omega) = \frac{-3.75\omega^2}{2.25\omega^4+(\omega-0.5\omega^3)^2}; \quad Q_1(\omega) = \frac{-2.5(\omega-0.5\omega^3)}{2.25\omega^4+(\omega-0.5\omega^3)^2}$$

令 $Q_1(\omega) = 0$，可求出内环奈氏曲线与实轴相交时的频率 $\omega = \sqrt{2}$，将此值代回 $P_1(\omega)$，求得曲线与实轴之交点为 $P_1 = -5/6$，内回路的曲线如图 5-48a 所示。

因内回路开环传递函数 $G_2(s)H_2(s)$ 无右侧极点，且其开环幅相特性未包围 $(-1, j0)$ 点，根据奈奎斯特判据知内环稳定。内环稳定，意味着 $\Phi_1(s)$ 无右侧极点，考虑到 $G_1(s)$ 亦无右侧零、极点，故整个系统都没有右侧极点，即 $P = 0$。

当 $K_1 = 1$ 时，全系统的开环传递函数为

$$G_k(s) = \frac{s+2}{(s+10)[s(s+1)(s+2)+5]}$$

相应的开环频率特性表达式为

$$G_k(j\omega) = \frac{j\omega + 2}{(j\omega + 10)[j\omega(j\omega + 1)(j\omega + 2) + 5]} = P(\omega) + jQ(\omega)$$

其中，全系统的开环实频特性 $P(\omega)$ 和虚频特性 $Q(\omega)$ 分别为

$$P(\omega) = \frac{100 - 39\omega^2 - 11\omega^4}{(\omega^4 - 32\omega^2 + 50)^2 + (13\omega^3 - 25\omega)^2}$$

$$Q(\omega) = \frac{\omega^3(\omega^2 - 6)}{(\omega^4 - 32\omega^2 + 50)^2 + (13\omega^3 - 25\omega)^2}$$

同理，令 $Q(\omega) = 0$，可求得 $\omega = \sqrt{6}$ 时开环幅相特性曲线与实轴相交，交点为 $P = -0.019 \approx -0.02$。系统的奈奎斯特曲线如图 5-48b 所示。因 $\omega = 0 \to \infty$ 变化时曲线未包围 $(-1, j0)$ 点，故当 $K_1 = 1$ 时整个闭环系统稳定。

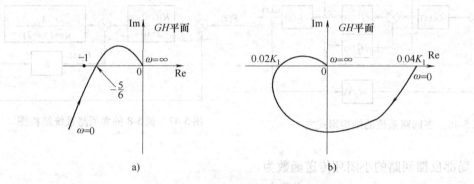

图 5-48　例 5-8 多回路系统的极坐标图
a) 内回路的开环极坐标图　b) 系统的开环极坐标图

图 5-48b 表明由于曲线与实轴的交点 $P = -0.02$，该交点距离 $(-1, j0)$ 点很远，故闭环系统充分稳定。只有当 $K_1$ 值增大 50 倍时曲线才与 $(-1, j0)$ 点相交，系统才进入稳定的临界状态。可见，$K_1$ 值的稳定域为

$$0 < K_1 < 50$$

## 5.6　相对稳定性

控制系统稳定与否是绝对稳定性的概念，而对一个稳定的系统而言，还存在着一个稳定的程度问题。相对稳定性与系统的瞬态响应指标有着密切的关系。在设计一个控制系统时，不仅要求它必须是绝对稳定的，而且还应保证系统具有一定的稳定程度，即具备适当的相对稳定性。只有这样，才能不致因建立数学模型和系统分析计算中的某些简化处理，或者系统参数变化而导致系统不稳定。

对于一个开环传递函数中没有虚轴右侧零、极点的最小相位系统而言，$G_k(j\omega)$ 曲线越靠近 $(-1, j0)$ 点，系统阶跃响应的振荡就越强烈，系统的相对稳定性就越差。因此，可用 $G_k(j\omega)$ 曲线对 $(-1, j0)$ 点的靠近程度来表示系统的相对稳定程度（当然，这不能适用于条件稳定系统）。通常，这种靠近程度是以幅值裕度和相位裕度来表示的。

**1. 幅值裕度**

设 $\omega = \omega_g$ 时，$G_k(j\omega)$ 曲线与负实轴相交，此时特性曲线的幅值为 $A(\omega_g)$，如图5-49 所示。幅值裕度是指 $(-1, j0)$ 点的幅值 1 与 $A(\omega_g)$ 之比，常用 $h_g$ 表示，即

$$h_g = \frac{1}{A(\omega_g)} \tag{5-91}$$

在对数坐标图上，采用 $L_g$ 来表示 $h_g$ 的分贝值，即

$$L_g = 20\lg h_g \tag{5-92}$$

$L_g$ 称为对数幅值稳定裕度，以 dB 表示，如图 5-50 所示。

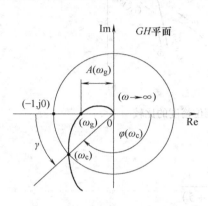

图 5-49  幅值裕度和相位裕度的定义

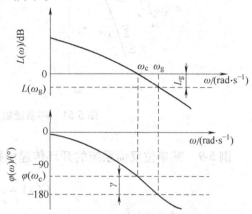

图 5-50  稳定裕度在伯德图上的表示

$\omega_g$ 称为相角穿越频率。

**2. 相位裕度**

相位裕度是指幅相频率特性 $G_k(j\omega)$ 的幅值 $A(\omega) = |G_k(j\omega)| = 1$ 时的向量与负实轴的夹角，常用希腊字母 $\gamma$ 表示。

在 GH 平面上画出一个以原点为圆心的单位圆，如图 5-49 所示。当 $\omega = \omega_c$ 时，$G_k(j\omega)$ 曲线正好与该单位圆相交，即 $A(\omega_c) = 1$。相位裕度的定义为

$$\gamma = \varphi(\omega_c) - (-180°) = 180° + \varphi(\omega_c) \tag{5-93}$$

由于 $L(\omega_c) = 20\lg A(\omega_c) = 20\lg 1 = 0$，故在伯德图中，相位裕度表现为 $L(\omega) = 0$dB 处的相角 $\varphi(\omega_c)$ 与 $-180°$ 水平线之间的距离，用度 $(°, \deg)$ 表示，如图 5-50 所示，上述两图中的 $\gamma$ 均为正值。$\omega_c$ 称为幅值穿越频率，又称截止频率。

幅值裕度的物理意义在于：稳定系统的传递系数(放大倍数)增大 $h_g$ 倍，则 $\omega = \omega_g$ 处的幅值 $A(\omega_g)$ 将等于1，曲线正好通过 $(-1, j0)$ 点，系统处于临界稳定状态；若传递系数增大 $h_g$ 倍以上，系统将变成不稳定。

相位裕度的物理意义在于：稳定系统在幅值穿越频率 $\omega_c$ 处若相角再滞后一个角度 $\gamma$，则系统处于临界状态；若相角滞后大于 $\gamma$，系统将变成不稳定。

对于最小相位系统，欲使系统稳定，就要求相位裕度 $\gamma > 0$ 和幅值裕度 $h_g > 1$（或 $L_g > 0$）。为保证系统具有一定的相对稳定性，稳定裕度就不能太小。在工程设计中，一般取 $\gamma = 30° \sim 60°$，$A(\omega_g) \leq 0.5$ 即 $L_g \geq 6$dB。

必须指出，仅用相位裕度或幅值裕度，有时还不足以说明系统的稳定程度。例如图 5-51

所示的两个系统的频率特性曲线 $G_1(j\omega)$ 和 $G_2(j\omega)$ 中，图 5-51a 表明两个系统的幅值裕度相同，但相位裕度却相差甚远，系统 2 的相对稳定性比系统 1 的要好得多。图 5-51b 则表示两系统的相位裕度相同，但幅值裕度相异，系统 1 的幅值裕度较大，稳度程度自然更高。可见，对于一般的自动控制系统，常常需同时采用 $\gamma$ 和 $h_g$（或 $L_g$）两种稳定裕度来表征系统的稳定程度，在某些特殊情况下也可以只用 $\gamma$ 值和 $h_g$（或 $L_g$）值来表示。

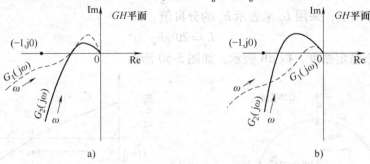

图 5-51　两系统幅值裕度和相位裕度的比较

**例 5-9**　某单位反馈系统的开环传递函数为

$$G(s) = \frac{K_g}{s(s+1)(s+5)}$$

试分别求 $K_g = 10$ 和 $K_g = 100$ 时系统的幅值裕度和相位裕度。

**解**：本题传递函数以零、极点的形式给出，故应先将其化成以时间常数表示的典型环节的表示形式，以便于绘制伯德图。

为此，将 $G(s)$ 改写为

$$G(s) = \frac{K_g/5}{s(s+1)(0.2s+1)} = \frac{K}{s(s+1)(0.2s+1)}$$

式中，$K = K_g/5$，为系统开环传递系数。按题意是求 $K = 2$ 和 $K = 20$ 时的 $\gamma$ 值和 $h_g$ 值。

当 $K = 2$ 时，系统的伯德图如图 5-52a 所示。由图示的曲线读得系统的相位裕度和幅值裕度分别为 $L_g = 8\text{dB}$ 和 $\gamma = 21°$。意即系统的传递系数 $K$ 仍可增大，只要增大的倍数小于 2.51 倍（相当于 8dB），系统仍是稳定的。

当 $K$ 值由 2 增大至 20，即 $K$ 值增大为原来的 10 倍，10 倍就相当于 $L(\omega) = 20\lg 10 = 20\text{dB}$。可见，$K$ 值增大为原来的 10 倍就相当于将 $L(\omega)$ 特性向上平移 20dB，而 $\varphi(\omega)$ 保持不变，其结果如图 5-52b 所示。由图中读得 $\gamma = -30°$ 和 $L_g = -12\text{dB}$。两者均为负值，表明 $K = 20$ 时闭环系统是不稳定的。

**例 5-10**　某小功率角度随动系统的框图如图 5-53 所示。其中检测比较元件、功率放大元件和被控对象的传递函数分别为

$$G_1(s) = 4$$

$$G_2(s) = \frac{2.0}{0.025s+1}$$

$$G_3(s) = \frac{2.5}{s(0.1s+1)}$$

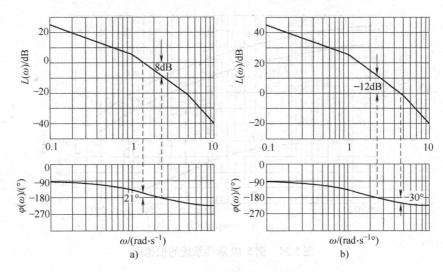

图 5-52 K 值变化的伯德图
a) $K_g = 10$ 时系统的伯德图  b) $K_g = 100$ 时系统的伯德图

设电压放大器的放大系数为 $K_2$，试判断 $K_2 = 10$ 时闭环系统的稳定性。并求使相位裕度 $\gamma = 30°$ 时系统应有的开环传递系数。

图 5-53 小功率角度随动系统的框图

**解**：当 $K_2 = 10$ 时，系统开环传递函数为

$$G_k(s) = K_2 G_1(s) G_2(s) G_3(s) = \frac{200}{s(0.025s+1)(0.1s+1)}$$

由此绘制出的系统开环伯德图如图 5-54 所示。由图可得，截止频率 $\omega_c = 38 s^{-1}$，此处的相角 $\varphi(\omega_c) = -209° < -180°$，故闭环系统不稳定。

为使系统稳定具有 30° 的相位裕度，可将 $L(\omega)$ 特性向下平移，以使截止频率左移。设 $\omega_c'$ 为 $L(\omega)$ 特性下移后的截止频率。由式(5-93)可得

$$\varphi(\omega_c') = -180° + \gamma = -180° + 30° = -150°$$

由 $\varphi(\omega)$ 曲线得知，$\varphi(\omega_c') = -150°$ 出现在 $\omega_c' = 10 s^{-1}$ 的地方。此时，$L(\omega_c') = 22 dB$。因此，若把 $L(\omega)$ 往下平移 22dB，即可获得 $\gamma = 30°$ 的相位裕度。由此可计算出开环传递系数应改变的倍数 $\Delta K$，即

$$20 \lg \Delta K = -22 (dB)$$

求反对数得 $\Delta K = 0.079$。意即将原系统的开环传递系数降低 0.079 倍，即可获得 30° 的相位裕度。于是开环传递系数应取

$$K = 200 \times 0.079 = 15.8$$

图 5-54 绘出了 $K = 15.8$ 时系统的对数幅频特性 $L'(\omega)$。可见，$K = 15.8$ 时系统的截止频率 $\omega_c = 10 rad/s$，相位裕度 $\gamma = 30°$，幅值裕度 $L_h = 10 dB (\omega_g = 20 rad/s)$。

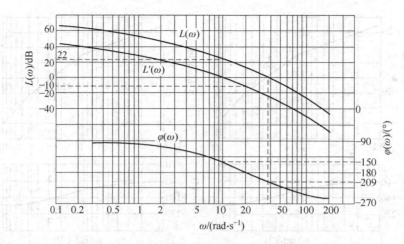

图 5-54 例 5-10 随动系统的伯德图

## 5.7 利用开环频率特性分析系统的性能

对于单位反馈系统，其开、闭环传递函数之间的关系为

$$\Phi(s) = \frac{G_K(s)}{1 + G_K(s)}$$

$\Phi(s)$ 的结构和参数唯一地取决于开环传递函数 $G_K(s)$。这样可以直接利用开环频率特性来分析闭环系统的动态响应，而不必经过计算闭环频率特性这一步。

下面介绍如何利用开环对数频率特性曲线在不同频率范围内的特性，来定性分析和定量估算闭环系统的静态性能指标和动态性能指标。

图 5-55 是系统开环对数幅频渐近特性曲线，将它分成三个频段进行讨论。

**1. $L(\omega)$ 低频段与系统稳态误差的关系**

低频段通常是指 $L(\omega)$ 的渐近曲线在第一个转折频率以前的区段，这一段的特性完全由积分环节的数目（即系统型别 $v$）和开环传递系数决定。

低频段的斜率为 0dB/dec——"0"型系统。

低频段的斜率为 -20dB/dec——"Ⅰ"型系统。

低频段的斜率为 -40dB/dec——"Ⅱ"型系统。

低频段的高度由开环传递系数 $K$ 决定。

低频段对数幅频特性的形状如图 5-56 所示。

由于系统稳态误差（时域指标 $e_{ss}$）也主要决定于系统开环传递函数中积分环节数目 $v$ 和开环传递系数 $K$，因此 $L(\omega)$ 低频段的特性反映了系统

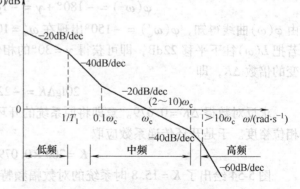

图 5-55 系统开环对数幅频渐近特性曲线

的静态性能。

**2. $L(\omega)$ 中频段与系统稳定性和动态性能的关系**

中频段是指开环对数幅频特性曲线 $L(\omega)$ 在截止频率 $\omega_c$ 附近的区段，这段特性集中反映了系统的稳定性、平稳性和快速性。

下面在假定闭环系统稳定的条件下，对两种极端的情况进行分析。

① 如果 $L(\omega)$ 曲线在中频段的斜率为 $-20\text{dB/dec}$，而且占据的频率范围较宽，如图 5-57a 所示，则只从平稳性和快速性着眼，可近似认为开环的整个特性为 $-20\text{dB/dec}$ 的直线，其对应的开环传递函数为

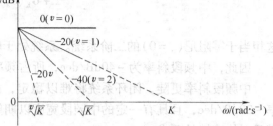

图 5-56　低频段对数幅频曲线

$$G_K(s) \approx \frac{K}{s} = \frac{\omega_c}{s}$$

对于单位反馈系统，其闭环传递函数为

$$\Phi(s) = \frac{G_K(s)}{1+G_K(s)} = \frac{\dfrac{\omega_c}{s}}{1+\dfrac{\omega_c}{s}} = \frac{1}{\dfrac{1}{\omega_c}s+1}$$

这相当于一阶系统。其阶跃响应按指数规律变化，没有振荡，即系统具有较高的平稳性。而调节时间 $t_s = 3T = 3\dfrac{1}{\omega_c}$，截止频率越高，$t_s$ 越小，系统快速性越好。

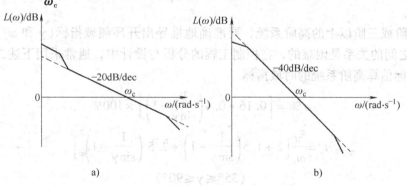

图 5-57　中频段对数幅频曲线

故中频段配置较宽的 $-20\text{dB/dec}$ 斜率线，则相角裕度 $\gamma$ 较大，最大超调量 $\sigma\%$ 较小；截止频率 $\omega_c$ 高一些，调节时间 $t_s$ 较小；系统将具有近似一阶系统的动态过程，$\sigma\%$ 及 $t_s$ 小。

② 如果 $L(\omega)$ 曲线在中频段的斜率为 $-40\text{dB/dec}$，而且占据的频率范围较宽，如图 5-57b 所示，则只从平稳性和快速性着眼，可近似认为整个开环特性为 $-40\text{dB/dec}$ 的直线，其对应的开环传递函数为

$$G_K(s) \approx \frac{K}{s^2} = \frac{\omega_c^2}{s^2}$$

对于单位反馈系统，闭环传递函数为

$$\Phi(s) \approx \frac{G_K(s)}{1+G_K(s)} \approx \frac{\dfrac{\omega_c^2}{s^2}}{1+\dfrac{\omega_c^2}{s^2}} = \frac{\omega_c^2}{s^2+\omega_c^2}$$

这相当于零阻尼($\zeta=0$)的二阶系统。系统处于临界稳定状态，动态过程持续振荡。

因此，中频段斜率为$-40\text{dB/dec}$，所占频率范围不宜过宽；否则，$\sigma\%$及$t_s$显著增大。中频段斜率更陡，闭环系统将难以稳定，故通常取$L(\omega)$曲线在截止频率$\omega_c$附近的斜率$-20\text{dB/dec}$，且具有一定的中频段宽度以期望得到良好的平稳性；同时可以用提高$\omega_c$来满足对快速性的要求。

对于典型二阶系统

$$G_K(s) = \frac{\omega_n^2}{s(s+2\zeta\omega_n)}$$

$$A(\omega) = \frac{\omega_n^2}{\omega\sqrt{\omega^2+(2\zeta\omega_n)^2}}$$

$$\varphi(\omega) = -90° - \arctan\frac{\omega}{2\zeta\omega_n}$$

可导出

$$\omega_c = \omega_n\sqrt{\sqrt{1+4\zeta^4}-2\zeta^2}$$

$$\gamma = \arctan\frac{2\zeta}{\sqrt{\sqrt{1+4\zeta^4}-2\zeta^2}}$$

可见$\gamma$与$\sigma\%$一样，仅决定于$\zeta$，所以可以用$\gamma$反映$\sigma\%$，在$\zeta$一定的情况下$t_s$决定于$\omega_n$，而$\omega_c$与$\omega_n$有确定关系，故可用$\omega_c$间接反映$t_s$，所以$\gamma$和$\omega_c$是反映系统动态性能的开环频域指标。

对于三阶或三阶以上的高阶系统，要准确地推导出开环频域指标($\gamma$和$\omega_c$)与时域指标($\sigma\%$和$t_s$)之间的关系是困难的，在控制工程的分析与设计中，通常采用下述二个近似公式来用频域指标估算高阶系统的时域指标

$$\sigma\% = \left[0.16+0.4\left(\frac{1}{\sin\gamma}-1\right)\right]\times 100\% \tag{5-94}$$

$$t_s = \frac{\pi}{\omega_c}\left[2+1.5\left(\frac{1}{\sin\gamma}-1\right)+2.5\left(\frac{1}{\sin\gamma}-1\right)^2\right] \tag{5-95}$$

$$(35°\leqslant\gamma\leqslant 90°)$$

式中，$\gamma$为相位裕度。

**3. 高频段对系统抗干扰能力的影响**

高频段是指$L(\omega)$曲线在中频段以后($\omega>\omega_c$)的区段，这部分特性是由系统中时间常数很小的部件决定的。由于远离$\omega_c$，一般分贝值都较低，故对系统的动态响应影响不大。但高频段的特性，反映系统对高频干扰的抑制能力。由于高频时开环对数幅频的幅值较小，即$20\lg A(\omega) \ll 0$，$A(\omega) \ll 1$。故对单位反馈系统有

$$|\Phi(\text{j}\omega)| = \frac{|G_K(\text{j}\omega)|}{|1+G_K(\text{j}\omega)|} \approx |G_K(\text{j}\omega)| = A(\omega)$$

闭环幅频等于开环幅频。

因此，系统开环对数幅频在高频段的幅值，直接反映了系统对输入高频干扰信号的抑制能力。高频特性的分贝值越低，系统抗干扰能力越强。

**4. 结论**

三个频段的划分并没有严格的确定准则，但是三频段的概念，为直接运用开环频率特性判别闭环系统的性能指出了原则和方向。

以上分析表明，系统的开环频率特性能够反映闭环系统的性能。对于最小相位系统，因为开环幅频特性和相频特性之间有一一对应的关系，所以系统的性能完全可以由开环对数幅频特性 $L(\omega)$ 曲线反映出来。

综上所述，开环对数幅频特性一般应具有如下的性质：

① 如果要求系统具有一阶或二阶无差度，则 $L(\omega)$ 曲线的低频段应具有 $-20\mathrm{dB/dec}$ 或 $-40\mathrm{dB/dec}$ 的斜率。为保证系统的稳态精度，低频段应有较高的分贝数。

② $L(\omega)$ 曲线应以 $-20\mathrm{dB/dec}$ 的斜率穿过 0 分贝线，且具有一定的中频段宽度使系统具有足够的稳定裕度，以保证闭环系统具有较好的平稳性。

③ $L(\omega)$ 曲线应具有尽可能高的截止频率 $\omega_c$，以提高闭环系统的快速性。

④ $L(\omega)$ 曲线的高频段应具有较负的斜率，以增强系统的抗干扰能力。

## 5.8 利用闭环频率特性分析系统的性能

在闭环系统稳定的基础上，利用闭环频率特性，可进一步对系统的动态过程的平稳性、快速性进行分析和估算。闭环幅频和相频特性曲线，可以借用已有的开环幅相特性曲线。应用向量法求得。

### 5.8.1 用向量法求闭环频率特性

控制系统的闭环传递函数为

$$\Phi(s) = \frac{G(s)}{1+G(s)H(s)} = \frac{1}{H(s)} \frac{G(s)H(s)}{1+G(s)H(s)}$$

其中 $H(s)$ 为主反馈通道的传递函数，一般为常数。在 $H(s)$ 为常数的情况下，闭环频率特性的形状不受影响。因此，研究闭环系统频域指标时，只需针对单位反馈系统进行。

对于单位反馈系统，其闭环频率特性 $\Phi(\mathrm{j}\omega)$ 和开环频率特性 $G(\mathrm{j}\omega)$ 之间有着如下关系：

$$\Phi(\mathrm{j}\omega) = \frac{G(\mathrm{j}\omega)}{1+G(\mathrm{j}\omega)} \tag{5-96}$$

如果单位反馈系统的开环幅相曲线如图 5-58 所示，则由图可知，当 $\omega = \omega_1$ 时，开环频率特性为

$$G(\mathrm{j}\omega_1) = \overrightarrow{OA} = |\overrightarrow{OA}|\mathrm{e}^{-\mathrm{j}\varphi}$$

$$1 + G(\mathrm{j}\omega_1) = \overrightarrow{PA} = |\overrightarrow{PA}|\mathrm{e}^{-\mathrm{j}\theta}$$

故闭环频率特性为

$$\Phi(\mathrm{j}\omega_1) = \frac{G(\mathrm{j}\omega_1)}{1+G(\mathrm{j}\omega_1)} = \frac{|\overrightarrow{OA}|}{|\overrightarrow{PA}|}\mathrm{e}^{-\mathrm{j}(\varphi-\theta)}$$

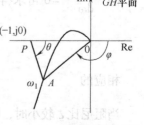

图 5-58 由开环幅相曲线确定闭环频率特性

此式表明，向量$\overrightarrow{OA}$的幅值和向量$\overrightarrow{PA}$的幅值之比，即为闭环的幅频；向量$\overrightarrow{PA}$和$\overrightarrow{OA}$夹角$\angle PAO$，就是闭环相频，也即

$$|\Phi(j\omega_1)| = \frac{|\overrightarrow{OA}|}{|\overrightarrow{PA}|}$$

$$\angle \Phi(j\omega_1) = -(\varphi - \theta) = -\angle PAO$$

根据同样的方法，求得不同频率对应的闭环幅频和相频，即可画出所要求的闭环频率特性曲线。

### 5.8.2 利用闭环幅频特性分析和估算系统的性能

在已知闭环系统稳定的条件下，可以只根据系统的闭环幅频特性曲线，对系统的动态响应过程进行定性分析和定量估算。

图 5-59 所示是闭环幅频特性曲线。

**1. 定性分析**

1) 零频振幅比 $M(0)$ 反映系统在阶跃信号作用下是否存在静差。

$M(0)$ 是指 $\omega = 0$ 时闭环幅频特性的数值。当 $M(0) = 1$ 时，说明系统在阶跃信号作用下没有静差，即 $e_{ss} = 0$。当 $M(0) \neq 1$ 时，说明系统在阶跃信号作用下有静差，即 $e_{ss} \neq 0$。

2) 谐振峰值 $M_m$ 反映系统的平稳性。

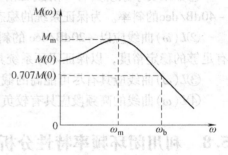

图 5-59 闭环幅频特性曲线

$M_m$ 是指 $\omega$ 由 0 变至 $\infty$ 时曲线 $M(\omega)$ 的最大值。$M_m$ 大，说明系统的"阻尼"弱，动态过程的超调量大，平稳性差。$M_m$ 小，系统的平稳性好。

一阶系统，幅频曲线没有峰值，其阶跃响应过程没有超调。即 $\sigma\% = 0$。平稳性好。

典型二阶系统

$$\phi(s) = \frac{\omega_n^2}{s^2 + 2\zeta\omega_n s + \omega_n^2}$$

$$\phi(j\omega) = \frac{\omega_n^2}{(\omega_n^2 - \omega^2) + j2\zeta\omega_n\omega}$$

$$M(\omega) = \frac{\omega_n^2}{\sqrt{(\omega_n^2 - \omega^2)^2 + (2\zeta\omega_n\omega)^2}}$$

由 $\frac{dM(\omega)}{d\omega} = 0$ 可求得

$$\omega_m = \omega_n \sqrt{1 - 2\zeta^2} \quad \left(0 < \zeta \leq \frac{\sqrt{2}}{2}\right)$$

相应的

$$M_m = \frac{1}{2\zeta\sqrt{1-\zeta^2}} \quad \left(0 < \zeta \leq \frac{\sqrt{2}}{2}\right) \tag{5-97}$$

当阻尼比 $\zeta$ 较小时，幅频曲线出现峰值，$\zeta$ 越小→$M_m$ 越大→超调量 $\sigma\%$ 越大→平稳性差。

3) 带宽频率 $\omega_b$ 反映系统的快速性。

带宽频率 $\omega_b$ 是指幅频特性 $M(\omega)$ 的数值衰减到 $0.707M(0)$ 时所对应的频率。

$\omega_b$ 高,则 $M(\omega)$ 曲线由 $M(0)$ 的数值衰减到 $0.707M(0)$ 时所占据的频率区间 $(0, \omega_b)$ 较宽,表明系统能通过频率较高的输入信号;$\omega_b$ 低,说明系统只能通过频率较低的输入信号。因此,$\omega_b$ 高的系统,复现快速变化的信号能力强,失真小,反映系统自身的惯性小,动态过程进行得迅速,但抑制输入端高频干扰的能力较弱。

对于一阶系统

$$\Phi(s) = \frac{1}{Ts+1}$$

$$\Phi(j\omega) = \frac{1}{j\omega T+1}$$

$$M(0) = |\Phi(j0)| = 1$$

$$M(\omega_b) = |\Phi(j\omega_b)| = \frac{1}{\sqrt{(\omega_b T)^2+1}} = 0.707M(0)$$

解得

$$\omega_b = \frac{1}{T}$$

系统调节时间 $t_s = (3 \text{ 或 } 4)T = \frac{3 \text{ 或 } 4}{\omega_b}$。所以,$\omega_b$ 越大,$t_s$ 越小,系统快速性越好。

对于典型二阶系统

$$M(0) = 1$$

由 $M(\omega_b) = \frac{\sqrt{2}}{2} M(0)$ 可导出

$$\omega_b = \omega_n \sqrt{1-2\zeta^2+\sqrt{2-4\zeta^2+4\zeta^4}}$$

根据调节时间 $t_s = \frac{3 \text{ 或 } 4}{\zeta\omega_n}$,有 $\omega_b \uparrow \to \omega_n \uparrow \to t_s \downarrow$。

当谐振峰值 $M_m$ 不变时,系统的带宽频率 $\omega_b$ 与调节时间 $t_s$ 成反比。

$M_m$ 和 $\omega_b$(或 $\omega_m$)是反映系统动态性能的闭环频域指标。

4) 闭环幅频特性曲线 $M(\omega)$ 在 $\omega_b$ 处的斜率反映系统抗高频干扰的能力。

$\omega_b$ 处的 $M(\omega)$ 曲线的斜率越陡,对高频正弦信号的衰减越快,抑制高频干扰的能力越强。

**2. 定量估算**

利用一些经统计计算得到的公式和图线,可以由闭环幅频 $M(\omega)$ 曲线直接估算出阶跃响应的性能指标 $\sigma\%$ 及 $t_s$。下面仅介绍一种方法。

设稳定系统的幅频特性曲线如图 5-60 所示,其中:

$M_0$——$M(0)$;

$M_m$——峰值;

$\omega_b$——$M(\omega)$ 的衰减至 $0.707M(0)$ 处的角频率,即频带;

$\omega_{0.5}$——$M(\omega)$ 的衰减至 $0.5M(0)$ 处的角频率;

$\omega_1$——$M(\omega)$ 过峰值后又衰减至 $M_0$ 值所对应的角频率。

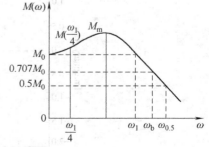

图 5-60 闭环幅频特性 $M(\omega)$ 曲线

依上述诸值,时域性能指标的估算公式为

$$\sigma\% = \left\{41\ln\left[\frac{M_{\mathrm{m}}M\left(\dfrac{\omega_1}{4}\right)}{M_0^2} \cdot \frac{\omega_{\mathrm{b}}}{\omega_{0.5}}\right] 17\right\}\%  \tag{5-98}$$

$$t_{\mathrm{s}} = \left(13.57\frac{M_{\mathrm{m}}\omega_{\mathrm{b}}}{M_0\omega_{0.5}} - 2.51\right)\frac{1}{\omega_{0.5}} \tag{5-99}$$

## 5.9 利用 MATLAB 绘制频率特性曲线图

用 MATLAB 可以很容易精确绘制奈奎斯特图和伯德图,方便地求取系统的稳定裕度,从而分析和设计控制系统。

### 5.9.1 利用 MATLAB 绘制奈奎斯特图

绘制奈奎斯特图的 MATLAB 命令是 nyquist(num, den)。当用户需要知道指定频率 w 时,可用函数 nyquist(num, den, w),此时 w 应该为一个向量。

另外还有两种等号左端含有变量的形式:

[re, im] = nyquist(num, den);

[re, im] = nyquist(num, den, w);

通过这两种形式的调用,可计算频率特性的实部和虚部,但是不能直接在屏幕上产生奈奎斯特图,需要通过调用 plot(re, im) 函数才可以得到奈奎斯特图。

**例 5-11** 已知系统的开环传递函数为 $G(s) = \dfrac{2s^2 + 5s + 1}{s^2 + 2s + 3}$,用 MATLAB 绘制奈奎斯特图。

**解:** 键入命令

num = [2, 5, 1];

den = [1, 2, 3];

nyquist(num, den);

运行程序即可得到图 5-61 所示的奈奎斯特图。

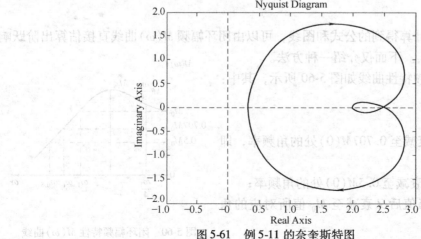

图 5-61 例 5-11 的奈奎斯特图

## 5.9.2 利用 MATLAB 绘制伯德图

绘制伯德图可用命令 bode(num, den)。如果需要给出频率 w 的范围，可调用指令 w = logspace(a, b, n)，频率 w 的采样点的值在十进制数 $10^a$ 和 $10^b$ 之间产生 n 个十进制对数分度的等距离点，然后调用 bode(num, den, w) 命令绘制伯德图。

**例 5-12** 已知系统的开环传递函数为 $G(s) = \dfrac{2000(s+5)}{s(s+2)(s^2+4s+100)}$，用 MATLAB 绘制伯德图。

**解**：键入命令
num = 2000 * [1, 5];
den = conv([1, 2, 0], [1, 4, 100]);
bode(num, den);
grid on;
运行程序即可得到图 5-62 所示的伯德图。

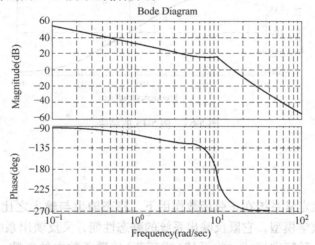

图 5-62 例 5-12 的伯德图

## 5.9.3 利用 MATLAB 分析相对稳定性

用命令 margin(G) 可以绘制出 G 的伯德图，并标出幅值裕度、相位裕度和相对应的频率。而用 [kg, r, wg, wc] = margin(G) 可求出 G 的幅值裕度 kg、相位裕度 r 和幅值穿越频率 wc 等。

**例 5-13** 已知系统的开环传递函数为 $G(s) = \dfrac{2500}{s(s+5)(s+50)}$，用 MATLAB 求幅值裕度、相位裕度。

**解**：键入命令
num = 2500;
den = conv([1, 0], conv([1, 5], [1, 50]));
[kg, r, wc] = margin(num, den)

则显示

kg = 5.5000

r = 31.7124

wc = 15.8114

幅值裕度 kg 为 5.5000、相位裕度 r 为 31.7124，幅值穿越频率 wc = 15.8114。

如果第三个命令改为 margin(num, den)，则会从图上直观地给出幅值裕度和相位裕度的结果，如图 5-63 所示。

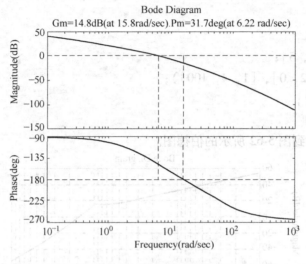

图 5-63 例 5-13 的结果

## 5.10 小结

频率特性是线性定常系统在正弦函数作用下，稳态输出与输入之比对频率的函数关系。频率特性也是一种数学模型，它既反映出系统的静态性能，又反映出系统的动态性能。频率特性是传递函数的一种特殊形式。将系统（或环节）传递函数中的复数 $s$ 换成纯虚数 $j\omega$，即可得出系统（或环节）的频率特性。

频率特性分析法是一种图解分析法，用频率法研究、分析控制系统时，可免去许多复杂而困难的数学运算。对于难以用解析方法求得频率特性曲线的系统，可以改用实验方法测得其频率特性，这是频率法的突出优点之一。

频率特性图形因其采用的坐标系不同而分为极坐标图、伯德图及对数幅相图等几种形式。各种形式之间是互通的，而每种形式却有其特定的适用场合。

奈奎斯特稳定判据是用频率特性法分析、设计控制系统的基础。利用奈奎斯特稳定判据，除了可判断系统的稳定性外，还可获得相位裕度和幅值裕度等重要信息。对于多数工程系统而言，使用相位裕度和幅值裕度这两个指标来衡量系统的相对稳定性是适宜的。

开环对数频率特性曲线——Bode 图（伯德图）是控制系统工程设计的重要工具。开环对数幅频特性 $L(\omega)$ 低频段的斜率表征了系统的类型（型别），其高度则表征了开环传递系数的大小，因而低频段全面表征系统稳态性能；$L(\omega)$ 中频段的斜率、宽度 $h$ 以及截止频 $\omega_c$，则表征着系统的动态性能；高频段对动态性能的影响极小，但却表征了系统的抗干扰能力。

利用开环频率特性或闭环频率特性的某些特征量，均可对系统的时域性能指标作出间接的评估。其中开环频域指标是相位裕度 $\gamma$、截止频率 $\omega_c$ 以及中频段宽度 $h$。闭环频域指标是谐振峰值 $M_m$、谐振频率 $\omega_m$，以及系统带宽 $\omega_b$。这些特征量和时域指标 $\sigma\%$、$t_s$ 之间有密切的关系。这种关系对于二阶系统是确切的，而对于高阶系统则是近似的，但在工程设计中已完全满足要求。

## 5.11 习题

5-1 试求图 5-64 所示 RC 网络的频率特性表达式。

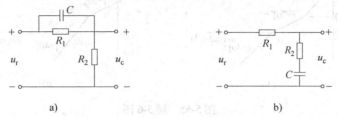

图 5-64 题 5-1 图

5-2 设单位反馈系统的开环传递函数为

$$G_k(s) = \frac{2}{s(s+1)}$$

试绘制：(1) 幅相频率特性；(2) 对数频率特性 $L(\omega)$ 和 $\varphi(\omega)$。

5-3 一阶不稳定环节的传递函数为

$$G_k(s) = \frac{1}{Ts-1}$$

试绘出其幅相频率特性和对数频率特性。

5-4 设系统的开环传递函数如下，试写出各系统开环频率特性，并绘制奈奎斯特图（草图）。

(1) $G_k(s) = \dfrac{2}{(s+1)(2s+1)}$；

(2) $G_k(s) = \dfrac{2}{s(s+1)(2s+1)}$；

(3) $G_k(s) = \dfrac{2}{s^2(s+1)(2s+1)}$。

5-5 设系统的开环传递函数如下，试分别绘制各系统的开环对数幅频特性（渐近线）。

(1) $G_k(s) = \dfrac{2}{(s+1)(5s+1)}$；

(2) $G_k(s) = \dfrac{2}{s(s+1)(5s+1)}$；

(3) $G_k(s) = \dfrac{10}{(0.25s+1)(0.25s^2+0.4s+1)}$；

(4) $G_k(s) = \dfrac{400}{s^2(s+1)(10s+1)}$。

5-6 设最小相位系统的开环对数幅频特性渐近线如图 5-65 所示，试分别写出其开环传递函数。

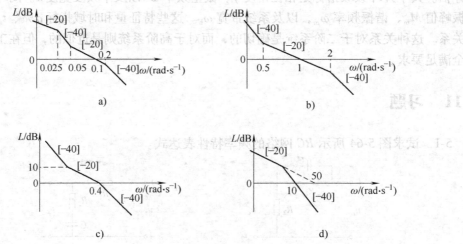

图 5-65 题 5-6 图

5-7 设系统开环幅相频率特性曲线如图 5-66 所示，其中 $P$ 为开环传递函数在 $s$ 右半平面上的极点数，$\nu$ 为系统的型别，试判别系统的稳定性。

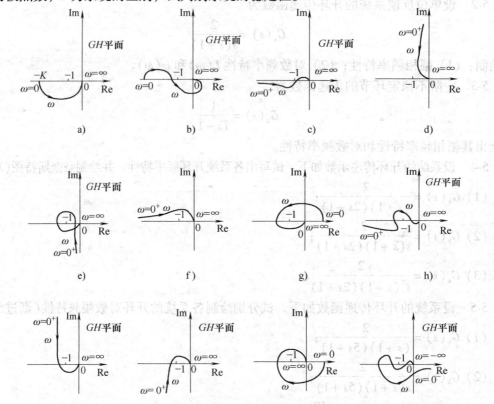

图 5-66 题 5-7 图

a) $P=1$  b) $P=1$  c) $P=0$, $\nu=2$  d) $P=1$, $\nu=1$  e) $P=2$, $\nu=1$  f) $P=0$, $\nu=2$
g) $P=2$  h) $P=0$, $\nu=2$  i) $P=0$, $\nu=3$  j) $P=1$, $\nu=3$  k) $P=0$  l) $P=0$, $\nu=4$

5-8 设系统的开环传递函数为

$$G_k(s) = \frac{k(T_2 s + 1)}{s^2(T_1 s + 1)}$$

试分别绘出 $T_1 < T_2$、$T_1 = T_2$、$T_1 > T_2$ 三种情况下的奈奎斯特图和伯德图,并判别系统的稳定性。

5-9 设某反馈控制系统中

$$G(s) = \frac{10}{s(s-1)}, \quad H(s) = 1 + \tau s$$

试确定使闭环系统稳定的 $\tau$ 的取值范围。

5-10 已知两个单位负反馈系统的开环传递函数分别为

$$G_1(s) = \frac{10}{s(0.1s+1)^2}, \quad G_2(s) = \frac{100}{s(s^2 + 0.8s + 100)}$$

试用对数稳定判据判别两闭环系统的稳定性。

5-11 设单位负反馈控制系统的开环传递函数为 $G(s) = \dfrac{as+1}{s^2}$,试确定使相位裕度 $\gamma = 45°$ 的 $a$ 值。

5-12 试计算以下各系统的相位裕度,并判断其稳定性。

(1) $G_1(s) = \dfrac{2}{(2s+1)(8s+1)}$

(2) $G_2(s) = \dfrac{100}{s(s^2 + s + 1)(6s+1)}$

(3) $G_3(s) = \dfrac{10}{(0.25s+1)(0.25s^2 + 0.4s + 1)}$

(4) $G_4(s) = \dfrac{200}{s^2(s+1)(10s+1)}$

5-13 设一单位负反馈系统的开环传递函数 $G(s) = \dfrac{K}{s(s^2 + s + 100)}$,若使系统的幅值裕度为 20dB,开环放大倍数 $K$ 应为何值?此时相位裕度为多少?

5-14 已知系统如图 5-67 所示,试计算系统的相位裕度和幅值裕度。

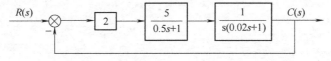

图 5-67 题 5-14 图

5-15 单位负反馈系统的开环传递函数是 $G(s) = \dfrac{16}{s(s+4\sqrt{2})}$,试计算下列参数:超调量 $\sigma\%$、调节时间 $t_s$、峰值时间 $t_p$、截止频率 $\omega_c$、谐振峰值 $M_m$、谐振频率 $\omega_m$、频带 $\omega_b$、相位裕度 $\gamma$、幅值裕度 $h_g$。

5-16 一控制系统的结构如图 5-68 所示，其中：$G_1(s) = \dfrac{10(s+1)}{8s+1}$，$G_2(s) = \dfrac{4.8}{s(s/20+1)}$，试按其闭环幅频特性曲线估算系统的阶跃响应性能指标：$\sigma\%$ 及 $t_s$。

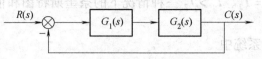

图 5-68 题 5-16 图

# 第 6 章 自动控制系统的校正

## 6.1 控制系统校正的基本概念

自动控制系统一般由控制器及被控对象组成。被控对象是指要求实现自动控制的机器、设备或生产过程，控制器则是指对被控对象起控制作用的装置总体，其中包括测量及信号转换装置、信号放大及功率放大装置和实现控制指令的执行机构等基本组成部分。

一个控制系统的设计过程大致如下：

因为被控对象首先要明确，所以总是已知的，在设计一个控制系统时，总是从分析被控对象入手，确定相应的测量反馈元件、执行元件以及放大变换元件，从而组成系统的基本结构，如图 6-1 所示。

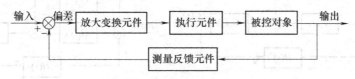

图 6-1 系统的固有部分

这样初步设计出来的系统称为系统的"固有部分"或系统的"不可变部分"。一般来讲，固有部分往往是比较"粗糙"的，难以满足对系统提出的技术要求，而且内部可调参数比较少，很难通过调整内部参数满足各方面的性能要求。这时必须在系统中引入一些附加装置来校正系统的性能，这种为校正系统性能而有目的地引入的装置称为校正装置或补偿装置。校正装置是控制器的一部分，它与基本组成部分一起构成完整的控制器。

而在系统的"固有部分"中加入适当的校正装置去改变系统的性能以满足对系统提出的要求，就是控制系统的校正。

"控制系统的校正"并不是讨论控制系统的具体设计过程，而是讨论如何采用合理的校正装置去改善控制系统的性能。它是系统设计的一个组成部分。本章主要介绍确定校正装置传递函数的方法，并适当地探讨校正装置的实现问题。

### 6.1.1 校正方式

根据校正装置在系统中的连接方式，系统校正可分为串联校正、反馈校正、复合校正三种。

串联校正的校正装置放在前向通道中，与被控的固有部分相串联，如图 6-2 所示。这种校正装置的结构比较简单，较易实现。由于串联校正通常是由低能量向高能量部位传递信号，加上校正装置本身的能量损耗，必须进行能量补偿，因此，串联校正装置通常由有源网络或元件构成，即其中需要有放大元件。串联校正装置常设于系统前向通道的能量较低的部位，以减少功率损耗。

反馈校正也称并联校正，是一种局部反馈，如图 6-3 所示。反馈校正还可以改造被反馈包围的环节的特性，抑制这些环节参数的波动或非线性因素对系统性能的不良影响。反馈校正是由高能量向低能量部位传递信号，校正装置本身不需要放大元件。

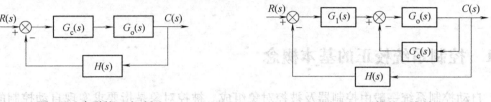

图 6-2 串联校正方式　　　　　　　图 6-3 反馈校正方式

复合校正是指在系统主反馈回路之外采用的校正，图 6-4a 是按照输入进行校正，是前馈控制；图 6-4b 是按照扰动补偿。在高精度控制系统中，复合控制得到了广泛的应用，如高精度伺服测试转台。

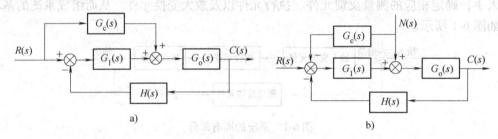

a)　　　　　　　　　　　　　　b)

图 6-4 复合校正方式

a) 复合控制校正-按输入校正　b) 复合控制校正-按扰动校正

在工程应用中，究竟采用哪一种校正方式，要视具体情况而定。一般来说，考虑的因素有：原系统的物理结构，信号是否便于取出和加入，信号的性质，系统中各点功率的大小，可供选用的元件，还有设计者的经验和经济条件等。

### 6.1.2 性能指标

性能指标是衡量控制系统性能优劣的尺度，是校正系统的技术依据。性能指标的提出应符合实际，以满足实际需要为度，不能盲目追求高指标，而忽略了实现的成本和难度。在控制系统设计中，采用的设计方法根据性能指标的形式而定。常用的性能指标如下：

**1. 稳态性能指标**

稳态性能指标常以稳态误差系数 $K_p$、$K_v$、$K_a$ 给出，它们反映出系统的稳态控制精度。

**2. 动态性能指标**

1) 时域指标：最大超调量 $\sigma\%$，调节时间 $t_s$，峰值时间 $t_p$。

2) 频域指标：频域指标又分为开环、闭环两种：

①开环频域指标：相位裕度 $\gamma$，幅值裕度 $h_g$，截止频率 $\omega_c$。

②闭环频域指标：谐振峰 $M_m$，频带宽度 $\omega_b$，谐振频率 $\omega_m$。

**3. 复域指标**

复域指标常以系统主导极点所允许的阻尼系数 $\zeta$ 和无阻尼自然振荡角频率 $\omega_n$ 来表示。

### 6.1.3 设计方法

校正的设计方法主要有频率法和根轨迹法两种。

如果性能指标以系统的相位裕度、幅值裕度、谐振峰、闭环带宽等频域特征量给出时，一般采用频率法校正。如果以单位阶跃响应的峰值时间、调节时间、超调量等时域特征量，或阻尼比和无阻尼自然振荡频率的复域指标给出时，一般采用根轨迹法校正。

当然，两种指标常常也可以通过近似公式进行互换，由前面的讨论可知。

（1）二阶系统频域指标与时域指标的关系

谐振峰值
$$M_m = \frac{1}{2\zeta\sqrt{1-\zeta^2}} \quad \zeta \leq 0.707 \tag{6-1}$$

谐振频率
$$\omega_m = \omega_n\sqrt{1-2\zeta^2} \quad \zeta \leq 0.707 \tag{6-2}$$

带宽频率
$$\omega_b = \omega_n\sqrt{1-2\zeta^2 + \sqrt{2-4\zeta^2+4\zeta^4}} \tag{6-3}$$

截止频率
$$\omega_c = \omega_n\sqrt{\sqrt{1+4\zeta^4}-2\zeta^2} \tag{6-4}$$

相位裕度
$$\gamma = \arctan\frac{2\zeta}{\sqrt{\sqrt{1+4\zeta^4}-2\zeta^2}} \tag{6-5}$$

超调量
$$\sigma\% = e^{-\pi\zeta/\sqrt{1-\zeta^2}} \times 100\% \tag{6-6}$$

调节时间
$$t_s = \frac{3\ \text{或}\ 4}{\zeta\omega_n} \ \text{或}\ \omega_c t_s = \frac{6\ \text{或}\ 8}{\tan\gamma} \tag{6-7}$$

（2）高阶系统频域指标与时域指标的关系

谐振峰值
$$M_m = \frac{1}{\sin\gamma} \tag{6-8}$$

超调量
$$\sigma\% = [0.16 + 0.4(M_m - 1)] \times 100\% \quad 1 \leq M_m \leq 1.8 \tag{6-9}$$

调节时间
$$t_s = \frac{K_0 \pi}{\omega_c} \tag{6-10}$$

$$K_0 = 2 + 1.5(M_m - 1) + 2.5(M_m - 1)^2 \quad 1 \leq M_m \leq 1.8 \tag{6-11}$$

## 6.2 校正装置及其特性

校正装置按照其动力源和信号性质不同，可以分为电气型、气动型、液压型和机械型等多种类型，其中电气型校正装置应用最为广泛。但从信号角度来看，校正装置将引入一定的相移，根据引入的相移情况，可分为超前校正装置、滞后校正装置、滞后—超前校正装置三大类。

**1. 超前校正装置**

超前校正装置又称微分校正装置，如果是电气型的，可以由 $RC$ 无源网络组成，也可以由有源网络组成，图6-5a为无源超前校正网络，图6-5b为有源超前校正网络。

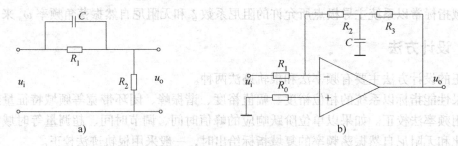

图6-5 超前校正装置
a) 无源超前校正网络　b) 有源超前校正网络

对于无源超前校正网络，可以导出它的传递函数为

$$G_c(s) = \alpha \frac{Ts+1}{\alpha Ts+1} = \frac{s+1/T}{s+1/(\alpha T)} \tag{6-12}$$

其中

$$\alpha = \frac{R_2}{R_1+R_2} < 1, \quad T = R_1 C \tag{6-13}$$

零点 $z_c = -1/T$，极点 $p_c = -1/(\alpha T)$，零点比极点更靠近虚轴。

频率特性为

$$G_c(j\omega) = \alpha \frac{jT\omega+1}{j\alpha T\omega+1} \tag{6-14}$$

相应的伯德图如图6-6a所示。如果用它做串联校正，校正后的系统开环传递系数将下降为原来的 $1/\alpha$，会导致稳态误差增加，满足不了对系统稳态性能的要求。为了使系统在校正前后的传递系数保持不变，可以加进放大器来补偿，网络衰减 $\alpha$ 倍，放大器的放大倍数就取 $1/\alpha$。这样，超前网络的频率特性为

$$G_c(j\omega) = \frac{jT\omega+1}{j\alpha T\omega+1} \tag{6-15}$$

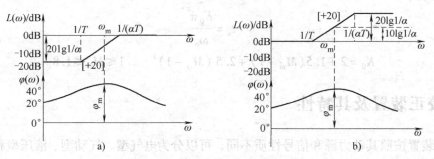

图6-6 超前网络的伯德图
a) 无源超前网络的伯德图　b) 补偿后超前网络的伯德图

相应的伯德图如图6-6b所示，它具有如下特征：

1)频率从0到∞变化,$\varphi(\omega)$始终大于0,意味着输出信号在相位上超前于输入信号,并且有最大值。

2)在频率$1/T$和$1/(\alpha T)$之间,$L(\omega)$曲线的斜率为20dB/dec,与微分环节的频率特性相同。由于幅值$L(\omega)$提高,校正后的系统截止频率$\omega'_c$大于固有系统的截止频率$\omega_c$。

3)在高频段,输出信号的幅值被放大,低频段幅值不变,超前校正网络相当于一个高通滤波器。

超前校正网络相角为

$$\varphi_c(\omega) = \arctan T\omega - \arctan \alpha T\omega \tag{6-16}$$

将式(6-16)对角频率$\omega$求导,即 $\dfrac{\mathrm{d}\varphi_c(\omega)}{\mathrm{d}\omega} = 0$

得到最大超前角对应的频率为

$$\omega_m = \frac{1}{T\sqrt{\alpha}} \tag{6-17}$$

由于$\omega_1 = \dfrac{1}{T}$,$\omega_2 = \dfrac{1}{T\alpha}$,故又得到$\omega_m = \sqrt{\omega_1 \omega_2}$。

表明网络的最大超前角正好出现在两个转折频率$\omega_1$、$\omega_2$的几何中心上,最大超前角为

$$\varphi_m = \varphi_c(\omega_m) = \arctan\frac{1-\alpha}{2\sqrt{\alpha}} = \arcsin\frac{1-\alpha}{1+\alpha} \tag{6-18}$$

$$\alpha = \frac{1-\sin\varphi_m}{1+\sin\varphi_m}$$

对应的幅值

$$L(\omega_m) = 10\lg\frac{1}{\alpha} \tag{6-19}$$

根据式(6-18)、式(6-19)可以绘出$\varphi_m$、$10\lg\dfrac{1}{\alpha}$与$\dfrac{1}{\alpha}$的关系曲线,如图6-7所示,该曲线供设计时查阅。

由此可见,$\varphi_m$仅与$\alpha$有关,$\alpha$越小,网络所提供的超前相角$\varphi_m$越大。由于超前网络相当于一个高通滤波器,过小的$\alpha$值对抑制噪声不利,实际选用的$\alpha$值一般大于0.05。

如果在系统中串入超前校正装置,可以给系统附加一个正的相角,提高相位裕度,同时超前校正导致截止频率增加,可以提高快速性。

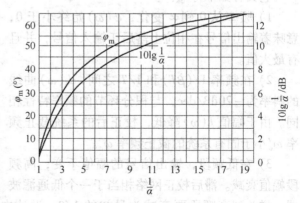

图6-7 超前网络中心$\varphi_m$、

$10\lg\dfrac{1}{\alpha}$与$\dfrac{1}{\alpha}$的关系曲线

无源网络还需加放大器,所以一般就直接用有源网络。实际上无源校正网络很难达到预

期的效果，因为其输入阻抗不为零，输出阻抗不为无穷大，会产生负载效应。

**2. 滞后校正装置**

相位滞后校正又称积分校正，图 6-8a 为无源滞后校正网络，图 6-8b 为有源滞后校正网络。

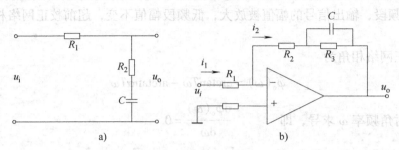

图 6-8 滞后校正装置
a) 无源滞后校正网络　b) 有源滞后校正网络

无源滞后网络的传递函数为

$$G_c(s) = \frac{Ts+1}{\beta Ts+1} \tag{6-20}$$

式中，$T = R_2 C$；$\beta = \dfrac{R_1 + R_2}{R_2} > 1$。

零点 $z_c = -1/T$，极点 $p_c = -1/(\beta T)$，极点比零点更靠近虚轴。

频率特性为

$$G_c(j\omega) = \frac{jT\omega + 1}{j\beta T\omega + 1} \tag{6-21}$$

相应的伯德图如图 6-9 所示。

它具有如下特征：

1）频率从 0 到 ∞ 变化，$\varphi(\omega)$ 始终小于 0，意味着输出信号在相位上落后于输入信号，并且有最大值。

2）在频率 $1/(\beta T)$ 和 $1/T$ 之间，$L(\omega)$ 曲线的斜率为 $-20\text{dB/dec}$，与积分环节的频率特性相同。由于幅值 $L(\omega)$ 降低，校正后的系统截止频率 $\omega_c'$ 小于固有系统的截止频率 $\omega_c$。

3）在低频段，输出信号的幅值不变，高频段幅值衰减。滞后校正网络相当于一个低通滤波

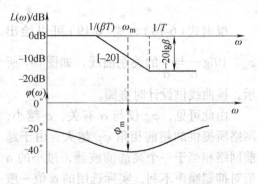

图 6-9 滞后校正网络的伯德图

器。增益到高频段要衰减为最初的 $1/\beta$，设计中利用它的高频衰减特性来压低系统的带宽。

相频特性 $\varphi(\omega)$ 在转折频率 $\omega_1 = \dfrac{1}{T\beta}$ 和 $\omega_2 = \dfrac{1}{T}$ 之间存在最大值 $\varphi_m$，同样可以证明，网络出现最大滞后角的频率为

$$\omega_{\mathrm{m}} = \frac{1}{T\sqrt{\beta}} \quad (6\text{-}22)$$

最大的滞后角度为

$$\varphi_{\mathrm{m}} = \varphi_{\mathrm{c}}(\omega_{\mathrm{m}}) = \arctan\frac{1-\beta}{2\sqrt{\beta}} \quad (6\text{-}23)$$

由于网络的相角滞后，校正后对系统的相位裕度会带来不良的影响。所以，采用滞后网络对系统进行串联校正时，应尽量避免使其最大滞后角 $\varphi_{\mathrm{m}}$ 出现在校正后系统的 $\omega_{\mathrm{c}}'$ 附近。为此，通常使 $\omega_2 = \frac{1}{T}$ 远小于 $\omega_{\mathrm{c}}'$，一般取

$$\omega_2 = \frac{1}{T} \approx \frac{\omega_{\mathrm{c}}'}{10} \quad (6\text{-}24)$$

这样，滞后网络在校正后系统新的截止频率处产生的相角为

$$\varphi_{\mathrm{c}}(\omega_{\mathrm{c}}') = \arctan T\omega_{\mathrm{c}}' - \arctan\beta T\omega_{\mathrm{c}}' \quad (6\text{-}25)$$

若选 $\omega_2 = \omega_{\mathrm{c}}'/10$，$\omega_{\mathrm{c}}' = 10\omega_2 = 10/T$，得到

$$\varphi_{\mathrm{c}}(\omega_{\mathrm{c}}') \approx \arctan\left[0.1\left(\frac{1}{\beta} - 1\right)\right] \quad (6\text{-}26)$$

滞后校正网络的传递函数可以写成下面的零极点形式，即

$$G_{\mathrm{c}}(s) = \frac{1+Ts}{1+\beta Ts} = \frac{1}{\beta}\frac{s+\dfrac{1}{T}}{s+\dfrac{1}{\beta T}} \quad (6\text{-}27)$$

零极点分布如图 6-10 所示。

从图中可以看出，极点更靠近坐标原点。从根轨迹的角度看，如果 $T$ 值足够大，则滞后网络将提供一对靠近坐标原点的开环偶极子，其结果是，在不影响远离偶极子处的根轨迹的前提下，将大大提高系统的稳态性能，与积分环节功能类似。

系统设计时往往需要满足控制增益的要求，但是根据要求确定了系统增益，带宽有可能会超出允许范围，造成不稳定，这时就可以用相位滞后校正来压低带宽。在满足系统稳态性能的同时，保证系统的稳定性，达到"稳、准、快"的要求。滞后校正的另一种用法是在保持带宽不变的情况下提高系统的增益。

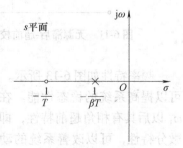

图 6-10 滞后校正网络零极点分布图

应该指出，滞后校正在低频部分的相位滞后有时会给系统带来问题，比如 II 型系统采用滞后校正后可能成为一个条件稳定系统。

**3. 滞后-超前校正装置**

滞后-超前校正又称积分-微分校正，同样可以由无源网络和有源网络来实现。这种校正

方式兼有滞后校正和超前校正的优点，因而使用在对稳态和动态性能要求都比较高的系统中。

图 6-11 是无源滞后-超前校正网络，可导出其传递函数为

$$G_c(s) = \frac{U_o(s)}{U_i(s)} = \frac{(R_1C_1s+1)(R_2C_2s+1)}{(R_1C_1s+1)(R_2C_2s+1)+R_1C_2s} \tag{6-28}$$

设 $R_1C_1 = T_1$，$R_2C_2 = T_2$，$R_1C_2 = T_{12}$，有

$$G_c(s) = \frac{U_o(s)}{U_i(s)} = \frac{(T_1s+1)(T_2s+1)}{T_1T_2s^2+(T_1+T_2+T_{12})s+1} \tag{6-29}$$

如果令

$$T_1 + T_2 + T_{12} = \frac{T_1}{\beta} + \beta T_2 \quad (\beta > 1)$$

则可以表示为

$$G_c(s) = \frac{(T_1s+1)(T_2s+1)}{\left(\dfrac{T_1}{\beta}s+1\right)(\beta T_2 s+1)} = G_1(s)G_2(s) \tag{6-30}$$

式中，$G_1(s) = \dfrac{T_1s+1}{\dfrac{T_1}{\beta}s+1}$，具有超前校正的性质；$G_2(s) = \dfrac{T_2s+1}{\beta T_2 s+1}$，具有滞后校正的性质。$\beta T_2 > T_2 > T_1 > T_1/\beta$，其零极点分布如图 6-12 所示。

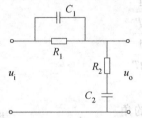

图 6-11 无源滞后-超前校正网络

图 6-12 滞后-超前校正网络零极点分布图

频率特性如图 6-13 所示。在 $0 < \omega < \omega_1$ 频率内，具有相位滞后特性，即具有积分特性，可以提高系统的稳态性能。在 $\omega > \omega_1$ 以后具有相角超前特性，即具有微分特性，可以改善系统的动态性能。在 $\omega_1$ 处，相角为零。

其实校正网络的形式很多。表 6-1 列出了常用无源校正网络的多种线路、对数幅频特性和参数之间的关系。表 6-2 则列出了由运算放大器所组成的多种有源校正网络的线路、对数幅频特性和参数之间的关系。

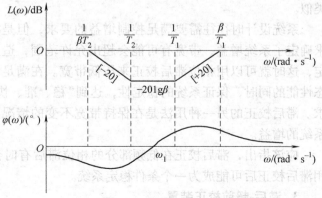

图 6-13 滞后-超前校正网络的伯德图

表 6-1 无源校正网络

| 电路图 | 传递函数 | 对数幅频特性(分段直线表示) |
|---|---|---|
| (电路: $R_1$, $R_2$, $C$) | $G(s) = \alpha \dfrac{Ts+1}{\alpha Ts+1}$<br>$T = R_1 C$<br>$\alpha = \dfrac{R_2}{R_1+R_2}$ | 折线: 0 → $1/T$ → $1/(\alpha T)$, 斜率 [20] |
| (电路: $R_3$, $R_1$, $C$, $R_2$) | $G(s) = \alpha_1 \dfrac{Ts+1}{\alpha_2 Ts+1}$<br>$\alpha_1 = \dfrac{R_2}{R_1+R_2+R_3}$<br>$T = R_1 C$<br>$\alpha_2 = \dfrac{R_2+R_3}{R_1+R_2+R_3}$ | 折线: $1/T$, $1/(\alpha_1 T)$, 斜率 [20] |
| (电路: $R_1$, $R_2$, $C$) | $G(s) = \dfrac{\alpha Ts+1}{Ts+1}$<br>$T = (R_1+R_2)C$<br>$\alpha = \dfrac{R_2}{R_1+R_2}$ | 折线: $1/T$, $1/(\alpha T)$, 斜率 [−20] |
| (电路: $R_1$, $R_2$, $R_3$, $C$) | $G(s) = \alpha \dfrac{(\tau s+1)}{Ts+1}$<br>$T = \left(R_2 + \dfrac{R_1 R_3}{R_1+R_3}\right)C$<br>$\tau = R_2 C$  $\alpha = \dfrac{R_3}{R_1+R_3}$ | 折线: $1/T$, $1/\tau$, $20\lg\alpha$, 斜率 [−20] |
| (电路: $C_1$, $R_1$, $R_2$, $C_2$) | $G(s) = \dfrac{T_1 T_2 s^2 + (T_1+T_2)s + 1}{T_1 T_2 s^2 + (T_1+T_2+T_{12})s + 1}$<br>$T_1 = R_1 C_1$<br>$T_2 = R_2 C_2$<br>$T_{12} = R_1 C_2$ | 折线: $1/T_1$, $1/T_2$, 斜率 [−20] 和 [20], $20\lg\dfrac{T_1+T_2}{T_1+T_2+T_{12}}$ |
| (电路: $R_3$, $C_1$, $R_1$, $R_2$, $C_2$) | $G(s) = \dfrac{(T_1 s+1)(T_2 s+1)}{T_1(T_2+T_{32})s^2 + (T_1+T_2+T_{12}+T_{32})s + 1}$<br>$T_1 = R_1 C_1$<br>$T_2 = R_2 C_2$<br>$T_{12} = R_1 C_2$<br>$T_{32} = R_3 C_2$ | 折线: $1/T_0$, $1/T_1$, $1/T_2$, $1/T_3$, 斜率 [−20] 和 [20], $20\lg K_\infty$, $K_\infty = \dfrac{R_2}{R_2+R_1}$ |

### 表 6-2  由运算放大器组成的有源校正网络

| 电路图 | 传递函数 | 对数幅频特性(分段直线表示) |
|---|---|---|
| (电路图) | $G(s) = -\dfrac{K}{Ts+1}$ <br> $T = R_2 C_1$, $K = \dfrac{R_2}{R_1}$ | (幅频特性图,转折频率 $1/T$,斜率 $[-20]$) |
| (电路图) | $G(s) = -\dfrac{(\tau_1 s+1)(\tau_2 s+1)}{Ts}$ <br> $\tau_1 = R_1 C_1$, $\tau_2 = R_2 C_2$ <br> $T = R_1 C_2$ | (幅频特性图,$1/\tau_1$, $1/T$, $1/\tau_2$,斜率 $[-20]$、$[20]$) |
| (电路图) | $G(s) = -\dfrac{\tau s+1}{Ts}$ <br> $\tau = \dfrac{R_2 R_3}{R_2+R_3} C_2$ <br> $K = \dfrac{R_1 R_3}{R_2+R_3} C_2$ | (幅频特性图,$1/\tau$, $1/T_1$,斜率 $[-20]$) |
| (电路图) | $G(s) = -K(\tau s+1)$ <br> $\tau = \dfrac{R_2 R_3}{R_2+R_3} C_2$ <br> $K = \dfrac{R_2+R_3}{R_1}$ | (幅频特性图,$1/\tau$,斜率 $[20]$,$20\lg K$) |
| (电路图) | $G(s) = -\dfrac{K(\tau s+1)}{Ts+1}$ <br> $K = \dfrac{R_2+R_3}{R_1}$, $T = R_4 C_2$ <br> $\tau = \left(\dfrac{R_2 R_3}{R_2+R_3} + R_4\right) C_2$ | (幅频特性图,$1/\tau$, $1/T$,斜率 $[20]$,$20\lg K$) |
| (电路图) | $G(s) = -\dfrac{K(\tau_1 s+1)(\tau_2 s+1)}{(T_1 s+1)(T_2 s+1)}$ <br> $K = \dfrac{R_4+R_5}{R_1+R_2}$ <br> $\tau_1 = \dfrac{R_4 R_5}{R_4+R_5} C_1$, $\tau_2 = R_2 C_2$ <br> $T_1 = R_5 C_1$, $T_2 = \dfrac{R_1 R_2}{R_1+R_2} C_2$ | (幅频特性图,$1/T_1$, $1/\tau_1$, $1/\tau_2$, $1/T_2$,斜率 $[-20]$、$[20]$,$20\lg K$) |

## 6.3 串联校正的设计

### 6.3.1 串联校正的频率法设计

频域法进行系统校正是一种间接方法,依据的不是时域指标而是频域指标,通常采用相位裕度等表征系统的相对稳定性,用开环截止频率 $\omega_c$ 表征系统的快速性。当给定的指标是时域指标时,首先需要转化为频域指标,才能够进行频域设计。

在频域中有三种基本图形,即奈奎斯特图、伯德图和尼柯尔斯图,都可以用来进行设计,但最好的是伯德图。因为伯德图比较容易绘制,而且校正网络的效果容易看出,只要将其幅值及相位曲线分别加在未校正系统上就行了。最常用的频域校正方法,是依据开环频率特性指标和开环增益,在伯德图上确定校正装置的参数并校验开环频域指标,在必要情况下,再在尼柯尔斯图上校验闭环特性指标。

**1. 超前校正装置的设计方法**

**例 6-1** 原系统如图 6-14 所示,现要求系统在单位斜坡输入下稳态误差 $e_{ss} \leq 0.1$,开环截止频率 $\omega_c' \geq 4.4\text{rad/s}$,相位裕度 $\gamma' \geq 45°$,幅值裕度 $L_g' \geq 10\text{dB}$,试分析该系统是否需要校正和应该怎样校正。

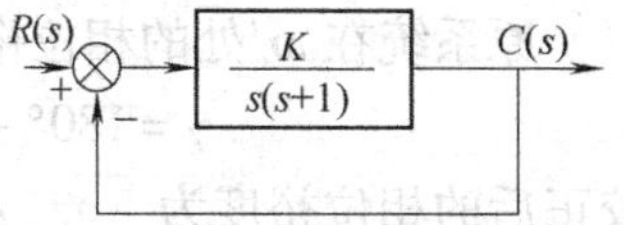

**解**:1)稳态计算:

$$e_{ss} = \frac{1}{k_v} = \frac{1}{K} \leq 0.1$$

图 6-14 例 6-1 系统的结构图

给定系统是 I 型系统,$K \geq 10$ 可以满足稳态误差要求,就取 $K = 10$。

2)动态特性计算。未校正前系统的开环传递函数为

$$G_o(s) = \frac{10}{s(s+1)}$$

通过频率特性分析,由图 6-15,得到

$$\omega_c = 3.16\text{rad/s}, \quad \gamma = 17.6°, \quad L_g = \infty$$

而要求相位裕度 $\gamma' \geq 45°$(工程要求相位裕度一般在 30°~60°之间),开环截止频率 $\omega_c' \geq 4.4\text{rad/s}$。显然原系统指标不能满足要求,需要校正。考虑到超前校正能有效提高系统的相位稳定裕度和截止频率,因此这里采用超前校正。

3)根据要求,确定校正后系统开环截止频率 $\omega_c' = 4.4\text{rad/s}$。并使超前校正网络在 $\omega_c'$ 处提供最大相角 $\varphi_m$,所以 $\omega_m = \omega_c' = 4.4$。原系统在新的截止频率处的幅值为

$$L_o(\omega_c') = -6\text{dB}$$

要使 $\omega_c'$ 为校正后的截止频率,校正网络在 $\omega_c'$ 处提供的幅值应为 6dB,所以

$$10\lg(1/\alpha) = 6\text{dB}$$

$$\alpha = 0.25$$

$$T = \frac{1}{\omega_m \sqrt{\alpha}} = \frac{1}{4.4 \times \sqrt{0.25}} = 0.456$$

$$\omega_1 = \frac{1}{T} = \frac{1}{0.456} \text{rad/s} = 2.2 \text{rad/s}$$

$$\omega_2 = \frac{1}{\alpha T} = \frac{1}{0.25 \times 0.456} \text{rad/s} = 8.8 \text{rad/s}$$

4）求超前校正网络的传递函数。为满足静态性能指标 $K=10$，如果采用无源网络，校正网络传递系数须提高 $1/\alpha = 4$ 倍。由此得到校正网络的传递函数为

$$G_c(s) = \alpha \frac{Ts+1}{\alpha Ts+1} \cdot \frac{1}{\alpha} = \frac{0.456s+1}{0.114s+1}$$

其对应的伯德图如图 6-15 所示。

5）检验校正后系统的性能指标。校正后系统的开环传递函数为

$$G(s) = G_o(s) G_c(s) = \frac{10(0.456s+1)}{s(s+1)(0.114s+1)}$$

相应的伯德图如图 6-15 所示。

此时

$$\varphi_m = \arcsin \frac{1-\alpha}{1+\alpha} = \arcsin \frac{4-1}{4+1} \approx 37°$$

原系统在 $\omega_c'$ 处的相位裕度为

$$\gamma = 180° + \varphi_0(\omega_c') = 180° - 90° - \arctan(4.4 \times 1) = 12.8°$$

校正后的相位裕度为 $\gamma' = \varphi_m + \gamma = 37° + 12.8° = 49.8° > 45°$

满足要求。

6）确定无源网络的元件参数：

$$\alpha = \frac{R_2}{R_1 + R_2} = 0.25, \quad T = R_1 C = 0.456$$

取 $C = 1\mu F$，可计算得 $R_1 = 456 k\Omega$，$R_2 = 156 k\Omega$。

上面是基于频率渐近线的系统校正方法，下面是基于 MATLAB 辅助分析与设计的过程。用 MATLAB 分析与设计的结果如图 6-16 ~ 图 6-19 所示。

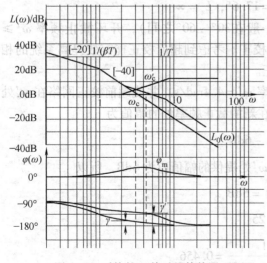

图 6-15 系统校正前后的伯德图

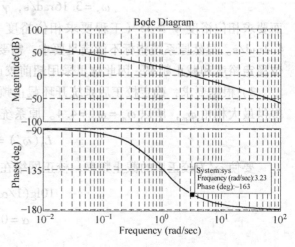

图 6-16 校正前的伯德图

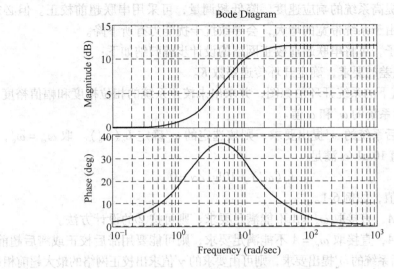

图 6-17 超前校正网络的伯德图

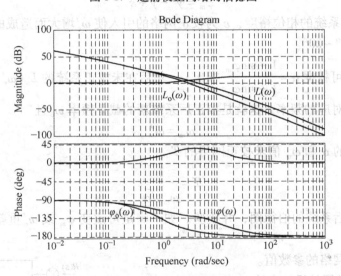

图 6-18 系统校正前后的伯德图

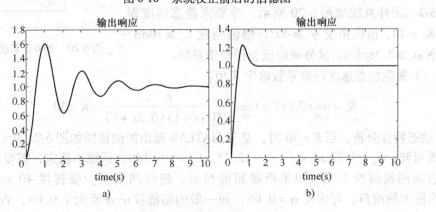

图 6-19 校正前后阶跃响应

a）校正前阶跃响应　b）校正后阶跃响应

一般而言，要提高系统的响应速度，降低超调量，可采用串联超前校正。但必须指出，串联超前校正后，由于系统带宽的增大，会导致抗干扰能力有所下降。

参照前面的例子，可将串联超前校正网络的设计步骤归纳如下：

1）根据稳态误差的要求，确定开环传递系数 $K$。

2）确定在 $K$ 值下的系统开环伯德图，并求出未校正系统的相位裕度和幅值裕度。

3）确定校正后系统的 $\omega_c'$ 和 $\alpha$ 值。

①若先对校正后系统的 $\omega_c'$ 提出要求，则按选定的 $\omega_c'$ 确定 $L_o(\omega_c')$。取 $\omega_m = \omega_c'$，使超前网络在 $\omega_m$ 处的幅值 $10\lg 1/\alpha$ 满足

$$L_o(\omega_c') + 10\lg 1/\alpha = 0 \tag{6-31}$$

求出超前网络的 $\alpha$ 值，如例6-1。

如果要求 $\omega_c \geq A$，直接取 $\omega_c' = A$ 不能满足要求，则可按②的设计方法。

如果要求 $\omega_c \leq A$，直接取 $\omega_c' = A$ 不能满足要求，则可能要用滞后校正或滞后超前校正。

②若未对校正后系统的 $\omega_c'$ 提出要求，则可由要求的 $\gamma'$ 值求出校正网络的最大超前相角，即

$$\varphi_m = \gamma' - \gamma + \varepsilon \tag{6-32}$$

式中，$\gamma$ 为校正前系统的相位裕度；$\varepsilon$ 为校正网络的引入使 $\omega_c'$ 增大而造成的相位裕度减小的补偿量，一般取 $5° \sim 20°$。

求出 $\varphi_m$ 后就可根据 $\alpha = \dfrac{1-\sin\varphi_m}{1+\sin\varphi_m}$ 求出 $\alpha$。然后在未校正系统的 $L_o(\omega_c')$ 特性上查出其值等于 $-10\lg 1/\alpha$ 所对应的频率，这就是校正后系统新的截止频率 $\omega_c'$ 且

$$\omega_m = \omega_c' \tag{6-33}$$

4）根据确定的 $\alpha$ 和 $\omega_m$ 值求校正网络的 $T$。

$$T = \frac{1}{\omega_m \sqrt{\alpha}} \tag{6-34}$$

5）画出校正后系统的伯德图，并校验，如不满足可改变 $\varphi_m$ 或 $\omega_c'$ 重新计算，直到满足指标为止。

6）确定电气网络的参数值。

**2. 滞后校正装置的设计方法**

**例 6-2** 闭环系统如图 6-20 所示，今要求稳态速度误差系数 $K_v = 30$，相位裕度 $\gamma' \geq 40°$，幅值裕度 $L_g' \geq 10\text{dB}$，截止频率 $\omega_c' \geq 2.3\text{rad/s}$，试分析应该怎样校正系统。

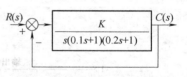

图 6-20 例 6-2 系统的结构图

**解：**1）根据稳态速度误差系数确定 $K$ 值。

$$K_v = \lim_{s \to 0} sG_o(s) = \lim_{s \to 0} s \frac{K}{s(0.1s+1)(0.2s+1)} = K = 30$$

2）动态特性分析。当 $K = 30$ 时，基于 MATLAB 画出的伯德图如图 6-21 所示。

由图可知，$\omega_c = 9.77\text{rad/s}$，$\gamma = -17.2°$，$L_g = -6.2\text{dB}$，系统不稳定，需要校正。

能否采用超前校正呢？如果串联超前校正，超前网络至少要提供 $40 + 17.27 + 5 = 62.26$ 的最大超前角。可求得 $\alpha = 0.06$，而一般的超前校正 $\alpha$ 要大于 0.05，否则对抑制高频干扰、提高系统的信噪比是很不利的，设计的 $\alpha = 0.06$ 太接近临界值，该系统采用超前校正不合适。

另一方面，系统经超前校正后，其截止频率必会升高（右移）。原系统相位在 $\omega_c$ 附近急剧下降，很大程度上抵消了校正网络带来的相角超前量。

从截止频率的大小来判断，要求的截止频率 $\omega_c'$ 比校正前原系统的 $\omega_c$ 小，可以在保持低频段不变的前提下，适当降低其中、高频段的幅值，这样，截止频率必然左移（减小），相位裕度将显著增大。串联滞后网络正好具备压低带宽这种特性。

3）校正方法。

① 根据校正后系统相位裕度不少于 $40°$ 的要求，考虑到校正网络在校正后系统的 $\omega_c'$ 处会产生一定相角滞后的副作用，其值通常在 $-12° \sim -5°$ 之间 $\left(\text{对应 } \omega_2 = \dfrac{1}{T} = \left(\dfrac{1}{2} \sim \dfrac{1}{10}\right)\omega_c'\right)$，现假定为 $-6°$，作为网络副作用的补偿量。本例取 $\gamma' = 46°$。

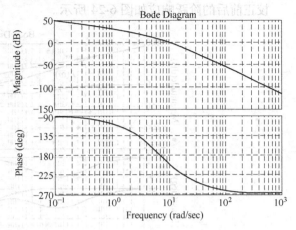

图 6-21　未校正系统的伯德图

由校正前的频率特性图可知

$$\text{当 } \omega = 2.7 \text{ 时，} \gamma' = 46.5°$$

可选择 $\omega_c' = 2.7 > 2.3$。

② 当选择 $\omega_c' = 2.7$ 时，未校正系统的幅值为 $L_o(\omega_c') = 21\text{dB}$。欲使校正后 $L_o(\omega)$ 曲线在 $\omega_c' = 2.7$ 处通过零分贝线，幅频特性就必须往下压 21dB。所以滞后网络本身的高频段幅值应是

$$20\lg \dfrac{1}{\beta} = -21\text{dB}$$

$$\beta = 11.2$$

③ 求校正网络的传递函数。取校正网络的第二个转折频率为

$$\omega_2 = 0.1\omega_c' = 0.27$$

$$\dfrac{1}{T} = \omega_2 = 0.27,$$

$T = 1/0.27 = 3.7$，$\beta T = 11.2 \times 3.7 = 41$

$$G_c(s) = \dfrac{3.7s + 1}{41s + 1}$$

滞后校正网络的伯德图如图 6-22 所示。

④ 校正后系统的传递函数为

$$G(s) = G_c(s)G_o(s)$$
$$= \dfrac{30(3.7s + 1)}{s(41s + 1)(0.1s + 1)(0.2s + 1)}$$

相应的伯德图如图 6-23 所示，可得

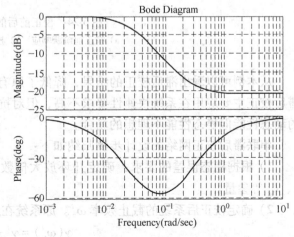

图 6-22　滞后校正网络的伯德图

$$\omega_c' = 2.7\text{rad/s}, \quad L_g' = 10.5\text{dB}, \quad \gamma' = 41.3°$$

满足要求。

校正前后的阶跃响应如图 6-24 所示。

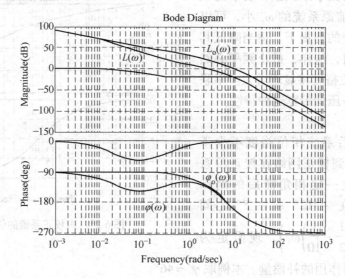

图 6-23 滞后校正前后系统的伯德图

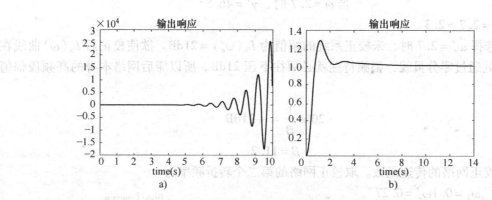

图 6-24 校正前后的阶跃响应
a) 校正前阶跃响应  b) 校正后阶跃响应

从本例可以看出滞后校正的结果，降低了原有系统的截止频率，从而提高了相位裕度。滞后校正主要应用在系统快速性要求不高，但对抗扰性要求较高的场合，以及系统具有满意的动态性能但稳态性能不理想的场合。

串联滞后校正网络的设计步骤归纳如下：

1) 根据稳态误差的要求，确定开环放大倍数 $K$。绘制未校正系统的伯德图，确定 $\omega_c$、$\gamma$、$L_g$ 等参量。

2) 确定校正后系统的截止频率 $\omega_c'$。原系统在新的截止频率 $\omega_c'$ 处具有相位裕度应满足

$$\gamma(\omega_c') = \gamma' + \Delta' \tag{6-35}$$

式中，$\gamma'$ 为要求达到的相位裕度；$\Delta'$ 是为补偿滞后网络的副作用而提供的相位裕度的修正

量，一般取 $5°\sim12°$。原系统中对应 $\gamma(\omega_c')$ 处的频率即为校正后系统的截止频率 $\omega_c'$。

3）求滞后网络的 $\beta$ 值。未校正系统在 $\omega_c'$ 的对数幅值为 $L_o(\omega_c')$ 应满足

$$L_o(\omega_c') + 20\lg(1/\beta) = 0 \tag{6-36}$$

由此求出 $\beta$ 值。

4）确定校正网络的传递函数。选取校正网络的第二个转折频率为

$$\omega_2 = \frac{1}{T} = \left(\frac{1}{10}\sim\frac{1}{2}\right)\omega_c' \tag{6-37}$$

由 $T$ 和 $\beta$ 可以得到校正网络的传递函数为

$$G_c(s) = \frac{Ts+1}{\beta Ts+1} = \frac{\dfrac{1}{\omega_1}s+1}{\dfrac{1}{\omega_2}s+1} \tag{6-38}$$

5）校验是否满足性能指标。不满足进一步左移 $\omega_c'$。

6）确定校正网络元件值。

**3. 滞后-超前校正装置的设计方法**

超前网络改善动态性能，滞后网络改善稳态性能。设计方法归纳如下：

1）根据对系统稳态性能的要求，确定系统应有的开环传递系数 $K$，并以此值绘制未校正系统的伯德图。

2）选择一个新的截止频率 $\omega_c'$，使在这一点上能通过校正网络的超前环节提供足够的相位超前量，使系统满足相位裕度的要求，又能通过网络的滞后环节，把这一点原幅频特性 $L(\omega_c')$ 衰减至 0dB。

3）确定滞后部分的转折频率 $1/T_2$ 和 $1/(\beta T_2)$。

一般在下列范围内选取 $1/T_2$，即

$$\frac{1}{T_2} = \left(\frac{1}{10}\sim\frac{1}{2}\right)\omega_c' \tag{6-39}$$

然后选取一个 $\beta$ 值，$\beta$ 值的选择依据有二：一是能把 $\omega=\omega_c'$ 处的原幅值 $L_o(\omega_c')$ 衰减到 0dB；另一方面使超前网络在 $\omega=\omega_c'$ 处能提供足够的相角超前量，使系统满足相位裕度的要求。

4）确定超前部分的转折频率 $1/T_1$ 和 $\beta/T_1$。

5）画出校正后系统的伯德图，验证性能指标。若不满足，则从步骤2）重新做起，直到满足要求为止。

**例6-3** 某单位反馈系统的开环传递函数为

$$G_o(s) = \frac{K}{s(s+1)(s+2)}$$

要求稳态速度误差系数 $K_v = 10$，相位裕度 $\gamma' = 50°$，设计一个相位滞后-超前校正装置。

**解：**1）根据稳态指标

$$K_v = \lim_{s\to 0} sG_o(s) = \lim_{s\to 0} s\frac{K}{s(s+1)(s+2)} = 0.5K = 10$$

得到 $K = 20$。

画出 $K = 20$ 时的伯德图，如图 6-25 所示。由伯德图可得截止频率 $\omega_c = 2.7 \text{rad/s}$，相位裕度 $\gamma = -32°$，系统不稳定。

2) 确定校正后系统的截止频率 $\omega_c'$。若没有对 $\omega_c'$ 提出明确要求，可选择在 $\varphi_o(\omega) = 180°$ 处，此时 $\omega_c' = 1.5$，原系统 $\gamma' = 0°$。此时 $L_o(1.5) = 13\text{dB}$，$\varphi_o(1.5) = 180°$。

3) 确定滞后部分的转折频率 $1/T_2$ 和 $1/\beta T_2$。考虑到滞后部分对 $\gamma$ 值的不良影响，选

$$\frac{1}{T_2} = \frac{1}{10}\omega_c' = 0.1 \times 1.5 = 0.15$$

选 $\beta = 10$，可以保证超前部分能提供超过 $50°$ 的相角。且有 $20\lg\beta > 13\text{dB}$。于是

$$\frac{1}{\beta T_2} = \frac{1}{10 T_2} = 0.015$$

滞后部分的传递函数为

$$\frac{T_2 s + 1}{\beta T_2 s + 1} = \frac{6.67 s + 1}{66.7 s + 1}$$

4) 确定超前部分的转折频率 $1/T_1$ 和 $\beta/T_1$。过 $\omega = 1.5$ 及 $L(1.5) = -13\text{dB}$ 的坐标点做一条斜率为 $20\text{dB/dec}$ 直线，交 $-20\lg\beta = -20\text{dB}$ 线于 $\omega = 0.7$ 处，交 $0\text{dB}$ 线于 $\omega = 7$ 处。则

$$\frac{1}{T_1} = 0.7 \text{rad/s}, \quad \frac{\beta}{T_1} = 7 \text{rad/s}$$

超前部分的传递函数为

$$\frac{T_1 s + 1}{\frac{T_1}{\beta} s + 1} = \frac{1.43 s + 1}{0.143 s + 1}$$

整个滞后-超前校正装置的传递函数为

$$G_c(s) = \frac{(6.67 s + 1)}{(66.7 s + 1)} \frac{(1.43 s + 1)}{(0.143 s + 1)}$$

5) 检验校正系统的性能指标。校正后系统的总开环传递函数为

$$G(s) = G_c(s) G_o(s)$$
$$= \frac{10(6.67 s + 1)(1.43 s + 1)}{s(s + 1)(0.5 s + 1)(66.7 s + 1)(0.143 s + 1)}$$

对应的伯德图如图 6-25 所示。

可见校正后系统的相位裕度 $\gamma' = 50°$，幅值裕度 $L_g = 16\text{dB}$，$K_v = 10$，满足要求。

图 6-25 是基于渐近线的设计图，图 6-26 是基于 MATLAB 的辅助设计图。

## 6.3.2 串联校正的根轨迹法设计

当性能指标以时域量值给出时，例如给出最大超调量 $\sigma\%$、调节时间 $t_s$ 或阻尼系数 $\zeta$、无阻尼自然振荡角频率 $\omega_n$，则采用根轨迹法进行串联校正装置的设计是比较方便的。

在利用根轨迹法对系统进行校正时，首先需要将时域指标的要求转化为对根轨迹的要求。而这种转化往往不够精确，其原因首先是系统可能属高阶系统；其次，系统的时域性能指标不但与闭环极点有关，而且还与闭环零点有关。鉴于上述情况，工程上通常是引用主导极点的概念，作为解决这个问题的途径，即假设系统的性能主要取决于某对共轭复极点。这样就可以由性能指标的要求确定出这对主导极点应有的位置，进而确定 $\zeta$ 值和 $\omega_n$ 值。然后考虑到其他极点、零点对系统性能的影响，对 $\zeta$ 和 $\omega_n$ 值进行适当修正，并留有充分的余地。实践证明，根据具有适当余地的 $\zeta$、$\omega_n$ 值设计出的系统，其性能指标常常是令人满意的。

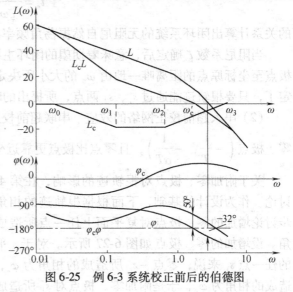

图 6-25 例 6-3 系统校正前后的伯德图

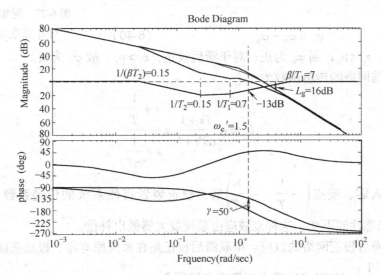

图 6-26 利用 MATLAB 进行设计后的系统校正前后的伯德图

### 1. 根轨迹法设计的基本思想

（1）性能指标的转换　性能指标转换的目的，是根据给出的时域指标在 $s$ 平面上确定一对期望的闭环主导极点的位置。系统校正的实质是改造根轨迹的形状，迫使其通过期望的闭环主导极点，以满足相应指标的要求。

工程上最常用也是最直观的时域指标是最大超调量 $\sigma\%$ 和调节时间 $t_s$。若 $\sigma\%$ 给定，则可按二阶系统中

$$\sigma\% = e^{-\zeta\pi/\sqrt{1-\zeta^2}}$$

的关系算出阻尼系数 $\zeta$。若 $t_s$ 亦已给定，就可按

$$t_s = \frac{3 \text{ 或 } 4}{\zeta \omega_n}$$

的关系计算出闭环系统的无阻尼自然振荡角频率 $\omega_n$。

当阻尼系数 $\zeta$ 确定后,意味着期望的闭环主导极点必须落在阻尼角为 $\beta$ 的直线上,主导极点至坐标原点的距离唯一地由 $\omega_n$ 的大小所决定。于是一对闭环主导极点 $s_1$、$s_2$ 就完全确定了,只要根轨迹能通过 $s_1$、$s_2$ 两点,所提出的时域指标就有望得到满足。

(2) 串入超前校正网络的效应  串联超前校正是在系统开环零、极点的基础上增加一对零、极点 $\left(-\dfrac{1}{T}, -\dfrac{1}{\alpha T}\right)$,且零点比极点更靠近坐标原点,即零点起主要作用。

关于附加零、极点对根轨迹的影响,在第 4 章已做过讨论。作为设计的基础,下面根据根轨迹的相角条件进一步讨论增加的零、极点对复平面上任一点所造成的附加相角。设增加的零、极点如图 6-27 所示。对于 $s$ 平面上半部的任一点 $s_1$ 来说,零点 $-z_c$ 所造成的相角为 $\varphi_z$,极点 $-p_c$ 造成的相角为 $\varphi_p$,于是附加零、极点对 $s_1$ 所造成的总相角为

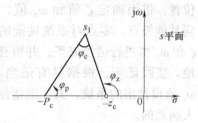

图 6-27 附加零、极点对 $s_1$ 点造成的相角

$$\varphi_c = \varphi_z - \varphi_p \tag{6-40}$$

对于超前校正,$z_c < p_c$,则 $\varphi_c$ 为正;对于滞后校正,$z_c > p_c$,故 $\varphi_c$ 为负。

另外,超前网络的传递函数为

$$G_c = \alpha \frac{Ts + 1}{\alpha Ts + 1} = \frac{s + \dfrac{1}{T}}{s + \dfrac{1}{\alpha T}}$$

可见,加入零、极点 $\left(-\dfrac{1}{T}, -\dfrac{1}{\alpha T}\right)$ 后,校正装置将使系统的传递系数衰减为最初的 $1/\alpha$,为保持稳态性能不变,这种衰减应由系统放大器做出补偿。

(3) 串入滞后校正网络的效应  串联滞后校正是在系统原有零、极点基础上增添一对零极点 $\left(-\dfrac{1}{T}, -\dfrac{1}{\beta T}\right)$,且极点比零点更靠近坐标原点。

当 $T$ 值选择得很大时,这对零、极点就非常靠近坐标原点,如图 6-28 所示。无疑这是一对靠近原点的开环偶极子。对于距原点较远的主导极点而言,偶极子产生的相角为

$$\varphi_c = \varphi_z - \varphi_p < 0$$

其绝对值不大,一般小于 $5°$。所以对 $s_1$ 的影响甚微。

另从图 6-28 可看出,$|s_1 + p_c|$ 与 $|s_1 + z_c|$ 几乎相等,故偶极子的加入,对 $s_1$ 处的根轨迹增益 $K_g$ 的影响也是甚微的。但从开环放大系数 $K$ 与 $K_g$ 的关系可见,偶极子的加入将使系统的开环放大系数增大为原来的 $D$ 倍。即

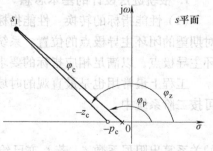

图 6-28 附加偶极子的效应

$$D = \frac{z_c}{p_c} = \beta$$

**2. 超前校正装置的根轨迹法设计**

串联超前校正是通过在系统中引入一对 $z_c < p_c$ 的开环负实数零、极点，使系统的根轨迹形状发生变化，向左移动，以增大系统的阻尼系数 $\zeta$ 和无阻尼振荡频率 $\omega_n$，从而有效地改善系统的动态性能。超前校正适用于动态性能不满足要求、而稳态性能要求不高、容易满足的系统。

应用根轨迹法设计串联超前校正装置的步骤如下：

1) 作出原系统的根轨迹图，分析原系统的性能，确定校正的形式。
2) 根据性能指标的要求，确定期望的闭环主导极点 $s_1$ 的位置。
3) 若原系统的根轨迹不通过 $s_1$ 点，说明单靠调整放大系数是无法获得期望的闭环主导极点了，这时必须引入超前校正网络，并计算出超前网络应提供多大的相角 $\varphi_c$，才能迫使根轨迹通过期望的主导极点。$\varphi_c$ 可按相角条件求之，步骤如下：

设 $G_c(s)$、$G_o(s)$ 分别为串联校正装置和原系统的开环传递函数，则校正后系统的开环传递函数为

$$G(s) = G_c(s) G_o(s) \tag{6-41}$$

取其相角，有

$$\varphi_G(s) = \varphi_{G_c}(s) + \varphi_{G_o}(s) \tag{6-42}$$

若要根轨迹通过期望闭环主导极点 $s_1$，则在 $s_1$ 点应满足相角条件，即

$$\varphi_{G_c}(s_1) + \varphi_{G_o}(s_1) = \pm 180°(2k+1)$$

故有

$$\varphi_c = \varphi_{G_c}(s_1) = \pm 180°(2k+1) - \varphi_{G_o}(s_1) \tag{6-43}$$

4) 根据求得的 $\varphi_c$，应用图解法确定串联超前网络的零、极点位置，即校正网络的传递函数。
5) 绘出校正后系统的根轨迹，并由幅值条件求出校正后系统的根轨迹增益 $K_g$，以及静态误差系数，以便全面校核系统的性能。

下面通过一个实例说明超前校正网络的根轨迹设计法。

**例 6-4** 某典型二阶系统的开环传递函数为

$$G_o(s) = \frac{4}{s(s+2)}$$

要求系统具有的时域性能指标为：最大超调量 $\sigma\% \leq 20\%$，调节时间 $t_s \leq 1.5\text{s}$。试用根轨迹法设置串联超前校正装置。

**解**：1) 绘出校正前原系统的根轨迹，如图 6-29 所示。

2) 由给定的 $\sigma\% \leq 20\%$，利用

$$\sigma\% = e^{-\zeta\pi/\sqrt{1-\zeta^2}} \leq 20\%$$

的关系可求得 $\zeta \geq 0.45$。为了留有余地，取 $\zeta = 0.45$，故 $\beta = 60°$。

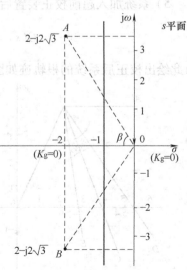

图 6-29 例 6-4 的根轨迹法设计

再由给定的 $t_s \leq 1.5s$，按

$$t_s = \frac{3}{\zeta \omega_n} \leq 1.5$$

的关系，可求得 $\omega_n = 4\text{rad/s}$。所以期望的闭环主导极点为

$$s_{1,2} = -\zeta \omega_n \pm j\omega_n \sqrt{1-\zeta^2} = -2 \pm j2\sqrt{3}$$

图中用 $A$、$B$ 两点分别表示出来。

3) 由于校正前的根轨迹是通过 $(-1, j0)$ 点的一条垂线，故无论 $K_g$ 取何值，轨迹都无法通过 $A$、$B$ 两点，考虑到期望主导极点落在根轨迹之左方，根轨迹左移则可望通过 $A$、$B$ 两点。可见必须引入超前校正。

超前网络应提供的 $\varphi_c$ 可由式(6-43)求得，式中的 $\varphi_{G_o}(s)$ 是原系统开环零、极点对于 $A$ 点所产生的相角，即

$$\varphi_{G_o}(s_1) = -120° - 90° = -210°$$

故有

$$\varphi_c = 180° - (-210°) = 30°$$

4) 用图解法确定校正网络的零极点。在没有提出对稳态误差要求的情况下，确定校正装置零、极点的一般作图方法是通过主导极点 $A$ 作水平线 $AA'$，连 $AO$。作角 $OAA'$ 的平分线 $AC$。然后在 $AC$ 两侧分别作出张角为 $\varphi_c/2$ 的两条直线 $AD$ 和 $AE$。即角 $CAD$ 和角 $CAE$ 为 $30°/2 = 15°$。至此，线段 $AD$、$AE$ 和负实轴的交点即为超前校正装置的极点和零点，如图6-30所示。本例经上述作图而求得

$$-p_c = -5.4$$
$$-z_c = -2.9$$

所以，超前校正网络的传递函数为

$$G_c(s) = K_{gc} \frac{s+2.9}{s+5.4}$$

5) 系统加入超前校正装置后的开环传递函数为

$$G(s) = G_c(s)G_o(s) = \frac{K_g(s+2.9)}{s(s+2)(s+5.4)}$$

由此绘出校正后系统的根轨迹如图6-31所示。

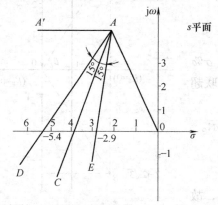

图6-30 确定超前校正网络零、极点的图解法

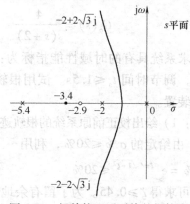

图6-31 超前校正后系统的根轨迹

6) 当根轨迹通过期望闭环主导极点时，根据幅值条件算出该点的根轨迹增益为

$$K_g = \frac{|s| \cdot |s+2| \cdot |s+5.4|}{|s+2.9|}\bigg|_{s=-2+j2\sqrt{3}} = \frac{4 \times 3.464 \times 4.854}{3.579} = 18.8$$

由于原系统的增益 $K_{g0} = 4$，故校正装置的根轨迹增益应为

$$K_{gc} = \frac{K_g}{K_{g0}} = \frac{18.8}{4} = 4.7$$

若将 $G(s)$ 写成时间常数表示的形式，则有

$$G(s) = 18.8 \frac{(s+2.9)}{s(s+2)(s+5.4)} = \frac{5.05(0.345s+1)}{s(0.5s+1)(0.185s+1)}$$

该系统是 I 型系统，稳态性能用速度误差系数 $K_v$ 表示。则

$$K_v = K = 5.05 \text{s}^{-1}$$

**3. 滞后校正装置的根轨迹法设计**

滞后校正是通过在系统中引入一对靠近坐标原点的开环负实数偶极子的办法，使根轨迹的形状基本不变的情况下，能大幅度提高系统的开环放大系数，从而有效地改善系统的稳态性能。

串联滞后校正主要应用于系统的根轨迹已通过期望的闭环主导极点，但不能满足稳态性能要求的场合。

用根轨迹法设计串联滞后校正装置的步骤如下：

1) 绘出校正前原系统的根轨迹，并根据动态性能指标的要求，在 $s$ 平面上确定期望的闭环主导极点（$A$ 点）。

2) 用幅值条件求出 $A$ 点的根轨迹增益 $K_g$ 及其对应的开环放大系数 $K$。

3) 根据给出的稳态指标要求，确定系统所需增大的放大倍数 $D$。

4) 选择滞后校正网络的零点 $-z_c$ 及极点 $-p_c$，使满足 $z_c = Dp_c$，并要求 $-z_c$ 与 $-p_c$ 相对于 $A$ 点为一对偶极子。这就要求 $-z_c$ 与 $-p_c$ 离原点越近越好，但它们离原点越近，就意味着要求 $T$ 值越大，过大的 $T$ 值在物理上是难以实现的。因此，一般取 $\varphi(A+p_c) - \varphi(A+z_c) \leq 3°$ 为宜。

5) 画出校正后系统的根轨迹，并调整放大器增益，使闭环主导极点位于期望位置。

6) 校验各项性能指标。

下面举例说明串联滞后校正的根轨迹法设计过程。

**例 6-5** 单位反馈控制系统的开环传递函数为

$$G_o(s) = \frac{K_g}{s(s+4)(s+6)}$$

现要求加入校正装置后系统主导极点的特征参数为 $\zeta \geq 0.45$，$\omega_n \geq 0.5$，开环传递系数 $K \geq 15$。试设计校正装置。

**解**：1) 绘出原系统的根轨迹，如图 6-32 所示。
取 $\zeta = 0.5$，算得阻尼角 $\beta = 60°$。在图中作 $\beta = \pm 60°$ 的径向直线 $OL$ 和 $OL'$，它们分别与根轨迹相交

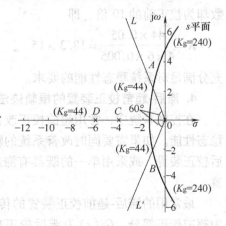

图 6-32 例 6-5 的根轨迹法设计图示

于 $A$、$B$ 两点，$A$、$B$ 即为校正后闭环系统的主导极点，其坐标由图读得为
$$s_{1,2} = -1.2 \pm j2.1, \quad \zeta = 0.5, \quad \omega_n = 2.4$$
均满足对系统主导极点特征参数的要求。

2) 计算 $A$、$B$ 两点对应的 $K_g$ 值：

按幅值条件得
$$K_g = 2.4 \times 3.5 \times 5.24 = 44$$

其相应的系统开环传递系数为
$$K_0 = \frac{K_g}{4 \times 6} = 1.83$$

不能满足要求。

3) 现在系统中加入滞后校正装置，校正装置的零、极点之比应为
$$D = \frac{z_c}{p_c} = \frac{K}{K_0} = \frac{15}{1.83} = 8.2$$

4) 取 $D = 10$，考虑到减小滞后校正装置零、极点对主导极点的影响及校正装置的可实现性，现选 $-p_c = -0.005$，$-z_c = -0.05$。

5) 校正后系统的开环传递函数为
$$G(s) = \frac{K_g(s+0.05)}{s(s+4)(s+6)(s+0.005)}$$

按此绘出校正后系统的根轨迹如图 6-33 所示。图中亦用虚线示出未校正系统的根轨迹。

不难证明，滞后校正装置在主导极点处产生的相角差为 $\varphi_c = -0.93°$，基本上不影响系统的瞬态性能。

6) 根据幅值条件计算校正后系统主导极点 $A$ 处的根轨迹增益 $K_g$ 仍为 44。但校正后系统的开环放大系数却为校正前的 10 倍，即
$$K = \frac{44 \times 0.05}{4 \times 6 \times 0.005} = 18.3 > 15$$

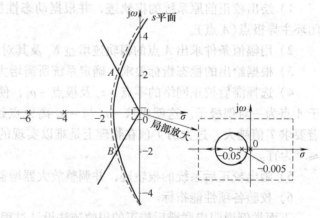

图 6-33 滞后校正后系统的根轨迹

充分满足对系统稳态性能的要求。

**4. 滞后-超前校正装置的根轨迹法设计**

在控制系统中，常用超前校正改善系统的稳定性和瞬态性能；而用滞后校正改善系统的稳态性能。如果需要同时改善系统的瞬态性能和稳态性能，就要同时加入超前校正装置和滞后校正装置，或采用单一的既具有滞后校正效果，又具有超前校正效果的滞后-超前校正装置。

最常用的滞后-超前校正装置的传递函数见式 (6-30)，可以分解成两部分，其中 $G_1(s)$ 为超前校正部分，$G_2(s)$ 为滞后校正部分。经此分解，就可按下列步骤进行校正装置的设

计：

1) 根据对系统瞬态性能指标的要求，确定校正后闭环期望主导极点的位置。

2) 确定校正装置中起超前作用的零、极点位置，使期望的主导极点落在校正后系统的极轨迹上。并用幅值条件计算主导极点上的根轨迹增益 $K_g$ 和系统的开环传递系数 $K$。

3) 根据对系统稳态性能的要求，确定校正装置中起滞后作用的零、极点位置。

4) 绘制滞后-超前校正后系统的根轨迹，并作瞬态性能和稳态性能的校核。

5) 确定校正装置的具体线路，并予以实现。

可见，滞后-超前校正装置的设计过程基本上是参照上述的超前校正、滞后校正步骤进行的。设计方法大同小异，不再赘述。

### 6.3.3 串联校正的期望对数频率特性设计法

前面介绍的校正设计方法比较直观，物理上易于实现。下面将介绍一种工程上较为普遍采用的设计方法，称为期望对数频率特性设计方法，该方法在串联校正中相当有效。期望特性设计方法是在对数频率特性上进行的，设计的关键是根据性能指标要求绘制出所期望的对数幅频特性。工程上，常用的期望对数幅频特性主要有二阶期望特性、三阶期望特性以及四阶期望特性等，本节将介绍期望频率特性的绘制方法，并举例说明期望对数频率特性法的设计过程。

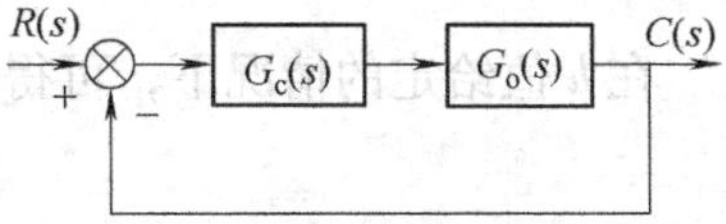

图 6-34 串联校正系统的结构图

**1. 基本概念**

设 $G_o(s)$ 为对象固有部分的传递函数，$G_c(s)$ 为校正部分的传递函数。系统结构图如图 6-34 所示。

系统的开环传递函数为

$$G(s) = G_c(s)G_o(s) \tag{6-44}$$

频率特性为

$$G(j\omega) = G_c(j\omega)G_o(j\omega) \tag{6-45}$$

对数频率特性为

$$L(\omega) = L_o(\omega) + L_c(\omega) \tag{6-46}$$

$L(\omega)$ 为系统校正后所期望得到的对数频率特性。若根据性能指标要求得到所期望的 $L(\omega)$，而 $L_o(\omega)$ 为已知，则可以求得 $L_c(\omega) = L(\omega) - L_o(\omega)$。期望对数频率特性仅考虑开环对数幅频特性，而不考虑相频特性，所以此法仅适用于最小相位系统的设计。

**2. 典型的期望对数频率特性**

(1) 二阶期望特性　传递函数为

$$G(s) = G_c(s)G_o(s) = \frac{K}{s(Ts+1)} = \frac{\omega_n^2}{s(s+2\zeta\omega_n)} = \frac{\omega_n/(2\zeta)}{s[s/(2\zeta\omega_n)+1]} \tag{6-47}$$

$$\omega_c = K = \frac{\omega_n}{2\zeta}, \ \omega_2 = 2\zeta\omega_n, \ \frac{\omega_2}{\omega_c} = 4\zeta^2 \tag{6-48}$$

二阶期望对数幅频特性如图 6-35 所示。

工程上常取 $\zeta = 0.707$ 时的特性为二阶工程最佳期望特性，此时性能指标为 $\sigma\% = 4.3\%$，$t_s = 6T$，$\omega_2 = 2\omega_c$，$\gamma = 63.4°$。

(2) 三阶期望特性

又称Ⅱ型三阶系统，其传递函数为

$$G(s) = \frac{K(T_1 s + 1)}{s^2 (T_2 s + 1)}, \quad T_1 > T_2, \quad \frac{1}{T_1} < \sqrt{K} < \frac{1}{T_2} \tag{6-49}$$

三阶期望对数幅频特性如图 6-36 所示。

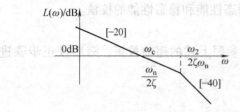

图 6-35　二阶期望对数幅频特性

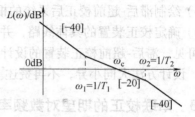

图 6-36　三阶期望对数幅频特性

三阶期望特性的动态性能和截止频率 $\omega_c$ 有关，也和中频宽 $h$ 有关。

$$h = \frac{\omega_2}{\omega_1} = \frac{T_1}{T_2} \tag{6-50}$$

在 $h$ 值给定的情况下，可得转折频率为

$$\omega_1 = \frac{2}{h+1} \omega_c, \quad \omega_2 = \frac{2h}{h+1} \omega_c \tag{6-51}$$

不同 $h$ 值下的 $M_p$ 值和 $\gamma$ 值见表 6-3。

表 6-3　不同 $h$ 值下的 $M_p$ 值和 $\gamma$ 值

| $h$ | 3 | 4 | 5 | 6 | 7 | 8 | 9 | 10 |
|---|---|---|---|---|---|---|---|---|
| $M_p$ | 2 | 1.7 | 1.5 | 1.4 | 1.33 | 1.29 | 1.25 | 1.22 |
| $\gamma$ | 30° | 36° | 42° | 46° | 49° | 51° | 53° | 55° |

(3) 四阶期望特性

又称Ⅰ型四阶系统，其传递函数为

$$G(s) = \frac{K(T_2 s + 1)}{s(T_1 s + 1)(T_3 s + 1)(T_4 s + 1)} \tag{6-52}$$

四阶期望对数幅频特性如图 6-37 所示。

四阶系统中 $\omega_c$ 和中频宽 $h$ 可由超调量 $\sigma\%$ 和调整时间 $t_s$ 来确定。

$$\omega_c \geqslant (6 \sim 8) \frac{1}{t_s} \tag{6-53}$$

$$h \geqslant \frac{\sigma + 64}{\sigma - 16} \tag{6-54}$$

$$\omega_2 = \frac{2}{h+1} \omega_c \tag{6-55}$$

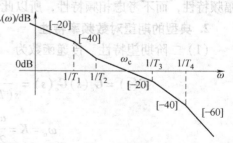

图 6-37　四阶期望对数幅频特性

$$\omega_3 = \frac{2h}{h+1}\omega_c \tag{6-56}$$

这是工程上典型的 1-2-1-2-3 型系统。其中：

低频段：根据对系统稳态误差的要求确定开环增益 $K$，以及对数幅频特性初始段的斜率。

中频段：由给定的指标 $\omega_c$ 和 $\gamma(\omega_c)$ 获得 $\omega_c$ 和 $h$，并且斜率为 $-20\text{dB/dec}$，使系统具有良好的相对稳定性。

高频段：选择原则尽可能使校正装置简单，减少高频干扰对系统的影响，一般使期望特性高频段与未校正系统的高频段一致。

衔接段：若中频段的幅值曲线不能与低频段相连，可增加连接中低频段的直线，直线的斜率可为 $-40\text{dB/dec}$ 或者 $-60\text{dB/dec}$，斜率一般与前后频段相差 $20\text{dB/dec}$。

基于期望对数频率特性的设计步骤通常如下：

1) 根据稳态性能要求，绘制满足稳态性能的未校正系统的对数频率特性 $L_o(\omega)$。
2) 根据给定的稳态和动态性能指标，绘制期望的开环对数频率特性 $L(\omega)$，其低频段与 $L_o(\omega)$ 低频段重合。
3) 由 $L_c(\omega) = L(\omega) - L_o(\omega)$，获得校正装置对数频率特性。
4) 验证校正后的系统是否满足性能指标要求。
5) 考虑 $G_c(s)$ 的物理实现。

**例 6-6**  系统的开环频率特性为

$$G_o(s) = \frac{200}{s(0.1s+1)(0.025s+1)}$$

稳态性能指标要求为无差度 $v=1$，速度误差系数 $K_v = 200$，动态性能要求 $\sigma\% < 25\%$，调节时间 $t_s < 0.5\text{s}$，试用期望对数频率特性法设计串联校正装置。

**解**：期望特性中频段的确定如下：

$$\omega_c \geq (6 \sim 8)\frac{1}{t_s} = (6 \sim 8)\frac{1}{0.5}\text{rad/s} = (12 \sim 16)\text{rad/s}$$

$$h \geq \frac{\sigma+64}{\sigma-16} = \frac{25+64}{25-16} = 9.89$$

这里取：$\omega_c = 20(\text{rad/s})$，$h=10$。

$$\omega_2 = \frac{2}{h+1}\omega_c \approx \frac{2}{h}\omega_c = \frac{2 \times 20}{10}\text{rad/s} = 4\text{rad/s}$$

$$\omega_3 = \frac{2h}{h+1}\omega_c \approx 2\omega_c = 40\text{rad/s}$$

画出期望特性曲线 $L(\omega)$，与 $L_o(\omega)$ 相减后得到校正网络的频率特性 $L_c(\omega)$，如图 6-38 所示，根据 $L_c(\omega)$ 写出其传递函数：

$$G_c(s) = \frac{(0.25s+1)(0.1s+1)}{(2.5s+1)(0.01s+1)}$$

校正前后的系统伯德图如图 6-38 所示。

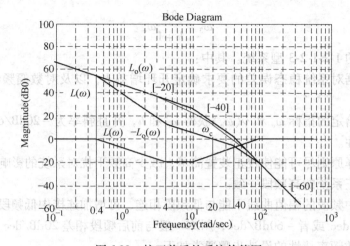

图 6-38 校正前后的系统伯德图

## 6.4 反馈校正的设计

反馈校正也称为并联校正,在它的结构中校正装置不是与系统的前向通道串联,而是对系统的某些部分进行包围,形成了局部的反馈,这是反馈校正名称的由来。反馈校正的优点比较突出,校正效果显著,因此在工程实践中得到广泛应用,尤其在功率伺服系统中应用较多,反馈回路由弱电元器件组成的信号回路,其特性不会受到大功率负载的影响。

本节先讨论反馈校正装置对系统性能的影响,然后通过实例介绍反馈校正装置的设计方法。

**1. 反馈校正装置对系统特性的影响**

图 6-39 所示为带有反馈校正装置的控制系统结构图,未校正系统由 $G_1(s)$ 和 $G_2(s)$ 两部分组成,反馈 $G_c(s)$ 校正装置包围了 $G_2(s)$ 并形成了局部闭环。被局部反馈包围部分的传递函数为

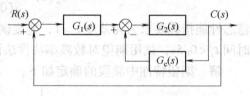

图 6-39 反馈校正结构图

$$G_{2c}(s) = \frac{G_2(s)}{1 + G_2(s)G_c(s)} \tag{6-57}$$

频率特性为

$$G_{2c}(j\omega) = \frac{G_2(j\omega)}{1 + G_2(j\omega)G_c(j\omega)} \tag{6-58}$$

当 $|G_2(j\omega)G_c(j\omega)| \gg 1$ 时有

$$G_{2c}(j\omega) \approx \frac{1}{G_c(j\omega)} \tag{6-59}$$

系统特性几乎与被包围的环节 $G_2(j\omega)$ 无关,只和反馈环节特性有关。

当 $|G_2(j\omega)G_c(j\omega)| \ll 1$ 时有

$$G_{2c}(j\omega) \approx G_2(j\omega) \tag{6-60}$$

系统特性几乎与 $G_c(j\omega)$ 无关，即反馈环节不起作用。

适当地选择校正装置的形式和参数，就能改变校正后系统的频率特性，使系统满足所要求的性能指标。

**2. 反馈校正装置的设计方法**

校正后系统的开环传递函数为

$$G_k(j\omega) = \frac{G_1(j\omega)G_2(j\omega)}{1+G_2(j\omega)G_c(j\omega)} = \frac{G_o(j\omega)}{1+G_2(j\omega)G_c(j\omega)} \tag{6-61}$$

$G_o(j\omega)$ 为未校正系统的开环频率特性。

若 $20\lg|G_2(j\omega)G_c(j\omega)| \ll 0$，则

$$20\lg|G_k(j\omega)| = 20\lg|G_o(j\omega)| \tag{6-62}$$

若 $20\lg|G_2(j\omega)G_c(j\omega)| \gg 0$，则

$$20\lg|G_k(j\omega)| = 20\lg|G_o(j\omega)| - 20\lg|G_2(j\omega)G_c(j\omega)| \tag{6-63}$$

如果已知 $20\lg|G_k(j\omega)|$ 和 $20\lg|G_o(j\omega)|$，就可以根据

$$20\lg|G_k(j\omega)| < 20\lg|G_o(j\omega)| \tag{6-64}$$

确定校正装置起作用的频率区间，并根据

$$20\lg|G_2(j\omega)G_c(j\omega)| = 20\lg|G_o(j\omega)| - 20\lg|G_k(j\omega)| \tag{6-65}$$

求得该区间内的特性。

满足 $20\lg|G_2(j\omega)G_c(j\omega)| \ll 0$ 的区间校正装置不起作用，$G_2(j\omega)G_c(j\omega)$ 的特性可任意选取，但为使校正装置简单，可将校正装置起作用的频率范围中的特性 $20\lg|G_2(j\omega)G_c(j\omega)|$ 延伸到校正装置不起作用的频率区间中去。

得到 $20\lg|G_2(j\omega)G_c(j\omega)|$ 的特性后，即可相减得到 $G_c(j\omega)$。

**例 6-7** 系统的开环特性为

$$G_o(s) = \frac{200}{s(0.1s+1)(0.025s+1)}$$

动态性能指标要求为 $\sigma\% < 25\%$，调节时间 $t_s < 0.5$s，试设计并联校正装置。

**解**：画出原系统的开环对数幅频特性 $L_o(\omega)$ 和期望的开环对数幅频特性 $L_k(\omega)$，与例 6-6 步骤相同，如图 6-40 所示。为使校正装置简单，将期望频率特性中频段的特性延长，使之与 $L_o(\omega)$ 相交。找出校正装置起作用的频率区间 $0.4 < \omega < 60$，即其中 $20\lg|G_k(j\omega)| < 20\lg|G_o(j\omega)|$ 的区间。其他频率段期望频率特性与原有系统频率特性近似相同。从而得到

$$20\lg|G_2(j\omega)H(j\omega)| = 20\lg|G_o(j\omega)| - 20\lg|G_k(j\omega)|$$

在 $0.4 < \omega < 60$ 的其余频段将 $20\lg|G_2(j\omega)H(j\omega)|$ 向左向右延伸，如图 6-40 所示。

根据特性曲线形状，可以获得局部闭环的开环传递函数为

$$G_2(s)H(s) = \frac{K_1 s}{(\tau_1 s+1)(\tau_2 s+1)(\tau_3 s+1)}$$

其中，$K_1$ 可由 $A_1$ 点的频率 0.4 求得，即 $K_1 = 1/0.4 = 2.5$，又由图中得到校正装置转折点的频率分别为 4、10、40。因此

$$G_2(s)G_c(s) = \frac{2.5s}{(0.25s+1)(0.1s+1)(0.025s+1)}$$

由于 $G_2(s) = \dfrac{25}{(0.1s+1)(0.025s+1)}$，所以并联反馈校正网络的传递函数为

$$G_c(s) = \dfrac{0.1s}{(0.25s+1)}$$

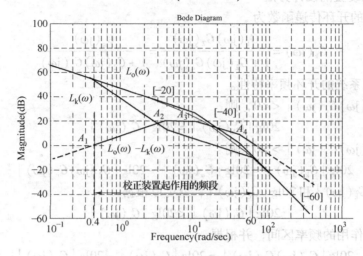

图 6-40　系统校正前后的伯德图

从上面的介绍中，可以看出反馈校正的优点主要如下：

1) 在一定条件下，并联校正装置完全代替了被包围环节，消除了原系统中不希望的特性，在功率电路中应用较多。
2) 抑制了参数变化和各种干扰（如非线性因素及噪声）。
3) 等效地代替串联校正。
4) 被包围元件的性能可以适当降低。

采用并联校正要注意下面的问题：

1) 对稳定性的影响。采用比例反馈（硬反馈）可将积分环节变成惯性环节，也能使惯性环节的时间常数减小，但使传递系数也减小，从而使稳态性能下降。为使稳态性能不致下降常采用微分反馈又称软反馈。0 型系统采用一阶微分反馈 $K_f s/(Ts+1)$，I 型系统采用二阶微分反馈 $K_f s^2/(Ts+1)$。
2) 局部稳定性。实际工作时，总是先接通和调试小闭环，不稳定的小闭环无法调试整个系统，因此必须使小闭环具有局部稳定性，并且具有 20°以上的相位稳定裕度。此外，局部闭环所包围的惯性环节一般不超过两个。

根据上面的例子，归纳反馈校正的设计步骤如下：

1) 绘制满足稳态性能指标要求的未校正系统开环对数幅值特性 $L_o(\omega)$。
2) 绘制满足性能要求的期望对数幅频特性 $L_k(\omega)$。
3) 用 $L_o(\omega)$ 减去 $L_k(\omega)$，取 $L_k(\omega) < L_o(\omega)$ 的那段幅频特性作为 $20\lg|G_2(j\omega)G_c(j\omega)|$，从而得到 $G_2(s)G_c(s)$。
4) 检验局部回路的稳定性，检查 $L_k(\omega)$ 的截止频率 $\omega_c$ 附近 $20\lg|G_2(j\omega)G_c(j\omega)| > 0$ 的程度。

5) 由 $G_2(s)G_c(s)$，得 $G_c(s)$。
6) 检验校正后系统的性能指标。
7) 考虑 $G_c(s)$ 的物理实现。

## 6.5 复合控制校正

串联校正和反馈校正，是控制工程中两种常用的校正方法，在一定程度上可以使已校正系统满足给定的性能指标要求。然而，如果控制系统中存在强扰动，特别是低频强扰动，或者系统的稳态精度和响应速度要求很高，则一般的反馈控制校正方法难以满足要求。目前在工程实践中，在高精度的控制系统，例如在卫星的控制系统、硬盘驱动器的伺服系统、精密转台的伺服系统以及过程控制领域，还广泛采用一种把前馈控制和反馈控制有机结合起来的校正方法，这就是复合控制校正。

复合控制校正是在原有的反馈控制系统中加入按扰动信号补偿或按输入信号补偿的前馈回路，组成前馈和反馈组合的控制系统，不影响闭环系统的稳定性（反馈影响系统的稳定性）。

**1. 反馈和给定输入前馈的复合控制**

系统结构如图 6-41 所示，$G_c(s)$ 作为前馈补偿装置的传递函数，则闭环系统的输出为

$$C(s) = \frac{G_c(s)G_o(s) + G_1(s)G_o(s)}{1 + G_1(s)G_o(s)}R(s) \tag{6-66}$$

若设计

$$G_c(s) = 1/G_o(s) \tag{6-67}$$

则可以使输出响应完全复现给定输入，系统的动态和稳态误差都为零。

**2. 反馈和扰动前馈的复合控制**

系统如图 6-42 所示，$G_c(s)$ 作为前馈补偿装置的传递函数。如果扰动可以观测，扰动作用下的闭环系统输出为

$$C(s) = \frac{[1 - G_c(s)G_1(s)]G_o(s)}{1 + G_1(s)G_o(s)}N(s) \tag{6-68}$$

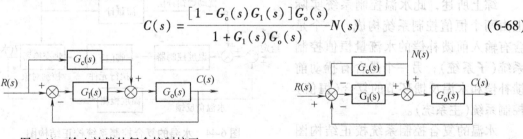

图 6-41　输入补偿的复合控制校正　　图 6-42　干扰补偿的复合控制校正

若设计

$$G_c(s) = 1/G_1(s) \tag{6-69}$$

则输出响应 $C(s)$ 完全不受扰动 $N(s)$ 的影响，系统受扰动后动态和稳态误差为零。这里前馈控制是按照扰动作用的大小进行控制，当扰动一出现，就能根据扰动的测量信号来控制被控量，及时补偿扰动对被控量的影响，所以控制是及时的，如果补偿作用完善，可以使被控量不产生偏差。

但误差全补偿条件式(6-67)和式(6-69)在物理上往往无法准确实现，因为对由物理装置

实现的 $G(s)$ 来说，其分母多项式次数总是大于或等于分子多项式的次数。因此在实际应用时，多在对系统性能起主要影响的频段内采用近似全补偿，以使前馈补偿装置易于物理实现。

**例 6-8** 一水温控制系统如图 6-43 所示，此系统的控制对象为热交换器，控制蒸汽流量的阀门 $V_2$ 为执行元件，控制单元为温度控制器，主反馈环节为温度（流水温度）负反馈。影响水温变化的主要原因是水塔水位逐渐降低，造成水流量变化（减少），而使水温波动（升高）；其次是外界温度变化，造成热交换器的散热情况不同，从而影响热交换器中的水温。因此系统的主扰动量为水流量的变化。

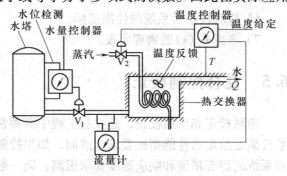

图 6-43 水温控制系统

该控制系统的目的为保持水温恒定，采取了三个措施：

①采用温度负反馈环节，由温度控制器对水温进行自动调节，若水温过高，控制器使阀门 $V_2$ 关小，蒸汽量减少，将水温调至给定值。

②由于水流量为主要扰动量，因此通过流量计测得扰动信号，并将此信号送往温度控制器的输入端，进行扰动前馈补偿。当水流量减少时，补偿量减小，通过温度控制器使阀门 $V_2$ 关小，蒸汽量减少，以保持水温恒定。

③由于水流量的变化是因水塔水位的变化（降低）而造成的，于是通过水位检测和水量控制器来调节阀门 $V_1$（使 $V_1$ 开大），使水流量尽量保持不变。这里的水位检测和水量控制，实质是一种取自输入量（水位 $H$）的对输出量（水流量 $Q$）的输入前馈补偿，使水流量保持不变。

综上所述，此水温控制系统实际上由两个恒值控制系统构成：一个是含有输入前馈补偿的水流量恒值控制系统（子系统）；另一个是含有扰动前馈补偿和水温反馈环节的复合（恒值）控制系统（主系统）。

水温的复合控制系统校正结构图如图 6-44 所示。

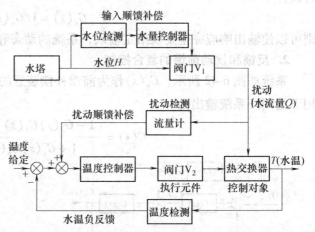

图 6-44 水温的复合控制系统校正结构图

## 6.6 小结

1）在控制系统中，常常需要通过增加附加环节的手段来改善系统的性能，这叫做系统的校正。校正装置的引入，是解决动态性能与稳态性能互相矛盾的有效方法。根据校正装置引入位置的不同，校正分为串联校正、并联校正和复合校正三大类。

2）串联校正分为超前（微分）校正、滞后（积分）校正、滞后-超前（积分-微分）校正三种。串联校正装置既可用 RC 无源网络来实现，又可用运算放大器组成的有源网络来实现；前者称为无源校正网络；后者称为有源校正网络。串联校正装置的设计方法较多，但最常用的是采用伯德图的频率特性设计法和根轨迹设计法。此外，计算机辅助设计（CAD）亦日趋成熟，越来越受到人们的关注和欢迎。CAD 能把设计者分析、推理和决策能力与计算机的快速、准确的信息处理能力和存储能力结合起来，共同有效地完成高质量的设计任务。

3) 串联校正装置的高质量设计是以充分了解校正网络的特性为前提的。

① 采用伯德图设计时：

超前校正的优点是在新的截止频率 $\omega_c'$ 附近提供较大的正相角，从而提高了相位裕度，另使 $\omega_c$ 增大，对快速性能有利。

滞后校正的优点是使截止频率 $\omega_c$ 下降，从而获得较好的相位裕度，在维持 $\gamma$ 值不变的情况下，就可大大提高开环放大系数，以改善静态性能。

滞后-超前校正同时兼有上述两种校正的优点，适用于高质量控制系统的校正。

② 采用根轨迹设计时：

超前校正是利用新引进的零、极点，迫使根轨迹左移，以获取较大的阻尼系数 $\zeta$ 和自然振荡频率 $\omega_n$，从而改善系统的动态性能。

滞后校正的本质是在系统中引入一对靠近坐标原点的开环负实数偶极子，使期望点附近的根轨迹变动不大的前提下，大幅度提高系统的开环传递系数，使稳态性能显著提高。

滞后-超前校正也是综合了上述两种校正的优点。

4) 期望对数频率特性设计法是工程上较常用的设计方法，设计时是以时域指标 $t_s$ 和 $\sigma\%$ 为依据的。可根据需要将系统设计成二阶、三阶或四阶期望特性。由于该法仅按对数幅频特性的形状来确定系统的性能，故只适用于最小相位系统的设计。

5) 反馈校正的本质是在某个频率区间内，以反馈通道传递函数的倒数特性来代替原系统中的不希望的特性，以期达到改善控制性能的目的。并联（反馈）校正还可减弱被包围部分特性参数变化对系统性能的不良影响。反馈校正的效果明显，优点较多，在电气传动系统中得到广泛的采用。

6) 复合控制校正在原有的反馈控制系统中加入按扰动信号补偿或按输入信号补偿的前馈回路，组成前馈和反馈组合的控制系统，不影响闭环系统的稳定性。

## 6.7 习题

6-1 单位反馈系统开环传递函数为 $G_o(s) = \dfrac{K}{s(0.1s+1)}$，要求速度误差系数 $K_v = 200$，$\omega_c > 30\text{rad/s}$，$\gamma > 50°$，试进行串联校正，并确定校正装置的传递函数。

6-2 单位反馈系统开环传递函数为 $G_o(s) = \dfrac{K}{s(0.1s+1)}$，要求速度误差系数 $K_v = 200$，$\gamma > 50°$，试进行串联滞后校正，并确定校正装置的传递函数。

6-3 设单位反馈系统的开环传递函数为

$$G(s) = \frac{K}{s(s+1)(0.25s+1)}$$

1) 若要求校正后系统的静态速度误差系数 $K_v \geq 5$, 相位裕度为 $\gamma \geq 45°$, 试设计串联校正装置。

2) 若除上述指标要求外, 还要求系统校正后截止频率 $\omega_c \geq 2\text{rad/s}$, 试设计串联校正装置。

6-4 设单位负反馈系统的开环传递函数为

$$G_o(s) = \frac{40}{s(0.2s+1)(0.0625s+1)}$$

1) 若要求相位裕度 >30°, 幅值裕度 >10dB, 试设计串联超前校正环节。

2) 若要求相位裕度 >50°, 幅值裕度 >30dB, 试设计串联滞后校正环节。

6-5 设单位负反馈系统的开环传递函数为

$$G_o(s) = \frac{K}{s(0.2s+1)(0.002s+1)}$$

试设计串联校正环节, 满足设计指标: 静态速度误差系数 $K_v \geq 500$; 截止频率 $\omega_c = 50\text{rad/s}$; 相位裕度 $\gamma = 40° \pm 3°$。

6-6 设单位反馈系统的开环传递函数为 $G(s) = \dfrac{K}{s(0.1s+1)(0.01s+1)}$, 试设计串联校正装置, 使系统特性满足下列指标: (1) 静态速度误差系数 $K_v \geq 250$; (2) 截止频率 $\omega_c \geq 30\text{rad/s}$; (3) 相位裕度 $\gamma \geq 45°$。

6-7 已知一单位反馈最小相位控制系统, 其固定不变部分传递函数 $G_o(s)$ 和串联校正装置 $G_c(s)$ 分别如图 6-45a、b 和 c 所示。要求:

1) 写出校正前后各系统的开环传递函数。

2) 分析各 $G_c(s)$ 对系统的作用, 并比较其优缺点。

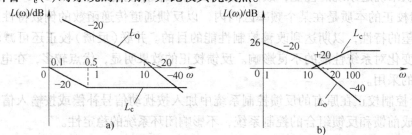

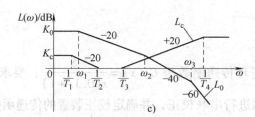

图 6-45 串联校正系统

6-8 设单位负反馈系统的开环传递函数 $G_o(s)$ 为

$$G_o(s) = \frac{8}{s(2s+1)}$$

若采用的滞后—超前校正环节 $G_c(s)$

$$G_c(s) = \frac{(10s+1)(2s+1)}{(100s+1)(0.2s+1)}$$

试绘制系统校正前后的对数幅频渐近特性,并计算系统校正前后的相角裕度。

6-9 图 6-46 为三种推荐稳定系统的串联校正网络特性,它们均由最小相位环节组成。若控制系统为单位反馈系统,其开环传递函数为 $G(s) = \dfrac{400}{s^2(0.01s+1)}$,试问:

1) 这些校正网络特性中,哪一种可使已校正系统的稳定性最好?

2) 为了将 12Hz 的正弦噪声削弱 10 倍左右,确定采用哪种校正网络特性?

6-10 设单位负反馈系统的开环传递函数为

$$G_o(s) = \frac{k}{s(s+3)(s+9)}$$

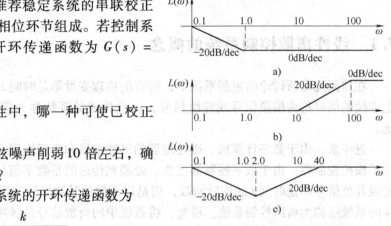

图 6-46 推荐的校正网络特性

1) 如果要求系统在单位阶跃输入作用下的超调量满足 $\sigma = 20\%$,试确定 $k$ 值。

2) 根据所求得的 $k$ 值,求系统在单位阶跃输入作用下的调节时间 $t_s$,及静态速度误差系数 $K_v$。

3) 设计一串联校正装置,使系统的 $K_v \geq 20$,$\sigma \leq 15\%$,$t_s$ 减小一半以上。

6-11 已知被控对象的传递函数为 $G(s) = k/s(s+2)$,试设计一个串联校正环节,使校正后系统的超调量 $\sigma\% \leq 30\%$,调节时间 $t_s \leq 2s$。

6-12 系统结构图如图 6-47 所示。图中 $G_1(s) = K_1 = 200, G_2(s) = \dfrac{10}{(0.01s+1)(0.1s+1)}$,

$G_3(s) = \dfrac{0.1}{s}$ 若要求校正后系统在单位斜坡输入作用下的稳态误差 $e_{ss} = 1/200$,相位裕度 $\gamma(\omega_c) \geq 45°$,试确定反馈校正装置 $G_c(s)$ 的形式与参数。

6-13 在题 6-12 中,若要求校正后的系统满足如下性能指标:(1) 静态速度误差系数 $K_v \geq 200$;(2) 在单位阶跃输入下的超调量 $\sigma\% \leq 20\%$;(3) 在单位阶跃输入下的调节时间 $t_s \leq 2s(\Delta = 5\%)$。试确定反馈校正装置 $G_c(s)$。

6-14 设复合校正控制系统如图 6-48 所示。若要求闭环回路过阻尼,且系统在斜坡输入作用下的稳态误差为零,试确定 $K$ 值及前馈补偿装置 $G_r(s)$。

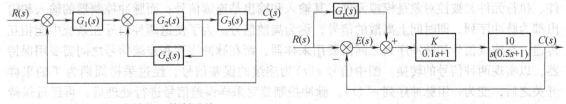

图 6-47 反馈校正控制系统

图 6-48 题 6-14 图

# 第7章 线性离散控制系统的分析

## 7.1 线性离散控制系统的概念

在前面几章所讨论的控制系统中,所有的物理变量都是时间 $t$ 的连续函数。这种在时间上连续的信号称为模拟信号或连续信号,由此构成的系统称为模拟控制系统或连续控制系统。

近年来,由于数字计算机、微处理器的迅速发展和广泛应用,数字控制器在许多场合取代了模拟控制器。由于数字控制器接收、处理和传送的是数字信号,如果在控制系统中有一处或几处信号不是时间 $t$ 的连续函数,而是以离散的脉冲序列或数字脉冲序列形式出现,这样的系统则称为离散控制系统。通常,将系统中的离散信号是脉冲序列形式的离散系统,称为采样控制系统或脉冲控制系统;将系统中的离散信号是数字序列形式的离散系统,称为数字控制系统或计算机控制系统。

离散控制系统和连续控制系统相比,既有本质上的不同,又有分析研究方面的相似性。利用 $Z$ 变换法研究离散系统,可以把连续系统中的一些概念和方法推广到线性离散系统的分析和设计中。

本章主要介绍采样的过程、采样定理、采样信号的复现,差分方程、$Z$ 变换和 $Z$ 反变换、脉冲传递函数,采样控制系统的稳定性、稳态误差和暂态响应以及采样系统的校正等采样控制系统分析的基础内容,更加详细的内容可以查阅有关计算机控制方面的参考文献。

典型的采样控制系统如图 7-1 所示。

图 7-1 采样控制系统

从图 7-1 中可以看出,在采样系统中,不仅有模拟部件,还有脉冲部件。通常,测量元件、执行元件和被控对象是模拟元件,其输入和输出是连续信号;而脉冲控制器的输入和输出都为脉冲序列,即时间上离散的信号,称为离散信号。为了使这两种信号在系统中能相互传递,在连续信号和脉冲序列之间需要用采样器,而在脉冲序列和连续信号之间需要用保持器,以实现两种信号的转换。图中信号 $e(t)$ 为连续的误差信号,经过采样周期为 $T$ 的采样开关之后,变为一组脉冲序列 $e^*(t)$。脉冲控制器对采样误差信号进行处理后,再经过保持器转换为连续信号 $u(t)$ 去控制被控对象。$e^*(t)$ 和 $u^*(t)$ 为离散信号。

典型的计算机控制系统如图 7-2 所示。

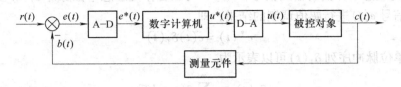

图 7-2 计算机控制系统

图中 A-D 转换器对连续误差信号 $e(t)$ 进行定时采样并转换成数字信号 $e^*(t)$ 送入计算机。计算机输出的控制信号 $u^*(t)$ 也是数字信号，通过 D-A 转换器将其恢复为连续的控制作用信号 $u(t)$，然后再去控制被控对象。

## 7.2 采样过程和采样定理

### 7.2.1 采样过程

为了对采样系统进行定量研究，需要用数学形式来描述信号的采样和复现过程。将连续信号转换成脉冲信号的过程称为采样，实现采样过程的装置称为采样器。图 7-3 为采样过程示意图。采样器的采样开关 $S$ 每间隔时间 $T$ 闭合一次，闭合持续时间为 $\tau$；采样器的输入 $e(t)$ 为连续信号；输出 $e^*(t)$ 为宽度为 $\tau$ 的调幅脉冲序列，在采样瞬时 $kT(k=0, 1, 2, \cdots)$ 出现。

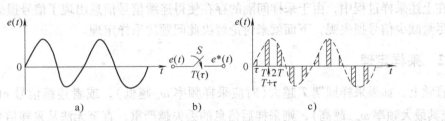

图 7-3 采样过程示意图

由于采样器闭合时间 $\tau$ 远小于采样周期 $T$ 和系统各环节中的时间常数，因此在分析采样系统时，可以认为 $\tau=0$。这样，采样器就可以用一个理想采样器来代替。采样过程可以看成是一个幅值调制过程。理想采样器相当于一个载波为 $\delta_T(t)$ 的幅值调制器，如图 7-4b 所示，其中 $\delta_T(t)$ 为理想单位脉冲序列。

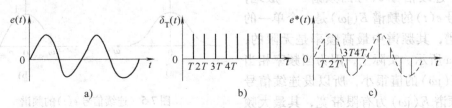

图 7-4 理想采样过程

图 7-4c 为理想采样器的输出信号 $e^*(t)$，可以看作是理想单位脉冲 $\delta_T(t)$ 被图 7-4a 所示的输入连续信号 $e(t)$ 进行幅值调制的结果，即

$$e^*(t) = e(t)\delta_T(t) \tag{7-1}$$

理想的单位脉冲序列 $\delta_T(t)$ 可以表示为

$$\delta_T(t) = \sum_{k=0}^{\infty} \delta(t-kT) \tag{7-2}$$

其中

$$\delta(t-kT) = \begin{cases} 1 & t=kT \\ 0 & t \neq kT \end{cases} \quad (k=0,1,2,\cdots) \tag{7-3}$$

这里，假设当 $t<0$ 时，$e(t)=0$，这在实际的控制系统中通常都能满足。

将式(7-2)代入式(7-1)，采样器的输出信号 $e^*(t)$ 可以表示为

$$e^*(t) = e(t)\sum_{k=0}^{\infty}\delta(t-kT) \tag{7-4}$$

因为 $e(t)$ 仅在采样的瞬时才有意义，所以式(7-4)可以改写为

$$e^*(t) = \sum_{k=0}^{\infty} e(kT)\delta(t-kT) \tag{7-5}$$

对式(7-5)两边取拉普拉斯变换，得到采样信号的拉普拉斯变换为

$$E^*(s) = \sum_{k=0}^{\infty} e(kT)\mathrm{e}^{-kTs} \tag{7-6}$$

在上述采样过程中，由于采样间隔的存在使得连续信号信息出现了信号损失，那么如何才能尽量减少信号损失呢，下面就来讨论解决此问题的采样定理。

### 7.2.2 采样定理

直觉上，如果采样周期 $T$ 越大（对应采样频率 $\omega_s$ 越低），或者连续信号 $e(t)$ 变化越快（对应其最大频率 $\omega_{max}$ 越高），则采样后信息的丢失越严重，直至无法从采样信号 $e^*(t)$ 中完全复现出原连续信号 $e(t)$。但是，如果采样频率 $\omega_s$ 较高，而连续信号 $e(t)$ 变化缓慢（对应其最大频率 $\omega_{max}$ 较低），则可以从采样信号 $e^*(t)$ 中完全复现出原连续信号 $e(t)$。也就是说，要想从采样信号 $e^*(t)$ 中完全复现出采样前的连续信号 $e(t)$，对采样频率 $\omega_s$ 应有一定的要求，下面从信号采样前后的信号频谱变化来分析。

**1. 频谱分析**

（1）连续信号 $e(t)$ 的频谱 一般地，连续信号 $e(t)$ 的频谱 $E(j\omega)$ 是一个单一的连续频谱，其频谱中最高频率是无限的，如图 7-5a 所示。实际上，因为当频率相当高时，$E(j\omega)$ 的值很小，所以设连续信号 $e(t)$ 的频谱 $E(j\omega)$ 为有限带宽，其最大频率为 $\omega_{max}$，如图 7-5b 所示。

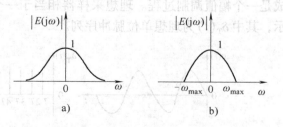

图 7-5 连续信号 $e(t)$ 的频谱
a) 连续信号 $e(t)$ 的真实频谱 b) 连续信号 $e(t)$ 的上限频谱

(2) 采样信号 $e^*(t)$ 的频谱 采样信号与连续信号的关系如式(7-1)所示,而 $\delta_T(t)$ 是一个以 $T$ 为周期的周期函数,将之展开成傅里叶级数的复数形式为

$$\delta_T(t) = \frac{1}{T}\sum_{k=-\infty}^{\infty} e^{jk\omega_s t} \tag{7-7}$$

式中,$\omega_s = \dfrac{2\pi}{T}$ 为采样频率。

将式(7-7)代入式(7-1),得

$$e^*(t) = \frac{1}{T}\sum_{k=-\infty}^{\infty} e(t) e^{jk\omega_s t} \tag{7-8}$$

对式(7-8)两边取拉普拉斯变换,由拉普拉斯变换的复域位移定理,得

$$E^*(s) = \frac{1}{T}\sum_{k=-\infty}^{\infty} E(s - jk\omega_s) \tag{7-9}$$

由式(7-9)可知,$E^*(s)$ 是 $s$ 的周期函数,周期为 $j\omega_s$。如果 $E^*(s)$ 在 $s$ 右半平面没有极点,则可令 $s = j\omega$,可得采样信号 $e^*(t)$ 的傅里叶变换为

$$E^*(j\omega) = \frac{1}{T}\sum_{k=-\infty}^{\infty} E[j(\omega - k\omega_s)] \tag{7-10}$$

$E(j\omega)$ 为 $e(t)$ 的傅里叶变换。

由式(7-10)可以看出,采样信号 $e^*(t)$ 的频谱 $E^*(j\omega)$ 是以采样频率 $\omega_s$ 为周期的无穷多个频谱之和。每个频谱与连续信号频谱 $E(j\omega)$ 的形状一致,幅值是 $|E(j\omega)|$ 的 $\dfrac{1}{T}$ 倍,其中,$k=0$ 时的频谱称为采样频谱的主分量,$k \neq 0$ 时的频谱称为采样频谱的高频分量。在不同采样频率 $\omega_s$ 下,采样信号的频谱叠加情况如图7-6a、b、c所示。

**2. 采样定理**

由图7-6a、b可以看出,当采样周期 $\omega_s \geq 2\omega_{max}$ 时,采样信号的频谱不会发生各频谱分量重叠现象,连续信号的频谱可完整保存下来;而当 $\omega_s < 2\omega_{max}$ 时,则采样信号频谱的各频谱分量彼此重叠在一起,如图7-6c所示,可以看出,叠加后的频谱(实线部分)已无法完整保留连续信号的频谱,因而也就不能复现出原来的连续信号 $e(t)$。

由此可知,要想使采样信号能够复现出原来的连续信号,采样频率 $\omega_s$ 和连续信号的上限频率 $\omega_{max}$

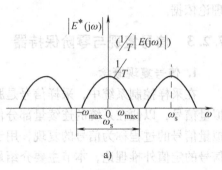
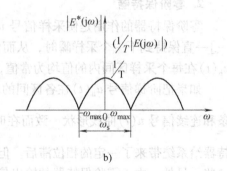
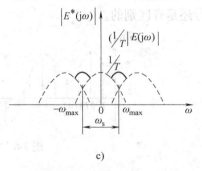

图7-6 采样信号在不同采样频率下的频谱叠加情况
a) 采样信号频谱 $\omega_s > 2\omega_{max}$
b) 采样信号频谱 $\omega_s = 2\omega_{max}$
c) 采样信号频谱 $\omega_s < 2\omega_{max}$

之间的关系必须满足

$$\omega_s \geq 2\omega_{max} \tag{7-11}$$

这就是香农(Shannon)采样定理,在满足香农采样定理的前提下,各频谱分量不会发生叠加情况,而获取连续信号频谱,进而复现连续信号,可以通过一个如图7-7所示的理想低通滤波器,滤除所有高频分量来实现。

香农采样定理给出了一个选择采样周期或采样频率的指导原则,给出了从采样信号不失真地恢复原来信号所需的最低采样频率(或最大的采样周期),它是分析和设计采样控制系统的理论依据。

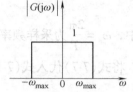

图7-7 理想低通滤波器

### 7.2.3 信号复现与零阶保持器

**1. 信号复现概念**

在采样控制系统中,采样信号是脉冲信号,通过计算机运算后,必须再转换成连续的模拟量信号,以便在系统的连续量部分传递,用来控制对象。使脉冲序列信号变换成连续的模拟量信号的过程称为信号的复现,用于变换的元件称为保持器。信号复现的实现所依据的是信号的定值外推理论,本节主要介绍最常用的零阶保持器和它的数学模型。

**2. 零阶保持器**

零阶保持器的作用是使采样信号 $u^*(t)$ 每个采样瞬时的采样值 $[u(kT), k=0, 1, 2, \cdots]$ 一直保持到下一个采样瞬时,从而使采样信号变成阶梯信号 $u_h(t)$,如图7-8所示。由于 $u_h(t)$ 在每个采样区间内的值均为常值,其导数为0,故称为零阶保持器。

如果把阶梯信号 $u_h(t)$ 在各区间的中点连接起来,如图7-8中的点虚线所示,可得到一条和连续信号 $u(t)$ 曲线形状一致而在时间上滞后了 $\frac{T}{2}$ 的曲线 $u\left(t-\frac{T}{2}\right)$。由此可见,零阶保持器给系统带来了一定的相位滞后。但相对于一阶保持器而言,零阶保持器的相位滞后较小一些。另外,由于零阶保持器的输出信号是阶梯形的,它包含着谐波,和要理想复现的连续信号还是有区别的。

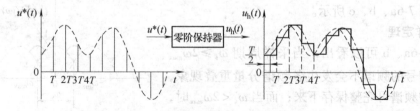

图7-8 零阶保持器的输入和输出信号

下面推导零阶保持器的传递函数和频率特性。

假设某一环节在理想单位脉冲 $\delta(t)$ 作用下,输出是幅值为1、持续时间为 $T$ 的一个脉冲 $g_h(t)$,则它就是一个零阶保持器。$g_h(t)$ 可以分解为两个单位阶跃函数之和,如图7-9所示。

$$g_h(t) = 1(t) - 1(t-T) \quad (7\text{-}12)$$

$g_h(t)$ 即为零阶保持器的脉冲响应函数,所以零阶保持器的传递函数 $G_h(s)$ 为

$$G_h(s) = L[g_h(t)] = \frac{1}{s} - \frac{1}{s}e^{-Ts} = \frac{1-e^{-Ts}}{s} \quad (7\text{-}13)$$

式(7-13)中,令 $s=j\omega$,可得零阶保持器的频率特性为

$$G_h(j\omega) = \frac{1-e^{-j\omega T}}{j\omega} = \frac{e^{-\frac{1}{2}j\omega T}(e^{\frac{1}{2}j\omega T} - e^{-\frac{1}{2}j\omega T})}{j\omega} = T\frac{\sin(\omega T/2)}{\omega T/2}e^{-\frac{1}{2}j\omega T} \quad (7\text{-}14)$$

零阶保持器的幅频特性为

$$|G_h(j\omega)| = T\frac{|\sin(\omega T/2)|}{\omega T/2} = T\frac{|\sin(\pi\omega/\omega_s)|}{\pi\omega/\omega_s} \quad (7\text{-}15)$$

零阶保持器的相频特性为

$$\angle G_h(j\omega) = -\frac{\pi\omega}{\omega_s} \quad \omega \in [0, \omega_s], [2\omega_s, 3\omega_s], \cdots \quad (7\text{-}16)$$

$$\angle G_h(j\omega) = -\pi - \frac{\pi\omega}{\omega_s} \quad \omega \in [\omega_s, 2\omega_s], [3\omega_s, 4\omega_s], \cdots \quad (7\text{-}17)$$

图 7-10 所示为零阶保持器的频率特性曲线。从图 7-10 可知,零阶保持器是一个低通滤波器,它除了允许主要频谱分量通过外,还允许通过部分高频成分。所以,$u_h(t)$ 和 $u(t)$ 是不完全相同的。

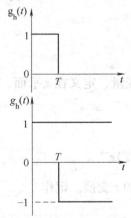

图 7-9 零阶保持器及其时域分解

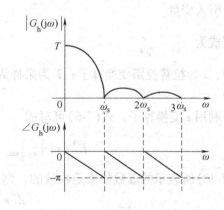

图 7-10 零阶保持器的频率特性曲线

零阶保持器可以用有源网络实现。

除了零阶保持器之外,还有一阶或高阶保持器。由于这些保持器的原理和实现比较复杂,所以在控制系统中不常采用。

## 7.3 z 变换

在连续系统中,拉普拉斯变换作为数学工具,可以求微分方程的时域解;或者将系统的数学模型从微分方程所表示的时域模型变换成代数方程所表示的 $s$ 域模型,得到系统的传递

函数，进而很方便地分析连续系统的性能，那么拉普拉斯变换能够解决采样控制系统的求解问题吗？下面进行分析。

设开环离散控制系统如图7-11所示，可见系统的输入为$e(t)$，输出为$c(t)$，按照前面所学知识，如果求系统对于某个输入信号的时域响应$c(t)$，应先求$C(s)$，然后再利用拉普拉斯反变换求取$c(t)$。由图7-11可知

$$C(s) = G(s)E^*(s) \tag{7-18}$$

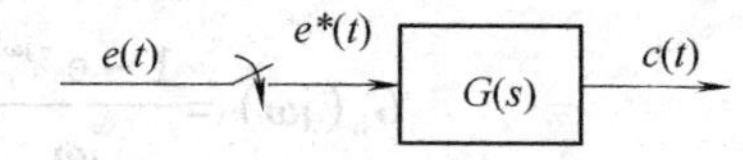

由上节可知，采样信号的拉普拉斯变换有两种形式，分别如式(7-6)、式(7-9)所示，我们取前一种形式，即

图7-11 开环离散控制系统

$$E^*(s) = \sum_{k=0}^{\infty} e(kT) e^{-kTs}$$

将其代入式(7-18)，可得

$$C(s) = G(s) \sum_{k=0}^{\infty} e(kT) e^{-kTs} \tag{7-19}$$

由式(7-19)可看出，$C(s)$的表示式中存在因子$e^{-Ts}$，所以$C(s)$是$s$的超越函数，有无穷多个零、极点，求解式(7-19)的拉普拉斯反变换$c(t)$极其繁琐，可见利用拉普拉斯变换求取采样控制系统输出的时域解因为超越函数无法实现，为此需要引入一种新的数学工具，即$z$变换理论。

### 7.3.1 z变换的定义

引入变量
$$z = e^{Ts}$$

或写成为
$$s = \frac{1}{T}\ln z$$

式中，$s$为拉普拉斯变换算子；$T$为采样周期；$z$是一个复变量，定义在$z$平面，称为$z$变换算子。

利用$z$变换算子，式(7-6)可写成

$$E^*(s)\big|_{s=\frac{1}{T}\ln z} = E(z) = \sum_{k=0}^{\infty} e(kT) z^{-k} \tag{7-20}$$

式(7-20)所表示的级数如果是收敛的，则$E(z)$称为$e^*(t)$的$z$变换。记作

$$Z[e^*(t)] = E(z) \tag{7-21}$$

注意：把$Z[e^*(t)]$记作$E(z)$，借用了函数符号$E(\cdot)$，但$E(z) \neq E(s)\big|_{s=z}$。

另外，从式(7-20)表述的定义可以看出，求取$E(z)$，只考虑了采样时刻的信号值$e(kT)$。而对一个连续函数$e(t)$，由于在采样时刻$e(t)$的值就是$e(kT)$，因此$E(z)$既是$e^*(t)$的$z$变换，也是$e(t)$的$z$变换。即

$$Z[e(t)] = Z[e^*(t)] = E(z) = \sum_{k=0}^{\infty} e(kT) z^{-k} \tag{7-22}$$

### 7.3.2 z变换的求法

**1. 级数求和法**

级数求和法是直接根据$z$变换的定义，将式(7-20)展开成无穷级数和的形式，即

$$E(z) = e(0) + e(T)z^{-1} + e(2T)z^{-2} + \cdots \tag{7-23}$$

显然，根据给定的理想采样开关的输入连续信号 $e(t)$ 或其输出信号 $e^*(t)$，以及采样周期，由式(7-23)立即会得到 $z$ 变换的具体级数展开式。通常，对于常用函数 $z$ 变换的级数形式，都可以利用级数求和方法写出其闭合形式。

下面举例说明求已知典型函数的 $z$ 变换的级数求和法。

**例 7-1** 试求单位阶跃函数的 $z$ 变换。

**解：** 单位阶跃函数 $1(t)$ 在任何采样时刻值均为 1，即
$$1(kT) = 1 \quad k = 0, 1, 2, \cdots$$

将上式代入式(7-23)，可得
$$Z[1(t)] = 1 + z^{-1} + z^{-2} + \cdots + z^{-k} + \cdots \tag{7-24}$$

式(7-24)为无穷等比级数求和，公比为 $z^{-1}$，若满足
$$|z^{-1}| < 1$$

则无穷级数是收敛的，式(7-24)写成闭合形式，得
$$Z[1(t)] = \frac{1}{1 - z^{-1}} = \frac{z}{z - 1} \tag{7-25}$$

**例 7-2** 试求单位斜坡函数 $t \cdot 1(t)$ 的 $z$ 变换。

**解：** $t \cdot 1(t)$ 在采样时刻的值为 $kT$ ($k = 0, 1, 2, \cdots$)，则根据定义，得
$$Z[t \cdot 1(t)] = Tz^{-1} + 2Tz^{-2} + \cdots + kTz^{-k} + \cdots \tag{7-26}$$

将式(7-26)两边同时乘以 $z$，得
$$zZ[t \cdot 1(t)] = T + 2Tz^{-1} + \cdots + kTz^{-(k-1)} + (k+1)z^{-k} + \cdots \tag{7-27}$$

左右两侧用式(7-27)减去式(7-26)，得
$$(z-1)Z[t \cdot 1(t)] = T(1 + 1 + z^{-1} + z^{-2} + \cdots + z^{-k} + \cdots) = T\frac{z}{z-1} \quad (|z^{-1}| < 1) \tag{7-28}$$

根据式(7-28)，得
$$Z[t \cdot 1(t)] = \frac{Tz}{(z-1)^2} \tag{7-29}$$

**例 7-3** 试求衰减指数函数 $e^{-at}$ ($a > 0$) 的 $z$ 变换。

**解：** 根据 $z$ 变换定义，可得
$$Z[e^{-at}] = 1 + e^{-aT}z^{-1} + e^{-2aT}z^{-2} + \cdots + e^{-kaT}z^{-k} + \cdots$$
$$= 1 + (e^{aT}z)^{-1} + (e^{aT}z)^{-2} + \cdots + (e^{aT}z)^{-n} + \cdots \tag{7-30}$$

式(7-30)是一个无穷等比级数，公比为 $(e^{aT}z)^{-1}$，若满足收敛条件
$$|(e^{aT}z)^{-1}| < 1$$

$$Z[e^{-at}] = \frac{1}{1 - (e^{aT}z)^{-1}} = \frac{z}{z - e^{-aT}} \tag{7-31}$$

**例 7-4** 试求指数序列 $e(kT) = a^k$ 的 $z$ 变换。

**解：** 根据 $z$ 变换定义，可得
$$Z[a^k] = \sum_{k=0}^{\infty} a^k z^{-k} = \sum_{k=0}^{\infty} (az^{-1})^k = 1 + az^{-1} + a^2 z^{-2} + \cdots (|az^{-1}| < 1) = \frac{z}{z - a}$$

$z$ 变换的无穷项级数的形式具有很鲜明的物理含义。变量 $z^{-n}$ 的系数代表了连续时间函

数在各采样时刻上的采样值。

**2. 部分分式法**

设连续函数 $e(t)$ 的拉普拉斯变换式 $E(s)$ 为有理分式，且可以展开成部分分式的形式，其中部分分式对应简单的时间函数，其相应的 $z$ 变换已知，从而根据 $z$ 变换的线性定理（下一节将给予证明），很方便地求得 $E(z)$。

**例 7-5** 已知连续函数的拉普拉斯变换为 $E(s) = \dfrac{1}{(s+a)(s+b)}$，试用部分分式法求 $E(z)$。

**解**：将 $E(s)$ 进行部分分式展开为

$$E(s) = \frac{k_1}{s+a} + \frac{k_2}{s+b} \tag{7-32}$$

其中

$$k_1 = \lim_{s \to -a}(s+a)E(s) = \frac{-1}{a-b}; \quad k_2 = \lim_{s \to -b}(s+b)E(s) = \frac{1}{a-b} \tag{7-33}$$

将式(7-33)代入式(7-32)，得

$$E(s) = \frac{1}{a-b}\left(\frac{1}{s+b} - \frac{1}{s+a}\right) \tag{7-34}$$

对式(7-34)取拉普拉斯反变换，得

$$e(t) = \frac{1}{a-b}(\mathrm{e}^{-bt} - \mathrm{e}^{-at}) \tag{7-35}$$

而由例 7-3 可知，$Z[\mathrm{e}^{-bt}] = \dfrac{z}{z-\mathrm{e}^{-bT}}$；$Z[\mathrm{e}^{-at}] = \dfrac{z}{z-\mathrm{e}^{-aT}}$

所以

$$E(z) = \frac{1}{a-b}\left[\frac{z}{z-\mathrm{e}^{-bT}} - \frac{z}{z-\mathrm{e}^{-aT}}\right] = \frac{1}{a-b}\frac{z(\mathrm{e}^{-bT} - \mathrm{e}^{-aT})}{z^2 - (\mathrm{e}^{-bT} + \mathrm{e}^{-aT})z + \mathrm{e}^{-(a+b)T}}$$

**例 7-6** 设 $e(t) = \sin\omega t$，试求其 $E(z)$。

**解**：对 $e(t) = \sin\omega t$ 取拉普拉斯变换，得

$$E(s) = \frac{\omega}{s^2 + \omega^2}$$

将其进行部分分式展开，得

$$E(s) = \frac{1}{2\mathrm{j}}\left(\frac{1}{s-\mathrm{j}\omega} + \frac{1}{s+\mathrm{j}\omega}\right)$$

根据指数函数的 $z$ 变换表达式，可得

$$E(z) = \frac{1}{2\mathrm{j}}\left(\frac{z}{z-\mathrm{e}^{\mathrm{j}\omega T}} - \frac{z}{z-\mathrm{e}^{-\mathrm{j}\omega T}}\right) = \frac{1}{2\mathrm{j}}\left[\frac{z(\mathrm{e}^{\mathrm{j}\omega T} - \mathrm{e}^{-\mathrm{j}\omega T})}{z^2 - z(\mathrm{e}^{\mathrm{j}\omega T} + \mathrm{e}^{-\mathrm{j}\omega T}) + 1}\right]$$

化简后得

$$E(z) = Z[\sin\omega t] = \frac{z\sin\omega T}{z^2 - 2z\cos\omega T + 1}$$

### 3. 留数法

如果已知连续时间函数 $e(t)$ 的拉普拉斯变换为 $E(s)$，则 $e(t)$ 的 $z$ 变换可以通过留数计算求出，即

$$E(z) = \sum_{i=1}^{k} \operatorname{Res}\left[ E(s) \frac{z}{z - e^{sT}}, s_i \right] \tag{7-36}$$

式中，$s_i$ 为 $E(s)$ 的极点，$k$ 为 $E(s)$ 的不同极点数

$$\operatorname{Res}\left[ E(s) \frac{z}{z - e^{sT}}, s_i \right] = \lim_{s \to s_i} \frac{1}{(l-1)!} \frac{d^{l-1}}{ds^{l-1}} \left[ (s - s_i)^l E(s) \frac{z}{z - e^{sT}} \right] \tag{7-37}$$

$l$ 为极点的重数。

**例 7-7** 已知连续函数的拉普拉斯变换为 $E(s) = \dfrac{s+3}{(s+1)(s+2)}$，求 $E(z)$。

**解**：由式(7-36)可知

$$E(z) = \sum_{i=1}^{2} \operatorname{Res}\left[ E(s_i) \frac{z}{z - e^{s_i T}} \right]$$

$$= (s+1) \frac{s+3}{(s+1)(s+2)} \frac{z}{z - e^{sT}} \bigg|_{s=-1} + (s+2) \frac{s+3}{(s+1)(s+2)} \frac{z}{z - e^{sT}} \bigg|_{s=-2}$$

$$= \frac{2z}{z - e^{-T}} - \frac{z}{z - e^{-2T}}$$

$$= \frac{z[z + (e^{-T} - 2e^{-2T})]}{z^2 - (e^{-T} + 2e^{-2T})z + e^{-3T}}$$

### 7.3.3 z 变换的基本定理

**1. 线性定理**

若 $Z[e_1(t)] = E_1(z)$，$Z[e_2(t)] = E_2(z)$，$Z[e(t)] = E(z)$，$a$ 为常数，则

$$Z[e_1(t) \pm e_2(t)] = E_1(z) \pm E_2(z) \tag{7-38}$$

$$Z[ae(t)] = aE(z) \tag{7-39}$$

**证明**：由 $z$ 变换的定义可知

$$Z[e_1(t) \pm e_2(t)] = \sum_{k=0}^{\infty} [e_1(kT) \pm e_2(kT)]z^{-k} = \sum_{k=0}^{\infty} [e_1(kT)]z^{-k} \pm \sum_{k=0}^{\infty} [e_2(kT)]z^{-k}$$

$$= E(z_1) \pm E(z_2)$$

式(7-39)证明略。可见 $z$ 变换过程满足叠加原理。

**2. 滞后定理**

设时间连续信号 $e(t)$ 的 $z$ 变换为 $E(z)$，且 $t < 0$ 时，$e(t) = 0$，则有

$$Z[e(t - nT)] = z^{-n} E(z) \tag{7-40}$$

**证明**：由 $z$ 变换的定义可知

$$Z[e(t - nT)] = \sum_{k=0}^{\infty} e(kT - nT)z^{-k} = z^{-n} \sum_{k=0}^{\infty} e[(k-n)T]z^{-(k-n)} \tag{7-41}$$

令 $k - n = m$，则式(7-41)可改写为

$$Z[e(t-nT)] = z^{-n}\sum_{m=-n}^{\infty}e(mT)z^{-m} = z^{-n}\sum_{m=-n}^{-1}e(mT)z^{-m} + z^{-n}\sum_{m=0}^{\infty}e(mT)z^{-m} \quad (7\text{-}42)$$

由于 z 变换的单边性，当 $m<0$ 时，$e(mT)=0$，所以式(7-42)可简化为

$$Z[e(t-nT)] = z^{-n}\sum_{m=0}^{\infty}e(mT)z^{-m} = z^{-n}E(z)$$

**例 7-8** 试用滞后定理计算指数函数 $e^{-(t-2T)}$ 的 z 变换。

**解**：根据滞后定理，得

$$Z[e^{-(t-2T)}] = z^{-2}Z[e^{-t}] = z^{-2}\frac{z}{z-e^{-T}} = \frac{1}{z(z-e^{-T})}$$

#### 3. 超前定理

设时间连续信号 $e(t)$ 的 z 变换为 $E(z)$，且 $t<0$ 时，$e(t)=0$，则有

$$Z[e(t+nT)] = z^{n}E(z) - z^{n}\sum_{l=0}^{n-1}e(lT)z^{-l} \quad (7\text{-}43)$$

**证明**：由 z 变换的定义可知

$$Z[e(t+nT)] = \sum_{k=0}^{\infty}e(kT+nT)z^{-k} = z^{n}\sum_{k=0}^{\infty}e[(k+n)T]z^{-(k+n)} \quad (7\text{-}44)$$

令 $k+n=l$，则式(7-44)改写为

$$Z[e(t+nT)] = z^{n}\sum_{l=n}^{\infty}e(lT)z^{-l} = z^{n}\sum_{l=0}^{\infty}e(lT)z^{-l} - z^{n}\sum_{l=0}^{n-1}e(lT)z^{-l} \quad (7\text{-}45)$$

式(7-45)进一步化简，得

$$Z[e(t+nT)] = z^{n}E(z) - z^{n}\sum_{l=0}^{n-1}e(lT)z^{-l}$$

当利用 z 变换法求解差分方程时(下节会讲解)，经常利用超前定理。

#### 4. 复位移定理

设时间连续信号 $e(t)$ 的 z 变换为 $E(z)$，则

$$Z[e(t)e^{\mp at}] = E(ze^{\pm aT}) \quad (7\text{-}46)$$

式中，$a$ 为实数。

**证明**：根据 z 变换的定义，有

$$Z[e(t)e^{\mp at}] = \sum_{k=0}^{\infty}e(kT)e^{\mp akT}z^{-k} = \sum_{k=0}^{\infty}e(kT)(e^{\pm aT}z)^{-k} \quad (7\text{-}47)$$

令 $z_1 = e^{\pm aT}z$，代入式(7-47)，得

$$Z[e(t)e^{\mp at}] = E(z_1) = E(ze^{\pm aT})$$

**例 7-9** 试用复位移定理计算函数 $e^{-at}\sin\omega t$ 的 z 变换。

**解**：由查 z 变换表可知

$$Z[\sin\omega t] = \frac{z\sin\omega T}{z^2 - (2\cos\omega T)z + 1}$$

则根据复位移定理，得

$$Z[e^{-at}\sin\omega t] = \frac{ze^{aT_s}\sin\omega T_s}{z^2 e^{2aT_s} - 2ze^{aT_s}\cos\omega T_s + 1} = \frac{ze^{-aT_s}\sin\omega T_s}{z^2 - 2ze^{-aT_s}\cos\omega T_s + e^{-2aT_s}}$$

**5. 初值定理**

设时间连续信号 $e(t)$ 的 $z$ 变换为 $E(z)$，并且极限 $\lim\limits_{z\to\infty}E(z)$ 存在，则有

$$e(0) = \lim_{t\to 0} e^*(t) = \lim_{z\to\infty} E(z) \tag{7-48}$$

证明：根据 $z$ 变换的定义式

$$E(z) = \sum_{k=0}^{\infty} e(kT)z^{-k} = e(0) + e(T)z^{-1} + e(2T)z^{-2} + \cdots \tag{7-49}$$

所以

$$\lim_{z\to\infty} E(z) = e(0) = \lim_{t\to 0} e^*(t)$$

**例 7-10** 设 $z$ 变换函数为 $E(z) = \dfrac{z^2}{(z-0.8)(z-0.2)}$，试利用初值定理求 $e(t)$ 的初值。

**解：**

$$e(0) = \lim_{z\to\infty} E(z) = \lim_{z\to\infty} \frac{z^2}{z^2 - z + 0.16} = 1$$

**6. 终值定理**

设时间连续信号 $e(t)$ 的 $z$ 变换为 $E(z)$，且 $(z-1)E(z)$ 的极点全部在 $z$ 平面的单位圆内，极限 $\lim\limits_{z\to 1}(z-1)E(z)$ 存在，则有

$$e(\infty) = \lim_{t\to\infty} e^*(t) = \lim_{k\to\infty} e(kT) = \lim_{z\to 1}(z-1)E(z) \tag{7-50}$$

证明：根据 $z$ 变换的定义，有

$$Z[e(t)] = E(z) = \sum_{k=0}^{\infty} e(kT)z^{-k} \tag{7-51}$$

$$Z[e(t+T)] = \sum_{k=0}^{\infty} e[(k+1)T]z^{-k}$$

又根据 $z$ 变换的超前定理，有

$$Z[e(t+T)] = zE(z) - ze(0) \tag{7-52}$$

令式(7-52)减去式(7-51)，得

$$zE(z) - ze(0) - E(z) = \sum_{k=0}^{\infty} e[(k+1)T]z^{-k} - \sum_{k=0}^{\infty} e(kT)z^{-k}$$

即

$$(z-1)E(z) = ze(0) + \sum_{k=0}^{\infty} \{e[(k+1)T] - e(kT)\}z^{-k} \tag{7-53}$$

对式(7-53)两边取 $z\to 1$ 的极限，即

$$\lim_{z\to 1}(z-1)E(z) = \lim_{z\to 1} ze(0) + \lim_{z\to 1}\sum_{k=0}^{\infty}\{e[(k+1)T] - e(kT)\}z^{-k}$$

$$= e(0) + [e(T) - e(0)] + [e(2T) - e(T)] + \cdots$$

若 $e(kT)(k=0, 1, 2, \cdots)$ 都是有限值，则

$$\lim_{z\to 1}(z-1)E(z) = e(\infty)$$

有时终值定理还可以写为

$$e(\infty) = \lim_{z\to 1} \frac{(z-1)}{z} E(z) = \lim_{z\to 1}(1-z^{-1})E(z)$$

终值定理对计算采样系统的稳态误差比较有用。

**例 7-11** 设 $z$ 变换函数为 $E(z) = \dfrac{z^2}{(z-0.5)(z-1)}$，试利用终值定理求 $e(\infty)$。

**解**：根据终值定理，得

$$e(\infty) = \lim_{z \to 1}(z-1)\frac{z^2}{(z-0.5)(z-1)} = \frac{1}{0.5} = 2$$

### 7.3.4 z 反变换

在连续系统中，使用拉普拉斯变换的目的，是把描述系统的微分方程转换为 $s$ 的代数方程，写出系统的传递函数，然后根据系统输入信号，求出系统输出信号，即可用拉普拉斯反变换求出系统的时间响应，从而简化了系统的研究。与此类似，在离散控制系统中使用 $z$ 变换，也是为了把描述离散控制系统的差分方程转换为 $z$ 的代数方程，然后写出离散控制系统的脉冲传递函数，再用 $z$ 反变换法求出离散系统的时间响应。

所谓 $z$ 反变换，是从 $z$ 变换函数 $E(z)$，求相应的离散序列 $e(kT)$ 的过程，记作

$$Z^{-1}[E(z)] = e(kT) \tag{7-54}$$

注意：通过 $z$ 反变换仅能得到连续函数在采样时刻上的数值，所以一个 $z$ 变换函数 $E(z)$ 可以有无穷多个连续函数 $e(t)$ 与之对应（只要这些 $e(t)$ 在采样时刻上的函数值相等）。

在求 $z$ 反变换时，通常假设当 $k<0$ 时，时间序列 $e(kT)=0$。

通常有三种求 $z$ 反变换的方法，分别是长除法、部分分式法和留数法。

**1. 长除法**

通过 $z$ 变换的定义可知，$z$ 变换函数的无穷项级数的形式具有鲜明的物理意义，即变量 $z^{-k}$ 的系数代表连续函数在 $k$ 采样时刻的采样值。若 $E(z)$ 是一个有理分式，则可以直接通过分子除以分母，得到一个按 $z^{-k}$ 降幂次排列的级数展开式，根据 $z^{-k}$ 的系数便可以确定时间序列 $e(kT)$ 的值。

**例 7-12**  已知 $E(z) = \dfrac{10z}{(z-1)(z-4)}$，求 $e(kT)$。

**解**：

$$E(z) = \frac{10z}{(z-1)(z-4)} = \frac{10z}{z^2 - 5z + 4}$$

$$\begin{array}{r}
10z^{-1} + 50z^{-2} + 210z^{-3} + \cdots \\
z^2 - 5z + 4 \overline{)\,10z\phantom{aaaaaaaaaaaaaaaaaaaaa}} \\
\underline{10z - 50 + 40z^{-1}} \\
50 - 40z^{-1} \\
\underline{50 - 250z^{-1} + 200z^{-2}} \\
210z^{-1} - 200z^{-2} \\
\underline{210z^{-1} - 1050z^{-2} + 840z^{-3}} \\
850z^{-2} - 840z^{-3}
\end{array}$$

即 $E(z)$ 可写成

$$E(z) = 0z^0 + 10z^{-1} + 50z^{-2} + 210z^{-3} + \cdots$$

对应 $z^{-k}$，可知

$$e(0) = 0, \ e(T) = 10, \ e(2T) = 50, \ e(3T) = 210, \cdots$$

$$e^*(t) = 10\delta(t-T) + 50\delta(t-2T) + 210\delta(t-3T) + \cdots$$

由例 7-12 可看出，长除法容易求得采样序列 $e(kT)$ 的前几项的具体数值，但不易得到

通项表达式，因而不便于对系统进行分析和研究。

**2. 部分分式法**

采用部分分式法求 $z$ 反变换，其方法与拉普拉斯反变换的部分分式法相似，稍有不同的是由于一般的 $z$ 变换函数都有一个因子 $z$，因此先将 $\dfrac{E(z)}{z}$ 展开成部分分式，然后把部分分式中的每一项乘上因子 $z$ 后与 $z$ 变换表对照。$E(z)$ 的 $z$ 反变换等于各部分分式的反变换之和。

部分分式法很容易得到 $e^*(t)$ 的通项表达式。

**例 7-13** 求 $E(z) = \dfrac{(1-\mathrm{e}^{-aT})z}{(z-1)(z-\mathrm{e}^{-aT})}$ 的 $z$ 反变换式。

**解**：由于

$$\frac{E(z)}{z} = \frac{1-\mathrm{e}^{-aT}}{(z-1)(z-\mathrm{e}^{-aT})} = \frac{1}{(z-1)} - \frac{1}{(z-\mathrm{e}^{-aT})}$$

即

$$E(z) = \frac{z}{(z-1)} - \frac{z}{(z-\mathrm{e}^{-aT})}$$

根据 $z$ 变换表，可知

$$e(kT) = 1(kT) - \mathrm{e}^{-akT}$$

或 $e^*(t) = \sum\limits_{k=0}^{\infty}(1-\mathrm{e}^{-akT})\delta(t-kT)$

**3. 留数法**

已知 $e(t)$ 的 $z$ 变换为 $E(z)$。可以证明，连续时间函数 $e(t)$ 在 $t=kT$ 时刻的采样值 $e(kT)$ 可由下面的反演积分计算。

$$e(kT) = \frac{1}{2\pi \mathrm{j}}\oint_{\Gamma} E(z)z^{k-1}\mathrm{d}z \tag{7-55}$$

根据留数定理，式(7-55)可以写为

$$e(kT) = \sum_{i=1}^{m} \mathrm{Res}\left[E(z)z^{k-1}\right]_{z=z_i} \tag{7-56}$$

式中，$\mathrm{Res}[\cdot]$ 表示函数在极点上的留数。即

$$e(kT) = \sum_{i=1}^{m}\left\{\frac{1}{(r_i-1)!}\frac{\mathrm{d}^{r_i-1}}{\mathrm{d}z^{r_i-1}}\left[(z-z_i)^{r_i}E(z)\cdot z^{k-1}\right]\right\}_{z=z_i} \tag{7-57}$$

式中，$m$ 为 $E(z)z^{k-1}$ 的不同极点数；$z_i$ 是 $E(z)z^{k-1}$ 的极点，$i=1,2,\cdots,m$；$r_i$ 为 $z=z_i$ 的极点的重数。

**例 7-14** 求 $E(z) = \dfrac{(1-\mathrm{e}^{-aT})z}{(z-1)(z-\mathrm{e}^{-aT})}$ 的 $z$ 反变换。

**解**：$E(z)z^{k-1}$ 包含 $z=1$ 和 $z=\mathrm{e}^{-aT}$ 两个单极点，则

$$e(kT) = \left[(z-1)\frac{(1-\mathrm{e}^{-aT})z^k}{(z-1)(z-\mathrm{e}^{-aT})}\right]_{z=1} + \left[(z-\mathrm{e}^{-aT})\frac{(1-\mathrm{e}^{-aT})z^k}{(z-1)(z-\mathrm{e}^{-aT})}\right]_{z=\mathrm{e}^{-aT}} = 1-\mathrm{e}^{-akT}$$

**例 7-15** 求 $E(z) = \dfrac{(1+\mathrm{e}^{-T/T_0})z - \mathrm{e}^{-T/T_0}}{z(z-1)}$ 的 $z$ 反变换。

**解：** $E(z)z^{k-1}$ 包含的极点情况随着 $k$ 值不同而不同，具体为

1) 当 $k=0$ 时，$E(z)z^{k-1} = \dfrac{(1+e^{-T/T_0})z - e^{-T/T_0}}{z^2(z-1)}$，此时有两个极点，$z=0$ 是二重极点，$z=1$ 为单极点。此时

$$e(0) = \frac{d}{dz}\left[z^2 \frac{(1+e^{-T/T_0})z - e^{-T/T_0}}{z^2(z-1)}\right]_{z=0} + \left[(z-1)\frac{(1+e^{-T/T_0})z - e^{-T/T_0}}{z^2(z-1)}\right]_{z=1} = 0$$

2) 当 $k=1$ 时，$E(z)z^{k-1} = \dfrac{(1+e^{-T/T_0})z - e^{-T/T_0}}{z(z-1)}$，此时有两个单极点，$z=0$ 和 $z=1$。此时

$$e(T) = \left[z\frac{(1+e^{-T/T_0})z - e^{-T/T_0}}{z(z-1)}\right]_{z=0} + \left[(z-1)\frac{(1+e^{-T/T_0})z - e^{-T/T_0}}{z(z-1)}\right]_{z=1} = 1 + e^{-T/T_0}$$

3) 当 $k \geq 2$ 时，$E(z)z^{k-1} = \dfrac{(1+e^{-T/T_0})z - e^{-T/T_0}}{(z-1)}z^{k-2}$，此时有一个单极点，$z=1$。此时

$$e(kT) = \left[(z-1)\frac{(1+e^{-T/T_0})z - e^{-T/T_0}}{(z-1)}z^{k-2}\right]_{z=1} = 1 \quad (k=2,3,\cdots)$$

## 7.4 离散控制系统的数学模型

对离散系统进行分析研究，首先也要建立它的数学模型。线性定常离散系统的数学模型有差分方程和脉冲传递函数。本节主要介绍差分方程及其解法，脉冲传递函数的基本概念、求法以及开环脉冲传递函数和闭环脉冲传递函数的建立方法。

### 7.4.1 差分方程

**1. 差分方程描述**

与线性定常连续系统用线性微分方程描述相似，线性定常离散系统常用线性差分方程来描述。下面举例进行说明。

设离散控制系统的结构图如图 7-12 所示。在第 $k$ 个采样时间间隔中，零阶保持器的输出为 $e_h(t) = e(kT)$，$kT \leq t \leq (k+1)T$。在该周期内的输出 $c(t)$ 则为

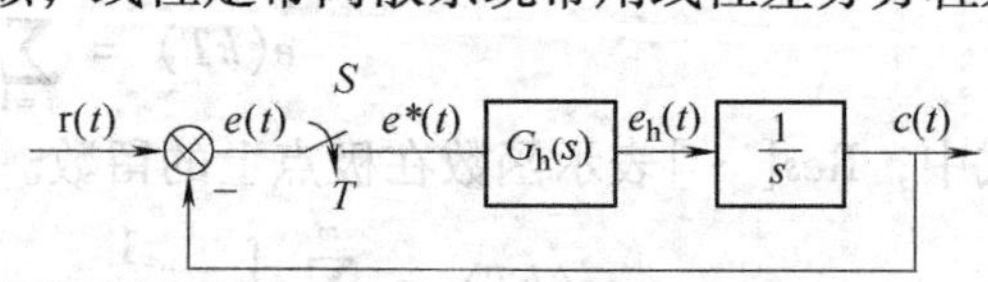

图 7-12 离散控制系统的结构图

$$c(t) = c(kT) + e(kT)(t - kT)$$

式中，$kT \leq t \leq (k+1)T$。

得

$$c[(k+1)T] = c(kT) + Te(kT)$$

简写为

$$c(k+1) = c(k) + Te(k)$$

考虑到 $e(k) = r(k) - c(k)$，得

$$c(k+1) + (T-1)c(k) = Tr(k)$$

这就是图 7-11 所示采样控制系统的差分方程。更一般的，线性定常离散系统通常用如下 $n$ 阶前向差分方程来描述：

$$c(k+n) + a_1 c(k+n-1) + \cdots + a_{n-1} c(k+1) + a_n c(k)$$
$$= b_0 r(k+m) + b_1 r(k+m-1) + \cdots + b_{m-1} r(k+1) + b_m r(k) \tag{7-58}$$

式中，$n$ 为系统阶次；$k$ 为第 $k$ 个采样周期。

**2. 差分方程解法**

常系数线性差分方程的解法有两种：一种是迭代法；另一种是 $z$ 变换法。

（1）迭代法 迭代法非常适合在计算机上求解，已知差分方程并且给定输入序列和输出序列的初值，则可以利用差分方程式本身的递推关系一步一步地计算出输出序列。

**例 7-16** 已知差分方程为
$$c(k) - 3c(k-1) + 6c(k-2) = r(k)$$
已知 $r(k) = 1(k) = 1$，$(k=1, 2, \cdots)$；初始条件为 $c(0) = 0$，$c(1) = 1$。试用迭代法求输出序列 $c(k)(k=0, 1, 2\cdots)$。

**解**：按题意给出的差分方程可得递推关系为
$$c(k) = 3c(k-1) - 6c(k-2) + r(k)$$
根据初始条件，得
$$\begin{aligned}
k=2 \quad & c(2) = 3c(1) - 6c(0) + r(2) = 4 \\
k=3 \quad & c(3) = 3c(2) - 6c(1) + r(3) = 7 \\
k=4 \quad & c(4) = 3c(3) - 6c(2) + r(4) = -2 \\
\cdots \quad & \cdots \quad \cdots \quad \cdots \quad \cdots \quad \cdots
\end{aligned} \tag{7-59}$$

即 $c(0) = 0$，$c(1) = 1$，$c(2) = 4$，$c(3) = 7$，$c(4) = -2$，$\cdots$

总之，迭代法是一种递推原理，是根据前 $n$ 个时刻的输入、输出数据来获得当前时刻的值，将来时刻的数据是不能提前得到的。而且不容易得出输出在采样时刻值的一般项表达式。

（2）$z$ 变换法 用 $z$ 变换法解差分方程的实质和用拉普拉斯变换解微分方程类似，对差分方程两端取 $z$ 变换，并利用 $z$ 变换的超前定理，得到以 $z$ 为变量的代数方程，然后对代数方程的解 $C(z)$ 取 $z$ 反变换，求得输出序列 $c(k)$。

**例 7-17** 用 $z$ 变换法解二阶差分方程
$$c(k+2) + 3c(k+1) + 2c(k) = 0$$，设初始条件 $c(0) = 0$，$c(1) = 1$。

**解**：对差分方程的两端取 $z$ 变换，根据超前定理
$$\begin{aligned}
Z[c(k+2)] &= z^2 C(z) - z^2 c(0) - z c(1) = z^2 C(z) - z \\
Z[c(k+1)] &= z C(z) - z c(0) = z C(z) \\
Z[c(k)] &= C(z)
\end{aligned} \tag{7-60}$$

利用式(7-60)，将差分方程转换为 $z$ 的代数方程为
$$(z^2 + 3z + 2) C(z) = z$$
$$C(z) = \frac{z}{z^2 + 3z + 2} = \frac{z}{z+1} - \frac{z}{z+2}$$

对其进行 $z$ 反变换，得
$$c(k) = Z^{-1}[C(z)] = (-1)^k - (-2)^k \quad k = 0, 1, 2, \cdots$$

## 7.4.2 脉冲传递函数

作为线性定常离散控制系统的数学模型,脉冲传递函数的定义与连续系统的传递函数的定义类似。

**1. 脉冲传递函数定义**

以图 7-13 为例,如果系统的初始条件为零,输入信号为 $r(t)$,采样后 $r^*(t)$ 的 z 变换函数为 $R(z)$,系统连续部分的输出为 $c(t)$,采样后 $c^*(t)$ 的 z 变换函数为 $C(z)$,则线性定常离散系统的脉冲传递函数定义为系统输出采样信号的 z 变换与输入采样信号的 z 变换之比,记作

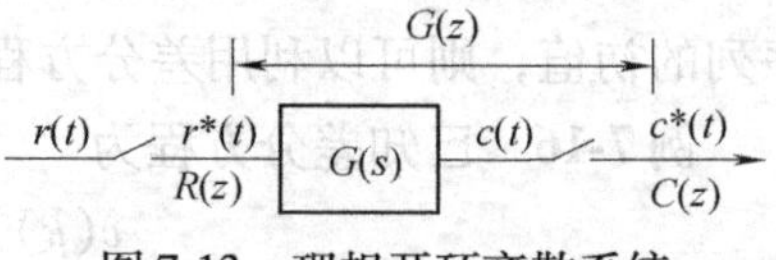

图 7-13 理想开环离散系统

$$G(z) = \frac{C(z)}{R(z)} \tag{7-61}$$

此处,零初始条件是指 $t<0$ 时,输入脉冲序列各采样值 $r(-T)$,$r(-2T)$,…及输出脉冲序列各采样值 $c(-T)$,$c(-2T)$,…均为零。

由式(7-61)所描述的关系可以得知,输出的采样信号如式(7-62)所描述。

$$c^*(t) = Z^{-1}[C(z)] = Z^{-1}[G(z)R(z)] \tag{7-62}$$

由于输入信号的 z 变换 $R(z)$ 通常为已知的,因此求 $c^*(t)$ 的关键在于求出系统的脉冲传递函数 $G(z)$。

关于线性定常离散控制系统的脉冲传递函数,还需着重指出两点:

1) $G(s)$ 是一个线性环节的传递函数,而 $G(z)$ 表示的是线性环节与理想开关两者的组合体的传递函数(脉冲传递函数)。如果不存在理想采样开关,那么式(7-61)是不成立的。

2) 利用线性环节的脉冲传递函数只能得出在采样时刻上的信息。为了强调这一点,往往在环节的输出端画上一个假想的同步理想开关,如图 7-14 所示。实际上,线性环节的输出仍然是一个连续信号 $c(t)$。

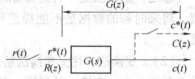

图 7-14 实际开环离散系统

**2. 脉冲传递函数的求法**

连续系统或元件的脉冲传递函数 $G(z)$,可以通过其传递函数 $G(s)$ 求取。具体步骤如下:

1) 对连续系统或元件的传递函数 $G(s)$ 取拉普拉斯反变换,求得脉冲响应 $g(t)$ 为

$$g(t) = L^{-1}[G(s)]$$

2) 对 $g(t)$ 进行 z 变换,则得到系统或元件的脉冲传递函数 $G(z)$。

脉冲传递函数还可由连续系统或元件的传递函数,经部分分式法,通过查 z 变换表求得。

**例 7-18** 设图 7-14 所示的开环系统中 $G(s) = \dfrac{1}{s(s+1)}$。试求该系统的脉冲传递函数 $G(z)$。

**解:** $g(t) = L^{-1}[G(s)] = L^{-1}\left[\dfrac{1}{s} - \dfrac{1}{s+1}\right] = 1 - e^{-t}$

则
$$G(z) = Z[g(t)] = Z[1 - e^{-t}] = \frac{z}{z-1} - \frac{z}{z-e^{-T}} = \frac{(1-e^{-T})z}{z^2 - (1+e^{-T})z + e^{-T}}$$

**3. 开环离散系统的脉冲传递函数**

（1）串联环节的脉冲传递函数　环节串联有两种典型的情况，如图 7-15 所示。

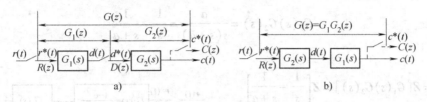

图 7-15　开环离散系统的串联环节
a）串联环节之间有采样开关　b）串联环节之间无采样开关

对图 7-15a，有
$$D(z) = G_1(z)R(z)$$
$$C(z) = G_2(z)D(z)$$

所以
$$C(z) = G_2(z)G_1(z)R(z)$$

即
$$G(z) = \frac{C(z)}{R(z)} = G_1(z)G_2(z) \tag{7-63}$$

从式（7-63）可以总结出：被理想采样开关隔开的两个线性环节串联时，其脉冲传递函数等于这两个环节各自的脉冲传递函数的乘积。这个结论可以推广到 $n$ 个串联环节，且串联环节之间都有理想开关分隔的情况，此时，总的脉冲传递函数等于每个环节的脉冲传递函数的乘积。

对图 7-15b，有
$$G(z) = Z\{L^{-1}[G_1(s)G_2(s)]\} = G_1G_2(z) \tag{7-64}$$

式（7-64）表明：两个串联环节之间没有采样开关间隔的情况，系统的脉冲传递函数等于两个环节传递函数乘积后的 $z$ 变换。同理，此结论适用于 $n$ 个没有采样开关间隔的串联环节，此时，总的脉冲传递函数等于 $n$ 个环节的传递函数乘积的 $z$ 变换。

**例 7-19**　开环离散系统如图 7-15a、b 所示，其中 $G_1(s) = \frac{1}{s}$，$G_2(s) = \frac{a}{s+a}$，输入信号 $r(t) = 1(t)$，试求图 7-15a、b 所示系统的脉冲传递函数 $G(z)$ 和输出的 $z$ 变换 $C(z)$。

**解**：首先输入信号的 $z$ 变换为
$$R(z) = Z[1(t)] = \frac{z}{z-1}$$

对于图 7-15a 所示系统有
$$G_1(z) = Z\left[\frac{1}{s}\right] = \frac{z}{z-1} \qquad G_2(z) = Z\left[\frac{a}{s+a}\right] = \frac{az}{z-e^{-aT}}$$

因此可得

$$G(z) = G_1(z)G_2(z) = \frac{az^2}{(z-1)(z-e^{-aT})}$$

$$C(z) = G(z)R(z) = \frac{az^3}{(z-1)^2(z-e^{-aT})}$$

对于图 7-15b 所示系统有

$$G_1(s)G_2(s) = \frac{a}{s(s+a)} = \frac{1}{s} - \frac{1}{s+a}$$

此时可得

$$G(z) = Z[G_1(s)G_2(s)] = Z\left[\frac{1}{s} - \frac{1}{s+a}\right]$$

$$= \frac{z(1-e^{-aT})}{(z-1)(z-e^{-aT})}$$

$$C(z) = R(z)G(z) = \frac{z^2(1-e^{-aT})}{(z-1)^2(z-e^{-aT})}$$

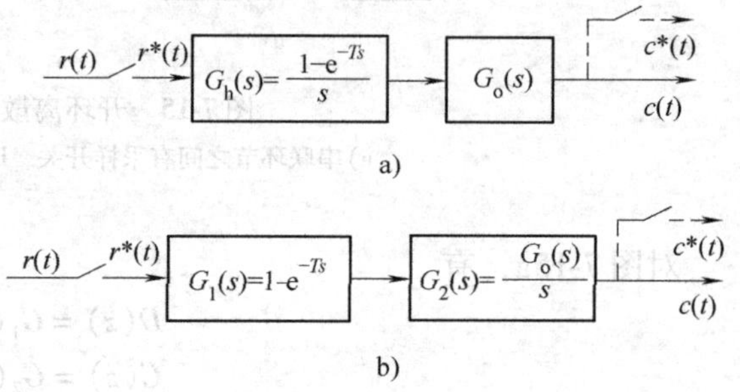

（2）有零阶保持器的开环系统的脉冲传递函数　具有零阶保持器的开环离散系统如图 7-16a 所示。为了便于分析，把图 7-16a 改画成图 7-16b 的形式。

由图 7-16b 可知

$$G(z) = G_1G_2(z) = Z\{L^{-1}[G_1(s)G_2(s)]\}$$

$$G_1(s)G_2(s) = (1-e^{-Ts})G_2(s) = G_2(s) - e^{-Ts}G_2(s)$$

$$G(z) = Z\{L^{-1}[G_2(s) - e^{-Ts}G_2(s)]\} = Z\{L^{-1}[G_2(s)]\} - Z\{L^{-1}[e^{-Ts}G_2(s)]\}$$

令 $g_2(t) = L^{-1}[G_2(s)]$，则根据拉普拉斯变换的实数位移定理，有

$$L^{-1}[e^{-Ts}G_2(s)] = g_2(t-T)$$

根据 $z$ 变换的滞后定理，有

$$Z[g_2(t-T)] = z^{-1}G_2(z)$$

最后得

$$G(z) = G_2(z) - z^{-1}G_2(z) = \frac{z-1}{z}G_2(z) \tag{7-65}$$

图 7-16　具有零阶保持器的开环离散系统

其中

$$G_2(z) = Z\left\{L^{-1}\left[\frac{G_0(s)}{s}\right]\right\} \tag{7-66}$$

**例 7-20**　离散系统如图 7-16a 所示，其中 $G_o(s) = \dfrac{1}{s(s+1)}$，试求系统的脉冲传递函数 $G(z)$。

**解**：由式(7-65)可得

$$G(z) = \frac{z-1}{z}G_2(z) = \frac{z-1}{z}Z\left\{L^{-1}\left[\frac{G_0(s)}{s}\right]\right\}$$

其中
$$\frac{G_o(s)}{s} = \frac{1}{s^2(s+1)}$$

将其部分分式展开得
$$\frac{G_o(s)}{s} = \frac{1}{s^2} - \frac{1}{s} + \frac{1}{s+1}$$

求其 $z$ 变换得
$$Z\left\{L^{-1}\left[\frac{G_o(s)}{s}\right]\right\} = \frac{Tz}{(z-1)^2} - \frac{z}{z-1} + \frac{z}{z-e^{-T}}$$

最后
$$G(z) = \frac{z-1}{z}G_2(z) = \frac{z-1}{z}\left[\frac{Tz}{(z-1)^2} - \frac{z}{z-1} + \frac{z}{z-e^{-T}}\right]$$
$$= \frac{(e^{-T}+T-1)z + [1-(T+1)e^{-T}]}{(z-1)(z-e^{-T})}$$
$$= \frac{(e^{-T}+T-1)z + [1-(T+1)e^{-T}]}{z^2 - (1+e^{-T})z + e^{-T}}$$

**4. 闭环离散系统的脉冲传递函数**

在连续系统中，闭环传递函数与开环传递函数之间存在确定的关系，因而可以用统一的结构图来描述闭环系统。但在离散系统中，由于采样器在闭环系统中可以有多种配置的可能性，因而没有唯一的结构形式。这使得闭环离散系统的脉冲传递函数没有统一的公式，只能根据系统的具体结构来求取。下面根据几个典型的闭环离散系统的结构图，举例说明如何求取它们的闭环脉冲传递函数。

1) 图 7-17 所示为闭环离散系统的典型结构图，下面将求取此系统的闭环脉冲传递函数 $\dfrac{C(z)}{R(z)}$。

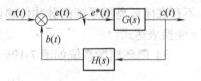

图 7-17 闭环离散系统的典型结构图

由结构图得
$$e(t) = r(t) - b(t)$$

根据 $z$ 变换的线性定理，得
$$E(z) = R(z) - B(z) \tag{7-67}$$

从结构图进一步得知
$$C(z) = E(z)G(z) \tag{7-68}$$
$$B(z) = E(z)GH(z) \tag{7-69}$$

式中，$GH(z) = Z\{L^{-1}[G(s)H(s)]\}$。

根据式(7-67)~式(7-69)，消去 $E(z)$ 和 $B(z)$，从而可得此系统的闭环脉冲传递函数为
$$\Phi(z) = \frac{C(z)}{R(z)} = \frac{G(z)}{1+GH(z)} \tag{7-70}$$

将式(7-69)代入式(7-67)，还可以得到系统的误差脉冲传递函数为

$$\Phi_e(z) = \frac{E(z)}{R(z)} = \frac{1}{1+GH(z)} \tag{7-71}$$

式(7-70)和式(7-71)是研究闭环离散系统时经常用到的两个闭环脉冲传递函数。与连续系统相类似,它们也拥有相同的分母多项式,令其分母多项式为零,便得到闭环离散系统的特征方程为

$$D(z) = 1 + GH(z) = 0$$

式中,$GH(z)$ 为闭环离散系统的开环脉冲传递函数。

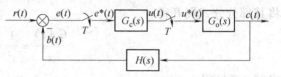

图 7-18 数字控制系统的典型结构图

2)图 7-18 是数字控制系统的典型结构图,求取其闭环脉冲传递函数 $\frac{C(z)}{R(z)}$。

根据结构图,可知

$$E(z) = R(z) - B(z) \tag{7-72}$$
$$C(z) = E(z)G_c(z)G_o(z) \tag{7-73}$$
$$B(z) = E(z)G_c(z)G_oH(z) \tag{7-74}$$

根据式(7-72)~式(7-74),消去 $E(z)$ 和 $B(z)$,从而可得此系统的闭环脉冲传递函数为

$$\Phi(z) = \frac{C(z)}{R(z)} = \frac{G_c(z)G_0(z)}{1+G_c(z)G_0H(z)} \tag{7-75}$$

通过与上面类似的方法,还可以推导出采样器为不同配置的其他闭环离散系统的脉冲传递函数。但是,只要当误差信号 $e(t)$ 处没有采样开关,输入采样信号 $r^*(t)$ 便不存在,此时不存在闭环离散系统的脉冲传递函数,但是在外输入信号已知的情况下,可得出输出信号的 $z$ 变换表达式。

3)闭环离散系统如图 7-19a 所示,试求其输出的 $z$ 变换 $C(z)$。

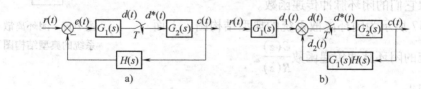

图 7-19 闭环离散控制系统及其等效结构图

为便于分析,将图 7-19a 中的比较点后移,得到等效结构图如图 7-19b 所示。

由图 7-19b 可知

$$C(z) = D(z)G_2(z) \tag{7-76}$$
$$D(z) = D_1(z) - D_2(z) \tag{7-77}$$
$$D_1(z) = RG_1(z) \tag{7-78}$$
$$D_2(z) = D(z)G_2G_1H(z) \tag{7-79}$$

由式(7-76)~式(7-79),最终推导得出

$$C(z) = \frac{G_2(z)RG_1(z)}{1+G_2G_1H(z)} \tag{7-80}$$

式中，$RG_1(z) = Z\{L^{-1}[R(s)G(s)]\}$；$G_2G_1H(z) = Z\{L^{-1}[G_2(s)G_1(s)H(s)]\}$。

采样开关不同配置时离散控制系统的典型结构图和输出信号的 $z$ 变换见表 7-1。

**表 7-1 典型离散控制系统的结构图及输出信号 $C(z)$**

| 序号 | 系统结构图 | $C(z)$ |
|---|---|---|
| 1 | | $\dfrac{G(z)R(z)}{1+G(z)H(z)}$ |
| 2 | | $\dfrac{RG_1(z)G_2(z)G_3(z)}{1+G_2(z)G_3G_1H(z)}$ |
| 3 | | $\dfrac{G(z)R(z)}{1+G(z)H(z)}$ |
| 4 | | $\dfrac{G_1(z)G_2(z)R(z)}{1+G_1(z)G_2(z)H(z)}$ |
| 5 | | $\dfrac{RG(z)}{1+HG(z)}$ |

## 7.5 离散控制系统的稳定性分析

通过第 3 章的学习可知，线性定常连续系统的稳定性分析是根据闭环系统特征根在 $s$ 平面的位置来判断的，如果系统特征根都分布在 $s$ 左半平面，则系统稳定。

离散控制系统的分析是建立在 $z$ 变换的基础上，离散控制系统的分析是采用 $z$ 平面，所以首先应该清楚 $s$ 平面和 $z$ 平面的关系。

### 7.5.1 $s$ 平面与 $z$ 平面的映射关系

在定义 $z$ 变换时，可知 $z$ 与 $s$ 的映射关系为

$$z = e^{sT} \tag{7-81}$$

式中，$T$ 为采样周期。

令
$$s = \sigma + j\omega \tag{7-82}$$
则
$$z = e^{(\sigma+j\omega)T} = e^{\sigma T} \cdot e^{j\omega T} \tag{7-83}$$

$z$ 的模和幅角分别为 $|z| = e^{\sigma T}$，$\arg z = \omega T$。具体的映射关系可分三部分说明如下：

**1. $s$ 平面的虚轴映射到 $z$ 平面**

$s$ 平面的虚轴（$\sigma = 0$，$s = j\omega$）映射到 $z$ 平面为
$$|z| = e^{0 \cdot T} = 1, \quad \arg z = \omega T \tag{7-84}$$

从式(7-84)可看出，$s$ 平面的虚轴映射到 $z$ 平面上为圆心在原点的单位圆，且 $\omega$ 从 $-\infty \to \infty$ 时，$z$ 平面上的轨迹已经沿着单位圆逆时针转了无数圈。

**2. $s$ 左半平面上的点映射到 $z$ 平面**

$s$ 左半平面上的点的特点为 $\sigma < 0$，映射到 $z$ 平面为
$$e^{\sigma T} < 1$$
即映射到 $z$ 平面上是以原点为圆心的单位圆内。

**3. $s$ 右半平面上的点映射到 $z$ 平面**

$s$ 左半平面上的点的特点为 $\sigma > 0$，映射到 $z$ 平面为
$$e^{\sigma T} > 1$$
即映射到 $z$ 平面上是以原点为圆心的单位圆外。

上述理论总结起来，即 $s$ 平面和 $z$ 平面的映射关系为：$s$ 左半平面映射到 $z$ 平面是以原点为圆心的单位圆内；$s$ 平面的虚轴映射到 $z$ 平面是以原点为圆心的单位圆上；$s$ 右半平面映射到 $z$ 平面是以原点为圆心的单位圆外。

### 7.5.2 离散控制系统稳定的充要条件

根据连续系统稳定的条件以及 $s$ 平面和 $z$ 平面的映射关系，推断出离散控制系统稳定的充要条件为：闭环离散系统特征方程的所有根必须分布在 $z$ 平面上以原点为圆心的单位圆内。如果一个根分布在单位圆上，其他根分布在单位圆内，则系统处于临界稳定。具体如图 7-20 所示。

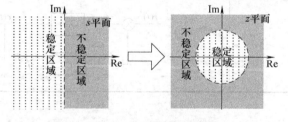

图 7-20 $s$ 平面的稳定性区域与其在 $z$ 平面的映射区域

下面用解析法来验证上面的结论。设闭环离散系统的脉冲传递函数为
$$\Phi(z) = \frac{C(z)}{R(z)} = \frac{M(z)}{D(z)} \tag{7-85}$$

式(7-85)中 $D(z)$ 为系统的闭环特征多项式。

设系统的输入为单位理想脉冲，即 $R(z) = 1$，此时
$$C(z) = \frac{M(z)}{D(z)} \tag{7-86}$$

当 $C(z)$ 无重极点时（如果有重极点，所得结果依然正确），则 $C(z)$ 可分解为
$$C(z) = \sum_{i=1}^{n} \frac{c_i z}{z - p_i} \tag{7-87}$$

式中，$p_i(i = 1, 2, \cdots, n)$ 为 $C(z)$ 或 $\Phi(z)$ 的极点，即特征方程 $D(z) = 0$ 的根。

对式(7-87)取 $z$ 反变换，得

$$c(kT) = \sum_{i=1}^{n} c_i p_i^k \tag{7-88}$$

按照第 3 章关于稳定性的定义，系统若要稳定，必须满足下述条件，即

$$\lim_{k \to \infty} c(kT) = 0$$

由式(7-88)可知，只有当 $|p_i| < 1$ ($i = 1, 2, \cdots, n$)时，才能满足上述条件。如果有一个特征根的模等于 1 而其他的模小于 1，此时系统处于临界稳定。从而验证了本节提出的离散控制系统稳定的充要条件的正确性。

**例 7-21** 闭环离散控制系统如图 7-17 所示，已知 $G(s) = \dfrac{8}{s(s+1)}$，$H(s) = 1$，$T = 1$。试求该系统的稳定性。

**解：** 由结构图求得该系统的闭环脉冲传递函数为

$$\Phi(z) = \frac{G(z)}{1 + GH(z)}$$

求得

$$GH(z) = \frac{8(1 - e^{-1})z}{(z-1)(z-e^{-1})} \tag{7-89}$$

而系统的闭环特征方程为

$$D(z) = 1 + GH(z) = 0 \tag{7-90}$$

即

$$z^2 + 3.689z + 0.368 = 0 \tag{7-91}$$

解系统的闭环特征根为

$$z_1 = -0.1026, \quad z_2 = -3.5864$$

因为 $|z_2| > 1$，所以该系统不稳定。

上述判断离散系统稳定的方法首先需要求取离散系统闭环特征根，然后根据其在 $z$ 平面的位置来判断系统的稳定性。然而对于高阶的闭环特征方程，求根很麻烦，将连续系统的劳斯(Routh)稳定判据通过映射定理转换到 $z$ 平面是离散控制系统稳定性判别的最简单方法。

### 7.5.3 离散控制系统的劳斯稳定判据

**1. 基本思路**

若能将 $z$ 平面的单位圆，通过选择一种坐标变换，变成新变量 $w$ 平面的虚轴；单位圆内变成 $w$ 的左半平面；单位圆外变成 $w$ 的右半平面。这样 $z$ 特征方程转变成 $w$ 特征方程。在 $z$ 平面内所有特征根都在单位圆内，便等效为在 $w$ 平面所有特征根都在左半平面。从而根据 $w$ 平面的特征方程，利用劳斯稳定判据判别离散控制系统的稳定性。

**2. 坐标变换方法**（双线性变换）

根据复变函数的双线性变换公式，令 $z = \dfrac{w+1}{w-1}$，就可以实现 $z$ 平面上单位圆的内部、外部及单位圆上分别对应 $w$ 平面的左半平面、右半平面及虚轴。

证明：设 $z = \dfrac{w+1}{w-1}$，同时令 $w = \sigma + j\omega$，则

$$|z| = \left|\dfrac{w+1}{w-1}\right| = \dfrac{|\sigma+1 \pm j\omega|}{|\sigma-1 \pm j\omega|} = \dfrac{\sqrt{(\sigma+1)^2+\omega^2}}{\sqrt{(\sigma-1)^2+\omega^2}}$$

很显然有

$\text{Re}\,w < 0 \Rightarrow \sigma < 0 \Rightarrow |z| < 1$，$w$ 的左半平面对应 $z$ 平面的单位圆内；

$\text{Re}\,w = 0 \Rightarrow \sigma = 0 \Rightarrow |z| = 1$，$w$ 平面的虚轴对应 $z$ 平面的单位圆上；

$\text{Re}\,w > 0 \Rightarrow \sigma > 0 \Rightarrow |z| > 1$，$w$ 的右半平面对应 $z$ 平面的单位圆外。

**3. 用劳斯判据判断离散控制系统稳定性的步骤**

1）求出闭环离散控制系统的特征方程 $D(z) = 0$。

2）令 $z = \dfrac{w+1}{w-1}$，整理后得到一个以 $w$ 为变量的特征方程 $D(w) = 0$。

3）根据 $D(w)$ 的各项系数，利用劳斯判据确定系统特征根的分布位置，若所有特征根都在 $w$ 的左半平面则闭环离散控制系统稳定。

**例 7-22**  设离散控制系统的特征方程为

$$D(z) = 45z^3 - 117z^2 + 119z - 39 = 0$$

试判断该系统的稳定性。

**解**：令 $z = \dfrac{w+1}{w-1}$，代入特征方程中，得

$$45\left(\dfrac{w+1}{w-1}\right)^3 - 117\left(\dfrac{w+1}{w-1}\right)^2 + 119\left(\dfrac{w+1}{w-1}\right) - 39 = 0$$

方程两边同时乘以 $(w-1)^3$，化简得

$$D(w) = w^3 + 2w^2 + 2w + 40 = 0$$

应用劳斯判据，列出劳斯表为

| | | |
|---|---|---|
| $s^3$ | 1 | 2 |
| $s^2$ | 2 | 40 |
| $s^1$ | -18 | 0 |
| $s^0$ | 40 | |

由于劳斯表首列有两次符号改变，故有 2 个根在 $w$ 平面的右半平面，即离散闭环特征方程 $D(z) = 0$ 有两个根在 $z$ 平面以原点为圆心的单位圆外，系统是不稳定的。

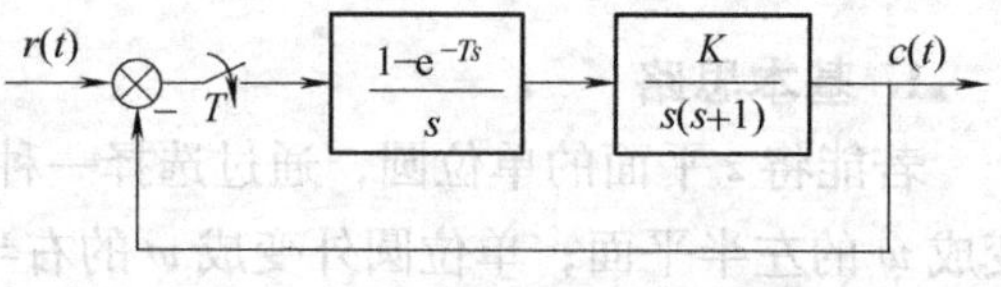

**例 7-23**  设离散控制系统结构图如图 7-21 所示，其中 $T = 1$。试求使该系统稳定的 $K$ 值范围。

图 7-21  离散控制系统结构图

**解**：由结构图可知

$$G(s) = \dfrac{1-e^{-Ts}}{s} \cdot \dfrac{K}{s(s+1)}$$

$$G(z) = Z[G(s)] = \frac{z-1}{z} Z\left[\frac{K}{s^2} - \frac{K}{s} + \frac{K}{s+1}\right] = \frac{K(e^{-1}z + 1 - 2e^{-1})}{(z-1)(z-e^{-1})}$$

$$= \frac{0.368Kz + 0.264K}{z^2 - 1.368z + 0.368}$$

系统的闭环脉冲传递函数为

$$\Phi(z) = \frac{G(z)}{1 + G(z)}$$

可得闭环特征方程为 $1 + G(z) = 0$，即

$$z^2 + (0.368K - 1.368)z + (0.264K + 0.368) = 0$$

令 $z = \dfrac{w+1}{w-1}$，得

$$\left(\frac{w+1}{w-1}\right)^2 + (0.368K - 1.368)\frac{(w+1)}{(w-1)} + (0.264K + 0.368) = 0$$

用 $(w-1)^2$ 乘以此式两边，化简后得

$$0.632Kw^2 + (1.264 - 0.528K)w + 2.736 - 0.104K = 0$$

对于二阶系统，只要系数大于零，系统就是稳定的，于是 $K > 0$，$K < 2.394$，$K < 26.3$，于是系统稳定的 $K$ 值范围为 $0 < K < 2.394$。

## 7.6 离散控制系统的稳态误差分析

与连续系统类似，离散系统的稳态性能也是用稳态误差来表征的。在离散系统中，稳态误差的计算也可以采用与连续系统类似的方法，即：其一，根据具体结构下的离散系统，求其误差脉冲传递函数，再利用 $z$ 变换的终值定理求出系统的稳态误差；其二，根据系统开环脉冲传递函数的结构形式，依据输入信号的形式以及系统的型别，来确定系统是否有差，再依据开环增益来确定稳态误差的大小。

**1. 利用误差脉冲传递函数和终值定理求稳态误差**

由于离散控制系统没有唯一的结构形式，因此无法给出误差脉冲传递函数的一般形式，只能根据具体结构进行具体求取。下面针对一典型的单位反馈系统，求取其在典型输入作用下的稳态误差。

设单位反馈离散控制系统如图 7-22 所示，由 7.4.2 节中闭环系统误差脉冲传递函数的定义，求得

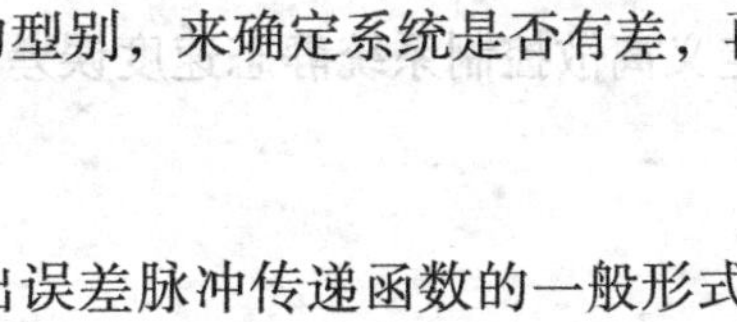

$$\Phi_e(z) = \frac{E(z)}{R(z)} = \frac{1}{1 + G(z)}$$

图 7-22 单位反馈离散控制系统

要使用终值定理，首先必须系统稳定，即 $\Phi_e(z)$ 的极点（也就是系统的闭环特征根）必须分布在 $z$ 平面以原点为圆心的单位圆内。此时应用 $z$ 变换的终值定理求得在输入信号作用下采样系统的稳态误差为

$$e(\infty) = \lim_{t \to \infty} e^*(t) = \lim_{z \to 1}(z-1)E(z) = \lim_{z \to 1}(z-1)\frac{1}{1 + G(z)}R(z) \tag{7-92}$$

上式说明，离散控制系统的稳态误差，与其输入信号和脉冲传递函数有关。

**2. 利用系统的型别和开环增益求给定输入下的稳态误差**

下面分别讨论3种典型输入信号作用下单位反馈离散控制系统的稳态误差。

(1) 单位阶跃信号$[r(t)=1(t)]$　此时$R(z)=\dfrac{z}{z-1}$，代入式(7-92)，求得稳态误差为

$$e(\infty)=\lim_{z\to 1}(z-1)\frac{1}{1+G(z)}\frac{z}{z-1}=\lim_{z\to 1}\frac{1}{1+G(z)}=\frac{1}{1+\lim_{z\to 1}G(z)} \tag{7-93}$$

定义离散控制系统的静态位置误差系数为

$$k_p = 1 + \lim_{z\to 1}G(z) \tag{7-94}$$

则

$$e(\infty)=\frac{1}{k_p} \tag{7-95}$$

从式(7-94)可看出，当$G(z)$有一个及以上$z=1$的极点时，$k_p=\infty$，则

$$e(\infty)=\frac{1}{k_p}=0$$

换言之，在阶跃信号输入作用下，单位反馈离散控制系统无稳态误差的条件是$G(z)$中至少有一个$z=1$的极点。

(2) 单位斜坡信号$[r(t)=t\cdot 1(t)]$　此时$R(z)=\dfrac{Tz}{(z-1)^2}$，代入式(7-92)，求得稳态误差为

$$e(\infty)=\lim_{z\to 1}(z-1)\frac{1}{1+G(z)}\frac{Tz}{(z-1)^2}=\lim_{z\to 1}\frac{T}{(z-1)[1+G(z)]} \tag{7-96}$$

定义离散控制系统静态速度误差系数为

$$k_v = \lim_{z\to 1}\frac{1}{T}(z-1)G(z) \tag{7-97}$$

则

$$e(\infty)=\frac{1}{k_v} \tag{7-98}$$

从式(7-97)可以看出，当$G(z)$有两个及以上$z=1$的极点时，$k_v=\infty$，则

$$e(\infty)=\frac{1}{k_v}=0$$

即在斜坡信号输入下，单位反馈离散控制系统无稳态误差的条件是$G(z)$中至少有两个$z=1$的极点。

(3) 单位抛物线信号$\left[r(t)=\dfrac{1}{2}t^2\right]$　此时$R(z)=\dfrac{T^2z(z+1)}{2(z-1)^3}$，代入式(7-92)，求得稳态误差为

$$e(\infty)=\lim_{z\to 1}(z-1)\frac{1}{1+G(z)}\frac{T^2z(z+1)}{2(z-1)^3}=\lim_{z\to 1}\frac{T^2z(z+1)}{2[1+G(z)](z-1)^2} \tag{7-99}$$

定义离散控制系统静态加速度误差系数为

$$k_a = \lim_{z \to 1} \frac{1}{T^2}[(z-1)^2 G(z)] \qquad (7\text{-}100)$$

则

$$e(\infty) = \frac{1}{k_a}$$

由式(7-100)可以看出，当系统有三个及以上 $z=1$ 的极点时，$k_a = \infty$，则

$$e(\infty) = \frac{1}{k_a} = 0$$

就是说，在单位抛物线信号输入作用下，单位反馈离散控制系统无稳态误差的条件是 $G(z)$ 中至少有三个 $z=1$ 的极点。

从上面分析可以看出，系统的稳态误差除了与输入信号的形式有关外，还取决于系统的开环脉冲传递函数 $G(z)$ 中 $z=1$ 的极点的个数。

与连续系统类似，这里将开环脉冲传递函数 $G(z)$ 中 $z=1$ 的极点的个数用 $\nu$ 表示，并把 $\nu=0,1,2,\cdots$ 的离散控制系统分别称为 0 型、Ⅰ 型、Ⅱ 型、$\cdots$ 系统，其中 $\nu=0$ 又称为有差系统；$\nu=1$ 称为一阶无差系统；$\nu=2$ 称为二阶无差系统。

归纳单位反馈系统在三种典型输入信号作用下的稳态误差终值，见表 7-2。

表 7-2 典型输入信号作用下的稳态误差

| 稳态误差终值 \ 给定输入 系统型别 | 阶跃输入 $r(t)=r_0 1(t)$ | 斜坡输入 $r(t)=v_0 t$ | 抛物线输入 $r(t)=\dfrac{a_0}{2}t^2$ |
|---|---|---|---|
| 有差系统 $\nu=0$ | $\dfrac{r_0}{k_p}$（有限值） | $\infty$ | $\infty$ |
| 一阶无差系统 $\nu=1$ | 0 | $\dfrac{v_0}{k_v}$（有限值） | $\infty$ |
| 二阶无差系统 $\nu=2$ | 0 | 0 | $\dfrac{a_0}{k_a}$（有限值） |

**例 7-24** 某采样系统如图 7-23 所示，采样周期 $T=1\text{s}$，试计算该系统在输入信号 $r(t)=1$ 作用下的稳态误差。

**解**：系统的误差脉冲传递函数为

$$\Phi_e(z) = \frac{1}{1+Z\left[\dfrac{1}{s+1}\right]\cdot Z\left[\dfrac{1}{s+1}\right]} = \frac{(z-e^{-T})^2}{(z-e^{-T})^2+z^2}$$

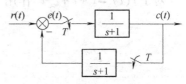

图 7-23 采样系统

将 $T=1$ 代入得

$$\Phi_e(z) = \frac{z^2-0.736z+0.1353}{2z^2-0.736z+0.1353}$$

由此可知，系统闭环特征方程为

$$2z^2-0.736z+0.1353=0$$

解得系统闭环特征根为 $z_{1,2}=0.184\pm0.1838\text{j}$，均在 $z$ 平面上以原点为圆心的单位圆内，

故闭环控制系统稳定。

此时，系统在输入信号 $r(t)=1$ 作用下的稳态误差为

$$e(\infty) = \lim_{z\to 1}(z-1)E(z) = \lim_{z\to 1}(z-1)\Phi_e(z)R(z)$$

$$= \lim_{z\to 1}(z-1)\frac{z^2 - 0.736z + 0.1353}{2z^2 - 0.736z + 0.1353} \cdot \frac{z}{z-1}$$

$$= 0.2854$$

**例 7-25** 离散控制系统结构图如图 7-24 所示，采样周期 $T=0.1\mathrm{s}$，输入信号 $r(t)=1+t+\frac{1}{2}t^2$，试计算系统的稳态误差。

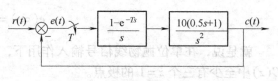

图 7-24 离散控制系统结构图

**解**：计算系统的稳态误差，可分为三个步骤。

1) 系统的开环脉冲传递函数 $G(z)$ 为

$$G(z) = \frac{z-1}{z} \cdot Z\left[\frac{10(0.5s+1)}{s^3}\right] = \frac{z-1}{z} \cdot Z\left[\frac{10}{s^3} + \frac{5}{s^2}\right]$$

$$= \frac{z-1}{z}\left[\frac{5T^2 z(z+1)}{(z-1)^3} + \frac{5Tz}{(z-1)^2}\right]$$

将采样周期 $T=0.1\mathrm{s}$ 代入并化简得

$$G(z) = \frac{0.55z - 0.45}{(z-1)^2}$$

2) 判断系统的稳定性。系统的闭环特征方程为 $D(z)=1+G(z)=0$，即

$$z^2 - 1.45z + 0.55 = 0$$

解得闭环特征根为 $z_{1,2} = 0.7250 \pm 0.1561\mathrm{j}$，均在 $z$ 平面上以原点为圆心的单位圆内，故闭环控制系统稳定。

3) 求 $e(\infty)$。由 $G(z)$ 的形式，可知系统为 II 型系统，所以

$$k_\mathrm{p} = \infty, \quad k_\mathrm{v} = \infty, \quad k_\mathrm{a} = \lim_{z\to 1}\frac{1}{T^2}(z-1)^2 G(z) = 10$$

对于 $r(t) = 1 + t + \frac{1}{2}t^2$ 作用下的稳态误差为

$$e(\infty) = \frac{1}{k_\mathrm{p}} + \frac{1}{k_\mathrm{v}} + \frac{1}{k_\mathrm{a}} = 0.1$$

## 7.7 离散控制系统的动态性能分析

在研究离散控制系统的动态性能时，假定外作用是单位阶跃信号 $1(t)$，系统输出量的 $z$ 变换为

$$C(z) = \Phi(z)R(z) = \Phi(z)\frac{z}{z-1}$$

一般来讲，要确定一个已知系统的动态性能，并不是件麻烦的事情。因为只要按上式求出 $C(z)$，再利用长除法进行 $z$ 反变换，就可求出 $C(kT)$，从而得到峰值时间和最大超调量。

**例 7-26** 求图 7-25 所示离散控制系统的单位阶跃响应的峰值时间和最大超调量，采样周期 $T = 2s$。

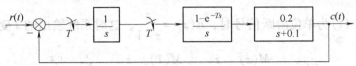

图 7-25 离散控制系统结构图

**解**：系统的开环脉冲传递函数 $G(z)$ 为

$$G(z) = \frac{z}{z-1} \frac{z-1}{z} Z\left[\frac{0.2}{s(s+0.1)}\right] = Z\left[2\left(\frac{1}{s} - \frac{1}{s+0.1}\right)\right]$$

$$= 2\left(\frac{z}{z-1} - \frac{z}{z - e^{-0.1T}}\right) = \frac{0.36z}{(z-1)(z-0.82)}$$

闭环脉冲传递函数为

$$\Phi(z) = \frac{G(z)}{1+G(z)} = \frac{0.36z}{z^2 - 1.46z + 0.82}$$

系统输出的 $z$ 变换为

$$C(z) = \Phi(z)R(z) = \frac{0.36z}{z^2 - 1.46z + 0.82} \frac{z}{z-1} = \frac{0.36z^2}{z^3 - 2.46z^2 + 2.28z - 0.82}$$

用长除法得

$$C(z) = 0.36z^{-1} + 0.89z^{-2} + 1.36z^{-3} + 1.62z^{-4} + 1.61z^{-5} + 1.38z^{-6} + 1.06z^{-7} + \cdots$$

很容易看出，系统阶跃响应的峰值时间为

$$t_p = 4T = 8s$$

最大超调量为

$$\sigma\% = 62\%$$

一个已知系统的动态性能很容易得到，但要研究系统的结构和参数与动态性能的关系，则要作一些讨论。

### 7.7.1 离散控制系统闭环极点分布和暂态响应的关系

由线性连续系统理论可知，闭环极点及零点在 $s$ 平面的分布对系统的暂态响应有很大的影响。类似地，闭环离散控制系统的暂态响应与闭环脉冲传递函数极点、零点在 $z$ 平面的分布密切相关。

设采样系统的闭环脉冲传递函数为

$$\Phi(z) = \frac{C(z)}{R(z)} = \frac{M(z)}{D(z)} = \frac{b_0 z^m + b_1 z^{m-1} + \cdots + b_{m-1} z + b_m}{a_0 z^n + a_1 z^{n-1} + \cdots + a_{n-1} z + a_n}$$

$$= \frac{b_0 \prod_{i=1}^{m}(z - z_i)}{a_0 \prod_{j=1}^{n}(z - p_j)} \tag{7-101}$$

通常，总是 $n > m$。式中，$M(z)$ 为闭环脉冲传递函数的分子多项式；$D(z)$ 为闭环脉冲传递函数的分母多项式；$z_i(i=1,2,\cdots,m)$ 为闭环零点；$p_j(j=1,2,\cdots,n)$ 为闭环极点。$z_i$ 和 $p_j$ 可以是实数或复数。对于稳定的系统，所有闭环极点都位于 $z$ 平面上以原点为圆心的单位圆内，即 $|p_j|<1(j=1,2,\cdots,n)$。为了分析问题方便，这里假设没有重极点。

当输入信号 $r(t)$ 为单位阶跃信号时，$R(z) = \dfrac{z}{z-1}$，这时系统输出的 $z$ 变换为

$$C(z) = \frac{M(z)}{D(z)} \frac{z}{z-1} = \frac{M(1)}{D(1)} \frac{z}{z-1} + \sum_{j=1}^{n} \frac{c_j z}{z-p_j} \tag{7-102}$$

$$c_j = \lim_{z \to p_j} \frac{M(z)}{D(z)} \frac{1}{(z-1)} (z-p_j)$$

此式中，第一项的 $z$ 反变换为 $\dfrac{M(1)}{D(1)}$，它是 $c^*(t)$ 的稳态分量，第二项的 $z$ 反变换为 $c^*(t)$ 的暂态分量。

根据 $p_j$ 的位置不同，它所对应的暂态分量的形式也不同，下面分几种情况讨论。

**1. $p_j$ 为正实数**

$p_j$ 所对应的暂态分量为

$$c_j^*(t) = Z^{-1}\left[\frac{c_j z}{z-p_j}\right] \tag{7-103}$$

对此式求 $z$ 反变换，得 $c_j(kT) = c_j p_j^k$。令 $a = \dfrac{1}{T}\ln p_j$，则 $c_j(kT) = c_j e^{akT}$。所以，当 $p_j$ 为正实数时，它所对应的暂态分量按指数规律变化。

1）当 $p_j > 1$ 时，此时闭环极点 $p_j$ 位于 $z$ 平面上以原点为圆心的单位圆外的正实轴上，$a > 0$，$c_j(kT)$ 按指数规律发散（$k=1,2,\cdots,\infty$）。

2）当 $0 < p_j < 1$ 时，此时闭环极点 $p_j$ 位于 $z$ 平面上以原点为圆心的单位圆内的正实轴上，$a < 0$，$c_j(kT)$ 按指数规律衰减，并且，闭环极点 $p_j$ 距离 $z$ 平面上坐标原点越近，其对应的暂态分量衰减越快。

3）当 $p_j = 1$ 时，此时闭环极点 $p_j$ 位于 $z$ 右半平面的单位圆上，$a=0$，$c_j(kT)$ 为等幅脉冲序列。

**2. $p_j$ 为负实数**

此时 $p_j^k$ 可为正数，也可为负数，取决于 $k$ 为偶数还是奇数。当 $k$ 为偶数时，$p_j^k$ 为正数；当 $k$ 为奇数时，$p_j^k$ 为负数。因此，当 $p_j$ 为负实数时，$c_j(kT)$ 为正负交替的双向脉冲序列。

1）当 $p_j < -1$ 时，此时闭环极点 $p_j$ 位于 $z$ 平面上以原点为圆心的单位圆外的负实轴上，$c_j(kT)$ 是正负交替的发散脉冲序列。

2）当 $-1 < p_j < 0$ 时，$p_j$ 位于 $z$ 平面上以原点为圆心的单位圆内的负实轴上，$c_j(kT)$ 是正负交替的衰减脉冲序列。并且，闭环极点 $p_j$ 距离 $z$ 平面上坐标原点越近，其对应的暂态分量衰减越快。

3）当 $p_j = -1$ 时，此时闭环极点 $p_j$ 位于 $z$ 左半平面的单位圆上，$c_j(kT)$ 为正负交替的等幅脉冲序列。

### 3. 当闭环极点为共轭复数极点时

设 $p_j$、$\bar{p}_j$ 为一对共轭复数极点，有

$$p_j = |p_j| e^{j\theta_j}, \quad \bar{p}_j = |p_j| e^{-j\theta_j} \tag{7-104}$$

它们对应的暂态分量为

$$c_j^*(t) = Z^{-1} \left[ \frac{c_j z}{z - p_j} + \frac{\bar{c}_j z}{z - \bar{p}_j} \right] \tag{7-105}$$

由于 $\Phi(z)$ 的分子多项式和分母多项式的系数都是实数，所以 $c_j$ 和 $\bar{c}_j$ 为一对共轭复数，令

$$c_j = |c_j| e^{j\varphi_j}, \quad \bar{c}_j = |c_j| e^{-j\varphi_j} \tag{7-106}$$

$$|c_j| = \lim_{z \to p_j} \frac{M(z)}{D(z)} \frac{1}{z-1} (z - p_j)$$

$$\varphi_j = \arctan \left[ \lim_{z \to p_j} \frac{M(z)}{D(z)} \frac{1}{z-1} (z - p_j) \right]$$

对式(7-105)求 $z$ 反变换后，得

$$c_j(kT) = c_j p_j^k + \bar{c}_j \bar{p}_j^k \tag{7-107}$$

将式(7-104)和式(7-106)代入式(7-107)，得

$$\begin{aligned} c_j(kT) &= |c_j| e^{j\varphi_j} |p_j|^k e^{jk\theta_j} + |c_j| e^{-j\varphi_j} |p_j|^k e^{-jk\theta_j} \\ &= |c_j| \cdot |p_j|^k [e^{j(k\theta_j + \varphi_j)} + e^{-j(k\theta_j + \varphi_j)}] = 2|c_j| \cdot |p_j|^k \cos(k\theta_j + \varphi_j) \end{aligned} \tag{7-108}$$

令

$$a_j = \frac{1}{T} \ln(|p_j| e^{j\theta_j}) = \frac{1}{T} \ln |p_j| + j \frac{\theta_j}{T} = \sigma + j\omega$$

$$\bar{a}_j = \frac{1}{T} \ln(|p_j| e^{-j\theta_j}) = \frac{1}{T} \ln |p_j| - j \frac{\theta_j}{T} = \sigma - j\omega$$

则式(7-108)可表示为

$$\begin{aligned} c_j(kT) &= c_j p_j^k + \bar{c}_j \bar{p}_j^k = c_j e^{a_j kT} + \bar{c}_j e^{\bar{a}_j kT} \\ &= |c_j| e^{j\varphi_j} e^{(\sigma + j\omega)kT} + |c_j| e^{-j\varphi_j} e^{(\sigma - j\omega)kT} = 2|c_j| e^{\sigma kT} \cos(k\theta_j + \varphi_j) \end{aligned} \tag{7-109}$$

式中，$\sigma = \frac{1}{T} \ln |p_j|$；$\omega = \frac{\theta_j}{T}$，$0 < \theta_j < \pi$。

由式(7-109)可知，一对共轭复数极点所对应的暂态分量 $c_j(kT)$ 是按振荡规律变化的，其振荡角频率为 $w$。

1) 当 $|p_j| > 1$ 时，闭环复数极点位于 $z$ 平面上以原点为圆心的单位圆外，$\sigma > 0$，$c_j(kT)$ 为发散的振荡脉冲序列。

2) 当 $|p_j| < 1$ 时，闭环复数极点位于 $z$ 平面上以原点为圆心的单位圆内，$\sigma < 0$，$c_j(kT)$ 为衰减的振荡脉冲序列。并且，闭环极点 $p_j$ 距离 $z$ 平面上坐标原点越近，其对应的暂态分量衰减越快。

3) 当 $|p_j|=1$,此时闭环极点 $p_j$ 位于 $z$ 平面以原点为圆心的单位圆上,$\sigma=0$,$c_j(kT)$ 为等幅振荡脉冲序列。

闭环极点的位置与它所对应的暂态响应如图 7-26 所示。

综上所述,离散控制系统的动态性能与闭环极点的分布密切相关。只要闭环极点分布在以原点为圆心的单位圆内,则所对应的暂态分量总是衰减的,并且极点越靠近原点,衰减越快。若闭环极点位于以原点为圆心的单位圆内的正实轴上,则对应的暂态分量按指数函数衰减。单位圆内一对共轭复数极点所对应的暂态分量为衰减的振荡函数,其振荡角频率为 $\omega=\theta_j/T$。若闭环极点位于单位圆内的负实轴上,其对应的暂态分量为衰减的交替变化的脉冲序列,其角频率为 $\omega=\pi/T$。为了使闭环离散控制系统具有比较满意的暂态响应性能,闭环脉冲传递函数的极点最好分布在 $z$ 平面的右半单位圆内,并尽量靠近 $z$ 平面的坐标原点。

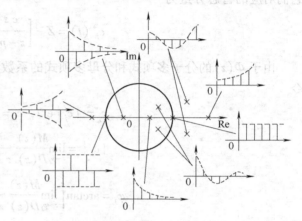

图 7-26 闭环极点的位置及其对应的暂态响应

若闭环脉冲传递函数的极点位于单位圆外,则其对应的暂态分量是发散的。这意味着闭环离散控制系统是不稳定的。

### 7.7.2 离散控制系统动态性能的估算

在线性连续系统理论中常用的,根据一对共轭复数主导极点分析系统暂态响应的方法,也可以推广到闭环离散控制系统中。假定离散系统有一对极点(在单位圆内)最靠近单位圆的圆周,而其他零、极点都在原点附近,则此系统的暂态响应主要由这一对闭环极点决定,则这一对闭环极点称为闭环离散控制系统的主导极点。

如果系统存在闭环主导极点,则

$$p_{1,2}=|p_1|e^{\pm j\theta_1}=\alpha_1\pm j\beta_1$$

只考虑一对闭环主导极点时,输出 $c(kT)$ 的近似表达式为

$$c(kT)=\frac{M(1)}{D(1)}+2|c_1||p_1|^k\cos(k\theta_0+\varphi_1) \qquad (7\text{-}110)$$

这里

$$|c_1|=\lim_{z\to p_1}\frac{M(z)}{D(z)}\frac{1}{(z-1)}(z-p_1)$$

$$\varphi_1=\arctan\left[\lim_{z\to p_1}\frac{M(z)}{D(z)}\frac{1}{(z-1)}(z-p_1)\right]=\sum_{i=1}^m\underline{/p_1-z_i}-\underline{/p_1-1}-\sum_{l=2}^n\underline{/p_1-p_l}$$

$$=\sum_{i=1}^m\theta_{z_i}-\varphi-\sum_{l=2}^n\theta_{p_l}$$

由于得不到连续响应 $c(t)$,所以不可能像连续系统那样,通过对 $c(t)$ 的求导来得到 $t_p$,在这里,可以根据式(7-110)从

$$c[(k+1)T]=c(kT)$$

中解出 $k$ 值，如 $k$ 为整数，则近似认为峰值时间 $t_p = kT$，如果 $k$ 为非整数，则近似认为峰值时间 $t_p = kT + qT(0 < q < 1)$，即用 $q$ 来凑足整数。

这个整数用 $n_p$ 来表示，因此峰值时间可表示为 $t_p = n_p T_0$。有了峰值时间，就不难推得最大超调量 $\sigma\%$ 的计算公式。

由式(7-110)可导出
$$c[(k+1)T] - c(kT) = 2|c_1|\{|p_1|^{k+1}\cos[(k+1)\theta_1 + \varphi_1] - |p_1|^k \cos(k\theta_1 + \varphi_1)\}$$

令其等于 0 得
$$|p_1|\cos[(k+1)\theta_1 + \varphi_1] - \cos(k\theta_1 + \varphi_1) = 0$$

可解得
$$k = \frac{1}{\theta_1}\left[\pi - \sum_{i=1}^{m}\theta_{z_i} + \sum_{l=3}^{n}\theta_{p_l}\right] \tag{7-111}$$

1) 当 $k$ 为整数时，$n_p = k$
$$t_p = n_p T = kT = \frac{T}{\theta_1}\left[\pi - \sum_{i=1}^{m}\theta_{z_i} + \sum_{l=3}^{n}\theta_{p_l}\right]$$

根据最大超调量的定义，将式(7-111)代入式(7-110)可以求出
$$\sigma\% = \left(\prod_{i=1}^{m}\frac{|p_1 - z_i|}{|1 - z_i|}\right) \cdot \left(\prod_{l=3}^{n}\frac{|1 - p_l|}{|p_1 - p_l|}\right) \cdot |p_1|^{n_p} \times 100\%$$

2) 当 $k$ 为非整数时，令
$$n_p = k + q = \frac{1}{\theta_1}\left[\pi - \sum_{i=1}^{m}\theta_{z_i} + \sum_{l=3}^{n}\theta_{p_l}\right] + q$$

$0 < q < 1$，$n_p$ 为整数

相应的峰值时间
$$t_p = n_p T = \frac{T}{\theta_1}\left[\pi - \sum_{i=1}^{m}\theta_{z_i} + \sum_{l=3}^{n}\theta_{p_l}\right] + qT$$

最大超调量
$$\sigma\% = K_c\left(\prod_{i=1}^{m}\frac{|p_1 - z_i|}{|1 - z_i|}\right) \cdot \left(\prod_{l=3}^{n}\frac{|1 - p_l|}{|p_1 - p_l|}\right)|p_1|^{n_p} \times 100\%$$

其中
$$K_c = \cos q\theta_1 + \frac{1-\alpha_1}{\beta_1}\sin q\theta_1$$

如果只考虑闭环离散控制系统的一对主导极点，而其他零、极点的影响可以忽略不计，或没有其他零极点时，有
$$n_p = \frac{\pi}{\theta_1} \text{ 或 } n_p = \frac{\pi}{\theta_1} + q$$
$$t_p = \frac{\pi T}{\theta_j} \text{ 或 } t_p = \frac{\pi T}{\theta_1} + qT$$
$$\sigma\% = |p_1|^{n_p} \times 100\% \text{ 或 } \sigma\% = K_c|p_1|^{n_p} \times 100\%$$

可以看出，主导极点 $p_1$ 的模 $|p_1|$ 越小，则最大超调量 $\delta\%$ 越小，主导极点的相角 $\theta_1$ 越大，则峰值时间越小。

因为$|p_1|<1$，因此$t_p$越大，$\sigma\%$越小。表明对$t_p$和$\sigma\%$的要求是相互矛盾的，所以在实际应用时必须根据具体情况折中考虑。

如果把主导极点以外的零、极点称为附加零、极点，则系统的附加零、极点，对系统的性能会有一定的影响，附加零点的引入会使峰值时间$t_p$减小，而附加极点的引入会使峰值时间$t_p$增加；为了减小峰值时间$t_p$，可以使附加零点右移、附加极点左移。由于$t_p$和$\sigma\%$是相互矛盾的，所以附加零点右移、附加极点左移都会使$\sigma\%$增大。

## 7.8 离散控制系统的校正

### 7.8.1 离散控制系统校正的特点

在设计离散控制系统的过程中，为了设计出满足性能指标要求的系统，通常需要对系统进行校正。离散系统的校正与连续系统的校正有相似之处，如同样可以采用根轨迹法和频率特性法进行性能指标的校正。但是它还具有和连续系统不同的一些特点。

**1. 校正装置的形式**

以串联校正为例，根据实际构成的离散控制系统的具体结构形式，可以选择不同形式的校正装置。

1）当校正装置和被控对象直接连接时，选用连续（模拟量）校正装置，系统结构形式如图7-27a所示。

2）当校正装置和被控对象之间带有采样开关时，选用脉冲（数字量）校正装置，系统结构形式如图7-27b所示。

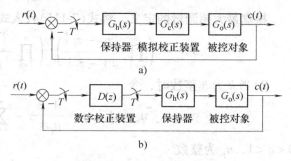

图7-27 带有校正装置的离散控制系统结构图

在离散控制系统的设计与校正过程中，选用不同的校正装置，则系统的设计与校正的方法也有所不同。

**2. 校正时系统所采用的性能指标要求**

1）和连续系统一样，实行系统动静态性能指标的校正。采用的校正方法是根轨迹法或频率特性法。采用这种校正方法，可以进行模拟量校正装置$G_c(s)$或数字量校正装置$D(z)$的求取。

2）要求设计在某一典型输入（阶跃、斜坡、抛物线）下，具有零稳态误差和最少过渡过程时间的系统，即设计最少拍系统。这个性能是离散控制系统所独有的，主要用于数字量校正装置$D(z)$的求取。

### 7.8.2 校正装置的具体设计方法

**1. 采用模拟量校正装置的校正方法**

设校正前的单位反馈离散控制系统结构图如图7-28所示，图中，$G_h(s)$为零阶保持器的传递函数；$G_o(s)$为被控对象的传递函数；采用图7-27a所示的串联模拟量校正装置进行校正。

对于图 7-27a 所示的系统，其开环脉冲传递函数为

$$G(z) = Z[G_h(s)G_c(s)G_o(s)] = G_hG_cG_o(z) \tag{7-112}$$

从式(7-112)可以看出，连续校正装置的脉冲传递函数 $G_c(z)$ 很难从 $G_hG_cG_o(z)$ 中分离出来。因此，在实际校正时，每选择一次 $G_c(s)$，就要绘制一次 $G_hG_cG_o(z)$ 的特性，并检验是否能满足给定的性能指标。如果不能满足，则需重新选择 $G_c(s)$，直到满足给定的性能指标为止。

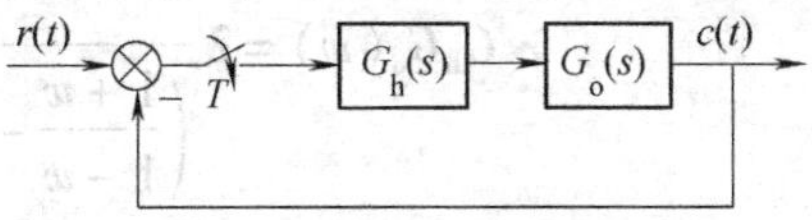

图 7-28 校正前的离散控制系统

实际上，经常采用一些近似的简化方法来进行系统的校正。

1) 若采样频率较高，且大于闭环系统和保持器的带宽频率时，可以近似地忽略采样器和零阶保持器。这样，就可以把采样系统当作连续系统来进行校正，然后再对经过校正的采样系统的性能指标进行检验。

2) 另一种简化方法是将采样器和零阶保持器近似地视为一个等效的滞后环节 $e^{-\frac{1}{2}T}$，其滞后时间为 $\frac{T}{2}$，然后可以采用具有滞后环节的连续系统的校正方法。

**2. 采用数字量校正装置的校正方法**

对图 7-28 所示的离散系统，利用图 7-27b 所示校正系统进行校正。对于此类系统可以采用双线性变换，用 $w$ 域的伯德图进行校正，校正步骤如下：

1) 求出未校正离散系统的开环脉冲传递函数 $G_hG_o(z)$，并经过双线性变换将 $G_hG_o(z)$ 变换为 $G_hG_o(w)$。

2) 根据稳态误差的要求，确定系统的开环增益，并令 $w = j\omega_m$，代入 $G_hG_o(w)$，并画出 $G_hG_o(\omega_m)$ 的伯德图。

3) 根据伯德图确定未校正系统的性能指标，如幅值裕度和相位裕度。

4) 根据系统性能指标的要求，确定 $w$ 域中校正装置的传递函数 $D(w)$ 和校正后的 $w$ 域开环传递函数。

5) 校验校正后系统的性能指标，若满足了给定性能指标的要求，则进行 $w$ 反变换，求出 $D(z)$，若不满足，则返回4)，重新选择 $D(w)$。

**例 7-27** 设图 7-27b 所示的系统中 $G_h(s) = \dfrac{1-e^{-Ts}}{s}$，$G_o(s) = \dfrac{4}{s(0.5s+1)}$，试设计 $D(z)$，使系统在 $w$ 域中满足下列要求：

1) 相位裕度 $\geq 45°$；
2) 幅值裕度 $\geq 16\mathrm{dB}$；
3) 截止频率 $0.1\mathrm{rad/s} < \omega_c < 0.3\mathrm{rad/s}$。

**解**：校正前离散系统的开环传递函数为

$$G_o(s)G_h(s) = \frac{1-e^{-Ts}}{s} \cdot \frac{4}{s(0.5s+1)} = (1-e^{-Ts})\left(\frac{4}{s^2} - \frac{2}{s} + \frac{1}{0.5s+1}\right)$$

$$G_hG_o(z) = (1-z^{-1})\left[\frac{2z}{(z-1)^2} - \frac{2z}{z-1} + \frac{2z}{z-0.368}\right] = 2\frac{0.368z + 0.264}{(z-1)(z-0.368)}$$

将 $z = \dfrac{1+w}{1-w}$ 代入，得

$$G_h G_o(w) = 2 \frac{0.368\dfrac{1+w}{1-w} + 0.264}{\left(\dfrac{1+w}{1-w} - 1\right)\left(\dfrac{1+w}{1-w} - 0.368\right)} = \frac{(1-w)(1+0.165w)}{w(1+2.165w)}$$

未校正系统在 $w$ 域的伯德图如图 7-29 所示。由图可见，未校正系统在 $w$ 域的相位裕度只有 8°左右，远不能满足给定的指标要求。

根据要求的相位裕度，并考虑到校正装置会引起的相角滞后，选择校正后的截止频率为 0.2rad/s，截止频率处的增益约为 14dB。

设相位滞后校正装置在 $w$ 域的脉冲传递函数为

$$D(w) = \frac{Tw+1}{\beta Tw+1}(\beta > 1)$$

故校正装置在此频率处应当产生 14dB 的衰减，由此可得 $20\lg\beta = 14$，即 $\beta = 5$。

选择校正装置的 $\dfrac{1}{T} = \dfrac{0.2}{10} = 0.02$，即 $T = 50$；则 $\beta T = 250$。由此可得校正装置在 $w$ 域的脉冲传递函数为

$$D(w) = \frac{50w+1}{250w+1}$$

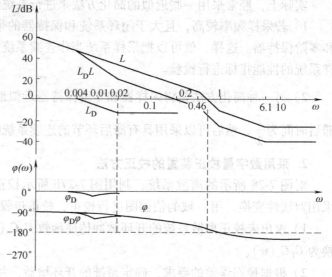

图 7-29 例 7-27 系统校正前后 $w$ 域的伯德图

校正后系统在 $w$ 域的伯德图如图 7-29 所示。由图可见，校正后系统在 $w$ 域的相位裕度约为 70°，幅值裕度大于 38dB。

将 $w = \dfrac{z-1}{z+1}$ 代入 $D(w)$，得 $D(z) = \dfrac{0.203(z-0.96)}{z-0.992}$，$D(z)$ 称为校正装置的脉冲传递函数。

### 7.8.3 最少拍系统设计

在采样过程中，通常称一个采样周期为一拍。所谓最少拍系统，是指在典型输入信号的作用下，能以最少拍结束响应过程，且在采样时刻上无稳态误差的离散系统。

下面针对图 7-27b 所示的采样系统，探讨数字控制器 $D(z)$ 在什么样的情况下，能够满足此系统为最少拍系统。

此系统的闭环脉冲传递函数为

$$\Phi(z) = \frac{C(z)}{R(z)} = \frac{D(z)G(z)}{1+D(z)G(z)} \tag{7-113}$$

$$\Phi_e(z) = \frac{E(z)}{R(z)} = \frac{1}{1+D(z)G(z)} \tag{7-114}$$

式中，$G(z) = G_h G_o(z)$。由此可以求得数字控制器的脉冲传递函数为

$$D(z) = \frac{\Phi(z)}{G(z)[1-\Phi(z)]} \tag{7-115}$$

或

$$D(z) = \frac{1-\Phi_e(z)}{G(z)\Phi_e(z)} \tag{7-116}$$

式(7-115)和式(7-116)中，$G(z)$为保持器及被控对象的脉冲传递函数。它在校正时是不可改变的。$\Phi_e(z)$或$\Phi(z)$是系统的闭环脉冲传递函数，应根据典型输入信号和性能指标确定。

当典型输入信号分别为单位阶跃信号、单位斜坡信号和单位抛物线信号时，其$z$变换分别为$\frac{1}{1-z^{-1}}$、$\frac{Tz^{-1}}{(1-z^{-1})^2}$、$\frac{T^2 z^{-1}(1+z^{-1})}{2(1-z^{-1})^3}$。由此得到典型输入信号的$z$变换的一般形式为

$$R(z) = \frac{A(z)}{(1-z^{-1})^v} \tag{7-117}$$

式中，$A(z)$为不包含$(1-z^{-1})$项的$z^{-1}$的多项式。

最少拍的设计原则是：如果系统广义被控对象$G(z)$无延迟且在$z$平面单位圆上及单位圆外均无零、极点，要求选择闭环脉冲传递函数$\Phi(z)$，使系统在典型输入作用下，经最少采样周期后能使输出序列在各采样时刻的稳态误差为零，达到完全跟踪的目的，从而确定所需要的数字控制器的脉冲传递函数$D(z)$。

根据此设计原则，需要求出稳态误差$e(\infty)$的表达式，将式(7-117)代入式(7-114)得

$$E(z) = R(z)\Phi_e(z) = \Phi_e(z)\frac{A(z)}{(1-z^{-1})^v} \tag{7-118}$$

根据$z$变换的终值定理，系统的稳态误差终值为

$$e(\infty) = \lim_{z \to 1}(1-z^{-1})E(z) = \lim_{z \to 1}(1-z^{-1})\frac{A(z)}{(1-z^{-1})^v}\Phi_e(z)$$

为了实现系统无稳态误差，$\Phi_e(z)$应当包含$(1-z^{-1})^v$的因子，设

$$\Phi_e(z) = (1-z^{-1})^v F(z) \tag{7-119}$$

式中，$F(z)$为不包含$(1-z^{-1})$项的$z^{-1}$的多项式，则

$$\Phi(z) = 1-\Phi_e(z) = 1-(1-z^{-1})^v F(z) \tag{7-120}$$

由此可得

$$C(z) = R(z)\Phi(z) = R(z) - A(z)F(z) \tag{7-121}$$

为了使求出的 $D(z)$ 简单、阶数最低，可取 $F(z) = 1$，由式(7-119)及式(7-120)，取 $F(z) = 1$ 可使 $\Phi(z)$ 全部极点都位于 $z$ 平面的原点，这时离散控制系统的暂态过程可在最少拍内完成。因此设

$$\Phi_e(z) = (1 - z^{-1})^v \tag{7-122}$$

及

$$\Phi(z) = 1 - (1 - z^{-1})^v \tag{7-123}$$

式(7-122)和式(7-123)是无稳态误差的最少拍采样系统的闭环脉冲传递函数。

下面分析几种典型输入信号的情况。

**1. 单位阶跃输入信号**

$r(t) = 1(t)$，$R(z) = \dfrac{1}{1 - z^{-1}}$，此时 $v = 1$，由式(7-122)和式(7-123)可得

$$\Phi_e(z) = 1 - z^{-1} \qquad \Phi(z) = z^{-1}$$

此时

$$C(z) = R(z)\Phi(z) = \frac{z^{-1}}{1 - z^{-1}} = z^{-1} + z^{-2} + \cdots + z^{-k} + \cdots$$

由上式可知，$c(0) = 0$，$c(T) = 1$，$c(2T) = 1$，…，其暂态响应 $c^*(t)$ 如图 7-30 所示，最少拍系统经过一拍就可完全跟踪上输入信号 $r(t) = 1(t)$，该系统称为一拍系统，其调节时间 $t_s = T$。

**2. 单位斜坡输入信号**

$r(t) = t \cdot 1(t)$，$R(z) = \dfrac{Tz^{-1}}{(1 - z^{-1})^2}$，此时 $v = 2$

$$\Phi_e(z) = (1 - z^{-1})^2 \qquad \Phi(z) = 2z^{-1} - z^{-2}$$

此时

$$C(z) = R(z)\Phi(z) = \frac{(2z^{-1} - z^{-2})Tz^{-1}}{(1 - z^{-1})^2} = 2Tz^{-2} + 3Tz^{-3} + \cdots + kTz^{-k} + \cdots$$

由此式可知，$c(0) = 0$，$c(T) = 0$，$c(2T) = 2T$，$c(3T) = 3T$，…，$c(kT) = kT$，其暂态响应 $c^*(t)$ 如图 7-31 所示，最少拍系统经过两拍就可完全跟踪上输入信号 $r(t) = t \cdot 1(t)$，该系统称为二拍系统，其调节时间 $t_s = 2T$。

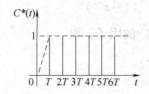

图 7-30 最少拍系统的单位阶跃响应

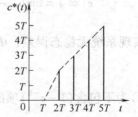

图 7-31 最少拍系统的单位斜坡响应

**3. 单位抛物线输入信号**

$$r(t) = \frac{1}{2}t^2, \quad R(z) = \frac{T^2 z^{-1}(1+z^{-1})}{2(1-z^{-1})^3}, \quad 此时 v = 3$$

$$\Phi_e(z) = (1-z^{-1})^3 \qquad \Phi(z) = 3z^{-1} - 3z^{-2} + z^{-3}$$

此时

$$C(z) = R(z)\Phi(z) = \frac{T^2 z^{-1}(1+z^{-1})}{2(1-z^{-1})^3}(3z^{-1} - 3z^{-2} + z^{-3})$$

$$= \frac{3}{2}T^2 z^{-2} + \frac{9}{2}T^2 z^{-3} + 8T^2 z^{-4} \cdots + \frac{k^2}{2}T^2 z^{-k} + \cdots$$

由上式可知,$c(0) = 0$,$c(T) = 0$,$c(2T) = \frac{3}{2}T^2$,$c(3T) = \frac{9}{2}T^2$,

…,$c(kT) = \frac{k^2}{2}T^2$,其暂态响应 $c^*(t)$ 如图 7-32 所示,最少拍系统

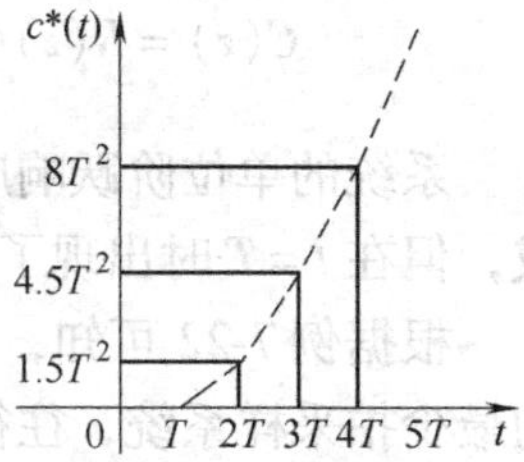

图 7-32 最少拍系统的单位抛物线响应

经过三拍就可完全跟踪上输入信号 $r(t) = \frac{1}{2}t^2 \cdot 1(t)$,该系统称为三拍系统,其调节时间 $t_s = 3T$。

各种典型输入作用下最少拍系统的设计结果见表 7-3。

表 7-3 最少拍系统的设计结果

| 典型输入 $r(t)$ | 闭环脉冲传递函数 | | 数字控制器脉冲传函 $D(z)$ | 调节时间 $t_s$ |
|---|---|---|---|---|
| | $\Phi_e(z)$ | $\Phi(z)$ | | |
| $1(t)$ | $1-z^{-1}$ | $z^{-1}$ | $\dfrac{z^{-1}}{(1-z^{-1})G(z)}$ | $T$ |
| $t$ | $(1-z^{-1})^2$ | $2z^{-1} - z^{-2}$ | $\dfrac{z^{-1}(2-z^{-1})}{(1-z^{-1})^2 G(z)}$ | $2T$ |
| $\dfrac{1}{2}t^2$ | $(1-z^{-1})^3$ | $3z^{-1} - 3z^{-2} + z^{-3}$ | $\dfrac{z^{-1}(3-3z^{-1}+z^{-2})}{(1-z^{-1})^3 G(z)}$ | $3T$ |

**例 7-28** 设离散控制系统结构图如图 7-27b 所示,其中 $G_h(s) = \dfrac{1-e^{-Ts}}{s}$,$G_o(s) = \dfrac{4}{s(0.5s+1)}$,$T = 0.5s$,试求在单位斜坡信号 $r(t) = t$ 作用下最少拍系统的 $D(z)$。

**解:** 由已知条件知未校正前系统的开环脉冲传递函数为

$$G(z) = Z[G_h(s)G_o(s)] = \frac{0.736z^{-1}(1+0.717z^{-1})}{(1-z^{-1})(1-0.368z^{-1})}$$

在 $r(t) = t$ 时,有

$$\Phi_e(z) = (1-z^{-1})^2 \qquad \Phi(z) = 2z^{-1} - z^{-2}$$

$$D(z) = \frac{1-\Phi_e(z)}{G(z)\Phi_e(z)} = \frac{2.717(1-0.368z^{-1})(1-0.5z^{-1})}{(1-z^{-1})(1+0.717z^{-1})}$$

加入数字校正装置后,最少拍系统的开环脉冲传递函数为

$$D(z)G(z) = \frac{2z^{-1}(1-0.5z^{-1})}{(1-z^{-1})^2}$$

系统的单位斜坡响应 $c^*(t)$ 如图 7-31 所示,暂态过程只需两个采样周期即可完成。

如果上述系统的输入信号不是单位斜坡函数,而是单位阶跃信号,此时系统输出信号的 $z$ 变换为

$$C(z) = R(z)\Phi(z) = \frac{1}{1-z^{-1}}(2z^{-1}-z^{-2}) = 2z^{-1}+z^{-2}+z^{-3}+\cdots+z^{-k}+\cdots$$

系统的单位阶跃响应如图 7-33 所示,可见系统的瞬态响应过程也是需两个采样周期完成,但在 $t=T$ 时出现了 100% 的超调量。

根据例 7-22 可知,根据一种典型输入信号进行校正而得到的最少拍采样系统,往往不能很好地适应其他形式的输入信号。这使得最少拍系统的应用受到很大的局限。

以上讨论的最少拍系统的校正方法,以及列入表 7-3 中的基本结论必须满足的前提条件是当 $G(z)$ 在 $z$ 平面上以原点为圆心的单位圆上和圆外均无零、极点,而且系统是在不包含滞后环节的情况下得到的。如果不满足这些条件,就不能直接应用表 7-3 的基本结论。

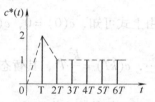

图 7-33 例 7-22 中系统的单位阶跃响应

下面简要介绍当 $G(z)$ 在 $z$ 平面上含有以原点为圆心的单位圆上或圆外零、极时,如何设置数字校正装置 $D(z)$。

由式(7-115)可推出 $D(z) = \dfrac{\Phi(z)}{G(z)\Phi_e(z)}$。为了保证闭环离散系统稳定,闭环脉冲传递函数 $\Phi(z)$ 和 $\Phi_e(z)$ 都不应包含 $z$ 平面上以原点为圆心的单位圆上或圆外的极点。此外,$G(z)$ 中所包含的单位圆上或圆外的零、极点也不希望用 $D(z)$ 来补偿,以免参数漂移会对这种补偿带来不利的影响。这样 $G(z)$ 所包含的单位圆上或圆外的极点就只能由 $\Phi_e(z)$ 的零点来抵消,而 $G(z)$ 所含单位圆上或圆外的零点则只能由 $\Phi(z)$ 的零点来抵消。

综上所述,在 $G(z)$ 中包含 $z$ 平面上以原点为圆心的单位圆上或圆外零、极点时,可按照下面方法选择闭环脉冲传递函数:

1) 由 $\Phi_e(z)$ 的零点补偿 $G(z)$ 在单位圆上或圆外的极点。
2) 由 $\Phi(z)$ 的零点抵消 $G(z)$ 在单位圆上或圆外的零点。
3) 由于 $G(z)$ 常含有 $z^{-1}$ 的因子,为了使 $D(z)$ 在实际中能实现,要求 $\Phi(z)$ 也应含有 $z^{-1}$ 的因子。考虑到 $\Phi(z) = 1 - \Phi_e(z)$,所以 $\Phi_e(z)$ 应为包含常数项为 1 的 $z^{-1}$ 的多项式。

根据上述条件,按照式(7-119)选择 $\Phi_e(z)$ 时,不能像前面那样选取 $F(z)=1$,而应使 $F(z)$ 的零点能够补偿 $G(z)$ 在 $z$ 平面上以原点为圆心的单位圆上或圆外的极点。这样做的结果会使离散系统的调节时间长于表 7-3 中所给出的时间。

**例 7-29** 设离散控制系统结构图如图 7-27b 所示,其中 $G_h(s) = \dfrac{1-e^{-Ts}}{s}$,$G_o(s) = \dfrac{10}{s(0.1s+1)(0.05s+1)}$,$T=0.2s$,试求在单位阶跃信号作用下最少拍系统的数字控制器的脉冲传递函数 $D(z)$ 及暂态响应 $c^*(t)$。

**解**：未校正前系统的开环脉冲传递函数为

$$G(z) = Z[G_h(s)G_o(s)] = \frac{0.762z^{-1}(1+0.0459z^{-1})(1+1.131z^{-1})}{(1-z^{-1})(1-0.135z^{-1})(1-0.018z^{-1})} \quad (7\text{-}124)$$

上式表明，$G(z)$ 包含一个位于 $z$ 平面上单位圆外的零点。

根据上述可知，$\Phi(z)$ 应含 $z^{-1}(1+1.131z^{-1})$，设

$$\Phi(z) = 1 - \Phi_e(z) = a_1 z^{-1}(1+1.131z^{-1}) \quad (7\text{-}125)$$

式中，$a_1$ 为待定系数。

根据 $\Phi(z)$ 的形式，可知 $\Phi_e(z)$ 是一个含 $z^{-1}$ 的二阶多项式。鉴于 $r(t) = 1(t)$，$\Phi_e(z)$ 应为

$$\Phi_e(z) = (1-z^{-1})(1+a_2 z^{-1}) \quad (7\text{-}126)$$

式中，$a_2$ 为待定系数。

将式(7-125)和式(7-126)代入式(7-120)，可得

$$1 - (1-z^{-1})(1+a_2 z^{-1}) = a_1 z^{-1}(1+1.131z^{-1})$$

令上式对应项系数相等，得

$$a_1 = 0.469 \quad a_2 = 0.531$$

$$\Phi(z) = 0.469z^{-1}(1+1.131z^{-1}) \quad \Phi_e(z) = (1-z^{-1})(1+0.531z^{-1})$$

将这两个式子代入式(7-115)，得

$$D(z) = \frac{0.615(1-0.0183z^{-1})(1-0.135z^{-1})}{(1+0.0459z^{-1})(1+0.531z^{-1})}$$

经过数字控制器校正后，系统输出信号的 $z$ 变换为

$$C(z) = \Phi(z)R(z) = 0.469z^{-1}(1+1.131z^{-1})\frac{1}{1-z^{-1}}$$

$$= 0.469z^{-1} + z^{-2} + z^{-3} + \cdots + z^{-k} + \cdots$$

由上式可知，$c(0) = 0$，$c(T) = 0.469$，$c(2T) = 1$，$c(3T) = 1$，$\cdots$，可知，经过校正的系统的暂态过程在两拍内跟踪上单位阶跃信号，比表 7-3 的暂态时间多了一拍，这是由于 $G(z)$ 包含一个位于 $z$ 平面上单位圆外的零点造成的。

一般来说，最少拍系统暂态响应时间的增长与 $G(z)$ 包含 $z$ 平面单位圆上或圆外的零、极点个数成正比。

上面讲述的最少拍系统，校正方法比较简便、系统结构也比较简单，但在实际应用中存在较大的局限性。首先，最少拍系统对于不同输入信号的适应性较差，针对一种输入信号设计的最小拍系统遇到其他类型的输入信号时，表现出的性能往往较差；虽然可以考虑根据不同的输入信号自动切换数字校正程序，但实用中仍旧不便。其次，最少拍系统对参数的变化也较敏感，当系统参数受各种因素的影响发生变化时，会导致暂态响应时间的延长。同时，这种校正方法只能保证在采样点稳态误差为零，而在采样点之间系统的输出与输入信号相比，可能会出现波动，因而这种系统称为有纹波系统。纹波的存在不仅影响精度，而且会增加系统的机械磨损和功耗，故上述最少拍系统的设计方法，只有理论意义，并不实用。一般工程上希望设计一种无纹波最少拍系统，这里由于篇幅所限，不再详述，读者可以参阅相关文献。

## 7.9 小结

离散控制系统的理论是设计数字控制器和计算机控制系统的基础。本章主要介绍了分析离散控制系统的数学基础、离散控制系统的性能分析以及数字控制器的设计方法。离散时间系统与连续时间系统在数学分析工具、稳定性、动态特性、静态特性、校正与综合方面都具有一定的联系和区别，许多结论都具有相类似的形式，在学习时要注意对照和比较，特别要注意它们不同的地方。

1）要正确理解连续信号的采样与复现这一离散系统中至关重要的问题。对采样器和保持器的工作原理、数学描述，采样信号的频谱分析，采样定理等重要概念要熟练掌握。

2）$z$ 变换是处理离散系统的基本数学工具，要熟练掌握 $z$ 变换的定义及主要性质，特别是超前和滞后定理、终值定理，要会使用 $z$ 变换表。

3）离散系统的基本数学模型为差分方程。对差分方程的建立方法及其解法要熟练掌握，尤其是运用 $z$ 变换法解差分方程的方法。

4）离散系统另一种重要的模型是脉冲传递函数，要掌握脉冲传递函数的定义及求法，能熟练地求出典型离散系统的闭环脉冲传递函数。对一些常见的离散系统结构图应能推导出输出的 $z$ 变换表达式。

5）掌握 $s$ 平面与 $z$ 平面的对应关系，对离散系统的稳定性判据，双线性变换法及传递系数 $K$ 和采样周期 $T$ 等参数对稳定性的影响这些基本概念能熟练掌握。能对离散系统的动态性能作一般分析，能够根据系统结构特点分析其静态误差特性。

6）了解离散控制系统的校正方法，尤其是最少拍系统的设计。

## 7.10 习题

7-1 求下列拉普拉斯变换式的 $z$ 变换。

(1) $E(s) = \dfrac{1}{(s+a)(s+b)}$ 　　(2) $E(s) = \dfrac{1}{s(s+1)^2}$

(3) $E(s) = \dfrac{s+1}{s^2}$ 　　(4) $E(s) = \dfrac{1-\mathrm{e}^{-s}}{s^2(s+1)}$

(5) $E(s) = \dfrac{s+3}{(s+1)(s+2)}$

7-2 求下列函数的 $z$ 反变换。

(1) $E(z) = \dfrac{z}{(z-\mathrm{e}^{-aT})(z-\mathrm{e}^{-bT})}$ 　　(2) $E(z) = \dfrac{z}{(z-1)^2(z-2)}$

(3) $E(z) = \dfrac{(1-\mathrm{e}^{-aT})z}{(z-1)(z-\mathrm{e}^{-aT})}$ 　　(4) $E(z) = \dfrac{10z}{(z-1)(z-2)}$

7-3 确定下列函数的初值和终值。

(1) $E(z) = \dfrac{z^2(z^2+z+1)}{(z^2-0.8z+1)(z^2-1.6z+1.2)}$ 　　(2) $E(z) = \dfrac{z(z+0.5)}{(z-1)(z^2-0.5z+0.3125)}$

7-4 用 $z$ 变换法解下列差分方程。

(1) $c(k+2) - 6c(k+1) + 8c(k) = r(k)$

已知 $r(t) = 1(t)$，起始条件 $c(0) = 0$，$c(1) = 0$。

(2) $c(k+2) + 6c(k+1) + 5c(k) = 2r(k+1) + r(k)$

已知 $r(t) = 1(t)$，起始条件 $c(0) = 0$，$c(1) = 0$。

7-5 图 7-34 所示的各系统均采用单速同步采样，其采样周期为 $T$，试求各系统的输出 $C(z)$ 表示式。

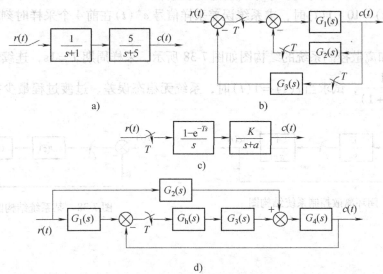

图 7-34 离散控制系统结构图

7-6 离散控制系统结构图如图 7-35 所示，采样周期 $T = 1$s。(1) 求系统的开环脉冲传递函数；(2) 求系统的闭环脉冲传递函数；(3) 当输入信号 $r(t) = 1(t)$ 时，试求系统的单位阶跃响应。

7-7 已知离散系统的闭环特征方程式如下，试判断系统的稳定性，并指出不稳定的极点数。

(1) $D(z) = z^3 + 3.5z^2 + 3.5z + 1 = 0$

(2) $D(z) = 45z^3 - 117z^2 + 119z - 39 = 0$

7-8 设离散控制系统的结构图如图 7-36 所示，采样周期 $T = 1$s，$G_h(s)$ 为零阶保持器，$G(s) = \dfrac{K}{s(0.2s+1)}$。

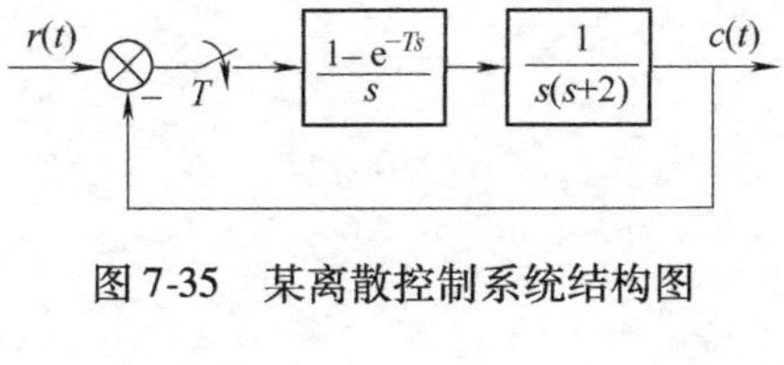

图 7-35 某离散控制系统结构图

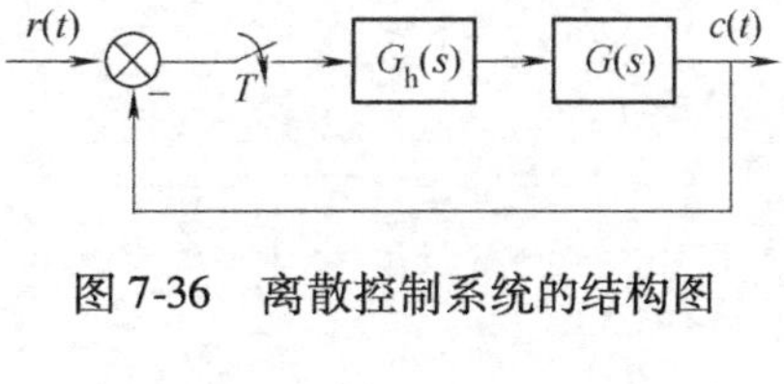

图 7-36 离散控制系统的结构图

(1) 当 $K = 5$ 时，分析系统的稳定性；

(2) 确定使系统稳定的 K 值范围。

7-9 闭环离散控制系统结构图如图 7-37 所示，两采样器同步采样，采样周期 $T=1$，且满足香农采样定理。

(1) 求该系统的误差脉冲传递函数 $\dfrac{E(z)}{R(z)}$；

(2) 判断系统的稳定性；

(3) 当 $r(t)=10\cdot 1(t)$ 时，求系统的稳态误差；

(4) 当 $r(t)=10\cdot 1(t)$ 时，求系统误差采样信号 $e^*(t)$ 在前 4 个采样时刻的值，并画出其波形图。

7-10 已知离散控制系统的结构图如图 7-38 所示，采样周期 $T=1\mathrm{s}$，连续部分传递函数为 $G_o(s)=\dfrac{1}{s(s+1)}$，试求当 $r(t)=1(t)$ 时，系统无稳态误差、过渡过程最少拍内结束的数字控制器 $D(z)$。

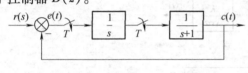

图 7-37 闭环离散控制系统结构图

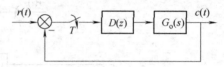

图 7-38 某系统结构图

# 第 8 章 非线性控制系统的分析

在构成控制系统的环节中,有一个或一个以上的环节具有非线性特性时,这种控制系统就称为非线性控制系统。非线性环节是指环节输入、输出间的静特性不是线性的。本章介绍的非线性控制系统的分析方法包括工程上常用的相平面法和描述函数法。

## 8.1 非线性控制系统概述

### 8.1.1 非线性现象的普遍性

组成实际控制系统的环节总是带有非线性特性的。譬如,测量元件总是有一个不灵敏区,当输入信号超出一定数值时才会有输出;作为放大元件的晶体管放大器,由于它们的组成元件(如晶体管、铁心等)都有一个线性工作范围,只在一定范围内放大器的输出量与输入量之间才呈线性关系,超出这个范围放大器的特性就出现饱和现象;执行元件例如电动机,总是存在摩擦力矩和负载力矩,因此只有当输入电压达到一定数值时,电动机才会转动,即存在不灵敏区,同时,当输入电压超过一定数值时,由于磁性材料的非线性,电动机的输出转矩会出现饱和,即电动机的实际特性是同时具有不灵敏区和饱和的非线性特性;各种传动机构由于机械加工和装配上的缺陷,在传动过程中总存在着间隙。

实际的控制系统总是或多或少地存在着非线性因素,所以,它们都是非线性系统。所谓线性系统仅仅是实际系统在忽略了非线性因素后的理想模型(例如采用微偏法把非线性特性线性化)。

控制系统中存在的非线性因素在一般情况下会对系统产生不良影响。但是,在控制系统中,人为地引入非线性环节有时却能使系统的性能得到改善。这种人为地加到控制系统中去的非线性环节称为非线性校正装置。在一些系统中,利用一些极为简单的非线性校正装置能使控制系统的性能得到大幅度的提高,以及成功地解决快速性和振荡之间的矛盾。

最优控制理论已成为一门专门的学科。满足特定性能指标取值的最优控制系统,诸如时间最优控制系统、燃料最优控制系统等就是非线性控制系统。

综上所述,可以得出结论:非线性特性是普遍存在于控制系统中的。

### 8.1.2 控制系统中的典型非线性特性

在实际控制系统中所遇到的非线性特性是各式各样的,可归纳为两大类:一类是单值非线性特性,其输入与输出有单一的对应关系;另一类是非单值非线性特性,对应于同一输入值,输出量的取值不是唯一的。

常见的典型非线性特性有以下几种:

(1) 饱和非线性 任何实际的放大器只能在一定的输入范围内保持输出量和输入量之间的线性关系;当输入超出该范围时,其输出则保持为一个常值。这种特性称为饱和非线性特性，如图 8-1 所示，其中 $-c<x<c$ 的区域叫做线性范围，线性范围以外的区域叫做饱和区。

许多元件的运动范围、运动速度由于受到能源、功率等条件的限制，也都有饱和非线性特性。

有时，为了限制过负荷，人们还故意引入饱和非线性特性。

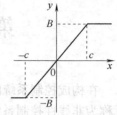

图 8-1 饱和非线性

(2) 不灵敏区(死区)非线性　一般测量元件和执行机构都具有不灵敏区特性。例如某些检测元件对于小于某值的输入量不敏感；某些执行机构接收到的输入信号比较小时不会动作，只有在输入信号大到一定程度以后才会有与输入呈线性关系的输出。这种只有当输入量超过一定值后才有输出的特性称为不灵敏区非线性，如图 8-2 所示。其中，$-c<x<c$ 的区域叫做不灵敏区或死区。

(3) 具有不灵敏区的饱和非线性　在很多情况下，系统的元件同时存在死区特性和饱和限幅特性。譬如，测量元件的测量值是规定在一个范围内的(不能太小或太大)；电枢电压控制的直流电动机的控制特性也是既有不灵敏区特性又有饱和特性的非线性。具有不灵敏区的饱和非线性如图 8-3 所示。

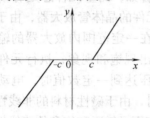

图 8-2　不灵敏区非线性

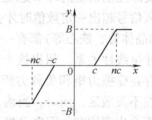

图 8-3　具有不灵敏区的饱和非线性

(4) 继电非线性　实际继电器的特性如图 8-4 所示。输入和输出之间的关系不完全是单值的。由于继电器吸合及释放状态下磁路的磁阻不同，继电器的吸合与释放电压是不相同的。因此，继电器的特性有一个滞环。这种特性称为具有滞环的三位置继电特性。当 $m=-1$ 时，可得到具有滞环的二位置继电特性，如图 8-5 所示。当 $m=1$ 时，可得到具有三位置的理想继电非线性，这是继电器在没有滞环时的理想情况，如图 8-6 所示。

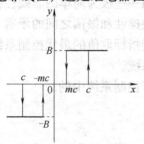

图 8-4　具有滞环的三位置继电非线性

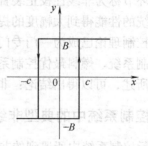

图 8-5　具有滞环的二位置继电非线性

(5) 间隙非线性　间隙非线性的特点是：当输入量的变化方向改变时，输出量保持不变，一直到输入量的变化超出一定数值(间隙)后，输出量才跟着变化。凡是有机械传动的地方，一般总有间隙存在。齿轮传动中的间隙是最明显的例子。间隙非线性如图 8-7 所示。

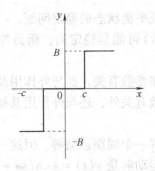
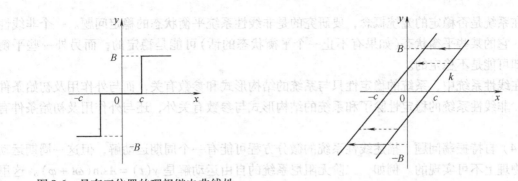

图 8-6 具有三位置的理想继电非线性　　　　图 8-7 间隙非线性

## 8.1.3 非线性控制系统的特殊性

非线性控制系统的特殊性主要有以下几个方面：

（1）叠加原理不能应用于非线性控制系统　对于线性系统，描述其运动的数学模型是线性微分方程，它的根本特征是能使用叠加原理。如果系统对输入 $x_1$ 的响应为 $y_1$，对输入 $x_2$ 的响应为 $y_2$，则在信号

$$x = a_1 x_1 + a_2 x_2 \tag{8-1}$$

的作用下（$a_1$、$a_2$ 为常量），系统的输出为

$$y = a_1 y_1 + a_2 y_2 \tag{8-2}$$

这便是叠加原理。但是，在非线性系统中，这种关系便不再成立。例如，对图 8-1 所示的饱和非线性，设

$$x_1 < c, \ x_2 < c$$

$x_1$、$x_2$ 单独作用的结果分别为

$$y_1 = kx_1, \ y_2 = kx_2 \tag{8-3}$$

如果

$$x = x_1 + x_2 > c$$

则在 $x$ 作用下输出为

$$y = B \neq kx_1 + kx_2 \tag{8-4}$$

显然，叠加原理不再成立。

在线性系统中，一般可采用传递函数、频率特性、根轨迹等概念。同时，由于线性系统的运动特征和输入的大小、系统的初始状态无关，故通常是在典型输入函数和零值初始条件下进行研究。然而，在非线性系统中，由于叠加原理不成立，不能应用上述方法。

（2）对正弦输入信号的响应　在线性系统中，当输入是正弦信号时，系统的稳态输出是相同频率的正弦信号。系统的稳态输出和输入仅在幅值和相角上不相同。利用这一特性，可以引入频率特性的概念并用它来描述系统的动态特性。

非线性系统对正弦输入信号的响应比较复杂，其稳态输出除了包含与输入频率相同的信号外，还可能有频率是输入频率整数倍的谐波分量。因此，线性系统中的频率法不再适用。

（3）稳定性问题　对于线性系统，若它的一个运动（即描述系统的方程在一定外作用和初始条件下的解）是稳定的，则线性系统中可能的全部运动都是稳定的。对于非线性系统，

不存在系统是否稳定的笼统概念,要研究的是非线性系统平衡状态的稳定问题。一个非线性系统,它的某些平衡状态(如果有不止一个平衡状态的话)可能是稳定的,而另外一些平衡状态却可能是不稳定的。

在线性系统中,系统的稳定性只与系统的结构形式和参数有关,而与外作用及初始条件无关。非线性系统的稳定性除了和系统的结构形式与参数有关外,还与外作用及初始条件有关。

(4) 自持振荡问题 描述线性系统的微分方程可能有一个周期运动解,但这一周期运动解是物理上不可实现的。例如,二阶无阻尼系统的自由运动解是 $y(t) = A\sin(\omega t + \varphi)$。这里 $\omega$ 只取决于系统的结构和参数,而振幅 $A$ 和初相位 $\varphi$ 取决于初始状态。一旦系统受到扰动,$A$ 和 $\varphi$ 的值都会改变。也就是说,我们不可能观察到一个振幅不改变的周期运动。因此,这种周期运动是不稳定的。在非线性系统中,没有外作用时,系统中有可能发生一定频率和振幅的周期运动,而当受到扰动作用后,运动仍保持原来的频率和振幅。亦即这种周期运动具有稳定性。非线性系统出现的这种周期运动称为自持振荡或简称为自振。

自振是非线性系统特有的,是非线性控制理论研究的重要问题。

### 8.1.4 非线性控制系统的分析方法

实际上没有一个通用的求解非线性微分方程的方法。运用模拟计算机和(或)数字计算机的计算机仿真技术对分析和处理非线性控制系统是非常有效的。李雅普诺夫第二方法可以用来分析非线性系统的稳定性,当然寻求李雅普诺夫函数不总是容易的。本书并不论述这些问题。这里主要介绍工程上广泛应用的相平面法和描述函数法。

相平面法实质上是状态空间法在二维空间情况下的应用。它是一种用图解求求解二阶非线性常微分方程的方法。相平面法适用于分析二阶系统。由于相平面上的轨迹曲线描述了系统状态的变化过程,因此可以在相平面图上分析平衡状态的稳定性和系统的时间响应性能。

描述函数法又称为谐波线性化法,它是一种工程近似方法。应用描述函数法研究非线性控制系统的自持振荡时,能给出振荡过程的基本特性(如振幅、频率)与系统参数(如放大系数、时间常数等)的关系,给系统的初步设计提供一个思考方向。描述函数法可以看成是线性控制系统理论中的频率法在研究非线性系统中的推广。线性控制系统理论中的很多结果在描述函数法中可以得到应用。

## 8.2 相平面法

相平面法是研究二阶系统的图形方法,其基本思想是在二维系统的状态空间(一个称为相平面的二维平面)画出对应于不同初值的运动轨迹,然后研究轨线的定性特征。通过这种方法可以知道运动的稳定性和其他运动模式等特征。

相平面法有许多优点,主要有以下几个:①作为图解法,不必求解非线性方程而得到非线性系统从不同初值出发的具体走向;②它不局限于小的或光滑的非线性,对强的和"硬"的非线性特性同样有效;③某些实际控制系统完全可以用二阶系统有效逼近,因此,可简单地采用相平面法进行分析。

这种方法的最大不足是它只能用于二阶系统(或一阶系统),因为高阶系统的相平面图在计算上和形状上都十分复杂。

## 8.2.1 相平面的基本概念

**1. 相平面图**

对于二阶系统

$$\begin{cases} \dot{x}_1 = f_1(x_1, x_2) \\ \dot{x}_2 = f_2(x_1, x_2) \end{cases} \tag{8-5}$$

式中，$x_1$、$x_2$ 为系统状态；$f_1$、$f_2$ 为系统状态的非线性函数。用几何的语言讲，系统的状态空间是以 $x_1$ 及 $x_2$ 为坐标的平面，称之为相平面。

给定一对初值坐标 $x(0) = x_0$，式(8-5)确定了一个解 $x(t)$。当时间从零变到无穷大时，$x(t)$ 可看作相平面的一条几何曲线，这样的曲线称为相平面轨迹(简称相轨迹)。对不同初值的一簇相平面轨迹称为系统的相平面图(简称相图)。为弄清相图的概念，请看下面的简单系统。

**例 8-1** 质量-弹簧系统的相平面图

图 8-8a 的质量-弹簧系统的动态方程是一个二阶微分方程

$$\ddot{x} + x = 0 \tag{8-6}$$

假定质点初始停在长度为 $x_0$ 的位置，其解为

$$x(t) = x_0 \cos t$$
$$\dot{x}(t) = -x_0 \sin t$$

从式中消去时间可得到轨线方程为

$$x^2 + \dot{x}^2 = x_0^2$$

这代表相平面的一个圆，取不同初值，则可得到不同半径的圆。将这些圆画在相平面上即得到质量-弹簧系统的相平面图，如图 8-8b 所示。

相平面图的作用在于：一旦得到系统的相平面图，则系统对应于不同初值的特性即展露无遗。从例 8-1 我们可以看出，系统的相平面轨迹既不趋于零也不趋于无穷。它们是以原点为中心的圆，因此，系统处于临界稳定状态。

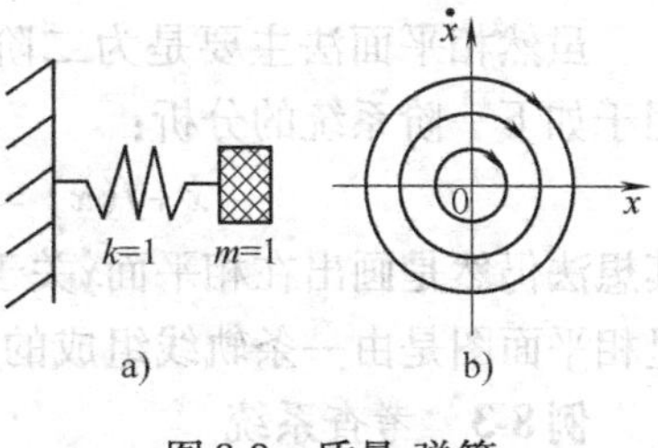

一大类二阶系统可以用微分方程表示为

$$\ddot{x} + f(x, \dot{x}) = 0 \tag{8-7}$$

系统性态在状态空间下可表示为

$$\dot{x}_1 = x_2$$
$$\dot{x}_2 = -f(x_1, x_2)$$

图 8-8 质量-弹簧系统及其相平面图

这里 $x_1 = x$，$x_2 = \dot{x}$。实际中的多数二阶系统，如力学中的质量-阻尼-弹簧系统，电工学中的电阻-电容-电感系统，都可表示成或转化成这种形式。对于这些系统，其位置是 $x$，其导数为 $\dot{x}$。历史上相平面法就是针对式(8-7)发展起来的，而相平面则是以 $x$ 和 $\dot{x}$ 为坐标的平面。但它不难推广到形如式(8-5)的更一般的动力系统，这里 $(x_1, x_2)$ 平面称为相平面，下面将讨论这种一般情况。

**2. 奇异点**

奇异点是相平面上的一个平衡点。根据定义，平衡点是使系统永久停住的点，这表明 $\dot{x}$

=0。根据式(8-5)有

$$f_1(x_1, x_2) = 0 \qquad f_2(x_1, x_2) = 0 \qquad (8-8)$$

奇异点的值可由式(8-8)解得。

对于线性系统，奇异点通常只有一个（虽然有时它可能是一个连续的集合，例如对系统 $\ddot{x}+\dot{x}=0$，实轴上所有的点都是奇异点）。而非线性系统却经常会有多个孤立的奇异点，见下一例子。

**例 8-2** 非线性二阶系统

$$\ddot{x} + 0.6\dot{x} + 3x + x^2 = 0$$

图 8-9 是它的相平面图。这个系统有两个奇异点：一个在 $x=0$，是稳定的；另一个在 $x=-3$，是不稳定的。

为什么二阶系统的平衡点称为奇异点？考察相轨迹的斜率，由式(8-5)可得到相轨迹通过 $(x_1, x_2)$ 点的斜率为

$$\frac{dx_2}{dx_1} = \frac{f_2(x_1, x_2)}{f_1(x_1, x_2)} \qquad (8-9)$$

式中，$f_1$ 及 $f_2$ 为单值函数。在相平面上反映为一个点有一个确定的斜率。但在奇异点这个斜率值变为 $\dfrac{0}{0}$，即斜率无法确定，可能有许多轨线在这样的点相交，如图 8-9 所示，因此，"奇异"来自斜率的计算。

奇异点是相平面的重要特征，考察奇异点可以揭示系统特性的大量信息。实际上，线性系统的稳定性完全由其奇异点的本质来决定。而在非线性的情况下还有一些其他复杂特性。

虽然相平面法主要是为二阶系统设计的，但它也可用于如下一阶系统的分析：

$$\dot{x} + f(x) = 0$$

其想法仍然是画出在相平面 $\dot{x}$ 关于 $x$ 的图形，不同的是这里相平面图是由一条轨线组成的。

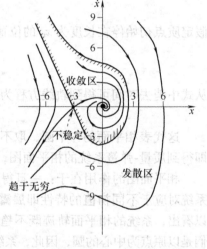

图 8-9 非线性系统 $\ddot{x}+0.6\dot{x}+3x+x^2=0$ 的相平面图

**例 8-3** 考查系统

$$\dot{x} = -4x + x^3$$

令 $-4x+x^3=0$，则可得到 3 个平衡点：$x=0$，$-2$，$2$，系统的相平面图由单一轨线组成，如图 8-10 所示。图 8-10 中的箭头表示运动方向，它们向左或向右由 $\dot{x}$ 的符号决定。由相平面图容易看出 $x=0$ 是稳定的，而其他两个平衡点是不稳定的。

**3. 相平面图的对称性**

一个相平面图可能会预先知道其对称性，这对相平面图的生成和研究均带来很大的方便。如果相平面图关

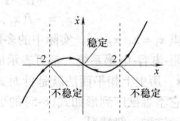

图 8-10 一阶系统 $\dot{x}=-4x+x^3$ 的相平面图

于 $x_1$ 或 $x_2$ 轴对称，则只需研究它的一半。如果相平面图关于 $x_1$ 及 $x_2$ 均对称，只需研究其四分之一就够了。

在生成相平面图前，可先通过系统方程确定其对称性。考查式(8-7)表示的二阶系统，其相平面轨迹的斜率为

$$\frac{dx_2}{dx_1} = \frac{-f(x_1, x_2)}{\dot{x}}$$

由于相平面图对称性意味着斜率对称性(绝对值相同、符号相反)，可得

关于 $x_1$ 轴对称的条件为

$$f(x_1, x_2) = f(x_1, -x_2)$$

这表明 $f$ 关于 $x_2$ 为偶函数。

关于 $x_2$ 轴对称的条件为

$$f(x_1, x_2) = -f(-x_1, x_2)$$

这表明 $f$ 关于 $x_1$ 为奇函数。

关于原点对称的条件为

$$f(x_1, x_2) = -f(-x_1, -x_2)$$

例 8-1 中的质量-弹簧系统满足这些条件，从其相平面图可看出它的对称性。

### 8.2.2 构造相平面图

现在，相平面图均可以由计算机标准程序生成。但学会怎样勾画相平面图及快速检验计算机输出的相平面图的概貌，在实际中仍十分有用。

构造非线性系统相平面图有多种方法，这里主要介绍比较常用的解析法与等倾线法。解析法要用到描述系统的微分方程的解析解，它对某些特殊的非线性系统是有效的，例如分段线性的系统，它的相平面图可以通过将相应的线性系统的相平面图拼在一起而得到。等倾线法是一种图解方法，它可以方便地构造得不到解析解的系统的相平面图，因此有很强的通用性。

**1. 解析法**

有两种产生相平面的解析方法。两种方法均产生一个关于两个变量 $x_1$ 和 $x_2$ 关系的函数，即

$$g(x_1, x_2, c) = 0 \tag{8-10}$$

式中，常数 $c$ 代表初始条件(可能也有外部输入信号)的作用，将这个关系依不同初始条件画在相平面上，就产生相平面图。

第一种方法是从式(8-5)解出作为时间函数的 $x_1$ 和 $x_2$，即

$$x_1(t) = g_1(t) \qquad x_2(t) = g_2(t)$$

然后从这两个方程中消去 $t$，从而得到形如式(8-10)的关系式。这种方法在例 8-1 中已用过。

第二种方法是直接消去时间变量而得到

$$\frac{dx_2}{dx_1} = \frac{f_2(x_1, x_2)}{f_1(x_1, x_2)}$$

然后从这个方程解出 $x_1$ 和 $x_2$ 的关系。下面用这种方法重新解一次质量-弹簧方程。

**例 8-4** 质量-弹簧系统

注意，$\ddot{x} = \dfrac{d\dot{x}}{dx}\dfrac{dx}{dt}$，可将式(8-6)写成

$$\dot{x}\frac{d\dot{x}}{dx} + x = 0$$

对这个等式积分可得到

$$\dot{x}^2 + x^2 = x_0^2$$

显然，为了生成相轨迹方程，第二种方法更直接。

多数非线性系统难以用以上两种方法直接求解。但是，对分段线性这一大类重要的非线性系统，这种方法十分有效。见下面这个例子。

**例 8-5** 卫星控制系统

图 8-11 是一个化简了的卫星控制系统模型。图 8-12a 画出的是一个旋转单元，它由两个推进器控制。两个推进器可产生一个正常力矩 $U$（正喷射）或负常力矩 $-U$（负喷射）。控制系统的目的是通过调节推进器点火时间来保持卫星天线的角度为零。卫星的数学模型为

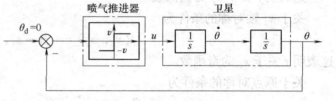

图 8-11 卫星控制系统

$$\ddot{\theta} = u$$

式中，$u$ 是推进器产生的力矩；$\theta$ 是卫星角度。

设推进器按式(8-11)控制规则点火，我们在相平面上考查一下控制系统的状态。

$$u(t) = \begin{cases} -U, & \theta > 0 \\ U, & \theta < 0 \end{cases} \tag{8-11}$$

这表示当 $\theta$ 为正时推进器在逆时针方向推动卫星；否则，推进器在顺时针方向推动卫星。

为描述相平面图，先考虑推进器产生正力矩 $U$ 的情况，这时系统的动态方程为

$$\ddot{\theta} = U$$

这说明 $\dot{\theta}d\dot{\theta} = Ud\theta$。因此，相轨迹是一簇抛物线，有

$$\dot{\theta}^2 = 2U\theta + c_1$$

式中，$c_1$ 是常数。系统相应的相平面图如图 8-12b 所示。当推进器产生负力矩 $-U$ 时，相轨迹可同理得出

$$\dot{\theta}^2 = -2Ux + c_1$$

相应的相平面图如图 8-12c 所示。

简单地将相平面图 8-12b 的左半平面与图 8-12c 的右半平面合并，即可得到闭环控制系统的完整相平面图，如图 8-13 所示。这里，纵轴称为切换线。因为控制输入与轨线都在这条线上切换，一个有趣的现象是：由一个非零的初始值开始，卫星将在喷射作用下做周期性简谐运动。由这个相平面图可以看出，类似于例 8-1 的质量-弹簧系统，卫星系统也是临界稳定的。要让系统收敛到零度角需要增加速度反馈。

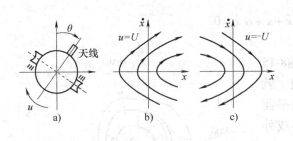
图 8-12 通过开关推进器实现卫星控制

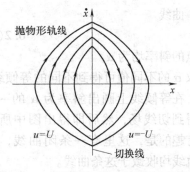
图 8-13 卫星控制系统的完整相平面图

**2. 等倾线法**

这种方法的基本思想是寻找等倾线。考查式(8-5)所示的动态系统,在相平面的($x_1$,$x_2$)点,轨迹的斜率可由式(8-9)确定。一个等倾线图是一个给定斜率的点的轨线。给定斜率 $\alpha$ 的等倾线方程定义为

$$\frac{\mathrm{d}x_2}{\mathrm{d}x_1} = \frac{f_2(x_1,x_2)}{f_1(x_1,x_2)} = \alpha$$

因此在曲线

$$f_2(x_1,x_2) = \alpha f_1(x_1,x_2)$$

上所有点具有相同斜率 $\alpha$。

在等倾线法中,系统的相平面图可以通过两个步骤得到。首先,得到相轨迹的切线场;然后,根据相轨迹切线场的方向得到相轨迹。

下面我们用等倾线法讨论式(8-6)中的质量-弹簧系统。

容易看出轨线的斜率为

$$\frac{\mathrm{d}x_2}{\mathrm{d}x_1} = -\frac{x_1}{x_2}$$

因此,斜率为 $\alpha$ 的等倾线方程为

$$x_1 + \alpha x_2 = 0$$

这是一条直线,沿这条直线我们可以画许多斜率为 $\alpha$ 的短线段。令 $\alpha$ 取不同值,则可得到不同的等倾线及短线段,这样就可以得到轨迹的切向量场(见图 8-14)。要从切向量场得到轨线,我们可以假定切线斜率局部定常。因此,一条轨迹可由平面上任意一点出发,将一系列短线段连接起来而成。

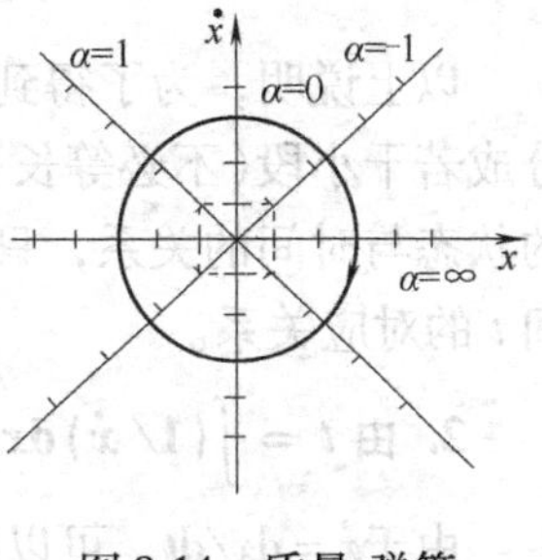

下面用等倾线法讨论范德波尔方程。

**例 8-6** 范德波尔方程

对于范德波尔方程

图 8-14 质量-弹簧
系统的等倾线图

$$\ddot{x} + 0.2(x^2-1)\dot{x} + x = 0$$

斜率为 $\alpha$ 的等倾线方程为

$$\frac{\mathrm{d}\dot{x}}{\mathrm{d}x} = -\frac{0.2(x^2-1)\dot{x}+x}{\dot{x}} = \alpha$$

因此，曲线

$$0.2(x^2-1)\dot{x} + x + \alpha \dot{x} = 0$$

上的点的斜率均为 $\alpha$。

取 $\alpha$ 的不同值可得到不同的等倾线，如图8-15所示。在等倾线上画出斜率为 $\alpha$ 的一组短线，就可以得到切线场，然后即得出图中所示的相平面图。有趣的是，这里有一条闭曲线，其内部或外部的轨线均收敛于这条曲线。

注意，在相平面上 $x_1$ 与 $x_2$ 的单位应取成相同的，这样导数 $dx_2/dx_1$ 才能表示轨线真正的几何斜率。另外，在构造相平面图的第二步假定相轨迹的斜率是局部定常的，因此，在斜率变化快的区域应该多画一些等倾线，这样才能保证足够的精度。

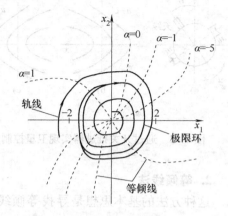

图 8-15　范德波尔方程的相平面图

### 8.2.3　由相平面图确定时间

相平面以 $x_1$、$x_2$ 为坐标，时间 $t$ 并不直接出现在相平面图上。但有时可能想知道从一个特殊点出发的状态对时间的关系，或想知道系统按相平面轨迹从一个点运动到另一个点所需要的时间。

下面介绍两种由相平面图估计时间进程的方法，两种方法都要一步步地估计时间。

**1. 由 $\Delta x \approx \Delta x / \dot{x}$ 来估计时间**

在一个很短的时间间隔 $\Delta t$，$x$ 的改变可近似为

$$\Delta x \approx \dot{x} \Delta t \tag{8-12}$$

这里 $\dot{x}$ 是相应于增量 $\Delta x$ 的速度。对于有限增量 $\Delta x$，可以用相应时间内速度的平均值来提高精确度，从式(8-12)可得对应于增量 $\Delta x$ 的时间长度为

$$\Delta t \approx \frac{\Delta x}{\dot{x}}$$

以上说明，为了得到系统沿轨线从一点走到另一点所需要的时间，必须把轨线相应部分分成若干小段(不必等长)，找出与每一段相应的时间，然后相加得到。为得到对某个初值的状态与时间的关系，只需简单算出相轨迹上每一点对应的时间，然后分别画出 $x$ 及 $\dot{x}$ 与时间 $t$ 的对应关系。

**2. 由 $t = \int (1/\dot{x}) dx$ 得出时间**

由于 $\dot{x} = dx/dt$，可以得到 $dt = dx/\dot{x}$，因此

$$t - t_0 = \int_{x_0}^{x} (1/\dot{x}) dx$$

式中，$x$ 对应时间 $t$ 而 $x_0$ 对应时间 $t_0$。由此表明，如果用 $x$ 和 $1/\dot{x}$ 作为新的坐标，那么在所得曲线下方的面积即为时间长度。

### 8.2.4 线性系统的相平面分析

本节讨论线性系统的相平面分析，不仅能得到对线性系统运动形式的直观了解，也有利于对非线性系统分析的研究，因为一个非线性系统在每个平衡点附近的性态与线性系统相似。

线性二阶系统的一般形式为

$$\begin{cases} \dot{x}_1 = ax_1 + bx_2 \\ \dot{x}_2 = cx_1 + dx_2 \end{cases} \tag{8-13}$$

为便于后面的讨论，将这个系统变为一个二阶标量微分方程。由式(8-13)可得

$$b\dot{x}_2 = bcx_1 + d(\dot{x}_1 - ax_1) \tag{8-14}$$

对式(8-13)第一个式子求导，再将式(8-14)代入，得

$$\ddot{x}_2 = (a+d)\dot{x}_1 + (cb - ad)x_1$$

因此，只要考查以下的二阶线性系统就可以了，即

$$\ddot{x} + a\dot{x} + bx = 0 \tag{8-15}$$

为得到该二阶线性系统的相平面图，先写出它们对时间的解，即

$$\begin{cases} x(t) = k_1 e^{\lambda_1 t} + k_2 e^{\lambda_2 t}, & \lambda_1 \neq \lambda_2 \\ x(t) = k_1 e^{\lambda_1 t} + k_2 e^{\lambda_1 t}, & \lambda_1 = \lambda_2 \end{cases} \tag{8-16}$$

这里常数 $\lambda_1$ 和 $\lambda_2$ 为其特征方程的根，即

$$s^2 + as + b = (s - \lambda_1)(s - \lambda_2) = 0$$

$\lambda_1$ 和 $\lambda_2$ 可以准确表示为

$$\lambda_1 = (-a + \sqrt{a^2 - 4b})/2$$
$$\lambda_2 = (-a - \sqrt{a^2 - 4b})/2$$

式(8-15)所描述的线性系统只有一个奇异点(设 $b \neq 0$)，即原点。但在这个奇异点附近的相轨迹根据 $a$ 和 $b$ 的不同值可以表现出完全不同的特征。大致有以下几种情况：

1) $\lambda_1$ 和 $\lambda_2$ 为同号实数(同正或同负)。
2) $\lambda_1$ 和 $\lambda_2$ 为反号实数。
3) $\lambda_1$ 和 $\lambda_2$ 为非零实部的共轭复数。
4) $\lambda_1$ 和 $\lambda_2$ 为零实部共轭复数。

(1) 稳定或不稳定节点　第1)种情况对应的奇异点称为节点，如果特征值均为负，则奇异点称为稳定节点，因为 $x(t)$ 和 $\dot{x}(t)$ 均指数收敛于零，如图8-16a所示。如果特征值均为正，则奇异点称为不稳定节点，因为 $x(t)$ 和 $\dot{x}(t)$ 均由零点指数发散，如图8-16b所示。因为特征值均为实数，轨线不会有振荡出现。

(2) 鞍点　第2)种情况(设 $\lambda_1 < 0$ 及 $\lambda_2 > 0$)对应

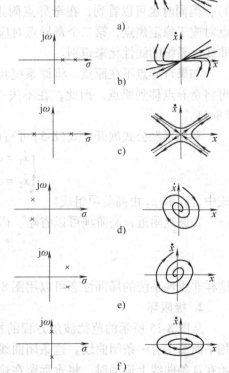

图8-16　线性系统的相平面图
a) 稳定节点　b) 不稳定节点　c) 鞍点
d) 稳定焦点　e) 不稳定焦点　f) 中心点

的奇异点称为鞍点,如图 8-16c 所示。由图 8-16c 可看出轨线是有趣的马鞍形。由于有不稳定的极点 $\lambda_2$,几乎所有系统轨线均发散到无穷远。图中有两条过原点的直线。

(3) 稳定焦点或不稳定焦点　第 3)种情况对应的奇异点称为焦点。当特征值实部为负时,$x(t)$ 与 $\dot{x}(t)$ 均收敛于零,这个焦点称稳定焦点。图 8-16d 画出了系统轨线在稳定焦点附近的情况。若特征值实部为正,则 $x(t)$ 与 $\dot{x}(t)$ 均发散于无穷远。这种奇异点称为不稳定焦点。图 8-16e 画出了对应于不稳定焦点的轨线。

(4) 中心点　最后一种情况对应的奇异点称为中心点,如图 8-16f 所示。它之所以称为中心点是因为所有的轨线均为椭圆而奇异点处于椭圆中心。无阻尼质量-弹簧系统的相平面图就属于这一类。

注意,线性系统的稳定特征由它们奇异点的性质唯一确定,这一点对非线性系统是不适用的。

### 8.2.5　非线性系统的相平面分析

非线性系统在相平面上会表现出许多复杂的性态,比如多平衡点和极限环。很多非线性系统的相平面分析依赖于线性系统,因为非线性系统的局部性态可以用线性系统的性态来逼近。

#### 1. 非线性系统的局部性态

由图 8-9 的相平面图可以看出,与线性系统不同,那里有两个奇异点 $(0,0)$ 和 $(-3,0)$,但同时也可以看到,在奇异点附近,相轨迹的特征与线性系统十分接近,第一个奇异点对应于稳定焦点,第二个奇异点对应于鞍点。这种在奇异点附近与线性系统的类似可通过非线性系统的线性化来识别。

如果奇异点不在原点,将原系统状态与奇异点的差作为新的状态变量,即通过坐标变换可将奇异点移到原点。因此,在不失一般性的情况下,以原点作为其奇异点,可以简化式 (8-5)。

利用泰勒公式展开,式(8-5)可写成

$$\begin{cases} \dot{x}_1 = ax_1 + bx_2 + g_1(x_1, x_2) \\ \dot{x}_2 = cx_1 + dx_2 + g_2(x_1, x_2) \end{cases}$$

式中,$g_1$ 和 $g_2$ 由高阶项组成。

在原点附近,高阶项可以省略,因此非线性系统轨线大体上满足线性化方程

$$\begin{cases} \dot{x}_1 = ax_1 + bx_2 \\ \dot{x}_2 = cx_1 + dx_2 \end{cases}$$

这样非线性系统的局部性态可以用图 8-16 所示的相平面图来近似。

#### 2. 极限环

从图 8-15 所示的范德波尔方程的相平面图中可以看出系统在原点有不稳定节点,而且相平面图中有一条闭曲线。这条闭曲线内部和外部的轨线都收敛于这条曲线,当系统状态开始在这条曲线上运动时,将永远留在这条曲线上,而且周期性地绕着原点转。这条曲线就称为极限环。极限环是非线性系统特有的特征,可能对应系统的自持振荡。

在相平面上,一个极限环定义为一个孤立的闭曲线,轨线必须是闭合的。这表明运动具有周期性,而且是孤立的,同时也表明环的极限特征(附近的轨线或者收敛于它或者从它开

始发散)。在例 8-5 的卫星系统中,其相平面图有许多闭曲线,按照以上的定义,它们不能称为极限环,因为它们不是孤立的。

按照轨线在极限环附近的运动模式,极限环可以分为三类:

1) 稳定极限环。极限环附近的所有轨线收敛于这个极限环(如图 8-17a 所示),系统将有自持振荡。

2) 不稳定极限环。轨线逐渐远离极限环(如图 8-17b 所示)。

3) 半稳定极限环。某些轨线收敛于极限环,而另一些轨线远离极限环(如图 8-17c 所示)。

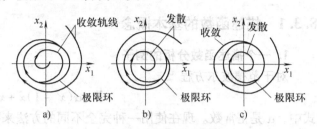

图 8-17 极限环
a) 稳定极限环  b) 不稳定极限环  c) 半稳定极限环

由图 8-15 的相平面图可知范德波尔方程的极限环是稳定的。下面再给出一些稳定、不稳定及半稳定极限环的例子。

**例 8-7** 稳定、不稳定及半稳定极限环

考查下列非线性系统

(a)  $\dot{x}_1 = x_2 - x_1(x_1^2 + x_2^2 - 1)$   $\dot{x}_2 = -x_1 - x_2(x_1^2 + x_2^2 - 1)$   (8-17)

(b)  $\dot{x}_1 = x_2 + x_1(x_1^2 + x_2^2 - 1)$   $\dot{x}_2 = -x_1 + x_2(x_1^2 + x_2^2 - 1)$   (8-18)

(c)  $\dot{x}_1 = x_2 - x_1(x_1^2 + x_2^2 - 1)^2$   $\dot{x}_2 = -x_1 - x_2(x_1^2 + x_2^2 - 1)^2$   (8-19)

先看系统(a),利用极坐标

$$r = (x_1^2 + x_2^2)^{\frac{1}{2}} \qquad \theta = \arctan x_2/x_1$$

动态方程(8-17)可化为

$$\frac{\mathrm{d}r}{\mathrm{d}t} = -r(r^2 - 1) \qquad \frac{\mathrm{d}\theta}{\mathrm{d}t} = -1 \tag{8-20}$$

如果状态从单位圆开始,由式(8-20)可知 $\dot{r}(t) = 0$。因此,轨线将以 $1/(2\pi)$ 的周期绕原点旋转。如果 $r < 1$,则 $\dot{r} > 0$,说明轨线将从单位圆内向它逼近;如果 $r > 1$,则 $\dot{r} < 0$,状态从单位圆外趋向于它,所以单位圆是一个稳定极限环。这个结论也可以由式(8-17)的解析解

$$r(t) = \frac{1}{(1 + c_0 \mathrm{e}^{-2t})^{1/2}}$$

$$\theta(t) = \theta_0 - t$$

得到,这里

$$c_0 = \frac{1}{r_0^2} - 1$$

类似地,不难看出系统(b)有一个不稳定极限环,系统(c)有一个半稳定极限环。

## 8.3 描述函数法

### 8.3.1 描述函数的基本概念

**1. 一个描述函数分析的例子**

对于范德波尔方程

$$\ddot{x} + \alpha(x^2 - 1)\dot{x} + x = 0 \tag{8-21}$$

式中，$\alpha$ 是正常数。现在使用一种完全不同的方法来研究它，这种方法将引出描述函数的概念。具体地说，要确定这个系统是否存在极限环，如果有，计算极限环的幅值和频率。为此，首先假设存在一个幅值和频率不确定的极限环，然后确定这个系统是否真的有这个解。这和微分方程中的待定系数法十分相似，这种方法首先假定存在特定形式的解，代入微分方程，然后确定解的系数。

在这之前，首先将系统用框图表示，如图 8-18 所示。可以看到图 8-18 中的反馈系统包含一个线性块和一个非线性块。其中线性部分尽管不稳定，但具有低通特性。

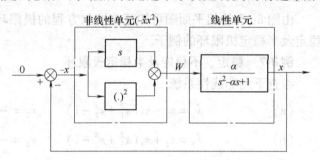

图 8-18 范德波尔振荡器的反馈解释

现在假设这个系统存在一个极限环，并且振荡信号 $x$ 的形式为

$$x(t) = A\sin\omega t$$

式中，$A$ 是极限环的幅值；$\omega$ 是其频率。所以

$$\dot{x}(t) = A\omega\cos\omega t$$

因此，非线性部分的输出是

$$W = -x^2\dot{x} = -A^2\sin^2\omega t \cdot A\omega\cos\omega t$$

$$= -\frac{A^3\omega}{2}(1-\cos 2\omega t)\cos\omega t = -\frac{A^3\omega}{4}(\cos\omega t - \cos 3\omega t)$$

可以看出 $W$ 中含有三次谐波项。因为线性部分具有低通特性，自然可以假设三次谐波项被线性部分充分地抑制，并且它对通过线性部分以后的信号几乎没有影响。这意味着可以将 $W$ 近似地表示为

$$W \approx -\frac{A^3}{4}\omega\cos\omega t = \frac{A^2}{4}\frac{\mathrm{d}}{\mathrm{d}x}(-A\sin\omega t)$$

所以图 8-18 中的非线性部分可以近似地等价于图 8-19 中的"拟线性"部分。与线性系统传递函数(不依赖于输入的大小)不同的是，拟线性部分的"传递函数"依赖于信号的幅值 $A$。

在频域内，这相当于

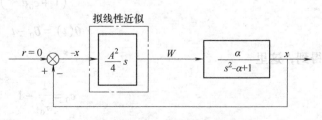

图 8-19 范德波尔振荡器的拟线性近似

$$W = N(A, \omega)(-x) \tag{8-22}$$

其中

$$N(A, \omega) = \frac{A^2}{4}(j\omega)$$

也就是说，非线性部分可以用频率响应函数 $N(A, \omega)$ 来近似。由于我们假设该系统有正弦振荡，故有

$$x = A\sin\omega t = G(j\omega)W = G(j\omega)N(A, \omega)(-x)$$

式中，$G(j\omega)$ 是线性部分的传递函数。这意味着

$$1 + \frac{A^2(j\omega)}{4}\frac{\alpha}{(j\omega)^2 - \alpha(j\omega) + 1} = 0$$

解这个方程，可以得到

$$A = 2 \quad \omega = 1$$

注意，如果用拉普拉斯变量 $s$ 表示，则闭环系统的特征方程是

$$1 + \frac{A^2 s}{4}\frac{\alpha}{s^2 - \alpha s + 1} = 0 \tag{8-23}$$

它的特征值是

$$\lambda_{1,2} = -\frac{1}{8}\alpha(A^2 - 4) \pm \sqrt{\frac{1}{64}\alpha^2(A^2 - 4)^2 - 1} \tag{8-24}$$

对应于 $A = 2$，得到特征值 $\lambda_{1,2} = \pm j$。这表明存在幅值为 2 且频率为 1 的极限环。有趣的是，上面得到的幅值和频率都不依赖于(8-21)中的参数 $\alpha$。

对应于不同的 $\alpha$ 的值，图 8-20 画出了系统真实的极限环。可以看到，上面的近似对于较小的 $\alpha$ 值是合理的，但随着 $\alpha$ 的增加，误差会越来越大。这是容易理解的，因为当 $\alpha$ 增加时，非线性特性变得更加突出，而拟线性近似的准确度下降。

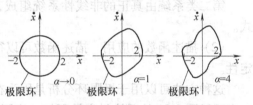

图 8-20 系统真实极限环

极限环的稳定性也可以用上面的分析方法来研究。假设极限环的幅值 $A$ 增加到一个大于 2 的值，那么式(8-24)表明闭环极点有负实部。这表明系统变为指数稳定，从而信号幅值将减小。对于极限环的幅值 $A$ 下降到小于 2 的情况也可以得出类似结论。所以，可以得到结论：极限环是稳定的。

注意，在上面的近似分析中，关键的步骤是将非线性部分用拟线性部分代替，这个拟线性部分具有频率响应函数 $(A^2/4)/(j\omega)$。然后，极限环的幅值和频率可以由 $1 + G(j\omega)N(A, \omega) = 0$ 确定。函数 $N(A, \omega)$ 称为非线性部分的描述函数。上面的近似分析可以扩展到另一类非线性系统极限环的预测，这类非线性系统的框图类似于图 8-18。

**2. 应用范围**

在正式讨论描述函数方法之前，先简单地讨论一下这种方法可以用到哪些非线性系统以及它能提供非线性系统性态的哪些信息。

(1)适用的系统　简单地说，凡是可以转化为图 8-21 中结构的系统都可以用描述函数方

法来研究。其中至少包含两类重要的系统。

第一类重要系统由"几乎"线性的系统组成。所谓"几乎"线性系统指的是这样的系统：它的控制回路含有硬非线性特性，但是其他部分都是线性的。当对一个控制系统设计线性控制器但是执行中有硬非线性特性时就会出现这类系统。比如：电动机饱和、执行器或传感器死区、干摩擦或被控对象的滞后现象等。图 8-22 给出了一个驱动器具有硬非线性的例子。

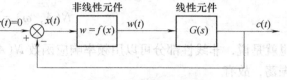

图 8-21 非线性系统

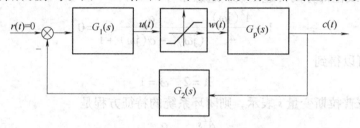

图 8-22 有硬非线性特性的控制系统

**例 8-8** 只含有一个非线性项的系统

考查图 8-22 描述的控制系统。被控对象和控制器都是线性的。但是执行器含有硬非线性。若将 $G_p G_1 G_2$ 看作线性部分 $G$，执行器非线性特性看作非线性部分，这个系统可以表示为图 8-21 的形式。

含有传感器或装置非线性的"几乎"线性系统也可以类似地转化为图 8-21 的形式。

第二类系统由真正的非线性系统组成，但这些系统的动态方程可以表示为图 8-21 的形式。

（2）描述函数的应用  描述函数可以很方便地用来发现极限环的存在并确定极限环的稳定性。

这种方法可以用于极限环分析是因为在极限环系统中信号形式通常接近于正弦信号，这一点通过图 8-21 的系统很容易理解，实际上，假设图 8-21 中的线性部分具有低通特性（大多数物理系统都这样），如果系统有极限环，那么系统的信号都是周期的。因为作为周期信号，输入到图 8-21 中线性部分的信号可以展开为许多谐波的和，并且由于线性部分的低通特性，它滤掉高频信号，因此输出 $y(t)$ 大部分由低频谐波组成。所以，整个系统中的信号基本上具有正弦形式的假设是恰当的，从而(1)中的方法可以应用。

极限环的预测非常重要，因为在物理系统中经常有极限环。有时候，极限环是期望的，例如实验室中用到的电子振荡器的极限环，还有用来在力学系统中使得干摩擦的负面影响达到最小的所谓的抖动方法。但是在大部分控制系统中，极限环是不期望的，这是因为：

1) 作为不稳定性的一种形式，极限环有使得控制的精密度下降的趋势。
2) 极限环能引起的持续的振动导致磨损的增加或控制系统硬件的机械故障。
3) 极限环还可能引起其他不希望的效果，如导致自动驾驶的飞机中乘客的不舒适。

一般情况下，并不一定要知道一个极限环精确的波形，但是了解它的存在、它的近似幅值和频率非常重要。用描述函数法不但可以达到这一目的，而且还可以用于指导设计补偿器以避免极限环。

### 3. 基本假设

考查图8-21中的一般非线性系统。为了说明基本的描述函数法，系统必须满足下列条件：
1) 只有一个非线性元件。
2) 非线性元件是时不变的。
3) 对应于正弦输入 $x = \sin\omega t$，只需要考虑输出 $w(t)$ 中的基波分量 $w_1(t)$。
4) 非线性部分是奇函数。

条件1) 意味着如果一个系统中有两个或更多的非线性元件，那么必须将它们集中起来作为一个非线性函数(比如：并联的两个非线性函数)，或者只保留主要的非线性部分而忽略其他的非线性部分。

条件2) 意味着只考查自治非线性系统。实际中的许多系统都满足这个条件，比如：放大器的饱和现象、齿轮之间的间隙、表面之间的干摩擦和继电器的滞后现象等。加上这个假设的理由为奈奎斯特准则是描述函数的主要基础，而这个准则只适用于线性时不变系统。

条件3) 是描述函数方法的基本假设。它表示一种近似。因为对于正弦输入，非线性元件的输出中除了基波的部分外，通常还包含较高的谐波。这个假设意味着，在分析中和基波相比较，高频谐波项都可以忽略。为了满足这个条件，非线性部分后面的线性部分必须具有低通特性，即

$$|G(j\omega)| \gg |G(jn\omega)|, \quad n = 2, 3, \cdots \tag{8-25}$$

这意味着输出中的高频谐波将基本上被过滤掉。因此，第三个条件通常称为过滤假设。

条件4) 的意思是非线性部分的输入和输出之间的函数 $f(x)$ 的图像是与原点相对称。引入这个条件是为了简化，即使得输出的傅里叶展式中的静态项可以忽略。注意，前面所讨论的非线性函数都满足这个条件。

很多文献广泛地研究了如何减弱上面这些条件，从而发展了一般情况的描述函数方法，如多线性、时变非线性和多重正弦函数等。但是，基于减弱了条件的方法通常比基于上述4个条件的基本方法复杂得多。因此本章中主要讨论基本方法。

### 4. 基本定义

现在讨论如何将非线性单元表示为描述函数。如图8-23所示，考虑非线性部分的输入是幅值为 $A$ 频率为 $\omega$ 的正弦输入，即 $x(t) = A\sin\omega t$。虽然非线性部分的输出 $w(t)$ 一般不是正弦的，但通常是周期的。如果非线性函数 $f(x)$ 是单值的，那么输出总是周期的，因为输出是 $f[A\sin(\omega(t+2\pi/\omega))] = f(A\sin\omega t)$。利用傅里叶级数，周期函数 $w(t)$ 可以展开为

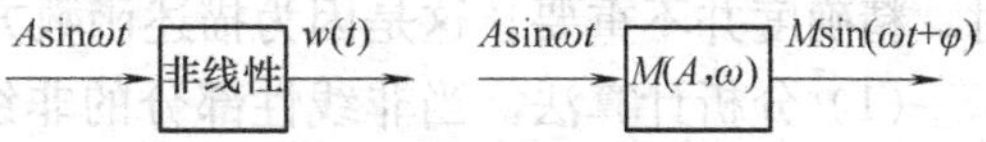

图 8-23 非线性元件及其描述函数表示

$$w(t) = \frac{a_0}{2} + \sum_{n=1}^{\infty} [a_n \cos(n\omega t) + b_n \sin(n\omega t)] \tag{8-26}$$

其中，傅里叶系数 $a_i$ 和 $b_i$ 一般是 $A$ 和 $\omega$ 的函数，并且由下面的式子确定

$$a_0 = \frac{1}{\pi} \int_{-\pi}^{\pi} w(t) \, \mathrm{d}(\omega t) \tag{8-27}$$

$$a_n = \frac{1}{\pi} \int_{-\pi}^{\pi} w(t) \cos(n\omega t) \, \mathrm{d}(\omega t) \tag{8-28}$$

$$b_n = \frac{1}{\pi} \int_{-\pi}^{\pi} w(t) \sin(n\omega t) \, \mathrm{d}(\omega t) \tag{8-29}$$

由上面的第四个条件,得到 $a_0=0$。第三个条件表明只需要考虑基波分量 $w_1(t)$,即
$$w(t) \approx w_1(t) = a_1\cos\omega t + b_1\sin\omega t = M\sin(\omega t + \phi) \quad (8\text{-}30)$$
式中
$$M(A,\omega) = \sqrt{a_1^2 + b_1^2} \text{ 和 } \phi(A,\omega) = \arctan(a_1/b_1)$$

式(8-30)意味着,对应于正弦输入,输出的基波分量是相同频率的正弦函数。若用复数表示,这个正弦函数可以写成 $w_1(t) = Me^{j(\omega t + \phi)} = (b_1 + ja_1)e^{j\omega t}$。

类似于频率响应函数的概念(系统的正弦输入和正弦输出在频域上的比),将非线性部分的描述函数定义为用复数表示的输出的基波分量和正弦输入的比,即
$$N(A,\omega) = \frac{Me^{j(\omega t + \phi)}}{Ae^{j\omega t}} = \frac{M}{A}e^{j\phi} = \frac{1}{A}(b_1 + ja_1) \quad (8\text{-}31)$$

用描述函数表示系统的非线性单元后,当存在正弦输入时,非线性单元可以看做是频率响应函数为 $N(A,\omega)$ 的线性元素,如图8-23所示。所以描述函数的概念可以看作频率响应函数的扩展。对于频率响应函数为 $G(j\omega)$ 的线性系统,容易证明其描述函数不依赖于输入的增益。但非线性部分的描述函数不同,它依赖于输入的幅值 $A$。因此,像图8-23那样表示非线性部分也称为拟线性化。

一般来说,描述函数依赖于输入的频率和幅值。但是也存在一些特殊的情形,当非线性部分是单值函数时,描述函数 $N[A,\omega]$ 是实的并且不依赖于输入的频率。因为 $f(A\sin\omega t)\cos\omega t$ 是奇函数,并且式(8-28)中的积分区域 $[-\pi,\pi]$ 是对称的,从而 $a_1=0$,故 $N$ 是实的。与频率无关的性质是因为式(8-29)中单值函数 $f(A\sin\omega t\sin\omega t)$ 的积分是对变量 $\omega t$ 求积分的,所以在积分中不会显含 $\omega$。

虽然在上面分析中,假设非线性部分是标量非线性函数,但是描述函数的定义也适用于非线性部分包含动态的情形(即由微分方程而不是函数描述)。这类非线性部分的描述函数的推导通常更复杂,并且需要通过实验来估计。

**5. 描述函数的计算**

基于式(8-31),有很多方法可以用来确定控制系统中非线性部分的描述函数。下面简单介绍3种方法:分析计算法、数值积分法和实验估计法。注意,计算非线性部分的描述函数时,精确度并不重要,这是因为描述函数方法本身就是一种近似方法。

(1) 分析计算法 当非线性部分的非线性特性 $w = f(x)$(其中 $x$ 是输入,$w$ 是输出)由一个显函数描述并且容易求得积分时,就可以利用基于式(8-27)~式(8-29)的分析方法。显函数 $f(x)$ 可能是简单非线性函数的理想化,如饱和函数、死区等,也可能是输入-输出关系的拟合曲线函数。但是,对于缺少解析表达式或含有动态的非线性部分,利用分析方法就显得困难了。

(2) 数值积分法 对于输入-输出关系 $w = f(x)$ 由图形或表格给出的非线性部分,用数值积分法估计描述函数比较方便。这种方法的基本思想是通过对小区间求和近似计算式(8-27)~式(8-29)中的积分。很多数值积分方法都可以使用,显然用计算机程序得到数值积分更容易。这样得到的描述函数是用图形表示的。

(3) 实验估计法 实验估计法特别适用于复杂非线性系统和动态非线性系统。当一个系统的非线性部分可以分离出来时,可以用已知幅值和频率的正弦信号激励它,然后用谐波分析器分析非线性部分的输出,从而用实验估计法确定描述函数。这十分类似于用实验方法确

定线性系统的频率响应函数。不同的是这里不仅要用不同频率的输入,而且输入的幅值也要发生变化。这种方法得到的结果是复平面上表示描述函数 $N(A, \omega)$ 的一组曲线,而不是解析表达式。

下面通过一个简单的例子说明如何用分析计算法得到描述函数。

**例 8-9** 硬弹簧的描述函数

硬弹簧的特性由下式给出:
$$w = x + x^3/2$$

式中,$x$ 表示输入;$w$ 表示输出。给定输入 $x(t) = A\sin\omega t$,输出 $w(t) = A\sin\omega t + A^3\sin^3\omega t/2$,可以展开为傅里叶级数,其中基波分量为
$$w_1(t) = a_2\cos\omega t + b_1\sin\omega t$$

由于 $w(t)$ 是奇函数,所以根据式(8-11)有 $a_1 = 0$,系数 $b_1$ 为
$$b_1 = \frac{1}{\pi}\int_{-\pi}^{\pi}[A\sin\omega t + A^3\sin^3\omega t/2]\sin\omega t d\omega t = A + \frac{1}{8}A^3$$

所以基波分量为
$$w_1 = \left(A + \frac{1}{8}A^3\right)\sin\omega t$$

因此非线性部分的描述函数为
$$N(A, \omega) = N(A) = 1 + \frac{1}{8}A^2$$

注意,因为非线性部分是奇函数,所以描述函数是实的,并且只是正弦输入幅值的函数。

## 8.3.2 典型非线性特性的描述函数

**1. 饱和非线性特性**

图 8-24 画出了饱和非线性特性的输入-输出关系,其中 $a$ 和 $k$ 分别表示线性部分的范围和斜率。因为这种非线性是单值的,所以它的描述函数是输入幅值的实函数。

考虑输入 $x(t) = A\sin\omega t$。如果 $A \leq a$,那么输入保持在线性范围之内,所以输出是 $w(t) = kA\sin\omega t$,因此描述函数是常数 $k$。

现在考虑 $A > a$ 的情形。图 8-24 画出了输入和输出函数。可以看出输出函数的一个周期分成 4 个对称的部分。在第一个四分之一周期内,它可以表示为
$$w(t) = \begin{cases} kA\sin\omega t & 0 \leq \omega t \leq \gamma \\ ka & \gamma < \omega t \leq \pi/2 \end{cases}$$

式中,$\gamma = \arcsin(a/A)$。由 $w(t)$ 的奇性得到 $a_1 = 0$,并且由一个周期内 4 个部分的对称性得到

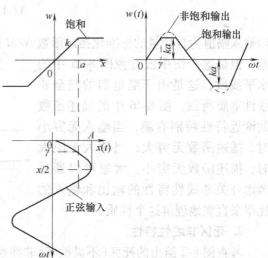

图 8-24 饱和非线性特性及其输入-输出关系

$$b_1 = \frac{4}{\pi}\int_0^{\pi/2} w(t)\sin\omega t\mathrm{d}\omega t = \frac{4}{\pi}\int_0^{\gamma} kA\sin^2\omega t\mathrm{d}\omega t + \frac{4}{\pi}\int_\gamma^{\pi/2} ka\sin\omega t\mathrm{d}\omega t$$

$$= \frac{2kA}{\pi}\left[\gamma + \frac{a}{A}\sqrt{1-\frac{a^2}{A^2}}\right] \tag{8-32}$$

所以，描述函数就是

$$N(A) = \frac{b_1}{A} = \frac{2k}{\pi}\left[\arcsin\frac{a}{A} + \frac{a}{A}\sqrt{1-\frac{a^2}{A^2}}\right] \tag{8-33}$$

图 8-25 画出了以 $A/a$ 作为自变量的标准化描述函数 $N(A)/k$ 的图像。可以看到这个描述函数有 3 个特点：

1）如果输入信号的幅值在线性范围内，那么 $N(A) = k$。

2）输入信号的幅值增加时，$N(A)$ 下降。

3）没有相位差。

第一个特点是很明显的，因为对于较小的信号，饱和现象没有出现；第二个特点从直观上容易理解，因为饱和现象减小了输出和输入信号的比率；第三个特点同样好理解，因为饱和现象不会导致对输出响应的滞后。

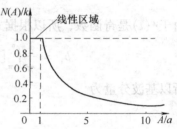

图 8-25 饱和非线性特性的描述函数

作为一种特殊情况，可以得到继电器型（开关）非线性特性的描述函数（如图 8-26 所示）。这种情形相当于把饱和函数的线性部分的范围收缩到零，即 $a\to 0$，$k\to\infty$，但是 $ka = M$。

尽管可以通过对式(8-32)取极限得到 $b_2$，但是直接计算更容易，有

$$b_1 = \frac{4}{\pi}\int_0^{\pi/2} M\sin\omega t\mathrm{d}\omega t = \frac{4}{\pi}M$$

所以，继电器非线性的描述函数是

$$N(A) = \frac{4M}{\pi A} \tag{8-34}$$

以输入幅值为自变量的标准化描述函数 $N/M$ 图像如图 8-26 所示。尽管描述函数也没有相位差，但是这个图中没有像图 8-25 中的水平线段，这是由于继电器的完全非线性本质所致。图 8-26 中的描述函数的渐近特性特别有趣，当输入无穷小时，描述函数无穷大；当输入无限大时，描述函数无穷小。大家可以通过考虑开关非线性特性的输出和输入的比率来直观地理解这个性质。

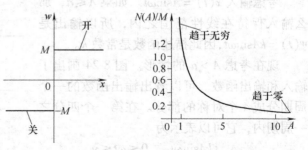

图 8-26 继电器型非线性特性及其描述函数

**2. 死区非线性特性**

考查图 8-2 给出的死区（不灵敏区）非线性特性，其中死区的宽度为 $2\delta$，斜率为 $k$。这个死区非线性对正弦输入 $x(t) = A\sin\omega t$ 的响应，当 $A\geq\delta$ 时，如图 8-27 所示。因为这个函数是

奇函数,所以 $a_1=0$。响应的一个周期同样可分为四个对称的部分。在第一个四分之一周期内,即当 $0 \leq \omega t \leq \pi/2$ 时,有

$$w(t) = \begin{cases} 0 & 0 \leq \omega t \leq \gamma \\ k(A\sin\omega t - \delta) & \gamma < \omega t \leq \pi/2 \end{cases}$$

式中,$\gamma = \arcsin(\delta/A)$。系数 $b_1$ 可以计算如下:

$$b_1 = \frac{4}{\pi}\int_0^{\pi/2} w(t)\sin\omega t \mathrm{d}\omega t = \frac{4}{\pi}\int_\gamma^{\pi/2} kA\sin\omega t - \delta\sin\omega t \mathrm{d}\omega t$$

$$= \frac{2kA}{\pi}\left(\frac{\pi}{2} - \arcsin(\delta/A) - \frac{\delta}{A}\sqrt{1 - \frac{\delta^2}{A^2}}\right) \tag{8-35}$$

于是

$$N(A) = \frac{2k}{\pi}\left(\frac{\pi}{2} - \arcsin(\delta/A) - \frac{\delta}{A}\sqrt{1 - \frac{\delta^2}{A^2}}\right)$$

这个描述函数 $N(A)$ 是实函数,所以没有相位差(这反映了没有时滞)。图 8-28 中画出了标准化的描述函数图像。可以看到,当 $A/\delta < 1$ 时,$N(A)/k$ 是零,并且随着 $A/\delta$ 的增加而增加到 1。直观上看,这种增加表明:随着输入信号幅值的增加,死区的影响逐渐地消除。

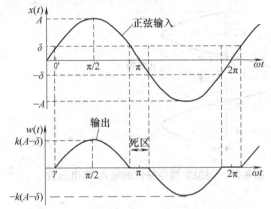

图 8-27 死区非线性特性的输入-输出函数

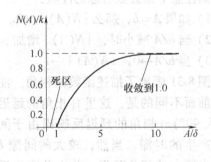

图 8-28 死区非线性特性的描述函数

### 3. 间隙非线性特性

间隙非线性特性的描述函数的计算更加繁琐。图 8-29 给出了斜率为 $k$ 和宽度为 $2b$ 的间隙非线性特性。如果输入信号的幅值小于 $b$,则没有输出。下面我们考虑输入为 $x(t) = A\sin\omega t$ 且 $A \geq b$ 的情形。图中给出了非线性特性的输出 $w(t)$,在一个周期内,函数 $w(t)$ 可以表示为

$$w(t) = (A-b)k \qquad \frac{\pi}{2} < \omega t \leq \pi - \gamma$$

$$w(t) = (A\sin\omega t + b)k \qquad \pi - \gamma < \omega t \leq \frac{3\pi}{2}$$

$$w(t) = -(A-b)k \qquad \frac{3\pi}{2} < \omega t \leq 2\pi - \gamma$$

$$w(t) = (A\sin\omega t - b)k \qquad 2\pi - \gamma < \omega t \le \frac{5\pi}{2}$$

式中，$\gamma = \arcsin(1 - 2b/A)$。

和前面的非线性特性不同的是，函数$w(t)$是非奇非偶函数，所以$a_1$和$b_1$都不等于零。利用式(8-28)和式(8-29)，经过繁琐的积分，可以得到

$$a_1 = \frac{4kb}{\pi}\left(\frac{b}{A} - 1\right)$$

$$b_1 = \frac{Ak}{\pi}\left[\frac{\pi}{2} - \arcsin\left(\frac{2b}{A} - 1\right) - \left(\frac{2b}{A} - 1\right)\sqrt{1 - \left(\frac{2b}{A} - 1\right)^2}\right]$$

所以间隙非线性特性的描述函数由下面两式给出：

$$|N(A)| = \frac{1}{A}\sqrt{a_1^2 + b_1^2} \quad (8-36)$$

$$\angle N(A) = \arctan(a_1/b_1) \quad (8-37)$$

间隙非线性特性的描述函数的幅值如图8-30所示。

请注意下面几点有趣的性质：
1) 如果$A = b$，那么$|N(A)| = 0$。
2) 当$b/A$减小时，$|N(A)|$增加。
3) 当$b/A \to 0$，$|N(A)| \to 1$。

图8-31画出了描述函数的相角。注意与前面不同的是，这里有相角的延迟（最大90°）。相角的延迟反映出由于间隙$b$产生的时滞。当然，较大的间隙$b$将产生较大的相角延迟，并由此产生反馈控制系统中的稳定性问题。

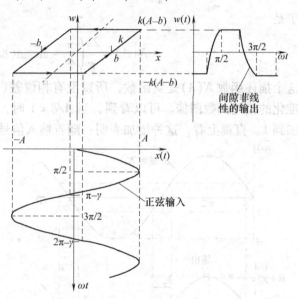

图8-29 间隙非线性特性的输入-输出函数

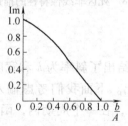

图8-30 间隙非线性特性的描述函数的幅值

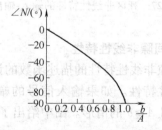

图8-31 间隙非线性特性的描述函数的相角

## 8.3.3 用描述函数法分析非线性系统的稳定性

若非线性系统经过适当简化后，具有图8-21所示的典型结构形式，且非线性环节和线性部分满足描述函数法应用的条件，则描述函数可以作为一个具有复变增益的比例环节。于

是非线性系统经过谐波线性化已变成一个等效的线性系统,可以应用线性系统理论中的奈奎斯特稳定判据分析非线性系统的稳定性和自持振荡。

**1. 奈奎斯特判据及其扩展**

考查图8-32描述的线性系统。这个系统的特征方程为
$$\delta(s) = 1 + G(s)H(s) = 0$$
式中,$\delta(s)$是$s$的有理函数,特征方程可重新写为
$$G(s)H(s) = -1$$
基于这个方程,前面已经导出了奈奎斯特稳定判据,应用这个判据可以总结为以下几个步骤(假设$G(s)H(s)$在$j\omega$轴上没有零点和极点,如图8-33所示):

1) 在$s$平面上,画出所谓的在右半平面内的奈奎斯特路径。

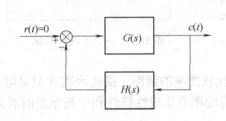
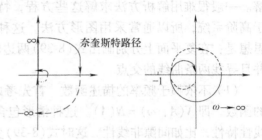

图8-32 闭环线性系统　　　　　　　　　图8-33 奈奎斯特准则

2) 通过$G(s)H(s)$将这条路径映射到另一个复平面。
3) 确定$G(s)H(s)$的曲线沿着顺时针方向围绕$(-1, j0)$的圈数$N$。
4) 确定$\delta(s)$在右半平面内的零点数$Z$为
$$Z = N + P$$

$P$为不稳定的开环极点数,$Z$就是闭环系统不稳定的极点数。

对于前馈路径中(如图8-34所示)含有常数增益$K$(可能为复数)的情形,奈奎斯特判据可以作一点简单的形式上的扩展,这种修改有助于解释用描述函数法分析极限环的稳定性。这时
$$\delta(s) = 1 + KG(s)H(s)$$
相应的特征方程为
$$G(s)H(s) = -1/K$$

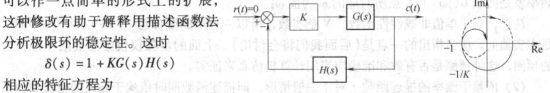

图8-34 奈奎斯特判据的扩展

和推导奈奎斯特判据一样,可以得到确定不稳定闭环极点的相同的过程,不同的是这时$Z$表示$G(s)H(s)$沿着顺时针方向围绕$-1/K$的次数。图8-34给出了相应扩展了的奈奎斯特图。

**2. 极限环的存在性**

假设图8-35所示的系统存在一个幅值为$A$且频率为$\omega$的自持振荡,那么回路中的变量必须满足下面的关系:
$$x = -c$$
$$w = N(A, \omega)x$$

$$c = G(j\omega)w$$

则 $c = G(j\omega)N(A,\omega)(-c)$。因为 $c \neq 0$，所以

$$G(j\omega)N(A,\omega) + 1 = 0 \tag{8-38}$$

可以写为

$$G(j\omega) = -\frac{1}{N(A,\omega)} \tag{8-39}$$

因此，极限环的幅值 $A$ 和频率 $\omega$ 必须满足式(8-39)。如果上面的方程没有解，那么非线性系统没有极限环。

式(8-39)表示两个关于变量 $A$ 和 $\omega$ 的非线性方程(实部和虚部各给出一个方程)，它通常有有限个解。一般很难用解析方法求解这些方程，特别是对于高阶系统，所以通常采用图形方法。这种方法的思想是：在复平面上分别画出式(8-39)两边的图像，并且寻找两条曲线的交点。

图 8-35　一个非线性系统

(1) 不依赖于频率的描述函数　首先考虑一种比较简单的情形，描述函数 $N$ 只是增益 $A$ 的函数，即 $N(A,\omega) = N(A)$。这种情形包含了所有的单值非线性特性和一些重要的双值非线性特性，比如间隙非线性。这时式(8-39)变为

$$G(j\omega) = -\frac{1}{N(A)} \tag{8-40}$$

可以同时在复平面上画出频率响应函数 $G(j\omega)$ 图像($\omega$ 变化)和描述函数的负倒数($-1/N(A)$)的图像($A$ 变化)，如图 8-36 所示。如果两条曲线有交点，则存在极限环，并且交点对应的 $A$ 和 $\omega$ 的值就是式(8-40)的解。如果两条曲线相交 $n$ 次，则系统可能存在 $n$ 个极限环，系统会到达哪个极限环取决于初始条件。在图 8-36 中，两条曲线交于点 $K$。这表明系统有一个极限环，它的幅值就是曲线 $-1/N(A)$ 上 $K$ 点所对应的 $A$ 的值 $A_k$，频率就是曲线 $G(j\omega)$ 上 $K$ 点所对应的 $\omega$ 的值 $\omega_k$。

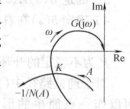

注意，对于单值非线性性函数，$N$ 是实数，所以 $-1/N$ 的图像总是在实轴上。应当指出的一点是(后面我们将会讨论)，上面的步骤仅仅给出极限环存在性的预测，这种预测是否有效和准确应当用计算机仿真来证实。

图 8-36　极限环的判断

(2) 依赖于频率的描述函数　对于一般情形，即描述函数同时依赖于输入的幅值和频率 ($N = N(A,\omega)$)，上述方法也可以应用，但是要复杂一些。现在考虑式(8-39)的右端 $-1/N(A,\omega)$，它对应于复平面上的一簇曲线，其中每一条曲线都是将 $\omega$ 固定而令 $A$ 发生变化，如图 8-37 所示。通常曲线簇 $-1/N(A,\omega)$ 和曲线 $G(j\omega)$ 有无穷多个交点，只有在两条曲线上的 $\omega$ 值匹配相等的交点才意味着存在极限环。

为了避免求交点的频率匹配的麻烦，可以根据 $G(j\omega)N(A,\omega)$ 的图解法来求(8-39)的解。将 $A$ 固定并且使 $\omega$ 从 0 到 $\infty$ 变化，得到一条 $G(j\omega)N(A,\omega)$ 的曲线。根据不同的 $A$ 值得到一簇曲线，如图 8-38 所示。如果有一条曲线通过复平面上的点 $(-1, 0)$，就表明存在极限环，且这条曲线对应的 $A$ 的值就是极限环的幅值，点 $(-1, 0)$ 对应的 $\omega$ 就是极限环的频率。和前一种方法相比，这种方法更加直接，它要求重复计算 $G(j\omega)$ 来生成一簇曲线，但

这利用计算机很容易处理。

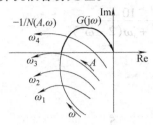

图 8-37　依赖于频率的描述函数的极限环预测

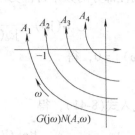

图 8-38　图解法解方程(8-38)

### 3. 极限环的稳定性

前面曾指出，极限环可能稳定，也可能不稳定。上面讨论了如何检验极限环的存在性，下面讨论怎样利用扩展的奈奎斯特判据确定极限环的稳定性。

考查图 8-39 中频率响应函数和描述函数的负倒数的图形。图中有两个交点，这表明系统有两个极限环，注意到 $L_1$ 点对应的 $A$ 的值比 $L_2$ 对应的 $A$ 的值小。为了讨论方便，假设线性部分传递函数 $G(p)$ 没有不稳定极点。

现在讨论 $L_1$ 对应的极限环的稳定性。假设系统的初始工作点在 $L_1$，此时极限环的幅值为 $A_1$，且频率为 $\omega_1$。假设有一个微小的干扰，使得非线性部分输入的幅值有一个微小的增加，此时系统的工作点从 $L_1$ 移动到 $L_1'$。由于 $L_1'$ 位于 $G(j\omega)$ 的曲线以内，根据扩展的奈奎斯特准则，这个工作点是不稳定的，系统信号的

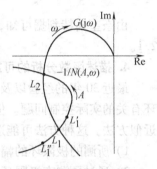

图 8-39　极限环的稳定性

幅值将增加，所以系统的工作点将继续沿着曲线 $-1/N(A)$ 向另一个代表极限环的点 $L_2$ 移动。另一方面，如果干扰使得幅值 $A$ 下降，工作点移动到 $L_1''$，那么 $A$ 将继续减小并且工作点从另一个方向远离 $L_1$，这是因为 $L_1''$ 没有被 $G(j\omega)$ 包围，所以根据扩展的奈奎斯特图系统是稳定的。上面的讨论表明：微小的干扰就可以完全破坏 $L_1$ 处的振荡，所以极限环是不稳定的。类似分析可以得出 $L_2$ 处的极限环是稳定的。

总结上面的讨论和前一节的结果，可以得出关于极限环存在性和稳定性的结论。

**极限环准则**：曲线 $G(j\omega)$ 和 $-1/N(A)$ 的每一个交点对应于一个极限环。如果在交点附近，曲线 $-1/N(A)$ 上沿着 $A$ 增加的方向上的点没有被曲线 $G(j\omega)$ 包围，那么这个交点对应的极限环稳定；否则，极限环不稳定。

**例 8-10**　非线性系统框图如图 8-40 所示。问：系统稳定与否？若产生自持振荡，试确定自持振荡的频率 $\omega$ 和振幅 $A$。

**解**：理想继电器的描述函数为 $N(A)=\dfrac{4M}{\pi A}$，当 $M=1$ 的情况下，理想继电器的负倒幅特性为

$$-\frac{1}{N(A)} = -\frac{\pi A}{4}$$

当 $A=0$，$-1/N(A)=0$；当 $A=\infty$，$-1/N(A)=-\infty$，所以 $-1/N(A)$ 特性为整个负实轴。

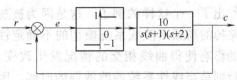

图 8-40　非线性系统框图

系统线性部分的频率特性为

$$G(j\omega) = \frac{10}{j\omega(j\omega+1)(j\omega+2)} = \frac{10}{-3\omega^2 + j\omega(2-\omega^2)} \tag{8-41}$$

令 $\text{Im}[G(j\omega)] = 0$，得

$$\omega = \sqrt{2}\,\text{rad/s}$$

将 $\omega = \sqrt{2}$ 代入式(8-41)，得

$$\text{Re}[G(j\omega)]\big|_{\omega=\sqrt{2}} = -\frac{10}{3\omega^2}\bigg|_{\omega=\sqrt{2}} = -\frac{5}{3}$$

$G(j\omega) = -1/N(A)$ 的交点有

$$\text{Re}[G(j\omega)]\big|_{\omega=\sqrt{2}} = -\frac{1}{N(A)}$$

求解可得 $-\frac{5}{3} = -\frac{\pi A}{4}$。因此有 $A = 2.1$。

由奈奎斯特判据可知，系统产生稳定的自持振荡，振荡频率为 $\omega = \sqrt{2}\,\text{rad/s}$，振幅为 $A = 2.1$。

**4. 描述函数分析的可靠性**

最近 30 年的经验以及后来理论上的研究表明，描述函数法可以有效地解决大量与极限环有关的实际控制问题。但是，在某些时候，这种方法的分析结果不太准确，因为它是一种近似方法。这种方法可能造成以下三类不准确性：

1) 所测的极限环的幅值和频率不准确。
2) 通过预测有极限环，但实际不存在。
3) 存在预测不到的极限环。

第一类不准确性很普遍。一般来说，预测的极限环的幅值和频率与真实值之间总是存在偏差。至于预测值和真实值之间的偏差有多大，这取决于非线性系统满足于描述函数方法的假设的程度。为了得到预测的极限环的准确值，进行非线性系统的仿真是必要的。

另外两种不准确性不经常发生，但一旦发生，后果会很严重。通常，可以通过检查线性部分的频率响应以及 $G$ 和 $-1/N$ 的图形的相对位置来检测这两种情况的发生。

描述函数法是否有效，依赖于式(8-25)给出的过滤假设。对于一些线性系统，由于不满足这个条件，描述函数分析会出现偏差。实际上，很多用描述函数法不成功的例子是因为线性系统的频率响应函数 $G(j\omega)$ 有共振峰值。

如果 $G(j\omega)$ 的轨线与 $-1/N$ 的轨线相切或几乎相切，那么由描述函数方法得出的结论可能会出现错误。图 8-41a 给出了一个这样的例子。这是因为被忽略掉的高频谐波或系统模型的不确定性的影响使得曲线相交的情况发生改变，特别是当线性系统的滤波弱的时候。因此，上面列出的第二种和第三种类型的

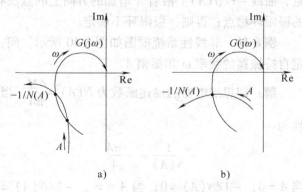

图 8-41　极限环预测的可能性

错误可能会发生。

相反地,如果 $-1/N$ 的轨线与 $G(j\omega)$ 的轨线几乎垂直,那么描述函数方法的结果通常是可靠的。这种情况的例子如图 8-41b 所示。

## 8.4 小结

本章介绍了经典控制理论中研究非线性控制系统的两种常用方法:相平面法和描述函数法。

1) 相平面法是研究二阶非线性系统的一种图解方法。这种方法的实质是用有限段直线逼近描述系统运动的相轨迹。这样作出的相平面图,根据需要可以有相当高的准确度。相平面图清楚地表示了系统在不同初始条件下的自由运动。利用相平面图还可以研究系统的阶跃响应和斜坡响应。

2) 相平面法原则上仅适用于二阶系统。但是,相平面分析法的概念可以扩展到高阶系统中去。对三阶系统,在三维空间内(完全地描述系统的时域行为至少需要 3 个状态变量)图解比较困难,而当阶数高于 3 时,绘出描述运动的相轨迹是不可能的。

3) 描述函数法主要用于分析非线性系统的自持振荡。利用此方法时,首先把系统的结构图变换为图 8-21 的典型形式,并且检查系统是否满足所作的假定和限制。即:非线性特性应该是中心对称的,因而在正弦周期信号作用下非线性环节的输出不包含恒定分量;系统的线性部分具有良好的低通滤波器特性,因而非线性环节输出谐波成分通过系统的线性部分后被充分地衰减。

4) 描述函数法是一种工程近似方法。所获得的结果的准确度在很大程度上取决于谐波成分被衰减的程度。这包括非线性环节在正弦周期信号作用下输出谐波成分所占的比例以及系统线性部分的低通滤波性能。高阶系统的分析准确度比低阶系统的高。这种方法的一个很大的特点是,分析不受系统阶数的限制,系统线性部分的动力学特性的复杂性不会导致分析上的困难。

5) 在系统存在一个以上非线性元件,且彼此之间又没有有效的低通滤波器隔开的情况下,一般可以把非线性元件结合在一起,用一个等效的描述函数来描述。在非线性元件彼此之间有低通滤波器分隔开的情况下,则不可以用一个等效的描述函数来描述,但仍然可以用描述函数的概念来分析系统的自振。

## 8.5 习题

8-1 考查线性单位反馈控制系统,其开环传递函数为
$$G(s) = \frac{10}{s(1+0.1s)}$$

画出其相平面图,并讨论其性质。

8-2 利用等倾线法画出以下系统的相平面图:
(a) $\ddot{\theta} + \dot{\theta} + 0.5\theta = 0$
(b) $\ddot{\theta} + \dot{\theta} + 0.5\theta = 1$
(c) $\ddot{\theta} + \dot{\theta}^2 + 0.5\theta = 0$

8-3 考查非线性系统

$$\dot{x} = y + x(x^2 + y^2 - 1)\sin\frac{1}{x^2 + y^2 - 1}$$

$$\dot{y} = -x + y(x^2 + y^2 - 1)\sin\frac{1}{x^2 + y^2 - 1}$$

不找出上述方程的准确解而证明它有无穷多个极限环，确定这些极限环的稳定性（提示：利用极坐标）。

8-4 图 8-42 代表一个带有陀螺产生的速度反馈的卫星控制系统。画出系统相平面图并确定系统的稳定性。

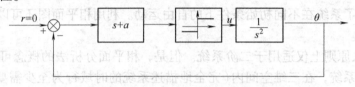

图 8-42 带速度反馈的卫星控制系统

8-5 确定图 8-43 所示的系统是否存在一个自持振荡（极限环）。如果存在，确定它的稳定性、频率和幅值。

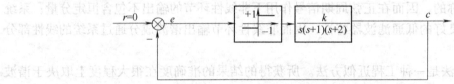

图 8-43 含有继电器的非线性系统

8-6 确定图 8-44 所示的系统是否存在一个自持振荡。如果存在，确定它的稳定性、频率和幅值。

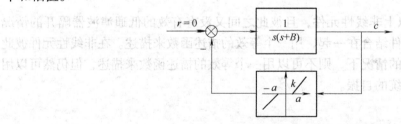

图 8-44 含有死区的非线性系统

8-7 考查图 8-45 所示的非线性系统。确定使得系统稳定的最大的 $K$。如果 $K = 2K_{max}$，确定自持振荡的幅值和频率。

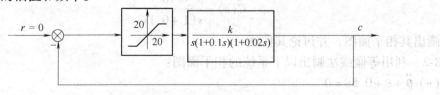

图 8-45 含有饱和非线性的非线性系统

8-8 含间隙特性的非线性系统的方框图如图8-46所示，其中，间隙特性参数 $k=1$ 以及线性部分的传递函数为

$$G_1(s)G_2(s) = \frac{1.5}{s(s+1)^2}$$

试加线性校正环节 $G_c(s)$，以消除间隙特性系统的自持振荡。

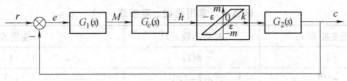

图8-46 含间隙特性的非线性系统的方框图

8-9 考查图8-47所示的系统。这个系统由一个高通滤波器、一个饱和函数和一个低通滤波器组成。如何说明这个系统可以看作一个非线性低通滤波器，它抑制高频输入，但没有相延迟。

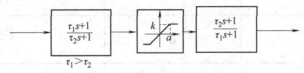

图8-47 非线性低通滤波器

# 附录　常用函数 z 变换表

**表 A-1　常用函数 z 变换表（一）**

| 序号 | 拉氏变换 $E(s)$ | 时间函数 $e(t)$ | z 变换 $E(z)$ |
|---|---|---|---|
| 1 | 1 | $\delta(t)$ | 1 |
| 2 | $e^{-kTs}$ | $\delta(t-kT)$ | $z^{-k}$ |
| 3 | $\dfrac{1}{s}$ | 1 | $\dfrac{z}{z-1}$ |
| 4 | $\dfrac{1}{s^2}$ | $t$ | $\dfrac{Tz}{(z-1)^2}$ |
| 5 | $\dfrac{2}{s^3}$ | $t^2$ | $\dfrac{T^2 z(z+1)}{(z-1)^3}$ |
| 6 | $\dfrac{1}{s+a}$ | $e^{-at}$ | $\dfrac{z}{z-e^{-aT}}$ |
| 7 | $\dfrac{1}{(s+a)^2}$ | $te^{-at}$ | $\dfrac{Tze^{-aT}}{(z-e^{-aT})^2}$ |
| 8 | $\dfrac{a}{s(s+a)}$ | $1-e^{-at}$ | $\dfrac{z(1-e^{-aT})}{(z-1)(z-e^{-aT})}$ |
| 9 | $\dfrac{a}{s^2(s+a)}$ | $t-\dfrac{1}{a}(1-e^{-at})$ | $\dfrac{Tz}{(z-1)^2}-\dfrac{z(1-e^{-aT})}{a(z-1)(z-e^{-aT})}$ |
| 10 | $\dfrac{w}{s^2+\omega^2}$ | $\sin\omega t$ | $\dfrac{z\sin\omega T}{z^2-2z\cos\omega T+1}$ |
| 11 | $\dfrac{s}{s^2+\omega^2}$ | $\cos\omega t$ | $\dfrac{z(z-\cos\omega T)}{z^2-2z\cos\omega T+1}$ |
| 12 | $\dfrac{w}{s^2-\omega^2}$ | $\sinh\omega t$ | $\dfrac{z\sinh\omega T}{z^2-2z\cosh\omega T+1}$ |
| 13 | $\dfrac{s}{s^2-\omega^2}$ | $\cosh\omega t$ | $\dfrac{z(z-\cosh\omega T)}{z^2-2z\cosh\omega T+1}$ |
| 14 | $\dfrac{w}{(s+a)^2+\omega^2}$ | $e^{-at}\sin\omega t$ | $\dfrac{ze^{-aT}\sin\omega T}{z^2-2ze^{-aT}\cos\omega T+e^{-2aT}}$ |
| 15 | $\dfrac{s+a}{(s+a)^2+\omega^2}$ | $e^{-at}\cos\omega t$ | $\dfrac{z^2-ze^{-aT}\cos\omega T}{z^2-2ze^{-aT}\cos\omega T+e^{-2aT}}$ |

表 A-2  常用函数 z 变换表(二)

| 序号 | $e(k)[e(kT)]$ | $E(z)$ | 备注 |
|---|---|---|---|
| 1 | $k$ | $\dfrac{z}{(z-1)^2}$ | |
| 2 | $k^2$ | $\dfrac{z(z+1)}{(z-1)^3}$ | |
| 3 | $a^k$ | $\dfrac{z}{z-a}$ | $a$ 可以是实数或复数 |
| 4 | $ka^{k-1}$ | $\dfrac{z}{(z-a)^2}$ | $a$ 可以是实数或复数 |
| 5 | $k^2 a^{k-1}$ | $\dfrac{z(z+a)}{(z-a)^3}$ | $a$ 可以是实数或复数 |
| 6 | $\sin\beta k$ | $\dfrac{z\sin\beta}{z^2 - 2z\cos\beta + 1}$ | |
| 7 | $\cos\beta k$ | $\dfrac{z(z-\cos\beta)}{z^2 - 2z\cos\beta + 1}$ | |
| 8 | $a^k\sin(\beta k + \varphi)$ | $\dfrac{z[z\sin\varphi - a\sin(\varphi-\beta)]}{z^2 - (2a\cos\beta)z + a^2}$ | 用于从 $e(n)$ 求 $E(z)$ 较方便 |
| 9 | $a^k\cos(\beta k + \varphi)$ | $\dfrac{z[z\cos\varphi - a\cos(\varphi-\beta)]}{z^2 - (2a\cos\beta)z + a^2}$ | 用于从 $e(n)$ 求 $E(z)$ 较方便 |
| 10 | $a^k\cos k\pi$ | $\dfrac{z}{z+a}$ | |
| 11 | $\dfrac{1}{a-b}(a^k - b^k)$ | $\dfrac{z}{(z-a)(z-b)}$ | |

# 参 考 文 献

[1] 胡寿松. 自动控制原理 [M]. 5版. 北京：科学出版社，2007.
[2] 高国燊，等. 自动控制原理 [M]. 3版. 广州：华南理工大学出版社，2009.
[3] 王万良. 自动控制原理 [M]. 北京：高等教育出版社，2008.
[4] 夏德钤. 自动控制理论 [M]. 北京：机械工业出版社，2007.
[5] 李友善. 自动控制原理 [M]. 3版. 北京：国防工业出版社，2005.
[6] 田玉平. 自动控制原理 [M]. 2版. 北京：科学出版社，2006.
[7] 黄家英. 自动控制原理：上册 [M]. 2版. 北京：高等教育出版社，2010.
[8] 程鹏. 自动控制原理 [M]. 北京：高等教育出版社，2003.
[9] 蒋大明. 自动控制原理 [M]. 北京：清华大学出版社，2003.
[10] 于希宁. 自动控制原理 [M]. 北京：中国电力出版社，2001.
[11] 张彬. 自动控制原理 [M]. 北京：北京邮电大学出版社，2002.
[12] 李文秀. 自动控制原理 [M]. 哈尔滨：哈尔滨工程大学出版社，2001.
[13] 王划一. 自动控制原理 [M]. 北京：国防工业出版社，2009.
[14] 杨自厚. 自动控制原理 [M]. 北京：冶金工业出版社，1980.
[15] 涂植英. 自动控制原理 [M]. 重庆：重庆大学出版社，1993.
[16] 徐微莉. 自动控制理论与设计 [M]. 上海：上海交通大学出版社，2001.
[17] 邹伯敏. 自动控制理论 [M]. 北京：机械工业出版社，2006.
[18] 王广雄. 控制系统设计 [M]. 北京：清华大学出版社，2007.
[19] 裴润. 自动控制原理 [M]. 哈尔滨：哈尔滨工业大学出版社，2005.
[20] 徐延万. 控制系统 [M]. 北京：宇航出版社. 1989.
[21] 楼顺天，于卫. 基于MATLAB的系统分析与设计——控制系统 [M]. 西安：西安电子科技大学出版社. 2000.
[22] 魏克新. MATLAB语言与自动控制系统设计 [M]. 北京：机械工业出版社. 1997.
[23] Jean-Jacques E Slotine，Weiping Li. 应用非线性控制 [M]. 程代展，等译. 北京：机械工业出版社，2006.